贝类、棘皮动物及特种水产动物健康养殖技术与模式

主 编 ◆ 丁 君　韩雨哲

大连海事大学出版社
DALIAN MARITIME UNIVERSITY PRESS

Ⓒ 丁　君,韩雨哲 2023

图书在版编目(CIP)数据

贝类、棘皮动物及特种水产动物健康养殖技术与模式/丁君,韩雨哲主编. — 大连：大连海事大学出版社, 2023.5

ISBN 978-7-5632-4423-2

Ⅰ.①贝… Ⅱ.①丁…②韩… Ⅲ.①水产养殖—研究 Ⅳ.①S96

中国国家版本馆 CIP 数据核字(2023)第 091909 号

大连海事大学出版社出版

地址：大连市黄浦路523号　邮编：116026　电话：0411-84729665(营销部)　84729480(总编室)
http://press.dlmu.edu.cn　E-mail:dmupress@dlmu.edu.cn

大连天骄彩色印刷有限公司印装　　　　　　　大连海事大学出版社发行

2023 年 5 月第 1 版	2023 年 5 月第 1 次印刷
幅面尺寸：184 mm×260 mm	印张：21
字数：505 千	印数：1~1200 册

出版人：刘明凯

责任编辑：刘长影	责任校对：沈荣欣　刘若实
封面设计：解瑶瑶	版式设计：张爱妮

ISBN 978-7-5632-4423-2　　　　定价：63.00 元

《贝类、棘皮动物及特种水产动物健康养殖技术与模式》编审委员会

主　任：李智军

副主任：屈　楠　韩延波　丁　君　纪元东

委　员：韩雨哲　常　青　仲君竹

主　编：丁　君　韩雨哲

编　委（按姓氏笔画排序）：

　　　　王　伟　　王　华　　王　荦　　王许波
　　　　王茂林　　左然涛　　叶仕根　　李晓丽
　　　　杨大佐　　谷　晶　　宋　坚　　周　贺
　　　　郝振林　　段友健　　姜玉声　　骆小年
　　　　曹淑青　　韩　建　　霍忠明　　魏　杰

序

乡村振兴,人才先行。2019年9月,习近平总书记在给全国涉农高校的书记、校长和专家代表的回信中指出:"中国现代化离不开农业农村现代化,农业农村现代化关键在科技、在人才。"教育培训作为高校服务社会的重要桥梁与纽带,始终坚持以服务"三农"为己任,主动适应国家战略和经济社会发展需要,积极发挥高校优势,在促进农业农村发展、服务乡村振兴战略中发挥了重要的作用。

"辽宁省农民技术员培养工程"项目从2007年开始至今已成功实施15年。大连海洋大学在省科学技术厅的正确领导下,先后举办了24期培训班,共计培训学员2 400余人。多年来,学校积极响应国家脱贫攻坚和乡村振兴战略,深入推进高等学校供给侧结构性改革,充分发挥农业高校育才优势,踏踏实实办好培训,为辽宁水产养殖行业培养了一批"有文化、懂技术、会经营、善管理"的农村新型实用技术人才,使他们成为现代先进水产养殖技术的示范者和传播者,带动周边农民共同致富,为促进农民增收、农业增效、农村振兴做出了积极贡献。

大连海洋大学高度重视农民技术员培训工作,始终坚持以需求为导向,认真做好农民技术员培训工作。学校根据辽宁水产养殖行业生产实际和优势特色产业发展需求,依托学校优质资源,精心制定培训方案,采取理论与实践并重、校内与校外结合的方式,聘请校内外具有丰富的理论知识和实践经验的优秀专家担任培训教师,联系行业特色企业共建现场教学基地,积极创新培训思路和模式,圆满完成各期培训工作。通过培训,学员学到了先进生产技术和经营管理理念,开阔了视野,提高了素质,为日后的发展打下了坚实的基础,产生了广泛的社会效益。

为了做好农民技术员培训工作,2009年,在省科学技术厅的支持下,学校组织编写了《水产养殖基础》《海水养殖应用技术》《淡水养殖应用技术》3本教材,使用效果良好。但是近年来,随着水产养殖技术的发展进步,尤其是生态养殖、健康养殖理念的建立与完善,原有教材已经不适应现阶段行业和社会的需求。在省科学技术厅的大力支持下,学校组织本领域具有丰富的实践经验和深厚理论功底的优秀专家,完成了《贝类、棘皮动物及特种水产动物健康养殖技术与模式》的编写工作。本教材汇集了专家多年的生产实践心得和最新的研究成果,体现了实用性、适用性与前沿性,通俗易懂,可操作性强,为此我们将其付梓出版,以供学员学习参考。

习近平总书记在《依靠学习走向未来》一文中强调:"学习的目的全在于运用,根本目的是增强工作本领、提高解决实际问题的水平。"希望各位学员好好利用这本教材,勤于思考,勇于提问,善于把生产实际与理论学习相结合,逐步提升自己的专业技术水平和经营管理能力,为辽宁社会主义新农村建设增光添彩。

李智军

2022年10月

前　言

　　水产养殖是大农业的重要组成部分，已被联合国粮食及农业组织推介为最有效保障食物安全和动物蛋白高效供给的生产方式，同时在实现全球"碳达峰、碳中和"战略目标中，水产养殖也发挥着重要作用，受到各国的高度重视。2021年中央一号文件指出"要打好种业翻身仗"，为我国水产种业和养殖业的发展指明了方向和目标，而树立大食物观，充分发挥渔业特点优势，为保障粮食安全提供了更多纵深选择和有益补充。

　　《贝类、棘皮动物及特种水产动物健康养殖技术与模式》是为适应"辽宁省农民技术员培养工程"中淡水养殖和海水养殖专业教学需要而编写的。

　　本教材概述了水产养殖专业的基础理论和基本技能，包括贝类健康养殖技术与模式，海参、海胆健康养殖技术与模式，观赏鱼与特种水产动物健康养殖技术，大型经济海藻健康养殖技术与模式，水产饵料生物的培养（增殖），水产养殖水处理技术。本书适合从事水产养殖生产的技术员和管理人员使用，也可作为水产养殖专业本、专科学生和水产养殖科技人员的参考用书。

　　本教材在编写过程中，得到了辽宁省科学技术厅和大连海洋大学有关领导的大力支持，也得到了同行的支持与帮助，在此深表诚挚的谢意。由于编者水平有限，书中难免有不足之处，竭诚希望广大读者提出宝贵意见。

编　者

2022年10月

目 录

第一章 贝类健康养殖技术与模式 …… 1
 第一节 贝类良种培育与大规模苗种繁育技术 …… 2
 第二节 贝类健康养殖模式 …… 37

第二章 海参、海胆健康养殖技术与模式 …… 47
 第一节 海参、海胆良种培育与大规模苗种繁育技术 …… 48
 第二节 海参、海胆绿色饲料开发 …… 74
 第三节 海参、海胆病害防控技术 …… 92
 第四节 海参、海胆健康养殖模式构建与环境调控技术 …… 105

第三章 观赏鱼与特种水产动物健康养殖技术 …… 125
 第一节 观赏鱼健康养殖与造景 …… 126
 第二节 沙蚕、单环刺螠等苗种繁育与养殖 …… 188

第四章 大型经济海藻健康养殖技术与模式 …… 213
 第一节 大型经济海藻的生物学和生态学基础 …… 214
 第二节 大型经济海藻的人工育苗 …… 229
 第三节 大型经济海藻的海区养殖、收获加工及病害防治 …… 246

第五章 水产饵料生物的培养（增殖） …… 259
 第一节 水产饵料生物的室内培养 …… 260
 第二节 水产饵料生物的敞池增殖 …… 295

第六章 水产养殖水处理技术 …… 307
 第一节 水产养殖源水处理技术 …… 308
 第二节 水产养殖用水处理技术 …… 316
 第三节 水产养殖尾水处理技术 …… 321

参考文献 …… 325

第一章

贝类
健康养殖技术与模式

第一节

贝类良种培育与大规模苗种繁育技术

一、扇贝良种培育与大规模苗种繁育技术

扇贝是世界贝类养殖业中仅次于牡蛎的重要养殖品种。扇贝养殖也是我国北方沿海浅海水产养殖业中最重要的支柱产业之一。

我国的扇贝人工育苗和养殖主要始于20世纪70年代中后期。1974年大连水产学院(今大连海洋大学)王子臣等对栉孔扇贝进行人工育苗相继取得成功,1976年、1978年广东省和福建省开始了华贵栉孔扇贝的人工育苗。1980年辽宁省海洋水产研究所等从国外引进冷水性扇贝优良品种虾夷扇贝,在取得人工育苗与养殖试验成功的基础上,向外长山列岛至庙岛群岛海域推广,形成一支优质高效的养殖产业队伍。1984年中国科学院海洋研究所张福绥又从国外引进广温性扇贝优良品种海湾扇贝,由于其生长快、养殖周期短,在我国南北沿海均可养殖,因而在短短的两三年之内就在全国沿海迅速普及推广,带动我国的浅海水产养殖业又向前迈进了一大步。我国最主要的扇贝养殖品种有4个,即栉孔扇贝、华贵栉孔扇贝、海湾扇贝、虾夷扇贝。其中,栉孔扇贝和华贵栉孔扇贝为我国的固有物种,前者主要分布在我国的北部沿海,后者则自然分布于南方沿海;海湾扇贝和虾夷扇贝为引进品种,我国沿海本来无自然分布,现前者在南北沿海均有养殖,后者仅在辽宁的大连市、长海县市区周围和山东的长岛县等海区养殖。

(一)扇贝的生物学

1.分类、地位与地理分布

扇贝隶属于软体动物门,瓣鳃纲,翼形亚纲,珍珠贝目,扇贝科。扇贝科贝类除扇贝外,还包括日月贝。扇贝的种类很多,全世界已发现的有300余种(包括日月贝),全部生活在海洋中,各地沿海几乎都有分布。其中,大型的优质经济种类大多分布在温带及其附近海域,主要生产国有中国、日本、澳大利亚、美国、加拿大、英国、法国、西班牙等。

2.主要经济种类

我国沿海自然分布的扇贝种类有40余种,其中,最常见的主要经济种类有4种,即栉孔扇贝、华贵栉孔扇贝、海湾扇贝、虾夷扇贝。其中,前两种为我国的固有种类,后两种为国外引进种类。现将各种类的分布及外形特征介绍如下。

(1)栉孔扇贝

栉孔扇贝自然分布于我国北方的辽宁和山东等省的浅海水域,以及朝鲜、日本等国近海。贝壳呈扇形,壳高略大于壳长。成体壳高8~10 cm。壳色变化较大,大多为橙红色或紫褐色,少数为淡棕褐色、紫色、黄色等。两壳基本等大,但左右壳的肋线及壳耳的形状等不同。前耳大,长度约为后耳的2倍。右壳前耳呈长方形,后耳和左壳的前耳都是三角形。右壳前耳的腹侧有一凹陷的孔,称足丝孔,足丝孔腹沿生有小型栉状齿6~10枚,足丝发达。左壳放射肋发达,肋纹有大小之分,其中主肋约10条(一般8~13条),肋上生有棘状突起,其余的肋略细小,

棘状突起不明显；右壳放射肋约30条，主次肋肋纹差别不明显，棘状突起不明显。

(2) 华贵栉孔扇贝

华贵栉孔扇贝自然分布于我国福建、广东、广西、海南等省区的浅海水域，以及日本、印度尼西亚等国近海，属于亚热带种类。贝壳呈扇形，外形与栉孔扇贝比较相似，但壳形略圆，壳高与壳长基本相等。成体壳高约10 cm。壳色以紫褐色与黄褐色居多。放射肋粗大，约23条，肋沟宽略小于肋纹宽。右壳前耳的腹侧有足丝孔，足丝孔具栉状齿数枚，足丝发达。

(3) 海湾扇贝

海湾扇贝原产于美国大西洋沿岸，1982年引入我国。壳中等大，近圆形。成体壳长约6.3 cm，高约6.2 cm。壳形较突，两壳基本等大，左壳两耳略等，右壳前耳小于后耳。海湾扇贝具有足丝孔，足丝不发达。壳色多为褐色或黄褐色，有深色斑纹，两壳色泽深浅不等，右壳略浅于左壳。放射肋肋纹较圆滑，肋宽大于肋沟宽，两壳放射肋数均为17~18条。

(4) 虾夷扇贝

虾夷扇贝原产于日本和俄罗斯远东沿海，1980年引入我国。贝壳大型，壳形略圆，前后壳耳大小基本相等。左右两壳不等，左壳稍平，紫褐色，比右壳略小，肋宽小于肋沟宽；右壳较突，壳色黄白，肋宽大于肋沟宽。右壳前耳下有浅足丝孔，足丝不发达。两壳放射肋数均为20~25条。

3. 外部形态

(1) 贝壳

扇贝属双壳贝类，有两枚贝壳，习惯上称左壳与右壳。自然生活状态下，一般都是左壳在上，右壳在下。

扇贝贝壳多为扇形，壳高略大于壳长或基本相等。壳表面生有多条放射状肋，肋纹清晰。壳顶尖，两侧分别生有前耳与后耳。前耳腹侧大多有一个凹陷的足丝孔。扇贝的左右两枚贝壳，大小、突起程度、色泽、肋纹数等大多略有差别。

(2) 软体部

贝壳内包被有软体部。软体部包括外套膜、足、闭壳肌等部分。

①外套膜

扇贝的外套膜有两叶，包被于内脏团及足、鳃之外。中央区薄而透明，围绕于闭壳肌周围；边缘厚，游离，外缘生有触手等感觉器官。左右两叶外套膜仅在背缘相连，其他部分皆分离。无进出水管，生活时依靠鳃与外套膜边缘的活动形成水流，水从腹侧进入，从后部两片外套膜相连处的两侧流出。

外套膜可分为3层：外层薄，贴近贝壳内面，白色，无触手。中层较厚，灰黄色，边缘上生有发达的触手和外套眼。外套触手分为两组：外侧的两组触手短小，数量多，排列紧密；内侧一组触手大而长，最长3 cm，排列较为稀疏。外套眼小，圆形，黑色，闪蓝绿光泽。内层最发达，位于外套膜边缘，伸展时呈帷幕状，边缘上有一排小触手。

②足

扇贝的足为圆柱形的肌肉质器官。伸展时略扁，末端窄，腹面中央有一条纵沟将其分为左右两瓣。沟的基部生有一丛足丝，足丝可从足丝孔伸出壳外。足丝由足丝腺分泌形成，发达而坚韧,是成体的主要附着器官。附着后的个体,如条件不适,可自行切断足丝,移至合适位置后重新分泌足丝附着。

③闭壳肌

扇贝属于单柱形双壳类,前闭壳肌退化,仅保留后闭壳肌。后闭壳肌由两部分肌肉组成,靠近前背部的为横纹肌,其作用是使双壳迅速关闭;靠后部的肌肉较小,为平滑肌,其作用是使贝壳持久关闭。人们经常食用的扇贝柱就是其后闭壳肌。

4. 内部构造

(1)神经系统

扇贝的神经系统由脑神经节、足神经节、脏神经节等几对神经节及其所分支的各神经组成。

(2)消化系统

扇贝的消化系统分为唇瓣、口唇、口、食道、胃、肠、直肠、肛门和消化腺等几个部分。

(3)肌肉系统

扇贝的肌肉包括闭壳肌、足伸缩肌、外套膜肌、足肌等几个部分,其中以后闭壳肌最发达,其作用是使贝壳闭合。

(4)呼吸系统

扇贝的呼吸器官为鳃。鳃呈新月形,左右侧各一个,每个鳃分为2片,每片鳃又由下行鳃板与上行鳃板构成,两片鳃组成W形。每片鳃都由许多与鳃轴垂直的并列鳃丝组成。除鳃外,外套膜也可行呼吸功能。

(5)循环系统

扇贝的循环系统为开管型,由心脏、动脉、静脉和血窦组成。动脉由动脉血管构成,静脉除静脉血管外还有大型的静脉窦。

(6)排泄系统

扇贝的主要排泄器官为肾脏。肾脏有一对,位于闭壳肌的前方、生殖腺与鳃之间,囊形,棕褐色,左肾略大于右肾。肾脏与生殖腺之间生有裂缝状的肾生殖孔,两肾脏末端的腹面还各有一个泄殖孔,开口于外套腔。

(7)生殖系统

扇贝的生殖腺位于闭壳肌腹面前方的腹崎内,下行肠及上行肠穿过其中。在繁殖季节,雌雄生殖腺色泽不同:雌雄异体的种类,雌性生殖腺为粉红色至橘红色,雄性为乳白色;雌雄同体的种类,生殖腺分为雌、雄两个部分,雄性生殖腺在外侧,颜色较浅,雌性生殖腺在内侧,颜色较深。非繁殖季节雌雄生殖腺外观均为淡黄色,不易区分。成熟的生殖细胞通过肾生殖孔进入肾腔,然后经过泄殖孔排于外套腔,最后再排出体外。

5. 生活方式

自然海区,扇贝大多生活在水质清澈、潮流通畅、低潮线以下至水深20~30 m的浅海水域,少数种类的自然分布水深可能更深些,分布水深依种类而异。海底底质以岩礁、珊瑚礁、沙砾、沙为主,足丝不发达的种类多分布在沙砾、沙质海底,足丝发达的种类多分布在岩礁、珊瑚礁、沙砾海底。

扇贝为附着型生活的贝类,多数种类以足丝附着于礁石等基质上,一旦环境不适宜,还可以自行切断足丝,脱离附着基,依靠贝壳快速张合所产生的水流推动力做短距离移动,遇到适宜环境后再分泌足丝附着。扇贝的这种移动方式在双壳贝类中是比较特殊的,有时其移动距离可达几百米。

6. 对主要水环境因子的适应能力

(1) 温度

不同种类的扇贝对水温的适应能力不同。温带种类适温范围较广,热带和寒带的种类适温范围较窄;热带种类不耐低温,寒带种类则不耐高温。例如,栉孔扇贝的生存水温为-1.5~28 ℃,生长适温为15~25 ℃,水温低于4 ℃基本不生长,水温超过25 ℃生长减缓;海湾扇贝的生存水温为-1~31 ℃,生长适温为18~28 ℃,水温低于10 ℃生长缓慢,低于5 ℃则基本不生长;虾夷扇贝的适温范围为0~23 ℃,水温低于5 ℃活力减弱,超过23 ℃则出现死亡。

(2) 盐度

自然条件下扇贝大多生存在盐度较高的海域,对盐度变化的适应能力不是太强。适应的盐度范围大约为23‰~35‰,不同种类之间稍有差别。

7. 食物

扇贝为滤食性贝类,自然状态下以滤食海水中的浮游微藻类及少量有机碎屑为主。正常情况下其食物构成以浮游微藻类中的硅藻为主,其次为个体较小的鞭毛藻及其他微藻类。浮游动物中的桡足类、无脊椎动物的浮游幼虫、有机碎屑等在其食物中所占的比例一般都不大。其食物的种类经常受到海区浮游藻类的季节性变化以及食物丰度等因素的制约。

8. 繁殖习性

扇贝繁殖时对水温有一定要求,不同种类的扇贝繁殖时要求的水温不尽相同。如栉孔扇贝的自然繁殖水温为14~22 ℃,海湾扇贝的自然繁殖水温为18~23 ℃,华贵栉孔扇贝的自然繁殖水温为21~27 ℃,而虾夷扇贝的自然繁殖水温只有5~9 ℃。

9. 繁殖

(1) 性比

扇贝中大多种类为雌雄异体,如栉孔扇贝、华贵栉孔扇贝、虾夷扇贝等;少数种类为雌雄同体,如海湾扇贝、欧洲大扇贝等。雌雄异体的群体中有时也可发现有雌雄同体现象。

自然状态下其群体的雌雄个体比例一般都接近1∶1,在老龄群体中该比例比较接近,而在幼龄群体中有可能出现较大差异,一般规律都是雄性个体比例高于雌性。

(2) 性成熟年龄

扇贝的性成熟年龄因品种而异,暖水种的性成熟年龄一般都比较早,而冷水种的性成熟年龄一般都比较迟。例如,暖温性种类海湾扇贝、华贵栉孔扇贝不满1龄就开始性成熟,温带种类栉孔扇贝满1龄开始性成熟,冷水性种类虾夷扇贝则需满2龄才能性成熟。

扇贝的生物学最小型一般为1.8 cm左右,因种类不同而有差异。

(3) 有效积温

水温被认为是影响扇贝性腺发育的最主要因素。栉孔扇贝的有效积温达到179.2 ℃·d

时性腺发育成熟,海湾扇贝为144.5 ℃·d,而冷水性的虾夷扇贝则为38~40 ℃·d。

(4)怀卵量

扇贝属多次产卵型,怀卵量一般都比较大。但测定其怀卵量却是比较困难的,因为每次产卵后其性腺继续发育,新的成熟配子在不断地生成。四种扇贝的怀卵量及产卵量如表1-1所示,发育期状况如表1-2所示。

表1-1 四种扇贝的怀卵量及产卵量

种类	年龄	壳高/cm	怀卵量/万粒	产卵量/万粒
栉孔扇贝	2	6~7	800~1 000	200~300
	3	8~9	1 000~1 500	400~600
华贵栉孔扇贝	2	8~10	1 000~1 500	200~300
海湾扇贝	1	5~6	200~300	50~60
虾夷扇贝	2	10~12	6 000~10 000	2 000
	3	12~14	8 000~12 000	2 500

表1-2 四种扇贝的发育期状况

发育期	栉孔扇贝 (18~20 ℃)		华贵栉孔扇贝 (26~29 ℃)		海湾扇贝 (22~23 ℃)		虾夷扇贝 (12~15 ℃)	
	时间	壳长/μm×壳高/μm	时间	壳长/μm×壳高/μm	时间	壳长/μm×壳高/μm	时间	壳长/μm×壳高/μm
第一极体	20 min		20 min		20 min		60 min	
第二极体	25 min		30 min		25 min		1 h 50 min	
2细胞	1 h 20 min		1 h 10 min		1 h 15 min		2 h 50 min	
4细胞	2 h 30 min		1 h 40 min		2 h 10 min		4 h 40 min	
8细胞	3 h 45 min		2 h 10 min		3 h 10 min		6 h 10 min	
囊胚期	8 h 30 min		7 h 40 min		5 h		16 h	
原肠期	16 h				9 h		34 h	
担轮幼虫	21 h				17 h		26 h	
D形幼虫	28 h	100×84	22 h	100×82	20 h	95×76	63 h	100×78
壳顶初期	4~5 d	125×105	4 d	120×100	2~3 d	125×110	8 d	135×115
壳顶中期	7~8 d	140×125	6 d	140×120	4~5 d	150×120	14 d	155×130
壳顶后期	9~10 d	155×135	10 d	190×165	6~7 d	165×140	21 d	215×190
匍匐幼虫	13~14 d	175×160	12 d	220×180	8~9 d	185×165	25 d	220×200
稚贝	15 d	185×170	14 d	230×190	10 d	195×175	28 d	245×220

10. 幼体发育

(1) 卵与精子

扇贝的卵呈圆球形,沉性,卵的大小、色泽等依扇贝的种类而异。栉孔扇贝的成熟卵直径约 65~72 μm,受精后为 76~78 μm;华贵栉孔扇贝的成熟卵直径约 65 μm;海湾扇贝的成熟卵直径约 50~55 μm;虾夷扇贝则为 55 μm。

扇贝的精子有头部与尾部之分,头部子弹形,尾部细长,鞭状。其大小、形状等因种而异。栉孔扇贝的成熟精子全长约 40~47 μm,华贵栉孔扇贝的成熟精子全长约 45 μm,海湾扇贝的成熟精子全长约 55 μm,虾夷扇贝的成熟精子则为 55~65 μm。

(2) 幼体发育

扇贝的胚胎和幼体的发育过程以及形态特征等基本上与瓣鳃类特征相同。但不同种类的扇贝幼体的个体大小、形状、发育时间,以及要求的水温等各不相同。

11. 生长

扇贝的生长速度随其年龄、季节、水温、饵料丰度、水环境等的不同而不同,甚至个体间也可能存在一定差异,其中,年龄、季节被认为是主要影响因素。

(1) 生长与年龄的关系

在相同条件下,扇贝的生长速度与年龄有关。通常扇贝在 1~2 龄以前生长较快,随年龄的增加生长逐渐变慢,至老龄则生长非常缓慢,甚至基本不生长。

在我国常见的扇贝经济种类中,以海湾扇贝生长最快,当年育苗的个体,至 10 月末壳高可生长到 5~6 cm,生长期仅有 6~8 个月;栉孔扇贝当年年底可生长到 3~4 cm,满 2 龄可达 8~10 cm;华贵栉孔扇贝满 1 龄平均壳高 7.4 cm,1.5 龄达 8.8 cm;虾夷扇贝满 1 龄壳高约 3~5 cm,生长到 11~12 cm 大约需要 20~28 个月,但长至 20 cm 以上却需要 5~8 年。

(2) 生长与季节的关系

自然海区扇贝的生长呈现明显的季节性变化,其一般规律是春秋季节生长快,低水温季节生长慢。一年中温水性扇贝和冷水性扇贝有两个生长高峰期,而热带种扇贝只有一个生长高峰期。一般情况下,自 3—4 月海区水温回升后,扇贝生长速度开始加快,7 月前后进入生长高峰期;水温再升高,热带种扇贝可以继续生长,温带种则生长速度减缓,冷水种甚至有可能停止生长;高温期过后生长再度加快,秋季之后,随水温的下降生长又逐渐变慢,冬季低水温期生长缓慢,甚至停滞。

(二) 扇贝的人工育苗

1. 亲贝的选择与培养

1) 亲贝的选择

(1) 选择标准

①个体健壮,软体部肥满,发育良好,无死亡或死亡量少;②外壳完整,无损伤,无附着物或附着物少;③虾夷扇贝亲贝应挑选 2 龄以上的健康贝,栉孔扇贝应挑选 2 龄左右的健康贝,海

湾扇贝则挑选养殖成活率高的健康贝;④繁殖季节挑选亲贝时则应选择性腺丰满的个体。

(2)亲贝入池时间

扇贝育苗分常温育苗与升温育苗两种。常温育苗可在自然繁殖季节挑选成熟良好的个体作亲贝,经1~2 d的短时间暂养即可进行采卵育苗。升温育苗则需要提前采集亲贝,经一段时间的人工促熟培育,使亲贝完全成熟后再进行采卵育苗。促熟培育的亲贝入池时间要根据预期育苗时间、扇贝的种类及其生殖腺成熟要求的积温、促熟培育水温、升温速度等条件进行推算,一般虾夷扇贝约需提前1个月,海湾扇贝约需提前1~2个月。虽然提早入池可使育苗时间提前,但入池时间越早,用于亲贝促熟培育的成本就越高。

2)亲贝促熟培育

(1)培养密度

亲贝促熟培育的培养密度应根据亲贝种类、个体大小、培育水温、养殖方法等具体情况而灵活控制。一般海湾扇贝亲贝的适宜培养密度为100~150个/m³,栉孔扇贝为80~100个/m³,虾夷扇贝为20~30个/m³。亲贝用多层网笼养殖时密度可高些,平铺于网箱底或池底养殖时则密度应稍低些。

(2)培育水温

升温期间每天升温0.5~1 ℃,根据升温的幅度和亲贝的活力变化中间可停留(恒温)1~2次,每次2~3 d。温度提高到亲贝产卵温度后恒温培育。栉孔扇贝的促熟培育水温为15~17 ℃,虾夷扇贝的促熟培育水温为5~8 ℃,海湾扇贝的促熟培育水温为22~23 ℃。在临近产卵时温差应保持在±0.3 ℃以内。

(3)投饵料

饵料可用三角褐指藻、新月菱形藻、等鞭金藻、小球藻、塔胞藻和扁藻等。日投喂量25万~30万 cell/mL,分10~12次投喂。

亲贝促熟培育期间,由于水温低,饵料难以大量培养,也可采用鼠尾藻等藻类的磨碎液作代用饵料,以补充单胞藻饵料的不足。鼠尾藻最好使用鲜品或冷冻鲜品,加工后当日投喂。此外,酵母粉、淀粉、鸡蛋黄和螺旋藻粉等也可用作代用饵料。

(4)其他管理措施

每日全量换水1~2次,结合换水彻底清除池底的污物。连续微量充气,以保证水质的稳定,要求溶解氧最低保持在4 mg/L以上。及时清理死贝,以免污染水质。

2.采卵与孵化

(1)采卵方法

常温育苗时大多依靠亲贝自然排放精卵,自然排放的精卵一般都成熟好、孵化率高。有时,也可采取阴干、流水、升温等刺激方法诱导亲贝产卵。

(2)授精

对于雌雄亲贝分别放置的,产卵结束后,要立即加入适量精液进行授精。

(3)受精卵孵化

扇贝的卵为沉性,为防止受精卵沉底堆积而影响孵化效果,应每隔30~40 min用搅耙将水搅动一次,直至发育到担轮幼虫期为止。

(4)选育

幼体发育到面盘幼虫时,应及时进行选育,以选取健壮幼体,淘汰劣质幼体。可以采用的选育方法有两种。

①浓缩法。选育前停止搅动池水,让幼虫能自由上浮。再用干净的软胶管在培育水体的上层进行虹吸,将吸出的幼虫浓缩至300目筛绢的网箱内。网箱要放在相应大小的水槽中,以缓解水流对浓缩幼虫的冲击力,减少机械损伤。浓缩后的幼虫要及时转入新池中培育。

②拖网选育法。用300目或260目筛绢做成的手推网或与池子等宽的拖网,轻轻地将表层的健康幼虫拖捞出来,并及时转入新池中培育。

3.幼虫培育

(1)培育密度

因扇贝的种类即幼虫大小而异,海湾扇贝的幼虫培育适宜密度为10~15个/mL,栉孔扇贝大多为8~10个/mL,虾夷扇贝则为8~12个/mL。

(2)培育水温

海湾扇贝幼虫的培育水温大多为22~24 ℃,栉孔扇贝多为18~20 ℃,虾夷扇贝则多为15 ℃左右。

(3)投饵

自D形幼虫期应开始进行投饵。投喂的饵料种类可为等鞭金藻、新月菱形藻、三角褐指藻、小球藻、塔胞藻和扁藻等,前期以投喂体积较小的金藻类为主,后期可加喂扁藻等个体较大的藻类,并且随幼虫的生长,个体大的藻类投喂比例可逐步增大。几种藻类混合投喂的效果要优于单一投喂。日投喂量,D形幼虫初期为1万~1.5万 cell/mL,壳顶期为1.5万~5万 cell/mL,分3~6次投喂。投喂量要根据培育密度和幼体摄食情况及时进行调整,随幼体的长大,投喂量也要相应增大。

(4)其他管理措施

①换水。每天换水2次,每次换1/3~2/3。每5~7 d倒池一次。

②光照。一般控制在500 lx以下。暗光有利于幼体的均匀分布。

③药物的使用。当海水中重金属含量较高时,可加入2~3 g/m³的乙二胺四乙酸二钠(EDTA)进行络合。育苗过程中不得使用国家规定的禁止使用的药品。

4.附着基的选择、处理与投放

(1)附着基及其处理

扇贝育苗最常用的附着基有棕帘和聚乙烯网片。棕帘是由长12.5 m、截面直径6~8 mm的红棕绳编成的,帘长约0.5 m。聚乙烯网片为18股或24股聚乙烯线编织成的,截面直径5~10 mm。

棕帘在使用前需先后经淡水浸泡、碱水煮沸、0.1%~0.5%氢氧化钠海水浸泡1~2 d、反复捶打等工序,以彻底清除棕绳中的有害物质以及油污、碎屑、杂质等。聚乙烯网片使用前也要经0.1%~0.5%的氢氧化钠海水浸泡24 h等方法进行处理,以除去污物。此外,还应进行"磨毛"处理,以提高附苗率。

(2) 附着基的投放时间

附着基的最佳投放时间应在幼虫出现眼点的比例达到 30% 时。一般应配合倒池,先把底帘铺好,投底帘的第二天再下浮动采苗帘。附着基投放过早,不但影响正常管理,还容易被残饵、杂质等污染,影响幼虫的附着;投放过晚,则可能使大批幼虫失去最佳附着时机而下沉死亡。

(3) 附着基的投放量

附着基的投放量应根据幼虫的培育密度而定,网片采苗时用量为 $2 \sim 2.5 \ kg/m^3$;棕帘采苗时用量为 $30 \sim 50$ 片$/m^3$。

投帘后应加大换水量和投饵量。附苗结束后也可采用流水方式进行换水。

5. 稚贝中间育成

(1) 器材及装苗量

稚贝中间育成器材一般多使用网袋,网袋大小为 30 cm×50 cm 或 50 cm×70 cm,分一级网袋和二级网袋两种,一级网袋是用网目边长 300~330 μm(40~60 目)的聚乙烯筛网缝制,二级网袋是用网目边长 1 mm(20 目)的聚乙烯纱网缝制。每个网袋内最好加放 20 g 左右的挤塑网衣作为支撑。一级网袋每袋可培育稚贝 2 万~5 万个,二级网袋每袋可培育稚贝 2 000~3 000 个。稚贝壳高生长到 0.8~1 cm 时就可以作为贝苗出售或转入三级培育。

(2) 稚贝出池规格及时间

当稚贝的平均壳高生长到 500~600 μm 时,应出池转入海上或虾池中进行中间育成。稚贝出池前要先进行 2~3 d 的提高光强与降温处理,使其培育水温逐渐接近海区(或池塘)的自然水温,光照基本上恢复为自然光照,以更好地适应新的育成环境,提高育成率。

稚贝的出池时间最好选择天气好、风浪小的早晨或傍晚,以避免运输区挂苗过程中的日光曝晒,以及下海后风浪的冲击,提高成活率。

(3) 培育方法

出池装袋后的稚贝,每 10 袋用吊绳串连成一串。结扎时每两袋为一组,反方向同系在一个绳结内,两个一级育成袋分挂在吊绳的两边,绳结结扎在距袋口约 10 cm 位置,将袋口同时扎牢。吊绳长根据培育水层而定,一般约 3~5 m,采苗袋集中结扎在吊绳的下部,组间距 20~30 cm,下端加挂坠石,上端系于中间育成用浮筏上,吊间距 1 m 左右。稚贝下海后前 10 d 一般不再移动苗袋,以防脱落。以后每隔 10~15 d 洗刷网袋一次,大风浪过后要及时清洗浮泥。

一级育成的稚贝,经一个月左右的培育,壳高生长至 2~3 mm,应适时换网袋分苗并转入二级育成。二级育成的网袋垂挂与培育管理方法与一级育成基本相同。

6. 育苗期的病害及其防治

扇贝育苗期最主要的疾病是面盘解体症,该病主要发生在扇贝的 D 形幼虫期。症状为面盘的纤毛细胞全部脱落或部分脱落,致使幼虫失去浮游能力而沉底,很快死亡。本病发病急、扩展快,危害极其严重。本病的发病原因比较复杂,至今尚无明确的定论。从死亡幼体中分离出的病原菌有鳗弧菌、弧菌等多种,回接感染试验 42 h 死亡率超过 90%。抗生素等药物治疗或预防效果一般都不理想。

二、菲律宾蛤仔良种培育与大规模苗种繁育技术

菲律宾蛤仔,俗称沙蚬子、蚬子、花蚬子、杂色蛤、蛤蜊、花蛤等,属双壳纲帘蛤科缀锦亚科蛤仔属。其原产于太平洋及印度洋沿岸,北起鄂霍次克海、萨哈林岛(库页岛),南到印度、印度尼西亚。20世纪30年代随长牡蛎引种被偶然从日本引到北美西海岸,20世纪70—80年代出于商业目的又陆续被引种到法国、西班牙、英国、爱尔兰、意大利、挪威、澳大利亚等地,已成为世界性养殖贝类,也是我国四大养殖贝类之一和单种产量最高的养殖贝类。我国蛤仔年产量约320万吨,占世界总产量90%以上,约占我国贝类养殖产量的22%,产业地位重要,市场潜力巨大。

蛤仔在我国北起辽宁、河北,南至广东、香港等地均有分布。从目前掌握的资料看,我国南北沿海所有的蛤仔养殖的种,都只有菲律宾蛤仔这一种。杂色蛤仔还只是野生种,分布面较窄,产量也十分有限。福建沿海的连江、福清,以及现在全省养殖的、俗称花蛤的种及以前报道的称为杂色蛤仔的种,都应当是菲律宾蛤仔。

蛤仔属除菲律宾蛤仔外,还有杂色蛤仔,两者是两个完全独立的种。但国内在对它们的识别鉴定上混乱了几十年,往往把花色缤纷的菲律宾蛤仔定名为杂色蛤仔,在分布点的叙述上也十分混乱。为此,庄启谦、林惠琼和梁羡圆重新检查、鉴定我国南、北沿海各采集点采到的两种蛤仔标本共3 000多个,从贝壳外形和组织切片对菲律宾蛤仔和杂色蛤仔进行比较形态学的研究,从而弄清了这两种蛤仔的形态差异和在我国的分布情况。表1-3为这两种蛤仔的主要形态的比较。

表1-3　菲律宾蛤仔与杂色蛤仔主要形态比较(庄启谦,2000)

特征	菲律宾蛤仔	杂色蛤仔
厚薄	坚厚	较薄
形状	卵圆形	长卵圆形
壳高与壳长比例	一般为2/3~4/5	1/4
壳顶	稍突	稍突出,微向前弯曲
小月面	椭圆形	细长,呈披针状或不甚明显
楯面	梭状	不明显
韧带	长且极突出	细长突出壳面
主齿	2个	3个
外套痕	明显,外套窦宽而深	明显,外套窦深
水管	基部愈合,只在先端小部分分离	从基部完全分离

菲律宾蛤仔埋栖于底质中,营底栖生活,潮间带、潮下带及浅海底质是菲律宾蛤仔的主要栖息地。泥、沙、碎贝壳混杂的底质都适合菲律宾蛤仔的生存,但其更喜欢栖息在风浪较小、水流畅通并有淡水注入的中低潮区的泥沙滩或沙泥滩上,以含沙量为70%~80%的沙泥滩数量

最多。在含沙量很少的泥滩和含泥量极少的沙地或砾石地带,虽也有发现,但数量甚少。不同发育阶段栖息环境有所差异。幼苗多分布在周围有山、风平浪静、潮流缓慢、流速10~40 cm/s、底质含沙量在50%~80%(个别在90%以上)的地方;壳长5 mm左右的幼蛤,一般在底表层的浮泥中生活,由于受海流、波浪、潮汐和生产挖蛤扰动,幼蛤有迁移现象。随着个体生长,潜入底质1~2 cm处生活,栖息地开始稳定;成蛤生活在开阔、流速40~100 cm/s、底质含沙量80%左右的滩涂上。

栖息环境对菲律宾蛤仔的生长有重要影响。在潮间带上部和高潮带,底质通常为粗沙、小石砾,含泥量较少。由于滩面暴露时间长,有机质少,摄食时间短,饵料相对缺乏,菲律宾蛤仔的生长慢于潮间带下部和潮下带,贝体消瘦;在潮下带以及浅海,菲律宾蛤仔生活在机质较丰富的泥沙或沙泥底质,无暴露时间,摄食时间长,饵料相对丰富,菲律宾蛤仔生长快,贝体较肥。

按照贝壳形态与生境特点的关系将菲律宾蛤仔分为三种生态类型:一种是生活在潮间带中上部,特别是在砾石、粗沙底质的壳宽型菲律宾蛤仔(放射肋<70),这种菲律宾蛤仔贝壳较厚,高度与长度大致相等,放射肋粗而隆起,壳内面后部长呈紫色;另一种是生活在浅海的壳扁型菲律宾蛤仔(放射肋>90),贝壳通常较薄,长度明显大于高度,放射肋较细、平,壳内面多呈白色。除此以外,生活在潮下带的菲律宾蛤仔表现为中间型(70≤放射肋≤90),贝壳厚度、高度与长度比值,放射肋隆起程度,介于壳宽型和壳扁型之间。

菲律宾蛤仔穴居深度随季节和个体大小而异,在潮间带的幼苗潜入深度一般为3~7 cm,成蛤潜入深度为15 cm左右。冬、春季个体大的潜居较深,秋季产卵后及小个体的潜居较浅。在黄、渤海北部,冬季较冷,在菲律宾蛤仔密集地带,尤其是底质较硬的滩涂上,可形成几个分布层,最底层个别大个体的菲律宾蛤仔下潜深度可达50 cm。

(一) 菲律宾蛤仔养殖的生物学

1. 菲律宾蛤仔的性腺发育过程

闫喜武(2005)将大连群体与莆田群体菲律宾蛤仔性腺发育分为5期。

(1)大连群体菲律宾蛤仔卵巢发育组织学分期

①休止期

滤泡内生殖细胞已排尽,呈一大空腔,滤泡壁仅由一单层扁平细胞组成。结缔组织于滤泡间大量增生。滤泡上皮可观察到原生殖细胞。滤泡因排空而示萎缩退化,滤泡壁呈破损状。

②增殖期

增殖期的卵巢内,滤泡稀疏,数量较少。在内脏团的肌肉层和消化腺之间堆积起较厚的结缔组织,滤泡从靠近肌肉层的部位开始,沿着结缔组织逐渐形成。滤泡腔为一空腔,大小不一。滤泡壁开始增厚,壁上的生殖细胞处在活跃分裂期,不断从滤泡壁分裂增殖,出现一不连续的单层卵原细胞,并在卵原细胞之间开始逐渐出现一些无卵黄期的卵母细胞和少数卵黄形成前期的卵母细胞。

③生长期

卵细胞生长迅速,在短期内即可达到最后的体积,卵母细胞逐渐充满整个滤泡腔。卵母细胞的生长主要表现在细胞原生质迅速增加和卵黄颗粒的快速积累。卵母细胞不规则,呈长形或倒梨形,多数卵母细胞在滤泡细胞连接处形成明显的卵柄,呈椭圆形,有的卵母细胞呈倒梨形,细胞核占据细胞的大部分,但此时滤泡腔基本上还是一个空腔。后期在腔中央出现一些游离的卵细胞,细胞质中开始有卵黄颗粒堆积。

④成熟期

滤泡达到最饱满程度,滤泡之间的空隙已基本消失,滤泡壁上新生的生殖原细胞形成减少,整个滤泡腔几乎充满了卵黄形成后期的卵母细胞和成熟卵子,滤泡腔内成熟卵子已占40%~80%,此时由于成熟卵在腔内相互挤压,致使卵子呈不规则形状,但与扇贝等其他种类相比,此种的卵子排列相对松散。卵子的核膜、核仁明显,核仁变成了双质核仁,在光镜下分为里、外两部分,里面部分着色较浅,外面一圈较深。

⑤排放期

滤泡腔中卵子大小不一,排列零乱,细胞间出现一些间隙,大的欲排出的卵细胞在腔中央,还有欲从泡壁上脱落的卵原细胞,表明菲律宾蛤仔是分批产卵。大批成熟卵子开始排放后,出现空腔或破裂,滤泡间结缔组织迅速扩散,一些滤泡残留少量成熟卵。

(2)莆田群体菲律宾蛤仔卵巢发育组织学分期

增殖期、生长期、成熟期、排放期同上。

生殖后期:滤泡腔中有部分处于退化状态的卵子被分解吸收。滤泡壁上可见原生殖细胞。部分滤泡腔出现中空,由于性腺逐渐消退,生殖细胞退化自溶,滤泡腔逐渐空虚,呈不规则状。自溶物质分散于结缔组织中并被其吸收,使结缔组织由少变多。从外观和切片观察可知,雌性个体性腺衰退比雄性快。

(3)大连群体菲律宾蛤仔精巢发育组织学分期

①休止期

滤泡上零星分布少量的原生殖细胞和精原细胞,个别滤泡能见到少量残存的精子。

②增殖期

滤泡开始出现,体积小,壁薄不规则,滤泡间结缔组织丰富。随着水温上升,滤泡生殖上皮的生殖细胞开始增殖,滤泡壁上开始出现精原细胞和少数初级精母细胞。精原细胞呈圆形或三角形,紧贴滤泡壁,不断向滤泡腔分化形成精母细胞。至本期末,滤泡壁已由2~3层细胞组成,滤泡壁为一较大空腔。

③生长期

滤泡数量增多,体积增大,壁加厚,染色加深。随着水温不断升高,滤泡的精原细胞迅速分裂增殖和分化,滤泡腔逐渐缩小。至本期中,各期生精细胞占滤泡面积的50%以上。本期末,各级生精细胞分化明显,几乎充塞整个滤泡腔。

④成熟期

精细胞紧贴在结缔组织上,滤泡内精母细胞和精子拥挤成簇,密集呈菊花状或辐射状,几乎充满整个滤泡腔。细胞间基本无空隙。滤泡壁上新生的精原细胞形成减少,而精母细胞分化形成精子增多,精子为鞭毛形,头部呈圆球形。精子头部朝向滤泡壁,尾部朝向滤泡腔。

⑤排放期

精细胞逐渐分批排出,滤泡开始呈放射状空腔,这是因为腔内的结缔组织以放射状排列。

腔内精子呈流水状排列,精子数量明显减少。本期初仍可见精子形成在活泼地进行,此期末,可见块状中空。

(4)莆田群体菲律宾蛤仔精巢发育组织学分期

增殖期、生长期、成熟期、排放期特征与大连群体菲律宾蛤仔基本相同。

生殖后期:滤泡腔内仍有较多杂乱分布的精子,滤泡壁上只偶尔分布少量的原生殖细胞。

2.菲律宾蛤仔胚胎发育与幼虫生长

菲律宾蛤仔的胚胎发育与幼虫生长:

(1)卵径大小

不同群体菲律宾蛤仔卵径大小是不同的。大连2龄菲律宾蛤仔卵径66.13±2.40 μm,莆田2龄菲律宾蛤仔卵径71.88±3.14 μm。

卵孵化为D形幼虫所需时间与孵化水温密切相关。当水温为14.6 ℃时,卵孵化至D形幼虫需38 h,水温18~19 ℃时需26 h,水温21 ℃时需21 h,水温23 ℃时需19 h,水温25 ℃以上时只需16 h。

(2)配子的形态

菲律宾蛤仔的卵属于沉性卵,在海水中成熟的卵大多呈圆形,直径为71~80 μm。光镜下观察菲律宾蛤仔的成熟卵处于第一次成熟分裂中期,双价染色体粗短鲜明,着深蓝色,整齐地排在赤道板中央。纺锤体清晰可见,其一端靠近卵子的质膜,并与该部位的卵膜垂直。卵质均匀。

(3)精子入卵

精子入卵的时间是第一次成熟分裂中期,精子附在卵子表面,精子可以从卵表面的任何部位进入卵子。精卵混合后6 min左右,精子便进入卵子中。受精卵第一次成熟分裂启动,在赤道板上的二价染色体排列不整齐。受精膜不明显。

(4)成熟分裂的继续

精卵混合后8 min,精子头部核化,形成雄性精核,并轻微膨胀。第一次成熟分裂后期,排列在赤道板上的配对的同源染色体被缩短的纺锤丝拉开,卵细胞的染色体被明显分为两组。精卵混合后20~30 min,受精卵排出第一极体,完成第一次减数分裂。

精卵混合后42~65 min,受精卵开始第二次成熟分裂,靠近卵膜的一组染色体作为第二级染色体排出,另一组染色体仍在卵质中。第二极体和第一极体并排于受精膜之下。

(5)雌雄原核的形成

精卵混合后65 min,精核继续膨胀,卵子的染色体与精核染色体弥散于卵质内,形态渐渐消失,最后几乎同时形成空泡状结构,就是雌雄原核,两个原核大小相似。精卵混合后1 h 19 min,雌雄原核完全融合成合子核。

受精后1 h 21 min,合子核膜逐渐模糊,染色质凝聚成染色体。1 h 25 min,受精卵进入第一次卵裂,染色体整齐地排列在纺锤体的赤道板上,随后在纺锤体的牵引下,同源染色体被分为两部分,位于纺锤体的两端,与此同时,卵质也发生缢缩,形成卵裂沟。

(6)D形幼虫大小

不同群体和不同年龄菲律宾蛤仔D形幼虫大小不同。大连2龄菲律宾蛤仔D形幼虫壳长×壳高平均 96.13(±5.83) μm×76.75(±4.46) μm;莆田 2 龄菲律宾蛤仔 D 形幼虫壳长×壳高平均 107.63(±5.55) μm×82.88(±4.22) μm,而莆田 1 龄菲律宾蛤仔 D 形幼虫平均壳长×壳高仅 92.55(±2.22) μm×71.25(±1.88) μm,明显小于 2 龄菲律宾蛤仔的 D 形幼虫。

(7)幼虫生长

菲律宾蛤仔幼虫生长有两个特点,一是壳长和壳高生长不同步,二是第一天和第 4~5 d 生长非常缓慢。以大连群体为例,在水温 26±1 ℃条件下,幼虫第一天壳长生长 3.0~5.3 μm,壳高生长 6.0 μm,第二天变为壳顶幼虫,生长明显加快。菲律宾蛤仔壳长与壳高生长不同步,壳高生长快于壳长生长,使得壳形由长变圆,随着生长壳高与壳长比值发生有规律变化,由最初 D 形幼虫的 0.78 到出足后的 0.95。

莆田 2 龄菲律宾蛤仔幼虫整个浮游期平均壳长日增长 9.63 μm,大连 2 龄菲律宾蛤仔幼虫整个浮游期平均壳长日增长 12.20 μm,后者快于前者。幼虫生长速度在不同群体、同一群体不同壳色和壳面花纹的蛤仔之间存在差异,此外还受温度、盐度、饵料、幼虫培育密度、光照、pH 值和氨氮等因素的影响。

(8)附着和变态

幼虫培养 6~10 d 开始出足下潜,此时足与面盘共存。变态的标志是次生壳开始生长,面盘消失。浮游期长短、出足下潜规格、附着到变态所需时间及变态规格在不同群体间存在差异,也与水温、饵料种类及幼虫培育密度等因素有关。大连菲律宾蛤仔在水温 25 ℃以上条件下,浮游期为 10 天左右,出足附着规格为 179.9 μm×174.4 μm,附着至变态需 8~9 d,变态规格 230.0 μm×220.0 μm;相同条件下,莆田菲律宾蛤仔浮游期仅 5~6 d,附着至变态只需 4~5 d,变态规格仅为 196.7 μm×190.8 μm。随水温降低,浮游期延长,出足附着和变态规格增大。如在水温 17~19 ℃的条件下,莆田菲律宾蛤仔浮游期为 10~11 d,出足附着和变态规格为 195.1±7.7 μm 和 202.1±13.1 μm。莆田菲律宾蛤仔出足附着最小规格为 150 μm,最大为 197.90 μm,变态最小规格为 190 μm,最大为 242.1 μm。附着至变态期间生长速度明显变慢,平均为 3.1(2.1~4.2) μm×4.4(4.2~4.5) μm。变态后稚贝生长速度明显加快,并随规格增加而加快,而且壳长的生长又大于壳高。以莆田菲律宾蛤仔为例,在水温 20±2 ℃的条件下,变态后至壳长达到 300 μm,平均日增长为 16.6(15.2~17.9) μm×11.5(9.1~13.9) μm;300~500 μm 之间,平均日增长为 45.4(36.8~54.0) μm×32.9(27.8~38.0) μm;700 μm 以上时,平均日增长达 78.9 μm×60.1 μm;1.5 mm 转到室外土池后,平均日增长达 250 μm 以上。

(二)饵料培养

饵料是贝类幼虫生长发育的物质基础。由于贝类幼虫很小,它只能摄食单细胞藻类。作为贝类幼虫饵料的单细胞藻类需具备下列基本条件:

(1)个体小

贝类幼虫对饵料的大小有选择性。由于它本身的个体小、消化道很细,一般要求直径在 10 μm 以下,长 20 μm 以下。

(2)营养价值高,易消化,无毒性

作为任何生物的饵料,营养价值高、易消化、无毒性,这些是最基本的要求。营养价值高,是指作为食物的单胞藻含有幼虫生长发育所必需的营养成分(如蛋白质、脂肪、糖类、维生素等)。有些单胞藻虽然含有较丰富的营养成分,但不一定能被消化吸收,如蓝藻、裸藻类。有些单胞藻自身就含有毒素,这样就不能作为饵料。一般无细胞壁或壁薄的种类都易被消化吸收。

(3) 繁殖快,易大量培养

作为贝类饵料的单胞藻,要求繁殖速度快、容易培养,以便为幼虫培育提供源源不断的饵料。

(4) 浮游于水中,易被摄食

贝类幼虫浮游于水中,不能摄食底栖性的单胞藻,只能摄食浮游性的单胞藻。

(5) 饵料要新鲜,无污染

饵料在培养中要求新鲜,没有老化和附壁现象,也无敌害。

(6) 饵料的密度

由于幼虫运行能力有限,它捕食的概率与饵料的密度有密切的关系。饵料密度过稀,满足不了要求,生长缓慢;饵料密度也不能过大,过大易造成幼虫死亡。

(三) 蛤仔新品种

大连海洋大学闫喜武教授团队建立了基于壳色与生长、抗逆协同选择的菲律宾蛤仔良种培育技术体系,培育了"斑马蛤""白斑马蛤""斑马蛤2号"3个国审蛤仔新品种,使菲律宾蛤仔产业进入养殖人工培育新品种时代。"斑马蛤2号"是以2011年从辽宁大连石河菲律宾蛤仔野生群体中挑选的600只个体为基础群体,以壳色和生长速度为目标性状,采用群体选育技术,经连续4代选育而成。其壳面花纹为斑马纹,具有生长快、低温耐受性强的特点,在北方滩涂和水深小于3 m的浅海能安全越冬。在相同养殖条件下,与未经选育的菲律宾蛤仔相比,12月龄贝壳长提高10.56%,全湿重提高19.46%。

(四) 菲律宾蛤仔室内健康苗种培育技术

在菲律宾蛤仔常温室内全人工育苗技术已取得重大突破的基础上,对此加以总结和推广,对于菲律宾蛤仔健康苗种大规模生产,推动蛤仔养殖业走产业化和可持续发展道路无疑具有重要意义。把温室大棚技术应用到菲律宾蛤仔苗种生产上,进行菲律宾蛤仔提早繁育,在不增加能源消耗的情况下,可以使其繁殖期分别比大连群体和莆田群体提早1个月和5个月;对无附着基采苗与有沙采苗技术,幼体饵料、幼虫培育密度、光照、换水量和海水沙滤与否对生长、存活及变态影响,NH_4^+浓度、pH值对幼虫及稚贝毒性,病害防治技术等进行了深入研究,建立了比较完整的室内健康苗种规模培育技术,整个育苗、中间育成阶段不使用任何有毒、有可能在体内富集的化学药品和生物制剂,完全按照绿色食品和有机食品生产标准进行。

1. 种贝来源及促熟

采用大连2龄菲律宾蛤仔和莆田2龄菲律宾蛤仔。大连菲律宾蛤仔未进行室内促熟。观察性腺已很饱满,卵多为梨形、带柄,精子不动。种贝暂养密度为5~8 kg/m³。为提高水温,打开遮光网。每天全量换水 2 次。拣出死贝,24 h 全量充气。饵料以小新月硅藻为主,搭配螺旋藻粉和蛋黄。

2. 产卵、孵化

性腺发育成熟的蛤仔经过阴干和流水刺激可产卵。受精卵孵化密度小于 50 个/mL。

大连菲律宾蛤仔卵径 66.13±2.40 μm,莆田菲律宾蛤仔卵径 71.88±3.14 μm,卵的孵化时间长短主要与水温有关,当水温为 18~19 ℃时,孵化至 D 形幼虫需 26 h,水温 21 ℃时需 21 h,水温 23 ℃时需 19 h,水温 25 ℃以上时只需 16 h。

3. 幼虫培育

D 形幼虫培育密度为 5~10 个/mL,以后随幼虫生长密度应逐渐减小,下潜之前不超过 2~4 个/mL。幼虫培育期间,饵料以金藻为主,搭配少量海洋酵母。刚选育的幼虫当天投金藻 0.4 万 cell/mL,海洋酵母 1.0×10^{-6},选育后立即投喂。第二天投喂 2 次,日投喂量金藻 0.8 万~1.0 万 cell/mL,海洋酵母 2.0×10^{-6}。从第三天开始每天投喂 4 次,日投喂量也由金藻 0.8 万~1.0 万 cell/mL,增至下潜前的金藻 2.0 万 cell/mL。每天吸底检查幼体状态。幼虫培育期间,全天微量充气,每三天倒池一次,日换水量 100%。遮光。浮游后期适量投喂小球藻。

4. 采苗方法

幼虫出足下潜后采用无附着基和沙盘两种方法采苗。幼虫培养 10~15 d 开始出足下潜。浮游期长短与水温、饵料种类及幼虫培育密度密切相关。随着水温的升高,浮游期缩短,出足下潜和变态规格变小。出足下潜最小规格为 150 μm,最大为 197.9 μm;变态最小规格为 190 μm,最大为 242.1 μm。下潜至变态期间生长速度明显变慢,平均为 3.14(2.11~4.17)×4.44(4.17~4.50) μm。变态后稚贝生长速度明显加快,并随规格增加而加快,而且壳长的生长又大于壳高的生长。

5. 稚贝培育

变态后至壳长达到 300 μm 时,平均壳长×壳高日增长为 16.55(15.23~17.86) μm×11.5(9.14~13.88) μm;300~500 μm 之间,平均壳长×壳高日增长为 45.42(36.83~54.00) μm×32.90(27.80~38.00) μm;700 μm 以上时,平均壳长×壳高日增长达 78.85 μm×60.14 μm,1.5 mm 转到室外土池后,平均日增长达 250 μm 以上。

6. 室内人工育苗中的敌害

(1) 浮游期

主要是两种扁虫和桡足类:一种扁虫长 1.5 mm,宽 0.15 mm,无眼点,体近中部有一明显分隔;另一种体略短宽,不分隔,有眼点。扁虫身体柔软,可直接吞噬大于其体宽的幼虫。桡足类对幼虫的危害主要是争夺氧气和饵料,其粪便对池底也会造成污染。

(2) 稚贝期

稚贝期敌害生物包括真菌、杂藻、黑荞麦蛤、沙蚕和聚缩虫。真菌可着生在壳的表面。杂藻附着在池底表面或着生在壳的表面,影响水质或苗的运动。黑荞麦蛤本身分泌丝状物使稚贝聚集并与幼体或稚贝争夺饵料和空间。沙蚕摄食与自己身体规格相当的幼体和稚贝。聚缩虫在变态后着生在壳的表面并与稚贝争夺饵料和空间。

三、牡蛎良种培育与大规模苗种繁育技术

我国海岸线绵延，具有辽阔的浅海和滩涂，自3°N至41°N，纵跨热带、亚热带和温带三大气候带，蕴藏着极其丰富的牡蛎资源。海纳百川，沿岸有近百条河流入海，年均径流量约1.8×10^{12} m^3，向海注入了大量有机物和营养盐。我国有滩涂和浅海水深15 m以内的海域1 400多万公顷，其中浅海1 000多万公顷，潮间带滩涂面积200多万公顷，广阔的浅海、滩涂理化环境和底质条件优越，饵料生物丰富，为牡蛎繁殖、生长提供了有利的自然环境，同时为牡蛎养殖业的发展提供了得天独厚的条件。

牡蛎的名称在我国各地叫法不一，闽、粤一带称蚝或蚵，江浙一带称蛎黄，山东以北称蛎子或海蛎子。牡蛎的营养价值较高，其干肉中蛋白质含量为45%～57%，脂肪7%～11%，肝糖19%～38%，此外还含有丰富的维生素A_1、B_1、B_2、D和E以及微量元素，其含碘量比牛乳或蛋黄高200倍。蛎肉可鲜食或制成干品——"蚝豉"，也可加工成罐头。蛎汤可浓缩制成蚝油，为美味调味品。蛎壳的主要成分为$CaCO_3$，可烧制石灰、加工贝壳粉或作土壤调理剂的原料，牡蛎珠可治眼疾。此外，牡蛎还具有治虚弱、解丹毒、止渴等药用价值。我国沿海有牡蛎20余种，1959年张玺、楼子康曾报道了我国牡蛎有19种，其中巨蛎属为目前我国主要养殖对象。长牡蛎（俗称太平洋牡蛎）是西北太平洋中、韩、日、俄海域的特有种，其生长快、抗逆性强，特别适合于中高纬度海域养殖。自20世纪30年代从日本引种到北美后，长牡蛎就逐渐成为世界贸易量最大的海水养殖贝类。国际著名牡蛎品牌多源自长牡蛎。中国的长牡蛎自然分布在长江口以北的黄渤海潮间带和潮下带浅海水域，也是中国黄渤海区目前唯一的主养牡蛎；福建牡蛎（俗称葡萄牙牡蛎）为长牡蛎的暖水姊妹亚种，在中国主要分布在长江口以南海域，也是闽台海域的主养牡蛎物种，其相较长牡蛎个体偏小；香港牡蛎主要分布在福建以南海域，为粤桂及至东南亚国家的主养牡蛎物种，经济价值大。过去民间称之为"红眼蚝"的近江牡蛎与香港牡蛎（白眼蚝）同为巨蛎属的大型种和河口种，前者为广布种，后者为暖水种，在热带、亚热带河口水域两者常生态位重叠；熊本牡蛎与福建牡蛎同域分布，但习见于潮间带中上部区域，个体较小，多用于制作闽台著名美食"蚵仔煎"；日本牡蛎见于中国东海舟山群岛外部岛屿，日本称之为岩牡蛎，经济价值较高，但生长较缓慢，有较大的产业潜力。上述6种巨蛎属牡蛎都具有重要经济价值，有的已成为主养对象。我国牡蛎（巨蛎属）主要经济种类的分布如表1-4所示。

表1-4 我国牡蛎（巨蛎属）主要经济种类的分布

种类	区域分布
长牡蛎	长江口以北的黄渤海潮间带和潮下带浅海水域
福建牡蛎	长江口以南海域
香港牡蛎	福建以南海域
近江牡蛎	福建以南海域
熊本牡蛎	长江口以南海域
日本牡蛎	中国东海舟山群岛外部岛屿

牡蛎是中国传统四大养殖贝类之一，在我国贝类养殖业中占有重要地位，沿海各地都有养殖。我国牡蛎养殖已有2 000多年的历史，宋朝就有插竹养殖的记载。经过长期的实践和探索，养殖方法不断提高和完善。

（一）牡蛎养殖的生物学

1.繁殖方式

牡蛎的繁殖方式分幼生型和卵生型两种。

（1）幼生型

在繁殖期间亲贝将成熟的精子和卵子排到鳃腔里，并在此腔受精，经过卵裂发育成面盘幼虫后才离开母体，在海水中经过一个自由浮游阶段，然后固着变态成稚贝。属于这种类型的有密鳞牡蛎、食用牡蛎和希腊牡蛎等。

（2）卵生型

在繁殖期间亲贝把成熟的精子或卵子排出体外，在海水中受精，经过卵裂发育成幼虫，再固着变态成稚贝。它的整个生活史都在自然海区度过。大多数的牡蛎属于这种类型，如近江牡蛎、褶牡蛎、太平洋牡蛎、美洲牡蛎和大连湾牡蛎等。

（二）性别和性变

牡蛎的雌雄性别除了用显微镜检查外，还可用肉眼进行鉴别。方法是：从牡蛎生殖腺里吸一点生殖细胞，滴在玻片上的一滴海水中，若迅即散开，并能看到一个个极小的颗粒，就是雌性的卵子；如果像稀薄的牛奶或呈烟雾状延散，即为雄性的精液。

可是，牡蛎的性别很不稳定，无论在幼生型还是卵生型牡蛎中，都有雌雄同体和雌雄异体的性状存在，并且它们互相间经常发生性的转换，即从雌雄同体↔雌雄异体，或者雌个体↔雄个体。关于牡蛎性变的原因，许多学者进行了研究，由于试验对象、地点、方法以及环境条件的不同，所以有不同的结论，归纳起来有下列几个论点：①水温与性变。水温升高，雌性占优势，水温降低，雄性占优势。②代谢物质与性变。蛋白质代谢旺盛时，雌性占优势，如果碳水化合物代谢旺盛，雄性占优势。③营养条件与性变。在优良环境条件下，生长非常肥大的牡蛎雌性常占优势。④雄性先熟。认为牡蛎第一次性成熟多数为雄性，生殖季节过后，又恢复到两性的性状，第二年表现哪一种性状，由营养条件决定。⑤寄居豆蟹与性变。被寄居豆蟹寄居的牡蛎，雄性数量占优势。上述各种解释，目前还不能圆满解释牡蛎性变的原因。此外，对于牡蛎本身的遗传性状对性变有什么样的影响也缺乏研究。

（三）牡蛎性腺的发育过程

据佐佐木（1970）对太平洋牡蛎性腺发育过程的研究，从1月至2月间，牡蛎的生殖上皮的发育开始覆盖整个体表，这时水温通常处于常年最低的时期，生殖细胞渐渐增多为增殖期。用显微镜观察此时生殖腺发育状态，还很难判别雌雄个体。但是，饲育在好的环境条件下的某些个体,生殖腺就可以从增殖期进入生长期,至此,开始卵原细胞和精原细胞各自转入卵母细胞和精母细胞阶段。从3月末至4月,随着水温的逐渐上升,生殖腺急速发育,卵巢或精巢所占部分扩大到结缔组织中,这时的太平洋牡蛎已经可以从性腺中判清雌雄性别了,即已进入生长期。从5月末至6月是牡蛎生殖腺最发达的时期,卵巢中差不多都成了次级卵母细胞,精巢中充满了精子,体表树枝状的输卵管明显可见。这时雄的性腺为乳白色,雌的性腺略带黄色,一般已能从软体部外观来判别雌雄了。

牡蛎生殖腺的发育过程一般可分为五个时期。

Ⅰ期(休止期):牡蛎亲体生殖细胞排放殆尽,软体部表面透明无色,内脏块色泽显露。

Ⅱ期(形成期):软体部表面初显白色,但薄而少,内脏块仍见。生殖管呈现叶脉状,其内生殖上皮开始发育。

Ⅲ期(增殖期):乳白色生殖腺占优势,遮盖着大部分内脏块。生殖管内的卵原细胞和精原细胞开始转化为卵母细胞。

Ⅳ期(成熟期):生殖腺急剧发育,覆盖了全部内脏块,软体部极其丰满。生殖管明显,卵巢内几乎尽是卵细胞,精巢中充满了精子。

Ⅴ期(排放期):生殖腺在软体先端逐渐向后变薄,重现褐色内脏块。生殖管透明,间有空泡状,生殖细胞逐渐疏少。

了解牡蛎性腺的发育过程,与掌握牡蛎的采苗预报有直接关系。

牡蛎性腺发育过程中的一个生化特点是糖原的大量消耗。由于牡蛎大多在潮间带营固着生活,与其他的海洋双壳贝相比,休止期往往在结缔组织中积累大量糖原以适应环境的变化。在性成熟过程中,糖原为精卵的发育提供重要的能量来源。

(四)放精与产卵

1. 繁殖期

牡蛎一般出生后约经一年即达性成熟,开始繁殖。牡蛎的种类不同,繁殖期各有差异,就是同一种牡蛎,也因海区条件不同而不一样,即使是同一海区的同种牡蛎,每年的繁殖期也会随着环境因素的变化而有先后。例如近江牡蛎,在南海每年的5—8月间为其繁殖期,但生活在黄渤海河口附近的近江牡蛎,其繁殖期却要延迟到7—8月。同样,在广西合浦县大风江的近江牡蛎5—6月是繁殖期,可是,在广西的北海港,它的繁殖期要推迟1~2个月。一般说来,牡蛎的繁殖期大多在本海区水温最高、盐度最低的月份。在整个繁殖期间,常会出现2~4次的繁殖盛期。

据观察,太平洋牡蛎在产卵时开始于个别亲体,由此产生连锁反应,互相诱导。这时,水域里出现了极其浓密的白色混浊色的精子团和卵子团,随着潮汐、海流、风波而移动,或呈团块状,或呈带状流动着,并随之进行受精,孵化发育。

2. 产卵量

卵生型牡蛎产卵量很大。据测定统计,充分成熟的牡蛎,其生殖腺在体中央部横断面约占整体面积的60%~80%,一个壳长14.8 cm的太平洋牡蛎,在58 min间就能产出5 580万粒卵;

美洲牡蛎在 30~70 min 内一次的产卵量可达 1 亿余粒；即使一年生的褶牡蛎，壳长仅 4.4 cm，怀卵量也有 100 万~700 万粒。它们的卵是分期成熟，分批产出，实际产卵量还远不止上述数字。

但是，自然海区的敌害非常多，加上海洋中各种理化因子的异常变化，牡蛎从产卵、受精直至发生、变态，生长为一个成贝的百分率是非常低的。据小金泽（1958）的调查统计，松岛湾的太平洋牡蛎，100 万粒卵中，能够附着成稚贝的仅有 2.6~4.8 粒。在广西某地，即便是固着以后的牡蛎，每年因敌害和自然灾害死亡率也是很大的。由于自然选择的结果，卵生型牡蛎具有产卵量大的这种适应性，才能维持它的种族生存。与此相反，幼生型牡蛎的发生初期是在母体鳃腔中度过，幼虫受到母体的保护，成活率比较高，由于这种繁殖方式的复杂性和适应性，产卵量也就少得多。例如食用牡蛎，1 龄的亲贝仅怀有 10 万个幼虫，2 龄的只有 24 万个，3 龄的也只有 72 万个。

牡蛎的放精数量比产卵量还要大数百倍。但是，牡蛎每年的怀卵量和产卵量是很不一致的。

3. 排精产卵行为及性成熟与外界条件的关系

（1）水温

水温与牡蛎生殖腺的成熟和排精产卵有密切的关系。据 Loosanoff 等（1952）指出，在冬季用不同的水温处理 3 龄和 5 龄的美洲牡蛎，得到的结果不同。在 10 ℃ 的水温下饲养 35 d，生殖腺仍很不发达，使生殖腺成熟的最低水温必须达到 15.8 ℃，在 20 ℃ 和 25 ℃ 时，仅 5 d 就能获得成熟的生殖细胞，而且后者在第 7 天就有 24% 的牡蛎产卵和排精。在 30 ℃ 的水温下，生殖腺成熟更快，第 3 天就可以在生殖腺内找到成熟的精子和一部分卵子。可见，温度对牡蛎生殖腺的成熟速度起着非常重要的作用。

许多报告都曾指出，各种牡蛎产卵时所需水温都不同（见表 1-5）。但是，牡蛎的生殖与温度之间的关系不能被一个简单的数字所代表。它们往往与当年水温回升的迟早有关，一般情况下，水温回升早的就快；反之，产卵就推迟。牡蛎生殖腺发育成熟是产卵的内在因素条件，但还需要外界环境变化的刺激才能有效地进行繁殖，其中水温是主要的。水温 23~25 ℃ 是太平洋牡蛎产卵条件的适宜温度，而不是绝对的产卵温度。当具备了产卵的内在条件，只要当时的水温急剧上升 3~4 ℃，就能产生有效的刺激诱导作用，促使亲贝产卵。

表 1-5　几种牡蛎产卵时所需水温

种类	产卵水温（最适水温）（℃）	研究者
近江牡蛎	22.2~28.5（22~27）	藤森
近江牡蛎	22~30（22~27）	张玺等
太平洋牡蛎	25 以上	雨宫
太平洋牡蛎	23 以上（23~26）	横田、妹尾
褶牡蛎	21~26.6	张玺等
密鳞牡蛎	21~23	妹尾
美洲牡蛎	20~21.1	Nelson

(2)比重

海水比重与牡蛎产卵排精也有很大关系。在广西龙门港的近江牡蛎,1963年由于长期干旱,5月20日前,海水比重从1.015提高到1.020,亲贝的生殖腺已成熟,季节已到,但仍不产卵,到了5月21日,下雨量仅50 mm,海水比重稍降至1.018,牡蛎即大量产卵排精。相反,1964年3月底至4月初,由于降雨,海水比重处于1.003~1.008之间,到了5月上旬,牡蛎就进入了产卵盛期。褶牡蛎和大连湾牡蛎也有同样的情况,繁殖季节里,突然的大量降雨,也可加速产卵。

(3)潮汐

潮汐的运动影响牡蛎的产卵,特别是月缺和月圆时,即农历初一、十五,潮汐差最大的时候影响最大。这是牡蛎产卵排精行为的重要刺激条件。早在古罗马时代已有月亮与牡蛎产卵关系的传说,就是这个道理。

(五)胚胎和幼虫发生

1.发生过程

卵生型牡蛎用人工授精方法极易获得成功,条件适宜,受精可达100%。由于种类以及海水的温度和盐度等条件不同,发生时间就有较大的差别,但各种牡蛎的胚胎发生过程基本上相同。四种牡蛎受精卵的发生时间如表1-6所示。

表1-6 四种牡蛎受精卵的发生时间

发育阶段 \ 种类	褶牡蛎 26.6~27.7 ℃ $S=31.5$	近江牡蛎 28~29.5 ℃ $S=15$	太平洋牡蛎 20~23 ℃	密鳞牡蛎 18~28.8 ℃ $S=30.97$
第一极体	20~30 min	32 min		2 h
第二极体	30~35 min	35 min	45 min	2.5 h
第一次分裂	47~63 min	1 h 7 min	2 h	4~5 h
第二次分裂	70~80 min	1 h 35 min		5~6 h
囊胚期	3.5 h	6 h	6 h 10 min~6 h 30 min	10~14 h
原肠胚期		8 h	9 h	30~40 h
担轮幼虫	12 h	12 h	12~14 h	3 d
D形幼虫	40 h	20~22 h	22~23 h	6 d
壳顶初期幼虫		4~6 d	7~9 d	
壳顶中期幼虫		8~11 d	13~17 d	
壳顶后期幼虫		12~15 d	19~22 d	
固着变态	16~20 d	17~21 d	21~26 d	28 d

牡蛎的成熟卵径一般为 50~60 μm，精子全长约 60 μm，头部仅 2 μm。卵子受精收缩呈球形，同时生出一层透明的受精膜，细胞质开始流动，核消失。受精后在动物极相继出现第一、二极体。以后受精卵的细胞质向植物极流动，形成第一极叶。当第一极叶形成之后，即开始第一次分裂，接着进行第二次分裂。

牡蛎的卵裂是不等全裂，并且从第三次分裂就螺旋分裂。

经过 6 次分裂之后，胚胎发育成桑葚状，此时胚胎的内部还没有空腔出现，称为桑葚期。以后胚胎进一步发育为囊胚，周围密生短小纤毛，胚胎开始转动。到后来植物极的部分细胞内陷形成原肠腔，此时的胚胎称为原肠期。在相当于原口背唇的位置，有特别的细胞进入囊胚腔中发育成为中胚层。在原口的对面出现壳腺。在原口的周围生出较长的纤毛，胚胎依靠纤毛的摆动做回旋运动。

担轮幼虫一般在受精后 12 h 左右开始出现，此时一度内陷的壳腺再次翻出，并开始分泌贝壳。原肠发育而成为中肠，原口保留为幼虫口。从幼虫口的前面生出纤毛带。原肛在口的后方陷入，一旦与胃部相通即开始成为幼虫直肠部。担轮幼虫进一步发育成为面盘幼虫，此时幼虫的外形也由圆筒形变为侧扁。

随着幼虫的成长，双壳越来越明显，并且背缘平直，所以整个贝壳由马鞍形变成 D 字形。后来壳顶隆起，此后不久再发生变化，左壳壳顶突出。右壳生长较慢，使左右壳呈不对称状态。此时幼虫即将附着变态。

在幼虫即将附着的前几天开始出现眼点。眼点呈球形，黑色，位于鳃基的背前方。幼虫附着之后，眼点开始退化，在成体完全消失。

2. 影响发生的环境条件

牡蛎完成整个胚胎发育至附着变态的时间，在正常条件下一般需要 2~3 个星期。假若环境条件不利，如水温和盐度的变化，胚胎发育的时间就会受到影响。

（1）水温

水温对牡蛎胚胎的发育影响极大。各种牡蛎的发生都各有其适温范围，例如日本产的太平洋牡蛎，胚胎发育时最适水温为 23~25 ℃，水温低于 20 ℃ 或高于 30 ℃ 时，发育畸形率就会大大增加。同时水温的高低也影响着牡蛎的孵化速度，在适温范围内，孵化的速度与水温成正比。

水温的高低也影响着牡蛎附着变态的早晚。人工培育的太平洋牡蛎幼虫，在水温 22~25 ℃ 条件下，从卵受精到附着变态需 18~19 d。在水温 27~27.5 ℃ 条件下，只需要 15 d。近江牡蛎在 24~34 ℃ 条件下需 19~21 d。大连湾牡蛎在 18~23 ℃ 条件下需 18~22 d。褶牡蛎在 18.6~23.5 ℃ 条件下，18~22 d 便可附着变态。

（2）盐度

海水盐度对牡蛎的发生影响也很大，但各种牡蛎对盐度的要求不同。一般生活在低盐度的近江牡蛎，发生时所需的盐度较低。而生活在高盐度的密鳞牡蛎则要求较高的盐度。这都是受环境长期影响的结果。

太平洋牡蛎胚胎发育的最适宜盐度为 17‰~26‰，盐度低于 5.96‰ 时不能发育，盐度高于 34‰ 时也不能发育。

牡蛎幼虫在附着—固着的变态过程中,海水盐度的高低直接影响着足丝腺的发育、足丝黏度的强弱和黏胶物质的分泌量。如美洲牡蛎,它的幼虫附着变态时适宜的盐度为15‰~25‰,尤以20‰时最为适宜。此时分泌足丝的黏性最大,而且固着时所需时间最短,仅用20 min 左右就可完成固着动作。但在盐度过高、过低时所分泌出的足丝一般比较脆弱,黏胶物质的分泌量也较少,造成了幼虫附着和固着时的困难,如海水盐度低于10‰或高于28‰时,完成固着动作要长达50 min 以上。

(六)牡蛎的生长

我国几种主要牡蛎的生长规律属两个类型。如近江牡蛎、太平洋牡蛎、密鳞牡蛎等,在固着后的若干年内能不断地生长。

南海沿岸的近江牡蛎,初固着时只有300 μm。但固着后,生长速度较快,在半年以内,壳长可达5 cm,满一年约为7~8 cm,满两年约为15 cm,满三年可达20 cm,以后每年还继续生长。一般优良环境下的养殖和垂下式养殖的牡蛎,满一年或两年便可达到收成的规格。

贝壳的生长还具有季节性的变化,特别是生长期较长的牡蛎格外明显。例如近江牡蛎,在青岛它们的贝壳生长可分为四个时期:(1)休止期,自1月开始至3月中旬,水温较低(平均水温低于5 ℃),贝壳的生长几乎陷入完全停顿的状态;(2)第一次生长期,自3月中旬至5月,由于春天到来,水温很快上升,这时为近江牡蛎贝壳生长最旺盛的时期;(3)产卵期,自6月至9月初为产卵季节,这个时期的环境条件虽然非常适合贝壳的生长,但牡蛎在这个季节中主要是繁殖后代。因此,肉质部的变化最大,而贝壳的生长却很慢;(4)第二次生长期,自9月初至12月底,此时牡蛎产卵完毕,而且水温也适宜,所以贝壳的生长也比较迅速。

生长期较短的褶牡蛎也同样存在生长的季节变化。在青岛褶牡蛎的生长期一般需要3个月才能完成,如果在这个时期,恰好处于低温的季节,那么贝壳的生长速度便会大大降低。在东海和南海,当年采到的褶牡蛎苗就有夏苗与秋苗之分,同样养3个月,夏苗的生长速度要比秋苗快一倍以上。因为夏苗度过的3个月,正是水温适宜、生长旺盛的季节,而秋苗需要熬过水温低的冬季,所以生长速度显得特别慢。

牡蛎贝壳的生长,给软体部的增长以足够容纳的空间。软体部的生长,一般在冬末春季之间最为肥满。

必须指出,海区环境条件不同,牡蛎的生长速度也有很大差异。总的来看,水流畅通、饵料丰富和暴露空间时间短的海区,牡蛎生长较快。养殖设施多、养殖密度大以及污损生物多的海区和贫营养海区,由于饵料不足,牡蛎生长较慢。

(七)我国牡蛎新品种

牡蛎的遗传改良日益受到重视,近些年取得较快进展,新品种不断涌现。李琪教授团队2014年育成我国首个牡蛎新品种"海大1号"后,又育成"海大2号""海大3号""海大4号"等系列新品种;喻子牛研究员团队2015年育成"华南1号"等新品种;曾志南研究员团队2017年育成"金蛎1号"新品种。这些新品种的育成和应用有力地推动了牡蛎产业的发展。此外,青岛前沿海洋种业有限公司在牡蛎三倍体的推广应用方面做出了重要贡献,于2021年育成

"前沿1号"新品种。但中国牡蛎育种与国际其他贝类一样,大多还是重点关注包括生长和抗病等产量性状的遗传改良,而对于糖原含量等品质性状的遗传改良,由于手段创新性不够等原因进展缓慢。张国范团队在查清牡蛎经济性状的遗传力及表型相关性的基础上,锚定糖原含量调控的基因组模块区域,建立品质性状基因模块选育技术,育成"海蛎1号"新品种。杨建敏团队以高糖原含量性状为主选育目标,采用 NIR-BLUP 家系选育技术,经连续4代家系选育而成的"鲁益1号"新品种,实现了对牡蛎品质性状的遗传改良。

(八)牡蛎的苗种培育技术

牡蛎的自然海区半人工采苗是根据牡蛎的生活史和生活习性,在繁殖的季节里,利用人工的方法向自然海区投放适宜的采苗器,使其幼虫附着和固着变态,发育生长,从而获得牡蛎养殖所需苗种的方法。采用这种方法生产牡蛎苗种,方法简便,成本低,产量大,历史悠久,是大众化的生产苗种方法。

1.采苗场地

凡有牡蛎自然分布的海区,一般可以通过半人工采苗方法采到蛎苗。采苗场地的条件是:

(1)地形:选择风浪较平静的囊形或楔形内湾,地势平坦,冬季没有冰堆。

(2)底质:以沙泥质或泥沙质为好。

(3)盐度:近江牡蛎选择海水盐度较低的河口附近,大连湾牡蛎和密鳞牡蛎应选择在远离河口的海区,褶牡蛎则介于两者之间。

(4)潮流:一般流速维持在 40~60 cm/s 为宜,有涡流处对蛎苗固着有利。

(5)水深:依种类和采苗方法的不同,采苗场从潮间带附近可延伸至水深 10 m 左右。

2.采苗期及采苗预报

牡蛎的采苗期随种类和海区的不同而有差异。一般来说,近江牡蛎的采苗期在南海为 5—8 月,在黄海、渤海为 7—8 月;褶牡蛎 4—8 月都有幼虫附着,在青岛、大连沿海采苗期为 6—7 月。

为准确掌握采苗季节,必须进行采苗预报。采苗期可通过牡蛎性腺发育情况、海水中浮游幼虫鉴别及发育状况,结合海况变化的观测来确定。当乳白色的生殖腺覆盖了整个内脏团的表面后,如海区海水比重下降或遇较大风浪,大多数牡蛎的软体部突然消瘦,表明牡蛎已经大批量排放精卵。一般情况下,在产卵后半月左右,幼虫可固着。如果结合拖网镜检幼虫,准确度更高。当发现大量牡蛎幼虫发育至壳顶幼虫时,应立即组织人力投放采苗器。

3.牡蛎幼虫的固着习性

当牡蛎幼虫在海水中经过一个阶段的浮游生活后,就必须固着在物体上变态成稚贝。正常情况下,一个即将固着的幼虫用足部在固着物上爬行,遇到合适的地方,便自足丝腺中放出足丝,附着在固着物的表面上,等到使较大一侧的左壳完全安置好了之后,再从外套膜中分泌出黏胶物质,将左壳固定在固着物上。据观察,固着的动作仅在几分钟内便可完成。若环境条件不适宜,幼虫就会延长变态的时间,甚至不能固着。

各种牡蛎固着时的大小是不一样的,一般固着大小为:近江牡蛎、褶牡蛎壳长达 350 μm 左右,大连湾牡蛎为 315 μm 左右,长牡蛎为 330 μm 左右。若幼虫发育生长条件较好,幼虫固着时要小些;条件较差时,幼虫固着时要大些。

牡蛎幼虫固着时,对固着基和固着环境有一定的选择性。

(1)幼虫固着对粗糙面和光滑面的选择

将壳高为 5.5~6.0 cm 的海湾扇贝和栉孔扇贝贝壳各 10 片,在壳顶处穿孔,以 6~8 cm 的间距用细线串成串,挂入育苗池中水下 10 cm 以下(水经过严格过滤处理),使贝壳自然下垂,无阴阳面之分。24 h 后观察贝壳上附苗情况,发现两种扇贝贝壳粗糙面上的附苗量均多于光滑面。

(2)幼虫固着对阴面和阳面的选择

投放贝壳固着基后,从育苗池中随机选出阴面为光滑面和阴面为粗糙面的海湾扇贝贝壳,观察其附苗情况。结果表明,虽然幼虫对粗糙面有一定的选择性,但是对阴面的选择性更大,不论阴面是粗糙面还是光滑面,其附苗量均明显大于阳面。

(3)幼虫固着对颜色的选择

在同一环境条件下,幼虫对固着基颜色有不同的选择性,对灰色固着基选择性最好,黑色和红色次之,白色最差。

(4)幼虫固着对固着基大小的选择

人工育苗中,贝壳、塑料板等大型固着基的采苗效果都是很好的。小颗粒试验表明,小于 0.25 mm 的颗粒,幼虫不能固着。在 0.25~0.35 μm 大小的颗粒中,幼虫只固着于偏大的颗粒上,颗粒大小与幼虫自身壳长相仿。因此,认为固着基最小不能小于幼虫自身的壳长。

(5)幼虫固着对水层的选择

在幼虫培育中,幼虫上浮十分明显,幼虫多集中于水深小于 50 cm 的中上层水中,且在此水层采苗较多,而下层水中采苗较少。如塑料板采苗,0~20 cm 水深采到 12.7 个/cm^2,30~50 cm 水深采到 12.8 个/cm^2,60~80 cm 水深只采到 5.1 个/cm^2。在自然界中,幼虫多固着在低潮线上下 0.5 m 左右水层中。

(6)海水盐度对幼虫固着的影响

海水中盐度的高低影响着牡蛎幼虫足丝腺的发育、黏胶物质的分泌量和足丝黏度的强弱。在过高或过低的盐度下,分泌出来的足丝一般比较细而脆弱,黏胶物质的分泌量也较少,给幼虫在固着时造成了困难。

4.采苗方法

(1)投石(壳)采苗

以石块或贝壳作为采苗器。

①蛎石(壳)的处理:石块以每块重 2~4 kg 为宜,新石块可以直接投放,旧石块需先清除上面的污附;若用蛎壳,要捡大弃小。

②场地整理:对于硬质滩涂,可以直接在选好的海区上划分界限,树立标志。在涨潮时用船将采苗器运到指定的地点,待退潮后整理;对于软质滩涂,在采苗前需要在潮间带修筑畦形采苗基地。畦一般宽 4~5 m,高 20~30 cm,畦与畦之间以沟相隔,畦间距 1 m 左右。畦筑好

后,插竹作为标记,涨潮时将采苗器放到畦上,潮水退后再进行整理。深水采苗要选择底质较硬的海区,划分区域,做好标记。

③采苗器的排列方式有两种,一是将蛎石堆列成长条状,二是将数块蛎石为一簇堆在一起。利用贝壳作采苗器时,可将贝壳均匀地插在潮间带上,比平铺在滩涂上采苗效果好。一般采苗器的投放量为:石块 $10\sim20~m^3$/亩,贝壳 $10\sim15~m^3$/亩。

④采苗效果的检查:蛎苗固着 $3\sim5~d$ 后,壳长为 $0.2\sim0.3~mm$,用肉眼可以观察。若蛎苗附苗过密,可将其翻入泥中,窒息部分蛎苗,或用铁丝耙去部分蛎苗,也有任其自然生长,长大时部分蛎苗被挤下来,可播养到硬质滩涂上扩大养殖。

蛎石投放后也可能有藤壶固着。蛎苗与藤壶的区别是:蛎苗略呈椭圆形,色深,扁平,手摸感觉光滑;藤壶苗呈圆形,色淡,较高,粗糙,有刺手感觉。若检查藤壶很多,应清理蛎石,重新采苗。

(2)筏式采苗

适用于水深 $4~m$ 以上、风平浪静的内湾。在海区设置浮筏,一般以牡蛎壳和扇贝壳作采苗器,在贝壳中央钻一小孔,以绳串联,贝壳之间也可用 $2\sim3~cm$ 的小竹管隔开,每串长 $2\sim3~m$,垂挂于浮梗上。每串贝壳间距离为 $0.4\sim0.5~m$。一般每壳上固着 $10\sim20$ 个蛎苗即可。亦可利用橡胶胎采苗。

(3)栅式采苗

栅式采苗又称简易垂下式采苗。在低潮线附近,干潮时水深 $2\sim4~m$,风浪较平静的海区,立木桩、水泥柱或石柱等,上面纵横用竹、木、水泥柱架设成栅,将成串的采苗器悬挂于栅架上进行采苗(见图 1-1)。

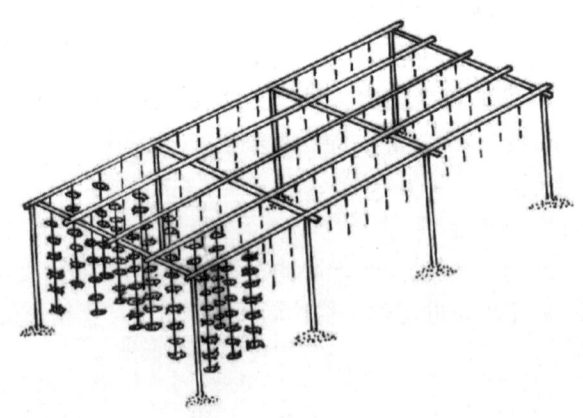

图 1-1 栅式采苗

5.采苗效果的检查

根据采苗预报,按一定的采苗方式投放采苗器之后,再过 $3\sim4$ 天的时间就可以看出采苗效果。检查时将采苗器取出,洗去浮泥,利用侧射阳光,肉眼就能清楚地看到蛎苗附着的情况。

在采苗过程中,也可能有藤壶附着,要注意加以区别。如果固着个体略呈圆形、色深、扁平,用手摸较光滑者即是牡蛎苗;如果呈椭圆形、乳白色、较高,用手摸较粗糙者是藤壶苗。如果藤壶苗大量附着而牡蛎苗很少,甚至没有时,应考虑重新清理采苗器再采。如果牡蛎苗过密,应采取疏苗措施,方法是用蛎铲在采苗器上划几道痕迹,废弃部分蛎苗,以保持蛎苗的正常生长。在生产上,一般以每平方厘米采苗器上的蛎苗个数,作为检查蛎苗密度的标准。如果蛎苗密度小于 0.2 个/cm^2,则达不到生产要求;0.5~1.5 个/cm^2 为适量;1.5~4 个/cm^2 为较多;大于 4 个/cm^2 为过密。

(九)牡蛎的室内人工育苗生产

1.亲贝的选择与蓄养

(1)亲贝的选择

用作亲贝的牡蛎应大小整齐,体质健壮,无损伤,无病害。一般褶牡蛎 1~2 龄,壳长 5~6 cm;大连湾牡蛎和近江牡蛎 2~3 龄,壳长 10 cm 以上;太平洋牡蛎 2~3 龄,壳长 9~10 cm。

(2)蓄养方式

亲贝经洗刷,除去污物和附着物后,可入池蓄养。一般采用网笼或浮动网箱蓄养,蓄养密度视个体大小而定,一般 80~100 个/m^3。

(3)管理内容

①换水:前期可每天倒池一次,后期采用大换水或流水培育。

②投饵:每 2~3 h 投喂一次,以单胞藻为主,饵料不足时亦可投喂鼠尾藻磨碎液及淀粉、酵母等代用饵料。

③充气:亲贝培育期间宜采用连续充气,以增加水体中的溶解氧。

④水温控制:培育前期日升温 1~2 ℃;水温达 15 ℃ 以上时,日升温 0.5~1 ℃。

⑤性腺发育观测:定期取样测量肥满度,并镜检精卵发育情况。

此外,施加抗生素抑菌或投放光和细菌,以及水质检测等都是必要的。

2.采卵与孵化

(1)精卵的获得

牡蛎的精卵可以通过自然排放、诱导排放或解剖方法获得。

①自然排放:让亲贝充分发育成熟,自行排放精卵。当牡蛎的性腺丰满,覆盖整个消化腺,肥满度达到 25% 以上时,基本上就具备了自然排放的条件。

②诱导排放:采用阴干刺激、流水刺激、升温刺激或降低盐度等方法,诱导性腺发育成熟的亲贝集中大量排放精卵。这些诱导方法单独使用或几种结合使用皆可。

③解剖取卵:用解剖刀从韧带部挑起,割断闭壳肌,去掉右壳,露出软体部,用水滴法检查雌雄。将卵巢取下,放入 80 目网袋中,轻轻搓洗,将卵子洗下后,用 250 目筛绢过滤,去掉大的组织和杂质(见图 1-2)。

图1-2 牡蛎的解剖取卵

自然排放和诱导排放的优点是不杀伤亲贝,卵子成熟较好,但往往精子过多,影响胚胎发育。解剖取卵可以避免精子过多的弊病,但卵子发育同步性较差,可在受精前先将卵子在海水中浸泡一段时间(以1 h左右为宜),以促进卵子进一步成熟,提高卵子的受精率。

(2)孵化

卵子受精后,在23~25 ℃条件下,一般经过24 h发育为D形幼虫。这时用350目筛绢将幼虫移入另池培育。生产上一般在此时统计D幼率作为孵化率。

3. 幼虫培育

幼虫培育指从D形幼虫开始到幼虫附着变态为稚贝为止这一阶段。幼虫培育期间管理如下:

(1)幼虫密度

D形幼虫的密度以8~15个/mL为宜。随着幼虫的生长,可适当降低密度。

(2)换水

每日换水2~3次,每次更换1/2~1/3水体,换水温差不要超过2 ℃,也可采用流水培育进行水的更新。

(3)投饵

幼虫对饵料的要求:个体小(长20 μm以下,直径10 μm以下);浮游于水中,易被摄食和消化,营养价值高;代谢产物对幼虫无害;繁殖快,易培养。

投饵密度:扁藻3 000~8 000个/mL,小球藻10 000~20 000个/mL,金藻30 000~50 000个/mL。混合饵料优于单一饵料,个体小的优于个体大的。投喂时,应坚持"勤投少投"的原则,禁止使用污染和老化的饵料。

(4)选优

由于牡蛎幼虫发育的同步性较差,在生产上将大小整齐、游动活泼的优质幼虫选出集中培育是必要的。牡蛎幼虫有上浮习性,并有趋光性,因此可用拖网将中上层的幼虫选入另池培育。也可采用虹吸法,用较大网目的筛绢将个体较大的幼虫选出进行培育。

(5)充气与搅动

在幼虫培育过程中均可充气,这可增加水中的溶解氧,使饵料和幼虫分布均匀,有利于代谢物质的氧化。无条件充气,可每日搅动 4~5 次,一般充气加搅拌为好。

(6)倒池与清底

由于残饵、死饵及代谢物质的积累,死亡的幼虫、敌害和细菌的大量繁殖,氨态氮大量贮存,严重影响水的质量和幼虫发育,因此在育苗过程中要倒池或清底。倒池采用拖网或过滤的方法,每 3 天左右倒池一次,两次倒池之间用清底器清底。

(7)抗生素的利用

利用 1×10^{-6}~2×10^{-6} 的土霉素、氯霉素或青霉素能抑菌并提高幼虫的成活率。

(8)除害

常见的敌害有海生残沟虫、游扑虫和猛水蚤等,其危害方式主要是争夺饵料、败坏水质,繁殖较快,在种间斗争中占优势。对敌害要以防为主,过滤水要干净,容器要消毒,避免投喂污染的饵料。一旦发现敌害,可以采用大换水或机械过滤将幼虫移入另池培育,也可用药品杀灭:鞭毛虫、纤毛虫用 0.4×10^{-6} 硫酸铜杀灭,猛水蚤用 1×10^{-6} 敌百虫杀灭。

(9)水质分析和生物观察

水质分析主要测量育苗用水的理化因子,牡蛎幼虫培育过程中,一般要求 pH 值为 8.0~8.4,溶解氧含量高于 4.5 mg/L,氨态氮含量低于 0.1 mg/L。

生物观测包括饵料密度、幼虫密度及幼虫生长测量,幼虫摄食情况及敌害生物的检查。

4. 采苗

牡蛎幼虫在水中经过一段时间的浮游生活之后,便要固着下来变态成稚贝,此时便可投放采苗器采苗。

(1)采苗器种类

常用的采苗器有牡蛎壳、扇贝壳、水泥块、塑料板(盘)、胶胎、瓦片等。采苗器必须处理干净,贝壳要严格除去其上的闭壳肌及附着物,塑料板及竹片等应经过长时间浸泡洗刷,除去有毒物质,投放之前,应以 10×10^{-6} 的青霉素处理 0.5 h 以上。

(2)投放时间

由于牡蛎幼虫发育的同步性较差,同批幼虫大小差异显著,所以采苗前应选优一次,将健康、整齐的大个体幼虫集中选入另池采苗。约 40% 的幼虫出现眼点后,即可投放采苗器。

(3)投放方法

贝壳可串联成串后垂挂于池中,也可平铺于池底或放入扇贝笼中采苗,一般投放量为 5 000 壳/m³。塑料盘(直径 30 cm)或板悬挂于采苗池中,一般 50~60 盘/m³。

(4)采苗密度

采苗密度以 0.25~0.5 个/cm² 稚贝为宜。以贝壳为采苗器时,一般每壳附苗 10 个即可。为防附苗密度过大,可将密度较大的幼虫分为多池采苗,或者多次采苗,即将采苗器分批投入并及时出池。

(5)异地采苗

异地采苗即将牡蛎幼虫运往他地进行采苗的方法。最近几年,美国一些孵化场专门从事牡蛎幼虫的培育工作,当幼虫出现眼点以后,售给生产单位进行生产性的采苗,甚至在日本、韩国等地培育眼点幼虫,再运送到美国进行采苗。

眼点幼虫的运输方法如下:将眼点幼虫过滤出来,用筛绢包裹,外放吸水纸保持一定的湿度,置于泡沫塑料箱中,利用双层塑料袋在箱内分置浓盐度低温水(水温-4 ℃左右)或冰块,再进行干法运输。也可利用保温箱,在低温、高湿度状况下干法运输幼虫。

异地采苗可以避免采苗器对采苗池的污染,提高育苗池的利用率,能够充分发挥生产单位的潜力。此外,眼点幼虫的运输简便易行、成本低廉,是一项很有推广前途的苗种生产方法。

5.稚贝培育

幼虫附着变态后即成为稚贝。在此期间要加大投饵量及换水量,以满足其生长发育的需要。同时要逐渐降低水温,增加光照,使室内环境逐步与外界自然环境一致。这时稚贝生长较快,壳长日增长达 100 μm 以上,一般在室内培育 7~10 d 即可出池。

(十) 牡蛎的三倍体育苗技术生产

1.亲贝的选择与处理

(1)选择

太平洋牡蛎 2 龄,体长 10 cm 以上,体质健壮,无创伤,自然海区无死亡现象。

(2)处理

首先用水冲洗一遍,然后用刀具将贝壳上的附泥、杂藻和其他附着和固着生物去掉,用塑料毛刷刷洗干净。

2.亲贝的蓄养

(1)蓄养方式

亲贝入池时间一般在 2 月上旬为好。采用浮动网箱(长 2.5 cm,宽 1 m 左右,深 30 cm),或用网笼(直径 30 cm 左右,层间距 15 cm 左右,4~5 层)蓄养。蓄养密度一般 100 个/m³ 左右。

(2)蓄养管理

①投饵。饵料种类有鼠尾藻磨碎液、人工培养的单胞藻(金藻、硅藻、扁藻等)、鲜酵母、光合细菌、螺旋藻粉、淀粉等。

投喂量小硅藻约保持密度 5 万个/mL。其他饵料据其大小和鲜活状况酌情投喂。投饵次数,水温 3~7 ℃条件下,每天投喂 8 次;7~10 ℃,每天 12 次;10 ℃以上时,每天 24 次。

②加温。亲贝入池后,先稳定 1 d,然后以每日升温 0.5~1 ℃至 10 ℃,稳定 1 d,再以每日升温 0.5~1 ℃至 15 ℃,稳定 2~3 d,以升温 0.5~1 ℃至 20 ℃,然后以每日升温不高于 0.5 ℃至 22 ℃,稳定数日,等待采卵。

③换水。初期采用倒池方法,在 15 ℃以下,每隔一日倒池一次,每隔一日大换水一次,每次换水量约 1/2。15~22 ℃之间,每日大换水 1/2,每隔两日倒池一次。为了保证水质良好,后期增投光和细菌。

④其他。每日清底一次,微量充气,及时清除死亡个体。观测水温和氨氮,观察摄食状况和性腺发育程度,测量饱满度。保持环境卫生。

3. 采卵

取培育成熟的牡蛎,除去右壳,可见乳白色性腺非常饱满,遮盖了全部消化腺,用吸管或解剖镊子取一点生殖细胞,放入置有一滴海水的载玻片上,遇水后马上散开的为卵子;若放入一滴生殖细胞,在水中成烟雾状,则是精子。

将充分成熟的亲贝按雌雄严格分开,为了保证质量,可将操作人员分两组,一组负责开壳,另一组负责检查雌雄,首先肉眼观察,分辨雌雄,然后在显微镜下再严格复查一遍,并分别隔离放置。然后分别去掉鳃外套膜等部分,将性腺取出,撕破生殖腺,将卵子轻轻揉洗下来,先用100目、200目筛绢过滤,以便除去较大颗粒,再用500目筛绢过滤,除去较小杂质和组织液以备受精。为提高卵的受精率,将卵在过滤的海水中浸泡 0.5~1 h。在浸泡卵子的同时,将雄性生殖腺划破,用过滤海水将精子冲洗下来,再用500目筛绢过滤制成精液备用。

4. 授精

人工授精,一般雌雄比例按 10:1~15:1 即可,将精子按上述比例加入卵液中,迅速均匀搅动,即可受精。受精卵密度为 1×10^4~2×10^4 个/L。在 23~25 ℃条件下,卵受精后 10 min 左右进行洗卵。

5. 多倍体诱导牡蛎产生三倍体操作步骤

精卵受精后,连续取样在显微镜下观察受精卵的发育情况。当发现有 40%~50% 的受精卵出现第一极体时,即可开始诱导处理。加入 6-DMAP 药液至终浓度为 50~70 mg/L,迅速搅拌均匀。受精卵在 6-DMAP 中浸泡处理 10~15 min 后,用 500 目筛绢滤除药液,并用过滤海水滤洗受精卵,然后放入新鲜过滤海水中进行孵化。受精卵孵化密度为 30~50 个/mL。孵化过程中进行充气,观察胚胎发育状况。

6. 幼虫培育

幼虫培育指从 D 形幼虫开始到幼虫附着变态为稚贝为止这一阶段。幼虫培育期间管理如下:

(1)幼虫密度

D 形幼虫的密度以 6~10 个/mL 为宜。随着幼虫的生长,可适当降低密度。

(2)换水

每日换水 2~3 次,每次换水 1/2~1/3 水体,换水温差不要超过 2 ℃,也可采用流水培育进行水的更新。

(3)投饵

投饵密度:扁藻 3 000~8 000 个/mL,小球藻 10 000~20 000 个/mL,金藻 30 000~50 000 个/mL。混合饵料优于单一饵料,个体小的优于个体大的。投喂时,坚持"勤投少投"的原则,禁止使用污染和老化的饵料。

(4)选优

由于牡蛎幼虫发育的同步性较差,在生产上将大小整齐、游动活泼的优质幼虫选出集中培育是必要的。牡蛎幼虫有上浮习性,并有趋光性,因此可用拖网将中上层的幼虫选入另池培育。也可采用虹吸法,用较大网目的筛绢将个体较大的幼虫进行培育。

(5) 充气与搅动

在幼虫培育过程中均可充气,这可增加水中的溶解氧,使饵料和幼虫分布均匀,有利于代谢物质的氧化。无条件充气,可每日搅动 4~5 次,一般充气加搅拌为好。

(6) 倒池与清底

由于残饵、死饵及代谢物质的积累,死亡的幼虫、敌害和细菌的大量繁殖,氨态氮大量贮存,严重影响水的质量和幼虫发育,因此在育苗过程中要倒池或清底。倒池采用拖网或过滤方法,每 3~5 天倒池一次,两次倒池之间用清底器清底。

(7) 水质分析和生物观察

水质分析主要测量育苗用水的理化因子,牡蛎幼虫培育过程中,一般要求 pH 值为 8.0~8.4,溶解氧含量高于 4.5 mg/L,氨态氮含量低于 0.1 mg/L。

生物观测包括饵料密度、幼虫密度及幼虫生长测量、幼虫摄食情况及敌害生物的检查。

7. 采苗器的投放

牡蛎幼虫在水中经过一段时间的浮游生活之后,便要固着下来变态成稚贝,此时便可投放采苗器采苗。

(1) 采苗器种类

常用的采苗器有牡蛎壳、扇贝壳等。采苗器必须处理干净,贝壳要严格除去其上的闭壳肌及附着物,投放之前,应以 10×10^{-6} 的青霉素处理 0.5 h 以上。

(2) 投放时间

投放采苗器的时间应在幼虫即将附着变态之前,水温 20~23 ℃ 条件下,太平洋牡蛎的幼虫培育 20 d 左右、壳长达 300~320 μm 时,有 30% 出现眼点,即可投放采苗器,或者筛选牡蛎眼点幼虫入别池中,再投放采苗器进行采苗。由于牡蛎幼虫发育的同步性较差,同批幼虫大小差异显著,可筛选牡蛎眼点幼虫入另池中,再投放采苗器进行采苗。

(3) 投放方法

贝壳可串联成串后垂挂于池中,也可平铺于池底或放入扇贝笼中采苗,一般投放量为 5 000 壳/m³。塑料盘(直径 30 cm)或板悬挂于采苗池中,一般 50~60 盘/m³。

(4) 采苗密度

以 0.25~0.5 个/cm² 稚贝为宜。以贝壳为采苗器时,一般每壳附苗 10 个即可。为防附苗密度过大,可将密度较大的幼虫分为多池采苗,或者多次采苗,即将采苗器分批投入并及时出池。

8. 异地采苗

异地采苗即将牡蛎幼虫运往他地进行采苗的方法。眼点幼虫的运输方法如下:将眼点幼虫过滤出来,用筛绢包裹,外放吸水纸保持一定的湿度,置于泡沫塑料箱中,利用双层塑料袋在箱内分置浓盐度低温水(水温 -4 ℃ 左右)或冰块,再进行干法运输。也可利用保温箱,在低温、高湿度状况下干法运输幼虫。只要容器内保持一定的湿度和 4~8 ℃ 低温,一般 10 h 左右的运输,可达 100% 的成活率。

异地采苗可以充分利用某些单位对虾育苗池或贝类育苗池条件。就地采苗不仅减少了亲贝蓄养、幼虫培育过程,而且减少了采苗器的长途运输,提高异地育苗池的利用率,能够充分发挥生产单位的潜力,优势互补。此外,眼点幼虫的运输简便易行、成本低廉,是一项很有推广前途的苗种生产方法。

9.稚贝培育

幼虫附着变态后即成为稚贝。在此期间要加大投饵量及换水量,以满足其生长发育的需要。同时要逐渐降低水温,增加光照,使室内环境逐步与外界自然环境一致。稚贝生长较快,壳长日增长达 100 μm 以上,一般在室内培育 7~10 d 即可出池。

10.稚贝海上暂养

稚贝附着后 5~7 d,壳长生长到 800~1 000 μm 时就可以出池了。具体出池时间的确定,除根据天气预报外,还应考虑避开藤壶、贻贝等附着生物的附着高峰期。稚贝出池后挂到海区筏架上暂养,此时稚贝生长速度很快,在海区水温 25 ℃ 左右条件下,出池后一个月的稚贝,平均壳长可达 24~30 mm。因此适时出池对加快稚贝生长、早日分散养成是有利的。

11.无固着基牡蛎的培育

牡蛎具有群聚的生活习性,常多个牡蛎个体固着在一起,由于生长空间的限制,壳形极不规则,大大地影响了美观。群聚还造成了牡蛎在食物上的竞争,影响其生长速度。无固着基牡蛎由于其游离性而不受生长空间的限制,因而壳形规则美观,大小均匀,易于放养和收获。网笼养殖和海底播养增加了养殖空间和饵料利用率,提高了单位养殖水体的产量。网笼养殖减少了蟹类、肉食性螺类等较大个体敌害的危害。

无固着基牡蛎的形成是在牡蛎幼虫出现眼点即具有变态能力时,对其进行一系列的处理,使之成为单个的游离的牡蛎。一般采用下列三种方法:

(1) 肾上腺素(EPI)和去甲肾上腺素(NE)处理法

EPI 和 NE 能诱导牡蛎眼点幼虫产生不固着变态行为,其最适浓度为 10^{-4} mol/L,诱导不固着变态率分别达 59.9% 和 58.0%,药品处理对稚贝的生长无明显副作用。

(2) 颗粒固着基采苗法

使用微小颗粒作固着基,让幼虫固着变态。变态后的稚贝生长速度较快,微小的颗粒固着基对于稚贝来说,显得微不足道,起不了固着基的作用,故蛎苗还是单个的、游离的。用作颗粒固着基的有石英砂和贝壳粉。利用底质分样筛筛选出 0.35~0.50 mm 大小的颗粒,尤其以 0.35 mm 左右的颗粒产生的单体率最高。

(3) 先固着后脱基法

牡蛎幼虫出现眼点后,向池中投放各种固着基让幼虫固着,待其长到一定大小时,再脱基而成无固着基牡蛎。若选用那些质硬、面粗的贝壳、瓦片等作为固着基,采苗效果虽好,但脱基困难,蛎苗易被剥碎。一般以质软的塑料板(厚 2~3 mm)和厚的塑料薄膜作为采苗器为佳,尤以灰色塑料板效果最好。

12.倍性的检测方法

(1) 胚胎三倍体率的检测

利用染色分析法、流式细胞仪计测量法、极体计数法、核仁计数法等方法,可检测胚胎期的三倍体率。

(2) 幼虫和成体的倍性检测

幼虫和成体期间一般采用流式细胞仪进行倍性的检测分析。幼虫期可用筛绢直接收集幼虫,幼贝和成贝一般取鳃组织,取得的样品用 DAPI 进行荧光染色后,直接用流式细胞仪分析倍性。流式细胞仪分析牡蛎二倍体和三倍体如图 1-3 所示。

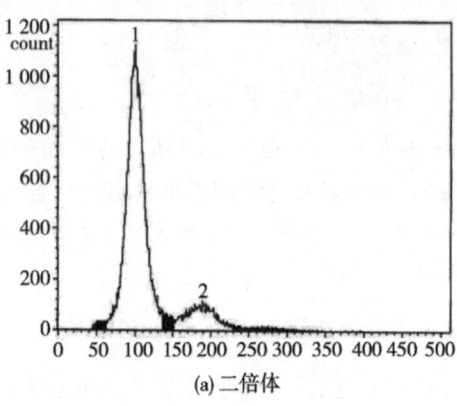
(a) 二倍体

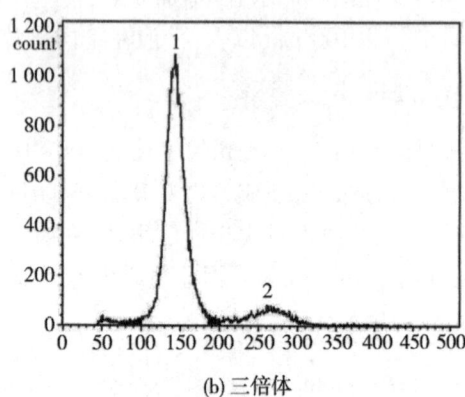
(b) 三倍体

图 1-3　流式细胞仪分析牡蛎二倍体和三倍体图

(3) 四倍体牡蛎的培育

四倍体牡蛎的培育的最终目的是与二倍体杂交生产 100% 的三倍体。目前,四倍体的产生主要有两种途径:

① 利用二倍体直接诱导四倍体

抑制第一极体或同时抑制两个极体的释放、抑制第一次卵裂、细胞融合和人工雌核发育等方法都能获得四倍体胚胎或幼虫,但存活率低,难以培育至固着变态。

② 利用三倍体牡蛎诱导四倍体

这种方法利用三倍体牡蛎产生的卵子与正常精子受精,然后抑制第一极体,可产生存活的四倍体。其操作方法基本同三倍体。通过这种方法,已在太平洋牡蛎和美洲牡蛎中成功地诱导出存活的四倍体牡蛎。

四倍体的诱导和培育是最终获得 100% 三倍体的根本出路,因为四倍体和二倍体杂交可以产生 100% 的三倍体。这种方法安全、可靠、稳定、可操作性强,这已在太平洋牡蛎中得到了证实。四倍体育种具有广阔的发展前景。

(4) 单体多倍体牡蛎的培育

单体多倍体牡蛎即单个的、不固着的多倍体牡蛎,它集单体牡蛎与多倍体牡蛎的优点于一体。其培育方法:首先,通过理化方法处理受精卵抑制极体释放或通过生物杂交途径获得多倍体牡蛎的幼虫;然后,在幼虫即将附着变态时,采用肾上腺素处理诱导不固着变态,或者采用颗粒固着基采苗并培育,也可利用先固着后脱基的方法,获得单体的多倍体牡蛎。

第二节

贝类健康养殖模式

一、扇贝的健康养殖模式

扇贝养殖多采用浮筏式养殖模式。浮筏式养殖也称垂下式养殖,以养殖浮筏为养殖生物的承载体,是我国北方沿海最常见的传统养殖方式之一。其优点是方法简单,养殖水层可调节,扇贝生长快,产品收获容易。

(一) 养殖海区的选择

进行浮筏式养殖要选择潮流通畅、风浪小、浮泥少、水质优良、水深不少于 8 m 的海区,海水应温度适宜,盐度相对稳定,扇贝的天然饵料丰富,敌害生物少,海底的底质适于浮筏的固定。

(二) 养殖方式

根据养殖器材与吊挂方法的不同,浮筏式养殖又可分为吊笼养殖和吊耳养殖等多种。

1. 吊笼养殖

(1) 养殖器材

扇贝养殖笼直径 30~33 cm,长约 1.5 m,8~12 层,层间距 10~15 cm。网衣为合股乙烯线机编网,根据养殖扇贝大小的不同,网目可分为 0.5 cm、2.5 cm 和 3.5 cm 等多种,分别用于养殖 1 cm 的小苗、3 cm 的大苗及成贝。

(2) 养殖密度

海湾扇贝 1 cm 苗每层养 40~55 个,栉孔扇贝 1 cm 苗每层养 20~30 个,虾夷扇贝 3 cm 苗每层养 10~20 个。养殖过程中,随扇贝的生长可进行 1~2 次换笼与疏散。

(3) 养殖水层

养殖水层应根据季节变化而改变,使水温更符合扇贝生长的要求。春季和秋季海水上层水温高,应提升养殖水层,以 2~5 m 比较适宜;冬季海水表层水温低,夏季海水表层水温高,均不利于扇贝生长,应降低养殖水层,以 6~10 m 比较适宜。

2. 吊耳养殖

吊耳养殖适用于虾夷扇贝等大型扇贝的养殖。与吊笼养殖相比,本养殖方法的优点是扇贝间无挤压、碰撞,摄食好,生长快,省养殖器材,管理工作量少,成本低;缺点是吊挂工作繁杂,因系绳易磨断,损失相对较大。本养殖方式在国外较多被采用,但国内却应用较少。

(1) 吊挂方法

取壳高 2.5~3.0 cm 的幼贝,在其前耳上钻一个直径 1.5~2.0 mm 的小孔,然后用尼龙单丝或者聚乙烯绳穿过该孔再系于吊绳上,吊绳长 5 m 左右,每绳吊挂扇贝 10~30 个,间距约 10~15 cm。吊绳的上端系于浮筏上,下端吊挂坠石。

(2)养殖密度

吊挂间距为1 m左右,每台筏吊挂60~100吊。

(3)养殖水层

养殖水层应根据季节变化而改变,使水温更符合扇贝生长的要求。春季和秋季应提升养殖水层,以2~5 m比较适宜;冬季和夏季应降低养殖水层,以6~10 m比较适宜。

(三)养殖期间的管理

扇贝养殖期间,主要管理措施有调整养殖水层、清除附着物、及时分苗、防风浪等。

1.调整养殖水层

养殖过程中应根据季节的水温变化区时进行养殖水层的调整,以使扇贝能处于更好的生长温度和摄食水层。春季表层水温回升快,可将养殖水层提升至2~3 m;夏季表层水温高,不利于扇贝生长,可将养殖水层下沉至5~8 m;秋季表层水温高,可将养殖水层再提升至2~3 m;冬季风浪大,表层水温低,不利于扇贝生长,可将养殖水层再下沉至5~8 m。

2.清除附着物

养殖过程中养殖笼外容易被贻贝等生物大量附着,妨碍笼内外水交换,影响扇贝生长,最好的清除方法就是换笼,并结合换笼进行密度调整,以加速扇贝的生长。

3.及时分苗

合理的布苗密度是扇贝高产高效益的重要的技术环节之一。由于扇贝生长周期较长,根据扇贝的适温生长期,每年春秋两季,要对扇贝进行两次分苗,以保证扇贝苗拥有足够的生长空间。在扇贝分苗过程中,根据扇贝大小调整养殖密度,将扇贝苗清洗干净,剔除劣质的扇贝苗后,将分拣好的扇贝苗重新装入网箱,用船运到扇贝养殖区挂到养殖筏架上继续养殖。

4.防风浪

在台风季节和汛期来临之前,应抓紧普遍加深养殖水层,以保证扇贝安全正常生长。特别大风过后一定要抓紧检查,是否有掉漂、缠架、丢坠石等现象,发生发现问题及时解决。

(四)扇贝的增殖

扇贝的底播增殖,国外文献中多称为放流增殖。它是指将壳长2~4 cm的大型贝苗播撒到环境条件适宜的海底,经1~2年的自然生长,待其生长到商品规格后再进行回捕的一种资源增殖方式。用于底播增殖的海底有时也称为增殖场或底播区。目前国内采用底播增殖的多为虾夷扇贝。由于虾夷扇贝的移动性小,只要底质适宜,底播后一般不迁移,因此作为底播增殖种还是比较适宜的,增殖效果良好。辽宁省大连市长海县自20世纪80年代后期开始实施虾夷扇贝的底播增殖后,很快就形成了产业规模,并成为带动全县水产业发展的龙头产业。

影响底播增殖效果的因素较多,其中,增殖场的环境条件和贝苗的质量最为重要。

1.增殖场的选择

环境优良的增殖场至少应具备如下条件:①水质优良,潮流畅通,水深在 10~40 m,海区受风浪影响小。②水温适宜,高低温季节的极限水温不会对底播贝的存活与生长造成重大影响。③海底的底质为沙砾含量较高的粗沙底或者岩礁、砾石底,以适应不同种类扇贝的栖息与摄食。④海区饵料生物丰富,可为扇贝的生长发育提供充足食物,扇贝生长快、发育好,养成周期短。

虾夷扇贝适于栖息在沙砾含量较高的粗沙底质的海底。据日本对虾夷扇贝主要产地陆奥湾的底质结构调查结果,其优质分布渔场的底质结构为粒径大于 2 mm 的沙砾,含量大于 56% 的粗沙底;中等分布渔场的底质结构为沙砾含量为 40%~55% 的粗沙底;而粒径小于 0.25 mm 的细沙含量达 80% 的细沙底则为劣等渔场,虾夷扇贝分布密度不大。

2.种苗规格与增殖效果

底播苗的质量是影响底播增殖效果的最主要因素之一。苗种的质量不仅是指其个体大小,同时还要看其活力强弱。由于人工育苗及苗种运输技术的进步,大多数底播苗的活力是可以保证的,因而,种苗的大小常被作为影响底播增殖效果的主要因素。苗的规格太小,自我保护能力较差,底播后更容易受敌害生物的伤害,加之小苗对新环境的适应能力远不及大苗,底播后死亡率大都比较高。目前国内虾夷扇贝底播增殖用苗的大小一般都要求不小于 3 cm。

3.底播方法

(1)底播时间

底播季节一般选在水温适宜、扇贝摄食旺盛、生命力强的春秋两季;时间以小潮汛期的平潮弱流时底播效果最好,底播后贝苗恢复快,受敌害生物危害轻,成活率高。

(2)底播密度

贝苗的底播密度要根据海区的饵料丰度、底质情况,以及底播区的原存资源量适当掌握,一般可控制在 6~10 个/m^3,底播密度不宜过大。

(3)底播方法

苗种底播时最好的方法是由潜水员在底播区海底进行撒播,可减少贝苗在下沉过程中的流失及敌害生物的侵袭,使贝苗能处在更适宜的底质上生活。但是本方法的工作量大、成本高,适于试验,而大生产中应用有一定难度。生产中大多采用船上撒播的方法。

4.敌害生物

扇贝底播增殖中,最主要敌害生物是海星。海星纲包括的种类比较多,不仅能大量危害刚底播的扇贝苗,同时也能捕食扇贝的成体,而且危害严重。目前,其唯一的防治方法是采用人工采捕驱除。此外,某些肉食性的螺类、鱼类、虾蟹类,如荔枝螺、红螺、日本鲟、青蟹、龙虾等,也能对小型个体,特别是刚底播的贝苗造成较大危害。其防治方法也只能是人工驱除。

二、蛤仔的健康养殖模式

(一) 潮下带养殖

选择年均饵料丰度高于 3 万个/L、硅藻门为优势种、海流畅通、海流流速 20~100 cm/s、地势平坦、无工业污染、盐度 20‰~33‰、水温 2~35 ℃的潮下带海域进行蛤仔养殖。

可在每年春季 4—5 月或 9—10 月放养苗种,水温 10 ℃以上为宜。避开潮汐流速最大的时段。可以选择北方本地或南方室内人工繁育经室外土池中间育成苗种、垦区繁育苗种及天然苗种。春季放养规格为 6 000~20 000 粒/kg,秋季放养规格为 6 000~10 000 粒/kg。放养密度为 2 000~4 000 粒/m²。采用干法运输,装卸避开中午高温时段,运输途中严防暴晒、雨淋、风吹、机械损伤。运输温度为 4~8 ℃,运输时间不宜超过 60 h。运苗船通过导航定位至放养区域,采用干法放苗,均匀播撒。

定期检测水中 pH 值、溶氧、COD、盐度、氨氮、活性磷酸盐、重金属、石油烃、大肠菌群和贝类毒素等。养殖期内定期测定菲律宾蛤仔生长、存活数据,做好生产记录。

(二) 池塘养殖

利用养殖生物生态位的不同和互补进行菲律宾蛤仔-海蜇-虾混养模式。春季 4 月底至 5 月初放养室内人工繁育或垦区人工繁育经中间育成培育的菲律宾蛤仔苗种。放养规格为 20 000 粒/kg。放养密度为 300~500 粒/m²。同时池塘可按 300~500 个/亩密度放养规格 2.5~3.0 cm 的海蜇苗种。按 1 500~2 000 尾/亩放养中国对虾或斑节对虾苗种。经过 4~5 个月的池塘肥水等养殖管理,可收获规格为 100~200 粒/500 g 菲律宾蛤仔,亩产约 300 kg;2.5 kg/个海蜇,亩产约 200~300 kg;8~10 个/500 g 对虾,亩产约 15~20 kg。

(三) 滩涂养殖

选择大规格菲律宾蛤仔苗种;在每年的 9—10 月,将 150~200 粒/500 g 的大规格菲律宾蛤仔苗种均匀播撒在黄渤海域潮间带滩涂上,养殖 7~10 个月后收获约 100~120 粒/500 g 商品规格蛤仔。该方法使受汛期影响无法养殖蛤仔的潮间带滩涂得到有效利用。

(四) 筏式养殖

选择规格为 240~400 粒/kg,壳长为 2.2~2.9 cm 的菲律宾蛤仔作为苗种。将苗种吊挂于海区浮筏的多层网笼中养殖。养殖密度为 150~200 粒/层。经过 12 个月养殖可收获壳长 3.51 cm 的市场规格蛤仔。

筏式养殖具有养殖成活率高(90%以上)、采捕方便、产品不含沙等特点,为菲律宾蛤仔健康养殖提供了新途径。

三、牡蛎的健康养殖模式

将牡蛎苗种培养成商品规格的过程,即为养成阶段。一般太平洋牡蛎等需要 2~3 年的养成期。我国沿海各地牡蛎养成方法很多,根据养殖海区的不同可以分为滩涂养殖、垂下养殖和池塘养殖。滩涂养殖包括插竹养殖、投石养殖、桥石养殖、立桩养殖、滩涂播养等;垂下养殖包括栅式和浮筏式养殖等;池塘养殖主要利用对虾池实行蛎、虾混养。

(一) 筏式养殖

1. 场地选择

潮流畅通、饵料丰富、风浪平静、水深在 4 m 以上的海区可作为牡蛎筏式养殖场地。近江牡蛎应选择盐度较低的河口附近,大连湾牡蛎和密鳞牡蛎应选择远离河口、盐度较高的海区,太平洋牡蛎和褶牡蛎介于两者之间。

2. 养殖方式

筏式养殖牡蛎的来源有自然海区半人工采苗、室内人工育苗和采捕野生牡蛎苗,较适合于以贝壳做固着基的牡蛎及无固着基牡蛎的养殖。

(1) 吊绳养殖:适合于以贝壳做固着基的牡蛎,其养成方式有两种:一是将固着蛎苗的贝壳用绳索串连成串,中间以 10 cm 左右的竹管隔开,吊养于筏架上;二是将固着有蛎苗的贝壳夹直径 3~3.5 cm 的聚乙烯绳的拧缝中,每隔 10 cm 左右夹一壳,垂挂于浮筏上。一般每绳长 2~3 m。也可利用胶胎夹苗吊养。

(2) 网笼养殖:利用扇贝网笼养殖。将无固着基的蛎苗或固着在贝壳上的蛎苗连同贝壳一起装入扇贝网笼中,在浮梗上吊养。

筏式养殖一般放养蛎苗 10 万个/亩,以贝壳作采苗器,每亩可吊养 10 000 壳左右。蛎苗从 5、6 月份开始放养,至年底收获,亩产量可达 5 000 kg 以上。

(二) 滩涂播养

滩涂播养就是不用任何固着基和养成器材,将牡蛎苗种直接播放到滩涂上进行养殖。

1. 场地选择

滩涂播养应选择风浪小、潮流畅通的内湾,底质以沙泥滩或泥沙滩为宜。潮区应选择在中潮区下部和低潮区附近。潮位过高,牡蛎滤食时间短,影响生长;潮位过低,则易被淤泥埋没。此外,受虾池排放污水或河水直接冲刷的滩面也不适宜作为养殖场地。

2. 播苗季节

一般在 3 月中旬至 4 月中旬播苗较为适宜。播苗过早,水温低,牡蛎不生长,且常常被淤泥埋没死亡;播苗过晚,则不能充分利用牡蛎的适温生长期,从而影响生长。生产上最迟可在5月中旬播苗。

3.播苗方法

(1)干潮播苗

干潮播苗就是在退潮后滩面干露时播苗。播苗前应将滩面整平,播苗时可用木簸箕或铁簸箕盛苗,平缓拖动,使蛎苗均匀播下。有条件可以筑成畦形基地再播苗。干潮播苗应尽量控制好时间,播苗后即开始涨潮,以缩短蛎苗露空时间,避免中午日光曝晒时播苗。此法播苗较为均匀。

(2)带水播苗

带水播苗就是涨潮后乘船播苗。播苗前将滩面划成条状,插上竹竿、木杆等作为标志,待涨潮后在船上用锨将蛎苗撒下。带水播苗由于不能直接观察到蛎苗的分布,往往造成播苗不均匀。

4.播苗密度

应根据滩质好坏、水的肥瘦而定。优等滩涂每亩可播苗12万粒左右,中等的每亩可播苗10万粒左右,一般差的每亩可播苗6万~8万粒。

播苗密度要适宜,如果放苗太稀,蛎苗之间空隙大,滩泥容易泛起,将蛎苗淤没而造成死亡;如果放苗密度过大,则蛎苗互相重叠,被压入滩中,生长也不好。

(三)蛎虾混养

牡蛎与对虾混养是根据其小生境分异、食性与生活方式不同而搭配的,可以达到蛎、虾两旺,对提高经济效益和生态效益都具有十分重要的意义。

1.虾池选择

混养牡蛎的虾池,底质以泥或泥沙质为宜,水深在1.3 m以上,日平均换水率应达20%左右。前期透明度应控制在40~50 cm,中后期在50~60 cm。

2.场地整理

苗种放养前,要彻底清淤,用推土机等工具将播放牡蛎苗种处的池底整平压实,呈微凸状,略高于周围底面,可防蛎苗下沉被淤泥埋没致死。

3.播苗量

在保证正常对虾放养密度的前提下,牡蛎苗种的播养量以3万粒/亩左右为宜。播苗时间应选择在4月初,苗种规格以壳长2 cm以上为好。播苗应力求均匀,并避开环沟低洼处和投饵区,播苗面积约占池底面积的1/4~1/3。

4.养殖方式

牡蛎是一种适应性很强的贝类,可插桩养殖,也可不用任何养殖器材,直接播养在虾池中。

(四)投石养殖

采苗场或适宜牡蛎生长的其他海区,一般皆可作为牡蛎的养成场。用作牡蛎采苗器的石块,此时成为牡蛎的养殖器材。生长期较短的褶牡蛎可在采苗场就地分散养殖;生长期较长的近江牡蛎、大连湾牡蛎等要移到养成场养殖。

养殖方式主要有满天星式、梅花式和行列式三种:

(1)满天星式:蛎石杂乱无章地放置。

(2)梅花式:一般5~6块蛎石为一组。

(3)行列式:排宽0.5~1.0 m,排间距为0.6~1.5 m。

深水养殖可在投石采苗后不加任何管理,直至收获。

(五)桥式养殖

利用桥式采苗方法采苗后,将石条重新整理,疏散密度,进行养殖。一般6~7块石条为一组,组与组之间用石条相连成一列。组间距离为50~60 cm,列与列之间距离为1~2 m。

养殖期间,应将石条的阴面与阳面互换,使两面牡蛎生长均匀。

(六)立石养殖

利用立石采苗法在中潮区采苗后,只要苗量合适,可以任其自然生长,不需任何管理,直至收获。此法主要用于褶牡蛎和近江牡蛎的养殖。

(七)栅式养殖

这种养殖方法是在水深2~4 m、风平浪静、饵料丰富的内湾设置固定的栅架,架子的设置同栅式采苗。蛎苗多以串连的贝壳、水泥瓦等为固着基,成串地挂在栅架上养殖。每串长1.0~1.5 m,串间距为0.5~1.0 m。养殖密度不宜过高,严防触底,以免某些底栖敌害生物的侵袭。

(八)养殖期间的管理

1.翻石(移石)

移动一下蛎石的位置,在干潮时用蛎钩或徒手将固着器拔起,放在旁边原来高的空位上,重新依次排列。翻石可避免牡蛎被淤泥窒息死亡,并能搅动浮泥,增加饵料和营养盐,促进牡蛎的生长。一般养殖期间需翻石2~3次。

2.防洪

在多雨季节,须注意预防洪水流入,或围堤挖沟抗洪,或将牡蛎移向高盐的深水海区进行暂养。

3. 越冬

在北方养殖的大连湾牡蛎、近江牡蛎,一般都要经过2~3个冬季结冰期。在结冰前要进行一次检查,将可能受到威胁的牡蛎向深水移植,使其安全过冬。

4. 育肥

在收获前1~2个月,将牡蛎移到优良育肥场育肥,以达到增产的目的。为了保证牡蛎有充足的饵料,育肥密度要小,一般1亩养殖区的固着器可扩大三倍面积进行育肥。

5. 防止人为践踏

滩播牡蛎只能在滩面上滤水摄食,一旦陷入泥中就无法正常生活而窒息死亡。应严禁随意下滩践踏,管理人员下滩时应沿沟道行进。

6. 疏通沟道

应经常检查排水沟道是否被淤泥、杂物阻塞,要保持水流畅通,退潮后滩面应尽量不积水,以防水温过高、敌害潜居、浮泥沉淀等造成牡蛎死亡。

7. 除害

牡蛎的敌害很多,要结合翻石进行清除。在红螺、荔枝螺繁殖盛期的7—9月,应潜水捕捉其亲贝及卵袋,在蟹类活动频繁的季节里,应加强管理,捕捉敌害。

8. 防风

台风对养殖设施破坏性很大,还会卷起泥沙,埋没固着器及牡蛎。因此,台风过后要及时抢救,修理筏架,扶植倒下或埋没的固着器。

第二章

海参、海胆健康养殖技术与模式

第一节

海参、海胆良种培育与大规模苗种繁育技术

一、刺参的工厂化苗种繁育技术

刺参的工厂化苗种繁育是指从亲参的选择、蓄养(促熟)、诱导排放精卵、受精、幼体培育至成为种苗的过程。

(一)场址选择

选址时应从以下几方面进行考虑:(1)水质清净,无大量淡水注入,海区盐度适宜,无工业、农业和生活污水污染的海区。场址应远离造纸厂、农药厂等有污染水排出的工厂,应避开产生有害气体、烟雾、粉尘等物质的工业企业。(2)场区最好建于风浪较小的内湾,无浮泥,混浊度较小,透明度大。(3)场区交通便利。

(二)基本设施

1. 储水池

一般选择池塘作为室内工厂化繁育的储水池,储水池最好应有2个以上,确保处理圈内海水时,不影响室内育苗用水,同时进入储水圈的海水应有一定沉淀时间。根据育苗和饵料培养总水体确定储水圈的容量,一般育苗总水体与储水圈容积的比例为 1∶20~1∶15。储水池进水前应清淤、消毒,保证圈内底质的清洁,避免因底质影响水质。一般采用漂白粉或生石灰处理。水深为 1.5 m 的池塘,漂白粉的使用量为 450~750 kg/hm²,生石灰的使用量为 5 000 kg/hm²。

2. 育苗池的给、排水系统

育苗室内要有良好的给、排水系统。进水管路最好有两套:一套管路通向储水池,可以进直抽海水;另一套管路进过滤、预热的海水。进、排水系统要充分考虑管道的口径及进、排水能力,最好能在 2~3 h 内使池水全部注满和排空。

3. 过滤器

储水池的水必须经过过滤后方可进入育苗室和饵料室。过滤的目的是除去水体中的有害物质,目前使用的过滤器有无压沙滤器、压力沙滤器和重力式无阀沙滤器。

4. 饵料室

有条件的话,可设置饵料培养室用于培养刺参浮游幼体期所需要的单细胞藻类。饵料室要有保种间和单细胞藻大量培养室,饵料培养池与育苗池的比例应在 1∶4~1∶3 为宜。一个良好的饵料室必须光线充足、均匀、可调,通风条件好,供水和投饵自流化。饵料室四周要开阔,避免背风闷热。屋顶用透光的玻璃钢波纹板或 PVC 阳光板覆盖。

(1)保种间

除了光照条件要保持 1 500~10 000 lx 外,还要有调温设备,冬季温度不低于 15 ℃,夏季不超过 20 ℃。

(2)封闭式培养器

利用三角烧瓶、1 万~2 万 mL 细口瓶、玻璃钢桶、乙烯薄膜塑料袋及其他透光良好的容器,进行饵料一级、二级扩大培养。封闭式培养有防止污染、受光均匀、培养效率高等特点。

(3)饵料培养池

饵料培养池一般为深 0.5~0.8 m,容积 3~10 m^3 的中小型水池。同时饵料培养池也可作为稚参所需底栖硅藻培养池,一般为长方形。

5.其他附属设施

(1)供热系统

为缩短养殖周期,提早加温育苗以及保证室内越冬期间刺参苗种的正常生长,应配备必要的供热系统。可根据需要及实际情况采用电热或锅炉加热。

(2)水质分析室及生物观察室

可随时了解育苗过程中水质状况及幼虫发育情况,并应备有常规水质分析(包括溶解氧、酸碱度、铵态氮、盐度及水温和光照等)和生物观察(包括测量生长、观察取食和统计密度等)的仪器和药品。

(三) 工厂化苗种繁育技术

刺参人工育苗就是将刺参的繁殖及幼体的生长发育以及成为种苗的过程完全在人为的条件下进行。

1.种参的采捕与选择

种参的规格与质量直接关系到采卵效果及受精率,直接影响幼体的发育及成活率。因此必须严把种参质量关。

(1)采捕规格

刺参的个体越大,怀卵量越多,卵的成熟度越好,应尽量挑选个体较大的作为亲参。一般选择体长在 20 cm 以上、体重大于 200 g 的为好。因此,在刺参产卵盛期,根据采捕海区亲参的水温(15~17 ℃)结合刺参生殖腺Ⅲ期的特征,适时进行采捕。

(2)采捕时间

为获得性腺发育良好的亲参,必须掌握好亲参采捕的时间。常温苗种培育种参的采捕应在其产卵盛期前 7~10 d,即当海水温度达到 15~17 ℃时采捕为宜。具体采捕时间,可以通过采捕少量海参解剖观察其性腺的发育情况来决定。过早采捕,其性腺发育不良,蓄养时间过长,易导致性腺萎缩或产卵量少,而且会增加管理费用;采捕过晚,海参在自然海区已经排卵,将会失去获卵的机会,即使能获得卵,卵量也会减少,而且质量难以保证,会加大幼体培养的难度。由于各地水温的回升不同、养殖方式不同,不同地区采捕的最佳时间也不同。升温苗种培育的种参一般在前一年的冬季 11 月份左右进行采捕,采捕后进入室内进行蓄养,并根据生产计划提前进行升温促熟。

(3) 采捕时应注意的问题

严格避免海参与油污接触:油污可导致亲参化皮溃烂,需特别加以注意。潜水员和操作人员在接触海参之前应将手清洗干净,不可用沾有油污的手直接接触海参。船上暂养容器及暂养海水也不可沾有油渍。

尽量避免机械刺激和损伤:亲参一般由潜水员潜水采捕,为防止亲参之间相互挤压而导致亲参排脏或排精产卵,每次采捕的数量不宜太多。采捕上来的亲参在船上暂养密度也不应太大,避免高温和直射光的照射,应用遮光帘遮盖并放于背阴处。

(4) 种参运输

种参的运输通常采用干运法和水运法两种。相比之下,干运法不如水运法。特别是运输距离远的,多采用水运法。

干运法:采用泡沫塑料保温箱,将保温箱底部平铺一层海草或干净的毛巾(浸泡海水)后,放入种参,不能太多,仅限箱底一层。箱内放入冰袋或冰瓶后密封,冰袋或冰瓶一般用胶带捆绑在泡沫箱盖顶部,避免冰袋或冰瓶与种参直接接触。

水运法:采用结实的聚乙烯塑料袋装入适量的海水,再按每升海水 1~2 头的密度装入种参,再向袋内充氧气后扎紧袋口,将装好种参的塑料袋放入泡沫保温箱内,再加入冰袋密封。

2. 种参蓄养

一般蓄养密度控制在 10~20 头/m³,不应超过 50 头/m³。常温培育种参蓄养期间,一般不投饵料。如果短时间蓄养达不到产卵的要求,应采用控温培养并应适当投喂饵料。投饵时水温应低于 20 ℃,否则会严重影响种参的摄食。遮光有利于种参摄食。暂养期间应随时观察亲参的活动情况,如有产卵迹象,应及时做好产卵的准备工作。每日换水前吸底检查是否有排卵,如发现有批量受精卵,应采取相应措施,以免漏掉。

3. 刺参促熟培育

在未到自然成熟期时就提前采捕亲参,用人工培育的方法促使海参性腺提前发育成熟,达到培养早苗、大苗的目的。亲参一般在育苗前一年冬季采捕入池,入池后低温进行蓄养,按照产卵时间有计划地开始升温,日升温 0.5~1.0 ℃,当水温升至 13~16 ℃ 时,进行恒温饲育,根据不同温度下的摄饵量以及亲参的摄食情况进行调整,种参准备产卵前一周应停止喂食。种参性腺发育至成熟期前所需有效积温应在 800 ℃ 以上。有条件的养殖场家亦可分期、分批对种参进行促熟培育,这样不仅可增加产卵批次,延长产卵期,亦可根据需要进行多茬育苗,有利于育苗水体的充分利用。

4. 采卵

(1) 自然排放

蓄养的种参性成熟后,往往会自然排放精、卵。用这种方法获取的精、卵,其优点是精、卵的成熟度好,受精卵的质量也较好。虽然这种方式计划性比较差,产卵不够集中,但产卵持续时间长,产卵批次多。有时一批种参产卵的时间可持续 1~2 个月,批次可达 10~20 批。产卵时间及产卵量的不确定性,不便于生产计划安排。

(2) 人工刺激采卵

人工刺激采卵可以做到有计划采卵。当种参性腺发育成熟时,解剖种参,取出生殖腺,在显微镜下观察生殖腺是否成熟,如成熟,则进行人工刺激采卵。诱导刺参排精产卵的常用方法有温差法、紫外线海水浸泡法、阴干流水刺激法。生产当中一般采取阴干+流水+升温的方法进行诱导,具体的诱导步骤为:在 17 时左右将亲参阴干 40~50 min,一般不超过 1 h,之后用强流水冲击 10~20 min,或用流水冲击 40~50 min,然后将亲参放入加有新鲜过滤海水的池中,海水的温度比种参蓄养池中的海水升温 3~5 ℃。经上述刺激的种参,多在入水后 2 h 左右开始排放。一般雄性亲参先排精,此后雄、雌亲参同时大量排放精、卵。种参在排放前多数爬到水池上沿,排放精、卵时,头部举起并摇晃,精子排出呈白色的连续细线状,之后呈烟雾状散开,卵子排出呈橙红色、短线状,很快呈颗粒状散开。

无论自然排放还是刺激排放,应安排值班人员,发现种参排放时,用手电照射辨别池内雄性种参,及时捞出,防止产卵池内精子过多影响受精的质量,同时也应使池内有一定精子密度以诱导雌参产卵。将捞出后的雄参放入其他池内让其继续排精,如产卵结束后产卵池内精子量不足,可适当补充精液。

5. 孵化

在生产育苗中,当种参产卵结束后,将种参全部捞出。如果产卵池内精液过多,应在受精卵全部沉到池底后,将上、中层水放掉,然后加入新鲜海水,洗卵 1~2 次。洗卵必须是在卵充分沉底后,胚体尚未转动前进行。如胚体已经开始上浮转动,则不能再进行洗卵。如受精卵密度过大,可采用虹吸法将受精卵分池后加满水进行孵化,受精卵孵化密度应控制在 5~10 个/mL。孵化水温在 20~22 ℃时,一般在 30 h 以上可达到小耳状幼体。

为避免受精卵过分堆积于池底,通常每隔 30~60 min 进行一次搅池,使受精卵在孵化池中处于悬浮状态,提高孵化率。搅动时要上下搅动,不要使池水形成旋涡导致受精卵旋转集中。

6. 浮游幼体选优

胚体孵出后,位于水的中、上层的多为发育健壮、体质良好的幼体。当浮游幼体发育至原肠后期或小耳状幼体时,应把浮于上、中层健壮的幼体选入培育池。幼体的选优应及时进行,以免因在孵化池中孵化密度过大而影响幼体的生长发育。

幼体的选优方法一般有三种:

(1) 拖网法

可用特制的长方形网箱进行拖选,网箱长与孵化池宽度相当,网箱宽、高均为 40 cm 左右。网箱的筛绢一般采用 200 目或 NX79 号筛绢。拖选时停气操作,以便幼虫尽量上浮。将中、上层浮游幼体慢慢拖入网箱后集中,再将幼体带水舀出,装入容器中,如水桶、浴盆、水槽等。反复多次后,池内浮游幼体基本被捞出。对容器内幼体进行定量后,按所需培育密度放入浮游幼体培育池。

(2) 虹吸法

利用水位差,用虹吸的方法将一定量的浮游幼体由孵化池虹吸到培育池。培育池水面要低于孵化池,如果浮游幼体分散,不宜采用此方法。但虹吸法对浮游幼体损伤小。

(3)浓缩法

将所需孵化池内一定量的浮游幼体,用虹吸的方法吸入网箱使之浓缩。浓缩网箱一般做成圆筒形或长方形,使用时将网箱放入比它稍大的桶或其他容器中,网箱的上沿应高于桶或其他容器的上沿,以免幼体随水流溢出。浓缩时选用网箱的网眼要小于幼体,以防幼体漏出。一般网箱可用200目筛绢制作。操作时应控制水流速度,防止损伤幼体。浓缩一定数量后,应及时将幼体舀出放入培育池。生产育苗期间,也可在浓缩前将孵化池幼体事先定量,浓缩后按适宜的培育密度直接分入培育池中。大生产育苗常用此方法。

7. 浮游幼体培育

(1)浮游幼体培育密度

培育密度是影响幼体生长发育的主要因素之一。将孵化出的健康浮游幼体选育后,按一定量放入事先准备好的培育池内进行培育。生产育苗中,一般培育密度为0.1~0.5个/mL,培育密度过大时,幼体的生长发育及变态都将会受到影响。

(2)培育水温

除常温育苗外,如有控温条件,水温一般控制在20~24 ℃,并注意换水前后的水温温差上下尽量不要超过1 ℃。在20~24 ℃水温培育下,经7~10 d幼体可达到樽形期,这时应及时投放处理好的附着基。

(3)充气

充气是为了补充水中溶解氧,同时也可使幼体在水中能够均匀分布,避免幼体过长时间集中在池水的上层。目前生产育苗中的幼体培育期间,多采用间断性微量充气,通常间隔0.5 h,充气石投放量为0.5个/m³。充气量不能太大,应采取微充气的方法,因为气量过大,容易使池底沉积的污物泛起,对水质造成影响,也会对幼体的生长发育造成影响。

(4)换水

幼体选育至培育池时,池水水位一般为1/2水体,然后每天补充一定的水量,3~5 d加满水后开始换水,换水量可根据培育池中海水的水质情况决定,一般应为水体的1/4~1/3。水质条件良好、培育水温22 ℃左右时,也可在投放附着基前不进行换水,这样可减少浮游幼体因换水造成的机械损伤。

一般幼体经7~8 d培育,部分幼体变态至樽形幼体,此时应投放附着基。待幼体基本附着后,开始正常换水,每天换水量应为水体的1/3~1/2。附着基投放后,首次换水时,应加大换水量,进排水应同时进行,防止附着稚参干露出水面,换水同时也可排出池内原生动物。

(5)饵料投喂

目前室内工厂化苗种繁育浮游期投喂的饵料包括单细胞藻类、海洋红酵母、酵母粉等。

①单细胞藻类饵料选择与投喂

Ⅰ.盐藻

盐藻属嗜盐性藻类,在高盐度中生长特别优良,最适盐度为60‰~70‰。其在25~30 ℃的温度范围内,繁殖迅速,最适光照范围为2 000~6 000 lx。盐藻为浮游幼体培育期的主要开口饵料。投喂量应为$1.0×10^4$~$3.0×10^4$ cell/mL · d。每日投喂3~6次。

Ⅱ.湛江叉鞭金藻

湛江叉鞭金藻最适宜的盐度范围为25‰~36‰;适宜培育温度为18~28 ℃;适宜的光照强度为3 000~8 000 lx,培养期间不宜直射光。其是幼体培育期的适宜饵料之一。投喂量应为$1.0×10^4$~$2.0×10^4$ cell/mL·d。每日投喂3~6次。

Ⅲ.等鞭金藻

等鞭金藻最适盐度为30‰左右;适宜培育温度为20~25 ℃;最适光照强度为1 500~3 000 lx;适宜pH值为8左右。其是幼体培育期的适宜饵料之一。投喂量应为$1.0×10^4$~$2.0×10^4$ cell/mL·d。每日投喂3~6次。

Ⅳ.新月菱形藻

新月菱形藻最适盐度为25‰~32‰;适温范围为5~28 ℃,最适温度为15~20 ℃;适宜光照强度为3 000~8 000 lx;适宜pH值为7.5~8.5。其是幼体培育的主要适宜饵料。投喂量应为$1.0×10^4$~$5.0×10^4$ cell/mL·d。每日投喂3~6次。

Ⅴ.牟氏角毛藻

牟氏角毛藻适宜盐度范围为13‰~18‰;最适温度为25~30 ℃;最适光照强度为10 000~15 000 lx;适宜pH值为8.0~8.9。其是浮游幼体培育的适宜饵料。因高温期繁殖相对较快,所以,高温期育苗时,一般使用该品种,投喂量应为$1.0×10^4$~$4.0×10^4$ cell/mL·d。每日投喂3~6次。

Ⅵ.三角褐指藻

三角褐指藻最适盐度为25‰~32‰;最适温度为10~15 ℃;适宜的光照强度为3 000~5 000 lx,培养时切忌阳光直射。由于适宜低温培养,在促熟的早春育苗时多使用该藻种作为饵料。投喂量应为$1.0×10^4$~$5.0×10^4$ cell/mL·d。每日投喂3~6次。

在投喂单胞藻时,藻类应处于生长期。投喂时间定在每次换水后,此时幼体分散较均匀,水质新鲜,可将饵料均匀泼于池内。如有条件,最好午夜增投一次,以利幼体夜间摄食。上述的饵料投喂量仅作为参考,在实际的育苗过程中,应根据幼虫的密度、摄食情况、幼体胃的饱满程度、投饵前水中的剩余饵料量等因素综合考虑,来确定实际投饵量,并根据实际情况随时增减饵料的投喂量。切记饵料投喂量不可太大,以免幼体摄食太多而导致烂胃。

②海洋红酵母、酵母粉

没有条件培养单细胞藻类的育苗单位,可以选择投喂冷冻的浓缩藻、海洋红酵母、酵母粉。浓缩的单胞藻类饵料应少投、勤投,饵料日投喂次数不少于4次,而且以混合投喂效果较好。其中以盐藻、金藻和新月菱形藻混合投喂效果更好,投喂量的比例应为1∶2∶4(按活体单胞藻投喂量即可);单独投喂盐藻,以$3×10^4$ cell/mL为最好。海洋红酵母投喂量应为$3×10^4$~$6×10^4$ cell/mL·d。在投喂溶化后的冷冻藻液和海洋红酵母后,应对幼体培育池水用搅拌耙每隔1~2 h上下搅动一次,使藻类能够较均匀地分布在池水中。

(6)微生态制剂

在刺参苗种繁育过程中,抗生素和化学药物的使用对防病治病起到了一定的积极作用。但其长期使用也带来一系列副作用,包括致病菌产生耐药性、苗种的免疫能力降低、可能存在药物残留等问题。在刺参人工育苗过程中,可使用EM菌等微生态制剂来改善育苗生态环境,提高苗种的免疫力,以减少疾病的发生。微生态制剂因绿色环保、无毒副作用、无残留污染、不产生抗性、无记忆性、作用范围广等优点成为抗生素最有潜力的替代品。

(7)附着基的选择与投放时机

①附着基的选择

可使用透明聚乙烯波纹板及聚乙烯网片。使用波纹板和网片,可使60%~80%的幼体变态稚参附着在片上,使附着水体附苗量大大提高,并且加大了附着面积,使稚参较为分散,增加了摄食机会。

使用波纹板采苗目前有两种方式:一种是将波纹板消毒后直接投放到即将附着变态的培育池中,让五触手幼体进行附着,目前实际生产中多采用这种方式;另一种是在波纹板上提前附着底栖硅藻并进行培养,然后投放到培育池中进行采苗,由于附着片事先附上较薄嫩的底栖硅藻,便于早期稚参摄取,同时底栖硅藻的营养比较均衡,适合作为稚参的开口饵料,这促进了稚参早期的健康发育,能够减少病害的发生。

②附着基的投放时机

附着基的投放适宜时间为大耳状体后期,在出现球状体和少部分(10%左右)樽形幼体时,投放附着基较为适宜。附着基的投放时间不能过迟,投放过迟就会造成变态附着幼体大量附在池壁和池底,达不到在附着基上均匀采集稚参的目的。附着基投放前,将附着片用干净海水冲洗(采用事先培养底栖硅藻的波纹板的,冲洗时应注意不能将底栖硅藻从片上冲洗掉)。冲洗后附着基按所需量投入池内。通常每立方米水体投放附着基量为80~100片。

多年的刺参育苗实践表明,在培育水温为20~24 ℃时,如果幼体已培育至10 d以上,幼体仍未出现球状体,而且其水腔仍迟迟不能演变完成、不能分化出初级触手,那么它们最终不能变态至稚参期。

8.稚、幼参的培养

当幼体变态附着后,大部分稚参附着在附着基上,开始了底栖生活。适宜的培育密度、饵料种类和投喂方式以及水质调控是影响稚参培育的主要因子。

(1)培育密度

苗种生产中,聚乙烯波纹板附着片的稚参附着密度以1~2头/cm^2较为合理。如果密度过大,生长速度慢,容易造成死亡或脱落。后期随着苗种的生长,应及时调整培育密度,当幼参体长达到30~40 mm时,应及时疏苗,培育密度应控制在3 000~4 000头/m^3。

(2)饵料的选择与投喂

在稚参附着初期,即稚参体长5 mm之前,可选择鼠尾藻、大叶藻等大型藻类的磨碎液投喂,也可直接投喂人工配合饲料。此方法耗氧量低,对水质的不良影响较轻。而且这种饲料碎屑粒度小,易沉降,有利于稚参的摄食,且生长、成活均较好,是当前应用较广的稚参附着前期良好饵料。稚参个体大小在2 mm以下时,投喂量应为10~25ppm,并应适量补充单细胞藻类及底栖硅藻;体长3~5 mm时,投喂量为25~40ppm。配合饲料的投喂量,可按稚参体重的4%~10%投喂,主要应根据具体摄食量、残饵量,以及水质条件、苗种状态酌情进行增减,一般早晚各投喂一次。

(3)充气

稚参附着后,随着饵料投喂量的增加和排泄物的累积,静水条件下培育,水质往往容易发生变化。因此,稚参附着初期,应不间断充气,或定时充气,充气量应为 30~40 L/m³·h。气石应选择 80~120 目,每 2 m² 面积应设气石 1 个。气石分布应均匀,避免局部缺氧,加强附着基与水中氧的交换,特别是在投喂藻液之后,必须进行充气,以利于藻液微细颗粒凝聚后的下沉。

(4)水质管理

换水的频率及换水量要根据培育池中的水质情况决定。一般日换水 1 次,每次换水量为 1/3~1/2。特别应注意池壁上部干露时间不应过长,要及时用海水冲刷,或采用对流方式换水,以避免池壁上部附着稚参造成干死。换水时,应停止充气。如果附着片排泄物较多,可将附着基提起并轻轻晃动,使粪便等污物落入水中,借换水机会可将这些水中污物排出。

在稚参附着初期,即附着后 15~20 d,附着片上污物较多,尤其是池底粪便及污物堆积较多,水质较差,应进行倒池。在后期培育过程中,当池底或附着片残饵、粪便较多时,即用手电照射池底残饵、粪便底部变黑时,应及时倒池,一般 10~15 d 倒池一次。与在浮游期使用微生态制剂的原理相同,将 EM 菌等微生态制剂投入培育水体中,可以大大提高稚参和幼参的成活率。试验表明,在稚、幼参培育期间,每隔 3~5 d 换水一次,换水量为 1/2~2/3,每次换水后投 EM 菌 5 mL/m³,保证了 30 d 不倒池。这种方式在保证育苗用水水质海参生长的同时,很大程度上减少了倒池对海参的机械损伤和人力物力的投入,降低了生产成本,减轻了倒池对环境的污染。

(5)苗种筛选及更换附着基

波纹板和由于生物本身具有的特性,随着幼参的生长,其个体差别也会越来越大。此时,应结合倒池或需要进行筛选,将大、中、小的个体分池培育,以促进小个体的快速生长,否则,将会影响小个体的生长速度。苗种筛选一般结合更换附着基进行。先将波纹板或者网片上的稚、幼参涮洗到培育池中,然后收集培育池中的稚、幼参,根据苗种的规格采用不同网目的筛网进行筛选,然后将不同规格的苗种分别撒到放有干净附着基的培育池中。

(6)病害防控

残饵及粪便的堆积,往往使有害细菌大量繁殖,特别容易使海参得皮肤溃烂病,该病具有传染性,危害极大,应及早发现、及早防治。应坚持"防重于治"的原则,采用调控水质和增强刺参免疫力的微生物制剂能够有效防控病害。此外,在稚参附着基培育期间,应特别注意及时杀灭桡足类,特别是危害极大的猛水蚤,应及时使用敌百虫等药物进行杀灭。在药物使用上应符合《无公害食品、渔用药物使用准则》(NY 5071—2002)。

9.苗种越冬

人工培育越冬苗种,是人为创造合适的环境条件,保证海参苗种在冬季也能够正常生长,而且经过人工越冬培育的苗种,体质健壮,规格整齐,进入养殖池后的成活率较高,便于生产管理和科学养殖,对于提高海参养殖技术水平、提高海参养殖的产量和效益具有重要的作用。通过海参苗种越冬培育,保苗生产者也能获得可观的经济效益。

当年海参苗种需要越冬时,由于越冬时间较长,应对水质调控、饵料适量投喂、预防疾病的发生、日常换水、倒池和相应的管理严格重视,具体操作同稚、幼参培育。越冬期间海参苗种在水温控制为 8~10 ℃ 的海水中培育,这样既安全、节省能源,又可降低生产成本;对于较小的海参苗(5 000 头/kg 以上),建议在水温控制为 12~13 ℃ 的海水中培育,这样小个体海参苗种能够快速生长,减少死亡。特别应注意,在换水时水温差不应超过2℃,因为温差过大时幼参易排脏,从而影响生长。

二、刺参的池塘生态育苗繁育技术

(一)池塘条件与水质管理

1.池塘条件

现有刺参养殖池塘都可以用来开展生态育苗工作,但以小型池塘(一般30~80亩)为宜,水深以1.5~1.7 m为宜。选择盐度条件稳定、风浪较小、护坡良好的池塘,底质以硬的粗沙、沙底或泥沙底为宜,有条件的还可以在池塘底部铺小的石子及较多的附着基。于育苗前15~20 d,采用茶籽饼、漂白粉等药物杀灭敌害生物,然后施用有机肥和无机肥培养天然饵料。通常施肥3~5 d后,水色由清变浅绿或浅褐色。

2.水质管理

池塘水质要求为水温-2~32℃,盐度23‰~36‰,溶解氧在5 mg/L以上,pH值为7.6~8.4,并且进水要经过60目筛网过滤。

(1)附着基的选择

可以选择聚乙烯的网衣,将其放在网笼内,数量要根据投放幼体的数量而定。也可以利用池塘内自然生长的大叶藻、刺松藻、海寨子等海藻。

(2)育苗管理

可以采用在池塘中预留或投放亲参、投放浮游幼体、投放变态稚参等多种方法开展池塘育苗。

①预留或投放亲参

在原有亲参的池塘中开展育苗的,要预留足够的亲参数量;在新的池塘或没有亲参的池塘,可以采用在池塘内提前投放(一般在前一年的秋季或第二年的早春)足够数量的亲参。亲参体重要求在300 g/头以上,身体无损伤,预留和投放数量一般保持在50~100头/亩。当水温达到17~22℃时(辽宁一般在5月20日以后,山东在5月初左右),池塘中的亲参陆续进入繁殖期,此后池塘保持20~30 d不要进行排水,当浮游幼体达到大耳幼体以后,陆续投放附着基。

②投放浮游幼体

有陆上育苗设施的单位,可以在繁殖期将亲参采捕后放在室内育苗池内,使其自然排放精、卵并受精,或进行人工催产,后将受精卵或达到囊胚以后的幼体放入土池中孵化、培育幼体。此后池塘保持20~25 d不排水,当浮游幼体达到大耳幼体以后,陆续投放附着基。

③投放变态稚参

可在有陆上育苗设施的室内开展浮游幼体的培育,在幼体变态10 d以后,将其洗脱下来,将变态幼体投放入土池中培育,在投放前为幼体投放附着基。在整个育苗期间,要对池塘水质进行监测,同时,还要对水中的敌害生物进行监测,发现敌害生物数量过多时,应进行杀灭,保证刺参幼体、稚参的成活率。

(二)池塘网箱大规格苗种培育技术

1.网箱

根据池塘面积及水深设置网箱,网箱一般为正方形或者长方形,尺寸一般为 2 m×2 m×1 m(长、宽、高可根据池塘而定),以便充分利用水体并方便操作;保持网箱与池底有空间,网箱底部在池塘水位最低时距离池底 20 cm 左右,防止与池底接触,损坏网箱及影响网箱内外水体交换。网箱保苗可根据投放的苗种规格不同,幼体培育周期长短不同,按需要选择 20~30 目筛绢网或 8 目聚乙烯材料网。网箱的设置同网箱育苗,聚乙烯网网目大小要根据苗种规格而定,在保证苗种不逃逸的情况下,尽量选择网眼大的聚乙烯网。

2.附着基

附着基可以采用室内育苗的成串网片附着基,也可以采用波浪形附着基。在绑网箱的框架上按适当距离横向设置尼龙绳,按适当距离绑上附着基,并吊挂在水中。也可采用网衣呈"W"上下回折形式构造布置附着基。投苗前一周左右先投放附着基,以使附着基上附着足够的海泥及底栖硅藻等饵料供幼体摄食。宜早不宜晚(20 ℃之前),放苗 5~10 d 前将网箱固定于圈两侧并放入水中,保持网箱上表面高于水面。观察饵料附于网箱后,在晴天无风的天气放入适量海参苗,并遮盖防晒网,注意参苗适量,过多会导致海参圈底使成参产量降低,密度若过大或水不肥,可以投喂饵料。

3.苗种

可根据生产需要投放 1 万~10 万头/kg 的稚参或 0.2 万~1 万头/kg 的幼参。苗种投放密度可根据苗种规格不同适当调整:一般投放苗规格为 1 万~10 万头/kg 时,投苗密度为 4 000~6 000 头/m³;0.2 万~1 万头/kg 时,投苗密度为 1 000~2 000 头/m³。

三、刺参的海区网箱苗种繁育技术

海区网箱苗种繁育技术是以工厂化育苗技术为基础发展起来的,是一种在自然海区设置海上网箱,采捕自然海区的种参,在网箱中进行产卵、受精及浮游幼体和稚、幼参培育的一种海参苗种繁育的技术,具有生产成本低、苗种对海区适应性强的特点。

(一)选址及网箱制作

1.海区选择

潮流平缓、水质清澈的内湾,海区水质条件符合渔业水质标准及海水养殖用水水质的要求,并且低潮时水深不低于 5 m,保证网箱底部不接触海底。

2. 培育网箱设置

培育网箱采用 200 目尼龙筛绢制作,规格一般为 5 m(长)×5 m(宽)×4 m(高);网箱的四角和每个边的 3 点以上,分别用聚乙烯绳固定在设置在泡沫浮漂上的 5 m×5 m 的木板框架上,绑扎点间距应不大于 1 m,并视水流、风浪情况适当增加;在网箱的四个底角及底边中央绑系 2~5 kg 的沙袋,利用重力作用使吊绳垂直向下,从而防止网箱壁在水流作用下倾斜。采用打桩或其他方式固定好培育网箱和浮架。为了在刺参幼体附着后改善网箱透水性,可以在迎潮流的 2 个侧壁设置双层网,一层 200 目、一层 40 目,在适宜时机除去 200 目网。

3. 产卵网箱

在每个苗种培育网箱内部方便操作的一侧设置一个 1 m(长)×0.4 m(宽)×0.8 m(高)的网箱,网孔直径为 5~10 mm,材质可以是硬质塑料筛板或聚乙烯网衣,以便取放种参的同时防止其逃逸。

(二) 种参

种参需体长大于 20 cm、体重大于 200 g,性腺指数达 10% 以上,身体无损伤、无排脏。解剖检查:性腺的各分支粗大,雄性乳白色,雌性橘红色。由于海上网箱生态繁育苗种避免投喂饲料,尽可能接近自然状态,所以要在所在海区自然种参排放精卵的同时期采捕,做到采捕当天或第二天排放,否则在网箱中有可能导致种参性腺萎缩或产卵量少,也可提前采捕并在室内进行人工蓄养。一般海区底层水温为 16~18 ℃时,刺参性腺处于繁殖盛期,此时宜于采捕。采捕后成熟种参进入产卵箱,平挂在培养网箱中,视种参大小及产卵量来确定每个网箱中放置种参的数量,一般为 1~2 头/m³,每个培育网箱约需种参 50~100 头。

(三) 产卵及孵化

在自然环境中孵化,孵化水温为 18~25 ℃,盐度为 28‰~32‰,溶解氧在 5 mg/L 以上,pH 值为 7.8~8.5。种参在网箱中自然产卵排精,精卵随海水运动自然受精。网箱中受精卵密度达到孵化密度 0.4~0.6 个/mL 时,将种参移出。

(四) 幼体培育

幼体的培育密度以 0.3 个/mL 左右为宜。幼体饵料以环境中天然饵料为主,如网箱中幼体较多而饵料不足时,应根据幼体的密度、摄食情况等因素,适当补充投喂海洋红酵母、酵母粉、浓缩单胞藻、硅藻膏等。培育期间温度、盐度、溶解氧等条件参照孵化条件;网箱上面遮盖黑色遮阳网,防止强光照射导致幼体下沉。

（五）附着期管理

聚乙烯网袋经济实用,目前以其作为附着基较为普遍。每吊附着基由40~60个规格为40 cm×25 cm 的40目聚乙烯网袋组成,投放密度约1吊/m^3(50袋),每个网箱100吊左右。在大耳幼体后期,发现幼体中有变态为樽形幼体时,及时将附着基吊挂在培育网箱内。如投放前10~15 d将附着基放置在隔离桡足类的海水网箱中,使其附着生长了底栖硅藻后再投放效果更好。稚参培育网箱上面应遮盖黑色遮阳网,防止强光照射。附着期水温一般在20~27 ℃,盐度为28‰~32‰。为增加网箱的透水性,可除掉迎潮流2个侧壁的200目网,仅余40目网。

（六）幼参培育

刺参海上网箱苗种培育过程,在黄海北部自7月到10月约90天,正常情况下平均每网箱育出参苗达到20万头以上。由于生长期短,规格较小(6 000~10 000头/kg),大部分没变色,底播增殖成活率不高,还需经过进一步培育。在开放海域进行苗种繁育,主要的敌害是桡足类、鱼类等。200目的筛网可以阻隔桡足类等敌害生物进入网箱,避免其大量繁殖危害稚参安全。

（七）越冬暂养

利用40目纱网制成的幼参暂养网袋进行越冬暂养。每个网袋大小为40 cm×25 cm,装入100头幼参(规格0.5~1 cm),吊养在无底网箱中,每吊为50袋,每网箱中放置60吊(约30万头)于1~5 m的越冬水层。

（八）大规格幼参培育

翌年3月下旬,对吊养在网箱内的越冬苗进行分苗,然后放入网袋吊养在无底网箱内或直接吊养在浮筏上,密度10头/袋,60袋/吊,吊长6~7 m,吊间隔1 m,每吊下端坠沙袋(重约1.5 kg)。也可利用设置在底层的育成笼进行培育。培育到10月份育成大规格刺参苗种,一类苗规格体长达到3 cm以上,每千克幼参数量为300~400头;二类苗规格体长达到2 cm以上,每千克幼参数量为800头以内。

四、海上网箱大规格苗种培育技术

海上网箱大规格苗种培育是近年发展起来的一项新的苗种培育技术,它具有培育成本低、生长速度快等优点,在山东、辽宁等地发展迅速。以大连地区为例,五年前大连地区海上大规格苗种培育网箱几乎为零,短短几年大连地区海上网箱的数量已超过150万口。

(一)海区选择与水质条件

1.海区选择

应选择在避风的内湾、浅海或大水面围堰,避免大风大浪对海参网箱造成破坏,同时海区枯潮时最低水深应在 3 m 以上,水深不足容易造成网箱底部与海底接触,使网箱底部出现磨损,导致苗种掉落海底。同时海区应水质清净,潮流比较通畅,以保证养殖区具有良好的水质环境。养殖海区应该有丰富的基础饵料,能够为苗种的生长提供充足的食物。

2.水质条件

海水的盐度相对稳定,常年的盐度范围在 24‰~36‰,温度为 $-2 \sim 30$ ℃,pH 值为 7.6~8.6,溶解氧大于 3.5 mg/L。如进行冬季养殖(12 月—次年 3 月),应该选择冬季不结冰或没有流冰的海区。

(二)网箱的规格与设置

1.网箱的规格

网箱通常为正方形,规格一般为 4 m×4 m,也可根据实际需要确定网箱规格或在内设置小网箱,网孔规格为 8~20 目。网孔的规格根据投放苗种的大小决定,在保证苗种不能从网孔逃逸的前提下,尽量选择较大规格的网孔,以保障网箱的水流交换,为网箱内的苗种创造较好的生长环境。

2.网箱的设置

网箱架须使用无化学和视觉污染、无毒的抗风浪材料,根据海区情况,也可使用木板和塑料浮子组装,应具有抗风浪能力,避免受风浪影响导致破损和造成海域污染。网箱漂浮在海面,一般 400~600 个单体网箱组合在一起,采用铁锚或石砣固定,避免风浪造成网箱移位或破损,应将网箱沿着潮流的方向在海中进行设置。

3.网箱的布局

每 400~600 个单体网箱组合为一组,各组网箱间距不低于 20 m,养殖管理船航道宽度不低于 50 m,便于养殖船只的通行。

(三)苗种投放

投苗规格:开展海区大规格苗种培育的苗种规格一般在 20~200 头/kg,具体的投放规格可根据具体的养殖周期及收获规格进行调整。

投放时间:苗种投放一般在春季或者秋季进行,投放时的水温应超过 8 ℃,目前进行刺参海区网箱大规格苗种培育一般在春季 4 月进行苗种投放。

培育密度:网箱规格为 4 m×4 m 时,20~60 头/kg 以下每口网箱投苗一般在 6.5~10 kg;

60~100 头/kg 每口网箱投苗不超过 8 kg。

(四)日常管理

1. 饵料

在天然饵料丰富的海区进行大规格苗种培育可不投喂饵料,苗种主要摄食网箱附着的海泥、有机物及底栖硅藻等天然饵料。在天然饵料不足的海区,特别是在春秋季海参快速生长期,可补充投喂配合饵料或海带加工品,饵料质量应符合国家、地方各级规范的要求。

2. 更换网箱

一般 15~20 d 更换一次网箱,具体更换间隔时间根据网箱透水、杂物附着等情况灵活掌握,更换下来的网箱应及时暴晒、清洗,以便下次使用。

3. 日常监测

坚持每天进行巡视,观察、检查刺参的摄食、生长、活动情况,监测水温、盐度、溶解氧、pH 值等指标,检查网箱是否有损坏并做好记录,及时发现问题及时采取有效措施。

4. 病害防治

更换网箱时,养殖刺参可用水产用低浓度的碘制剂等浸泡 20~30 min,以预防病害发生。病害防治使用的药物及使用方法应符合相关渔药使用规范及各级政府相关文件的要求。

五、海胆的工厂化苗种繁育技术

海胆具有极高的营养价值,近年来随着市场需求的增加,价格不断上涨。目前在我国开展规模化养殖及苗种人工培育的品种主要有中间球海胆、光棘球海胆、海刺猬。我国开展海胆的人工育苗主要从 20 世纪 90 年代初开始,由于市场需求、养殖规模等原因,目前专门的海胆育苗场较少,因此海胆人工育苗的场址选择、场房建设和供水、供热、供氧、供电系统及其附属设施的配备均可参照刺参人工繁育的设施与设备条件进行。

(一)底栖硅藻培养

底栖硅藻是海胆附着后的开口饵料,目前尚无替代品,因此在开展海胆育苗前应在苗种附着变态前 20 d 左右开始对附着片进行底栖硅藻培养。

1. 底栖硅藻的来源与采集

可用预先保留在采苗板上或培育池池壁上的底栖硅藻类作藻种,但一般从本地海区采集。底栖硅藻由多种硅藻组成,常见的底栖硅藻有:阔舟形藻、形藻、东方弯杆藻、月形藻、卵形藻等。采集方法多种多样,比较方便的方法有:海区挂附着片、刮沙淘洗、洗擦海藻表面或储水容器的底壁。

2.底栖硅藻培养条件与方法

接种前,首先要把培养容器和附着装置(装有波纹板的附苗架)清洗消毒,将附着装置放入培养容器中,加满消毒海水。消毒海水一般将海水用 100ppm~300ppm 的漂白粉或 1‰~2‰的漂白液处理 12 h 以上,使用前需用 1‰硫代硫酸钠中和,以免抑制底栖硅藻生长。接种时,将波纹板插到框架中,使消毒海水刚刚浸没整个框架。将采集到的底栖硅藻种液用 300 目筛绢过滤一两次后,倒入培养池中,搅动海水,使藻液在水中均匀分布,静止 1 d,底栖硅藻就会附着在波纹板的向上面(单面附着),用水轻轻冲洗波纹板,波纹板上的硅藻不脱落时,即可全部换水,加入新鲜海水并施肥,开始培养。培养 2~3 d 后,可把附着装置翻转,再一次接种波纹板,即可得到双面底栖硅藻。

为了节省藻种,提高接种浓度,也可以采用将采苗板绑成捆接种,接种后再装架培养的方法,具体做法是先将采苗板一纵一横交叉叠放,每 20~40 片绑成一捆,再将采苗板呈水平方向摆放于培养池内接种。接种前应先对培养池及其中的采苗板等进行常规清洗消毒,再注入新鲜沙滤海水,为提高藻种浓度,注水量不要太多,以刚浸没最上层采苗板为宜。成捆接种的采苗板则需在第二面接种后再经过 3~5 d,待藻种基本附牢后方可装架转入常规培养。

静水培养底栖硅藻,需每 2~3 d 更换一次新鲜海水并施肥。换水时必须冲去池底污物,并把蚊子幼虫和腹毛类原生动物等敌害冲走,波纹板上的敌害生物也要轻轻冲洗掉。在高温季节里,换水次数应增加,必要时每天换水一两次。换水后立即施肥。在条件许可的情况下,利用循环水或流动水培养底栖硅藻,能获得比较理想的效果。底栖硅藻的培养中,光照强度是一个重要影响因素。中午时避免光直射,尽可能地利用较强的漫射光,阴雨天气利用人工光源补光。室外池需安装空架式屋顶和天幕,以便调光。严格避免长时间的直射光照射。底栖硅藻需要的光较弱,为 2 000 lx 左右。底栖硅藻培养过程中常见的敌害生物是桡足类,可利用 0.2~0.3 mg/L 的敌百虫防治。底栖硅藻在培养中需要每天进行巡池观察,定期镜检,掌握藻类生长繁殖的情况。底栖硅藻生长、繁殖情况的观察和检查的内容如表 2-1 所示。

表 2-1 底栖硅藻生长、繁殖情况的观察和检查的内容

观察和检查内容	底栖硅藻生长、繁殖情况	
	好	坏
附片颜色	整片均匀地由浅黄逐渐变为黄褐色	出现斑痕,变成灰白色或转为紫蓝色
冲洗结果	用海水缓慢冲洗也不脱落	立即脱落或因培养过久老化而成片脱落
产生气泡	晴天时经常产生许多微小气泡,气泡能够陆续上升	附片转为紫蓝色后,产生黄豆大的气泡,悬附于附片上
镜检情况	硅藻色素体完好,褐色	色素体变形或移位,有时由褐色转为淡绿色
附片上细胞密度	单位面积的细胞数量不断增加	单位面积的细胞数量不增加或出现许多空白
敌害生物	未见到或很少有敌害生物	发现许多敌害生物

底栖硅藻在培养过程中,需经常更换海水,不断添加营养盐。底栖硅藻的营养盐配方如表 2-2 所示。

表 2-2　底栖硅藻的营养盐配方

药品名称	硝酸钠	磷酸二氢钠	柠檬酸铁	硅酸钠	维生素 B_{12}
用量	10~25 mg	1~2.5 mg	0.1 mg	1 mg	0.25 μg

表 2-2 中所列为培育水体是 1 000 mL 各成分的用量。随着培养水体的变化各成分的用量也要相应的变化。

(二) 种胆的采捕与蓄养

1.种胆的选择

种胆质量对获得的受精卵质量至关重要。一般来说,种胆一般要挑选 3~4 龄以上的健康个体。具体来说,中间球海胆应以壳径 6 cm 以上为宜,采捕日期在 9—10 月;光棘球海胆的胆规格以壳径 6~8 cm 为宜,采捕日期在 7—9 月;海刺猬的亲胆规格应在 6 cm 以上,采捕季节为春季。利用剖壳检查的方法观察成熟海胆,生殖腺外观饱满,或者生殖腺外有少量白色或淡黄色液汁渗出,表明生殖腺成熟。生殖腺的成熟程度也可通过外观(测量其壳径与体重的比例关系),结合水温等参数间接进行判断。

2.采捕时应注意的问题

海胆的棘很容易脱落,采捕时动作要轻,尽量避免对海胆的机械损伤。采好的海胆可先暂养于水槽中,并放于背阴处,避免直射光的照射。

3.种胆的运送

海胆的耐干露能力强,一般采用干法运输。运输时先在保温箱内铺设湿毛巾、纱布、大叶藻等,将海胆放于其上,再在上层盖一层潮湿的海藻。运输时箱内的温度不要太高,可放冰袋或冰块降温,但勿让海胆与冰直接接触。

4.种胆的蓄养

种胆在采捕后可以立即进行诱导采卵(限成熟个体),也可以经过一段时间的蓄养后再进行诱导采卵。密度太大会影响海胆的性腺发育,蓄养密度一般控制在 40~100 个/m^2。蓄养池内多置放网箱,直接在网箱内投喂海藻作为饵料,网目可大可小,以海胆不漏出但粪便容易漏下为准。每天换水 2 次,换水时及时清除残饵与粪便。

5.种胆的人工促熟

选用人工促熟培育的海胆可保证大规模、有计划的生产。种胆的人工促熟是通过调节培育水温,投喂充足的饵料并利用控光等技术措施,加速其生殖腺发育的过程。为使生殖腺提前达到成熟,亲胆移入培育池时的水温要接近自然海区的水温,然后缓慢升温(或降温),之后恒温培养一些时日,加大投饵量,再后来使培育水温逐渐接近其繁殖水温。进行种胆的促熟培育,要保证饵料供应充足。海胆的摄食活动具有明显的日周期性变化,一般夜间摄食活动活跃,白昼很少有索饵活动。夜间投饵要适当增加,同时白昼要适当地控制光强。种胆蓄养密度要适宜,暂养期间每天换水两次,每次换 1/2,定期清除粪便、残饵等污物。

(三) 采卵

1. 自然产卵

如果采捕的亲海胆性腺发育良好,又恰好在繁殖期,则海胆在暂养期间可自行排放精卵。排精卵一般在晚上,亲海胆显得很活跃,沿池壁不停爬行。当排精时,雄性海胆在池壁水面处从生殖孔中冒出一缕缕乳白色烟雾状精液。雄海胆排精的当天或第二日可见雌海胆产卵。雌海胆产卵时也沿池壁水面处爬行,之后从生殖孔中排出橘黄色绒线状卵子,卵子在水中徐徐下沉扩散开。

2. 人工刺激产卵

为了一次性获取较大量的精卵,要对亲海胆人工诱导,使其集中产卵。常用的人工诱导方法有:

阴干流水升温刺激法:将种胆阴干 1.5~2 h 后,流水刺激 1 h,再移到高于原水温 1~2 ℃ 的海水中,经过 2~3 h,出现排精产卵的现象。此法的成功率视种胆的性腺发育程度而异,一般中间球海胆可达 40% 左右。不同种类海胆采卵水温与其幼体培育水温不同:光棘球海胆大多控制在 20~23 ℃,中间球海胆 15~20 ℃,马粪海胆 14~17 ℃。

氯化钾溶液注射法:将种胆从暂养池中取出,经海水清洗后暴露在空气中放置。然后用注射器自种胆的围口膜处注入 0.5 mol/L 的氯化钾溶液,氯化钾的注射量可按种胆个体大小而定,但要控制在 1.5~2.5 mL,之后放置 1~5 min,最后把种胆放入盛有海水的采卵槽中或集卵器上,种胆再经过数分钟即可排放精卵。另外,也可以用氯化钾溶液来浸泡海胆的生殖孔,即将海胆反口面朝下放置于 0.5 mol/L 的氯化钾溶液中,氯化钾溶液充分浸没生殖孔即可。当海胆开始排放精卵时,卵和精子要分别收集。一般来说,雌雄的排放产物在颜色上有差别,卵子一般呈橙黄色,精液一般呈白色。如果不能确定,可以取样在显微镜下观察。

(四) 授精与孵化

1. 授精

为获得较高的受精率,授精时间最好控制在精卵排出体外后的 0.5 h 之内,因为排出体外的卵子和精子随着时间的推移,活力将逐步下降。

授精时卵子和精子的比例以 1∶1 000 为宜,这样能保证平均每个卵子周围有 3~4 个精子。授精 1~3 min 之后立即取样置于显微镜下放大数倍进行检查,如果大部分卵子的卵黄周围出现围卵腔、受精膜举起则说明受精良好,否则要及时采取补救措施(例如增加精液或洗卵)。

授精之后,如精子数量过多,应立即进行洗卵,除去多余精子(避免因受精时精子使用过量而可能导致卵膜受损畸形)。保持孵化水质、提高孵化率洗卵的方法是:当卵子全部沉至槽(池)底后,将上层 1/2~2/3 不含卵的水排出,之后再加入水温相同的新鲜海水。待卵子充分沉降之后,再采取同样的方法进行洗卵。如此反复,操作 3~5 次,可以洗掉绝大部分多余精子。为了便于操作,授精与洗卵一般在小型水槽中集中进行。

2. 孵化

受精卵的孵化密度以 10~20 个/mL 为宜。海胆种类不同,孵化时间有所差异。海胆的孵化时间随孵化水温在一定范围内的升高而缩短。据报道,中间球海胆在 17~18.5 ℃ 水温下,经 11.5 h 受精卵即可发育至纤毛囊胚而上浮,进入浮游幼体期。光棘球海胆在水温 20~23 ℃ 时,需经 10~15 h 发育至浮游幼体。紫海胆的受精卵在 28.5~30.4 ℃ 水温下,经过 7 h 孵化发育为纤毛囊胚上浮。海刺猬在 16~17 ℃ 水温下,经 16 h 左右胚体上浮。而马粪海胆在 14~17 ℃ 水温条件下,22 h 左右才发育至纤毛囊胚进行浮游。

(五) 幼体选优

幼体孵化出来以后发育一段时间,当其上浮后要立即选优,其目的是淘汰底层不健壮的幼体。选优时可用虹吸法吸取上层健壮的幼体,这样做可以减少对幼体的损伤;也可以用 100~120 网目筛绢拖选上层的幼体;还可以将健康幼体虹吸集中后倒入培育池。

(六) 浮游幼体培育

1. 水质条件与管理

海胆的种类不同,幼体发育的适宜水温不同,如马粪海胆、中间球海胆、光棘球海胆的适宜水温分别为 14~17 ℃、17~18.5 ℃ 和 20~23 ℃。幼体培育过程中,须采取充气或搅池的方法增加水中的溶氧量,同时还可使浮游幼体分布均匀,避免集中现象的发生。由于幼体具有趋光性,所以光照不宜过强,更应避免阳光直射。

每日换水 1~2 次,每次换水量 1/2~2/3,换水时要用 JP100~JP120 目筛网制成的筛绢网箱(网目 60~110 mm),换水时要注意避免对幼体造成伤害。每隔 5~10 d 倒池一次,并清除池底。清除池底时可用虹吸法吸底,要注意回收网箱内被吸出的健壮个体。培育期间要尽量满足幼体发育所需的各种理化因子,这能够提高幼体之后的附着变态率。

2. 密度控制

幼体的培育密度应在 1 个/mL 以下,以 0.5 个/mL 左右为宜,密度过高则幼体生长缓慢、个体发育不整齐,提高了育成难度。

3. 饵料投喂

选育的第二天,幼虫发育至棱柱幼体期,此时幼体消化道发育基本完成,应及时投饵。如果投饵不及时,会影响幼体发育。海胆饵料以单胞藻为主,角毛藻是海胆浮游期最佳的饵料,在生产中如角毛藻不能满足时,可以补充投喂适量的金藻、新月菱形藻、三角褐指藻等。

单胞藻的投喂量要根据培育密度、发育时期、幼体的大小以及培育水温来决定。如中间球海胆,4 腕期之前每日投喂量 1.0 万~2.0 万 cell/mL,6 腕期 3.0 万~4.0 万 cell/mL,8 腕前期 4.0 万~5.0 万 cell/mL,8 腕后期 6.0 万~7.0 万 cell/mL,在实际生产中的具体投喂量应根据实际情况进行调整。

(七)海胆幼体的附着变态

1.采苗板的投放

在浮游幼体变态为稚胆之前,应及时投放采苗板进行采集,采苗板呈水平方向放置。不同海胆的浮游幼体在不同水温下的浮游期不同。中间球海胆在15~18 ℃水温时经18~21 d即可结束浮游生活,在20~24 ℃水温下大约经15~20 d开始变态为稚胆;光棘球海胆的浮游幼体在20~24 ℃水温下大约经15~20 d结束浮游生活,开始变态为稚胆。不同海胆投放采苗板的时间不同,但都应在8腕幼体左侧开始出现海胆原基的2~3 d以内。例如马粪海胆在14~17 ℃水温下为28 d左右;光棘球海胆在20~24 ℃水温下约为受精后的第15~19 d;中间球海胆在15~18 ℃水温下大约为20 d。

由于采苗板上的饵料供应情况直接影响幼体的附着以及附着后幼体的变态率,采苗板应在采苗之前培养有一定数量的硅藻作为饵料。

2.采苗密度

幼体的采苗密度太大会影响其饵料供应和正常的生长发育,而采苗密度太小又会对设备和器材造成浪费,所以须掌握好其采集密度。实验和生产实践表明,后期8腕幼体以平均每板采集300~500个较为适宜。

(八)稚、幼胆培育

1.饵料供应

采苗变态后的前期,海胆以摄食采苗板上的硅藻为主。因此这一时期保证稚胆的饵料供应,主要措施是施肥、控制光照、加大换水量及适量充气等,这样采苗板上的硅藻会快速增殖。施肥可以参考:磷$(0.2~1)10^{-6}$浓度、硅$(0.1~0.5)×10^{-6}$浓度、氮$(1~5)×10^{-6}$浓度、铁$0.01×10^{-6}$浓度。注意施肥不当易带入过量的氨氮等有害物质,对稚胆有可能造成不良影响。光照控制在500~3 000 lx,光照过弱不利于硅藻的生长,过强会导致硅藻繁殖过快,抑制硅藻的生长,所以光强一定要适中,要注意调整。

在苗种生长后期,其食量增加,对饵料的要求提高,采苗板上的硅藻不能满足需求。这时,要投喂补充饵料,例如海带、石莼、羊栖菜等大型海藻的弱嫩藻体。

当稚胆生长至一定规格后,可将稚胆剥离至网箱中,投喂上述海带、裙带菜、石莼、羊栖菜等大型藻类,也可投喂配合饵料,完全可以替代天然生物饵料,一般剥离的规格为3~5 mm。

剥离方法有以下两种:

软毛刷直接剥离:因稚胆在采苗板上的附着并不紧密,可用软毛刷直接剥离。剥离过程中动作要轻,尽量避免机械损伤。

KCl溶液浸泡剥离:用0.5 mol/L的KCl溶液浸泡或冲洗0.5~3 min后,稚胆的管足会收缩,脱离采苗板,然后可以集中收集。

网箱的孔径应根据稚胆的规格进行调整,随着个体的生长应加大孔径,在保证稚胆不能逃逸的前提下,尽量选大孔径网箱,保证网箱内水流交换,提高成活率。

饵料投喂要充足,一般 2~3 d 投喂一次,饵料投喂量要根据苗种的摄食情况进行调整。每天检查海胆的摄食、生长及存活情况,及时将死亡个体及不新鲜的残饵拣出,避免死亡个体及饵料腐烂造成水质恶化,影响海胆苗种的成活及生长。

2. 水质管理

稚胆阶段对水质的要求较高,除保持稳定适宜的水温,还须每日换水 1~2 次,日换水 1 个全量以上,以保持充足的溶氧。每隔 5~10 d 还应清底或倒池一次,及时清除残饵、粪便与死亡个体。

3. 敌害防治

桡足类是稚胆培育期间的主要敌害,它们不但会与稚胆争夺采苗板上的底栖饵料,还会挠坏稚胆的体表,导致稚胆的死亡率提高。对桡足类的危害要施用 2~8 mg/L 的敌百虫进行防治,更重要的是注意换水时防止其随水进入。

六、海参、海胆的良种培育技术

海参、海胆的良种培育起步较晚,我国在 21 世纪初开始开展海参、海胆的良种培育工作。现有的海参、海胆新品种主要是通过选择育种和杂交育种培育而成,但随着现代遗传育种理论和生物技术的不断发展和创新,生物工程技术在水产动物遗传育种中发挥了重要作用,逐步建立了 QTL、多倍体诱导、雌核发育、性别调控、转基因等细胞工程育种技术。高通量测序技术的发展及分子标记的批量开发为分子辅助育种及全基因组育种提供了重要的平台。对全基因组选择育种、基因编辑等前沿技术也进行了尝试和应用,在今后一段时间内,海参、海胆育种将在传统育种技术的基础上,以现代育种技术为补充,逐步提高育种效率,实现精准育种。

(一) 分子标记开发和遗传连锁图谱构建

分子标记辅助育种(Molecular Marker Assistant Breeding,MAS)是借助与性状紧密相关的分子标记对具有性状优势的等位基因或基因型的个体进行直接选择育种,是分子生物学和基因组学的研究结果。廖梅杰等利用 SSR 指纹图谱技术对中、韩、俄等国家不同地区刺参群体进行遗传多样性分析和指纹图谱构建,构建的指纹图谱可将 8 个群体分开,为刺参种质资源保护及不同地理种群刺参的鉴别提供技术支撑。丁君等采用磁珠法从中间球海胆基因组中分离富集微卫星 DNA,获得 160 个阳性克隆和 108 个微卫星序列,并对其特征进行了分析。在此基础上,根据微卫星位点的侧翼序列,通过筛选,采用其中的 12 对微卫星 DNA 标记对大连凌水、大连獐子岛、山东荣成 3 个中间球海胆养殖群体的遗传多样性进行了分析。Yan 等也分离并鉴定了 61 个海胆微卫星标记,所开发的多态性标记已用于选择育种亲本的选择。

在遗传连锁图谱构建方面,Li 等选择 37 个扩增片段长度多态性(AFLP)引物组合,确定了刺参亲本 484 个多态性标记,生成的图谱将作为构建高分辨率遗传图谱以及绘制功能基因和定量性状基因座的基础,为刺参应用标记辅助选择育种策略开辟道路。刘安然等利用已构建的刺参高密度遗传连锁图谱,初步定位了与体长、体宽、体重、棘刺总数和存活天数(抗病力)5个性状相关的9个QTL区域,获得81个SLAF标签。Zhou等构建了光棘球海胆和中间球海胆2种海胆的遗传图谱,为后续开展QTL分析和群体遗传学研究提供了便利。Chang等构建了包含21个连锁群的中间球海胆的高密度遗传图,检测到33个潜在的QTL,并据此开发了与中间球海胆生长性状、性腺性状相关的KASP标记,已应用于新品种开发。

(二)多倍体育种和QTL辅助育种

多倍体育种,也称染色体组工程育种。目前,多倍体水产动物育种工作仍是水产经济动物种质改良的重要途径和研究热点。养殖实践发现,人工多倍体水产动物通常具有生长速度快、个体大、抗逆性强、不造成资源污染等特点。目前,多倍体育种已在生产中广泛应用。棘皮动物方面,常亚青等率先开展了刺参多倍体诱导并取得成功,Ding等优化了静水压诱导刺参三倍体条件,目前,刺参囊胚期三倍化率达到80%以上。

QTL辅助育种是通过遗传标记与性状间的相关性分析,将一个或多个QTL定位到染色体的遗传标记之间,并据此标记进行分子标记辅助育种的方法。中国科学院海洋研究所、中国海洋大学先后完成了3张刺参高密度遗传连锁图谱,Du等采用高分辨率溶解(HRM)基因分型方法开发了101个刺参SNP标记。辽宁省海洋水产科学研究院先后构建了紫海胆与中间球海胆遗传连锁图谱,覆盖率分别达到78.1%和79.1%。大连海洋大学构建了包含21个连锁群的中间球海胆高密度遗传图,平均图距0.44 cm,并对生长、性腺色泽等8个经济性状进行基因定位,共鉴定出33个潜在QTL位点,且开发了多态性SNP标记。上述研究为刺参、海胆QTL育种实践奠定了基础。

(三)杂交育种与杂交优势利用

杂交育种优势是普遍存在的一种重要生物学现象,对改良生物的生产性能有重要作用。在海参方面,农业农村部审定通过的我国海参养殖的第1个新品种刺参"水院1号",其父本为俄罗斯远东海参,母本为辽宁大连海域刺参,经过近10年优中选优培育而成。该品种有6排棘刺,具有体大、出皮率高、营养价值高、苗种成活率高和生长速度快等优点。此外,我国刺参与其他国家的刺参在杂交育种过程中,其苗种在生长、存活率及幼体生长速率等方面均表现出明显的杂交育种优势。在海胆方面,丁君对中国北方地区几种经济海胆的种间杂交和雌核发育进行了研究。杂交子一代在成体生长发育的各项指标(壳径、壳高、体重、性腺重和性腺指数)中均体现出杂种优势,如虾夷马粪海胆×光棘球海胆组所有性状的杂种优势率均为正值,范围为0.32~2.49,虾夷马粪海胆×紫海胆组的杂种优势率在壳径、壳高、体重、性腺重和性腺指数方面均为正值,杂交优势率为4.00%~49.40%,具有在生产中应用的潜力。在海参、海胆南方群体与北方群体的杂交中,获得耐高温、品质优新品种,是海参、海胆杂交育种的新方向。

(四)选择育种

选择是育种的基础,自 20 世纪 70—80 年代起,群体选育和家系选育已广泛应用于水产生物的遗传育种。2009 年至今,基因标记已运用到我国大多数水产养殖动物的种质鉴定和品种选育研究中,取得了较大进步。

在海参方面,董玉等应用一般线性模型对 46 个 SNP 标记与刺参体重、体长、体宽、体壁重和出肉率性状进行关联研究时发现,8 个 SNP 基因型 BB 与这些生长性状显著相关,推测基因型 BB 是这些位点的优势基因型。赵欢等测定定向选育获得的刺参耐高温子一代在高温下的存活率及热休克蛋白基因表达,从一定程度上验证了高温耐受性的可遗传性,为后续刺参良种培育提供了理论基础。利用选择育种的方法,我国先后育成了刺参"崆峒岛 1 号""安源 1 号""参优 1 号""东科 1 号""鲁海 1 号"等国家审定经济棘皮动物新品种。其中,"参优 1 号"以抗灿烂弧菌侵染能力和生长速度作为选育性状,利用群体选育方法构建刺参抗逆选育系,并采用抗病分子标记筛选与验证、抗病功能基因筛选与验证等分子标记辅助选育技术,连续 4 代培育而成。"参优 1 号"在 6 月龄时,灿烂弧菌侵染后成活率提高了 11.68%,显著提高了抗化皮病的能力;生长速度快,池塘养殖收获时的平均体重相比未经选育群体提高了 38.75%。

在海胆方面,我国以大连旅顺、大连凌水和山东荣成 3 个中间球海胆养殖群体构建基础群体,以体重、壳径和生殖腺颜色为选育指标,采用群体选育辅以家系选育技术,经连续 4 代选育,培育出中间球海胆新品种"大金"。在相同养殖条件下,与未经选育的中间球海胆相比,26 月龄平均体重和壳径分别提高 31.7% 和 10.4%,生殖腺饱满、色泽金黄。在基因组选择育种方面,Meuwissen 等基于分子标记辅助育种提出全基因组水平的选择育种技术。李富花等发明了一种提高水产动物全基因组选择育种效率的方法,即通过 SNP 分型和表型数据进行 GWAS 分析,获得每个 SNP 的 P 值并按从大到小排序,选择排序靠前的最优标记组合对育种群体和下一代育种群体进行 SNP 分型,通过 GBLUP、BayesB、ssGBLUP 等方法预测基因组育种值,并从高到低进行个体选择,新品种的培育将会给水产业带来巨大的社会效益和经济效益,随着水产育种新技术的开发与应用,海参、海胆选择育种将向着多种方式有机融合的方向发展。

(五)细胞工程育种技术

细胞工程是在细胞水平上进行遗传操作与加工,定向改变或创造新的物种,或创造具有新遗传特征细胞的技术。细胞工程育种技术包括核移植(核质杂交)、雌(雄)核发育和多倍体育种技术等。

药物诱导和静水压诱导多倍体技术已运用于刺参和海胆,并取得了成功。常亚青等和 Ding 等研究发现,CB 与 6-DMAP 均可诱导刺参产生三倍体和四倍体,采用 CB 抑制 PBI 诱导,到达小耳幼体时,可产生 9.7%~21.3% 的四倍体;6-DMAP 抑制 PBI 诱导三倍体,三倍体诱导率介于 7.5%~58% 之间。此外,常亚青等首次将静水压诱导多倍体技术运用在刺参上,并取得了成功。丁君等优化了静水压诱导刺参三倍体条件,刺参囊胚期三倍化率达到 80% 以上。

在海胆多倍体诱导方面,常亚青等已将静水压诱导多倍体技术运用在海胆上,成功获得了中间球海胆四倍体胚胎及发育至 4 腕时期的幼体,于 16 ℃ 水温下,提前染色分离时间为

12 min,60 MPa 下静水压处理 9 min 的最佳诱导条件下,获得四倍体胚胎,取得 91.5% 的平均倍化率。在海胆雌核发育研究方面,丁君等采用不同剂量(30~330 MJ/cm^2)的紫外线对中间球海胆精子进行照射失活,获得了雌核发育的单倍体胚胎,受精卵早期和早期囊胚的单倍体率分别达 98.2% 和 70%,但后续研究显示,照射组受精卵发育至破膜囊胚后,出现了大量畸形,27 h 后死亡率达 98%。这可能是由于水产动物中存在较多的隐性致死或有害基因,因而诱发的雌核发育二倍体存活率很低,同时,经紫外线照射的精子本身虽不能参与细胞分裂,但精核仍残留在卵内,对卵的正常发育产生不利的影响,从而使胚胎生存率降低。曹学彬等采用紫外线照射使马粪海胆精子遗传失活,用热休克法抑制第 1 次卵裂获得雌核发育二倍体。结果表明,热休克法抑制第 1 次卵裂不仅降低了胚胎的畸形率,还提高了胚胎上浮率。

(六)基于全基因组测序技术

近年来,随着大规模测序成本不断降低,海胆、海参全基因组测序相继完成,为全基因组选择育种技术的研发提供了保证。2006 年 11 月 9 日,休斯敦贝勒医学院(Baylor College of Medicine)人类基因组测序中心宣布完成对紫球海胆基因组测序,其序列长约 814 MB,编码约 23 300 个基因,此后,绿海胆、马粪海胆的基因组序列也分别于 2016 年、2018 年被报道(Ericaetal,2006;Sergievetal,2016;Kinjoetal,2018)。自 2012 年起,中国学者相继破译了数十种水产养殖生物的全基因组序列。Zhang 等和 Li 等完成了刺参全基因组测序,构建了刺参全基因组的精细图谱,基因组组装全长为 800~950 MB,编码约 29 000~30 350 个基因,助推了刺参重要经济性状解析、全基因组选择育种和分子标记育种。

1.全基因组关联分析(GWAS)先对研究对象 SNP 标记进行检测,获得基因型,进而将基因型与表型性状进行群体水平统计分析,根据显著性 P 值筛选出与目标性状相关联的候选基因或基因区域(Gajardoetal,2015)。GWAS 要比传统 QTL 法有优势,其具有较高的复杂性状相关基因定位效率。GWAS 技术已经应用到水产育种工作中,但大部分研究还停留在寻找与目的性状相关的 SNPs 位点、候选区间、候选基因上,只有极少数研究对所获得的目的基因进行过实验验证。

2.基因编辑是在基因组水平对基因片段进行插入、敲除、替换或修饰等,能高效、定向地编辑目的基因。基因编辑技术作为眼下最热门的研究领域之一,在水产养殖业中得到快速发展。Lin 等将 CRISPR/Cas9 系统应用于海胆胚胎,针对 Nodal 基因设计了 6 个引导 RNA(gRNA),发现其中 5 个 gRNA 在 60%~80% 的注射胚胎中诱导了预期的表型,同时,还开发了 1 种从单个胚胎中分离基因组 DNA 的简单方法。CRISPR/Cas9 系统敲除海胆中的 Pks1 基因,成功诱导出白化病海胆成体,并存活 1 年。这些研究成果有望加快 CRISPR/Cas9 系统在海胆胚胎基因组编辑和分子育种中的应用。

3.转基因技术主要是将外源基因或体外重组基因转移到受精卵中,使其在动物体内整合和表达,产生具有新的遗传特征或性状的动物。将外源基因导入的方法有很多种,如基因枪法、显微注射法、电穿孔法、精子介导基因转移法、化学诱导法和病毒转染法等。McMahon 等首次利用显微注射法将构建的氨基糖苷 3′磷酸转移酶的 DNA 序列连接到载体,构建 piSA 质粒,并导入紫海胆卵细胞,进行体外受精培育,发现外源基因在海胆整个胚胎发育时期均有表达,此研究为后续海胆转基因的深入研究提供了方法和技术参考。海胆作为模式生物,通过转基因技术,可将报告基因转入海胆幼体中,进而阐明特定基因的转录过程,构建基因调控网络。目前,转基因技术在海参、海胆育种中还未有成功报道。

4.性别控制技术通过对生物性别控制,可加快育种进程,培育单性品种,提高经济效益。性别控制技术是指在动物正常繁育生殖过程中,通过人为干预,控制成年的雌性动物下一代性别的生物技术。在种参培育过程中,雌参的需求量大于雄参,如提前预知种参的性别,则可节约育种成本。陈廷等报道了鉴别糙海参卵巢发育期雌海参个体的方法,研究了小疣刺参促排卵短肽及其编码基因与应用。Láruson 等通过对雌、雄白棘三列海胆组织表达谱分析发现,Sox 家族在雌、雄海胆中表达有差异,其中,雄性中的 SoxH 基因表达显著高于雌性,在哺乳动物中,SoxH 也参与了雄性生殖细胞的分化。同时发现,Wnt-4 基因仅在雄性海胆中存在,也参与了哺乳动物发育早期雄性化的抑制,在幼体和成体中被恢复,因此推断,Wnt-4 基因在海胆中可能没有抑制雄性化的作用,只是在雄性性腺中发挥作用。

(七)海参、海胆新品种

目前已经通过全国水产原种和良种审定委员会审定的海参、海胆新品种共有 10 个,其中海参新品种 6 个、海胆新品种 1 个,分别有以下几种:

1.刺参"水院 1 号"(GS-02-005-2009)

刺参"水院 1 号"(GS-02-005-2009)是由大连海洋大学等单位通过杂交育种技术人工培育的我国第一个海参新品种,也是世界上第一个人工培育的海参新品种,2009 年经第四届全国水产原种和良种审定委员会审定通过获得水产新品种证书。该品种的特点是:苗种摄食旺盛,拥有较强的摄食能力和对饵料的高利用效率,对高温和低温的耐受性强,夏眠时间缩短 1 个月左右。成参体表疣足(肉刺)的数量多,排列为比较整齐的 6 排,肉刺数量比原有群体增加 40%左右;其体壁厚,体壁重/活体重(出肉率、出皮率)比原有群体增加 10%以上,加工出肉率高。新品种在养殖中成活率、生长速度比原有品种提高 30%以上,池塘养殖产量高。目前该品种已经在辽宁、山东、河北、福建等地区开展了养殖。

2.刺参"崆峒岛 1 号"(GS-01-016-2014)

刺参"崆峒岛 1 号"由山东省海洋资源与环境研究院等单位联合培育,2015 年通过全国水产原种和良种审定委员会审定。该品种是以 2002 年崆峒岛国家级刺参种质保护区中自然生长刺参繁育的子代为基础群体,以生长速度为选育指标,采用群体选育技术,经连续 4 代选育而成。在相同养殖条件下,与未经选育的刺参相比,26 月龄平均体重提高 19%以上,体重变异系数降低。该品种适宜在我国辽宁、山东、河北等地沿海海水养殖水体中养殖。

3.刺参"安源 1 号"(GS-01-014-2017)

刺参"安源 1 号"由山东安源水产股份有限公司和大连海洋大学联合培育。该品种是以 2009 年刺参"水院 1 号"新品种选育群体为基础群体,以体重和疣足数量为目标性状,采用群体选育技术,经连续 4 代选育而成。在相同养殖条件下,与刺参"水院 1 号"相比,24 月龄体重平均提高10.2%,平均疣足数量稳定在45个以上,疣足数量平均提高12.8%。该品种适宜在辽宁、山东和福建沿海养殖。

4. 刺参"东科1号"(GS-01-015-2017)

刺参"东科1号"由中国科学院海洋研究所和山东东方海洋科技股份有限公司联合培育。该品种是以山东烟台、青岛即墨及黄岛、日照岚山的5个刺参养殖群体为基础群体,以体重和度夏成活率为目标性状,采用群体选育技术,经连续4代选育而成。在相同养殖条件下,与未经选育的刺参群体相比,24月龄体重平均提高23.2%,度夏成活率平均提高13.6%。该品种适宜在山东和河北沿海池塘养殖。

5. 刺参"参优1号"(GS-01-016-2017)

刺参"参优1号"由中国水产科学研究院黄海水产研究所和青岛瑞滋海珍品发展有限公司联合培育。该品种是以大连、烟台、威海、青岛和日本北海道野生刺参群体为基础群体,以体重和抗病性为目标性状,采用群体选育技术,经连续4代选育而成。在相同养殖条件下,与未经选育的刺参相比,6月龄刺参养成收获体重平均提高26.5%,抗灿烂弧菌侵染力平均提高11.7%,成活率平均提高23.5%。该品种适宜在福建以北沿海养殖。

6. 刺参"鲁海1号"(GS-01-010-2018)

刺参"鲁海1号"由山东省海洋生物研究院和好当家集团有限公司联合培育。该品种是以辽宁大连和山东威海、烟台、青岛、日照野生刺参群体为基础群体,以体重和养殖成活率为目标性状,采用群体选育技术,经连续4代选育而成。在相同养殖条件下,与未经选育的刺参相比,24月龄刺参体重平均提高24.8%,养殖成活率平均提高23.5%。该品种适宜在山东、辽宁、河北和福建人工可控的海水水体中养殖。

7. 中间球海胆"大金"(GS-01-017-2014)

中间球海胆"大金"由大连海洋大学、大连海宝渔业有限公司联合培育,2015年通过全国水产原良种和良种审定委员会审定。该品种以大连、荣成的3个养殖群体为基础群体,以体重、壳径和生殖腺颜色为选育指标,采用群体选育辅以家系选育技术,经连续4代选育而成。其优点是:在相同养殖条件下,与未经选育的中间球海胆相比,26月龄平均体重和壳径分别提高31.70%和10.49%,生殖腺饱满、色泽金黄。该品种适宜在我国辽宁、山东、河北等地沿海养殖水体中养殖。

第二节

海参、海胆绿色饲料开发

一、海参饲料

(一)海参主要营养物质需要

海参对营养的需求,主要包括蛋白质、脂肪、糖类、维生素和矿物质等,其中蛋白质包括10种必需氨基酸,分别为赖氨酸、色氨酸、苯丙氨酸、蛋氨酸、苏氨酸、异亮氨酸、亮氨酸、缬氨酸、组氨酸、精氨酸;脂肪包括多种必需脂肪酸,如α-亚麻酸系列的多不饱和脂肪酸;糖类包括单糖、多糖等其他碳水化合物;维生素包括维生素B、维生素C;矿物质包括钙、镁、铁、锰、锌、铜、钼、硒等元素。

(二)海参饲料现状

海参饲料是针对海参的稚参、幼参、成参各阶段的生长习性,将海参生长、发育所必需的各种营养物质进行科学配比而制成的饲料。优质海参饲料具有适口性好,使海参生长快、体格健壮、成色好等特点。海参饲料中含有纯天然藻类,富含矿物质、维生素、益生菌以及各种酶制剂,更有助于海参健康生长,同时又不败坏水质、底质。

1.海参饵料分类

(1)海参预混料

海参预混料是海参养殖业中应用较为广泛的综合性海参饲料。相对于普通海参饲料,海参预混料含有大量海参生长所需要的微量元素,营养更为全面,投喂增长比高,对于提高海参抗病能力有良好的辅助作用。在以往养殖的过程中,当海参出现吐肠、拖便、摇头、化皮、烂体等现象时,养殖户一般采用加药、停料的习惯做法,使海参生病时需要的营养严重缺乏,而使用预混料能及时补充病参身体所需的各种营养成分,协助病参恢复,从而达到痊愈的效果。

(2)配合饲料

海参开口料:养殖海参在幼体阶段,第一次摄食时吃的饵料。通常将优质鱼粉、虾粉、鼠尾藻、马尾藻、优质海藻粉、活性酵素、功能肽、微生物蛋白、益生菌、复合维生素、微量元素等混合投喂,以提高诱食性和吸收率。该饲料易于海参觅食和消化吸收,同时可增强参苗抗应激能力,提高成活率,加快生长。

稚参饵料:海参幼体在一系列浮游阶段后,大约在受精20天后变态附着,进入底栖生活阶段,发育至稚参,在稚参阶段所吃的饵料。针对稚参生长阶段的特殊营养需求和消化生理特点,将鼠尾藻粉、底栖硅藻粉、玉米蛋白、高活性酵母、益生菌、发酵海虹粉、发酵鱼粉、发酵大豆肽、氨基酸、复合酶、复合维生素、矿物元素、微量元素等营养成分混合后投喂。该饲料营养均衡,具有适口性好、水中稳定、不污染水质等特点。极易被稚参消化吸收,有效降低饵料系数,在保证稚参健壮成长的同时,增强稚参机体免疫力,降低发病率。

幼参饵料:主要有鼠尾藻粉和马尾藻粉的混合饲料。但由于目前两者货源不足、价格昂贵,通常采用川蔓藻粉、石莼粉混合饲料替代。另外,可将豆粕、鱼粉、虾粉、乌贼粉、扇贝边、泡泡菜、裙带菜、磷酸二氢钙、益生素、海虹肉、鼠尾藻、氯化胆碱、贝壳粉、马尾藻等混合构成幼参期的配合饲料。该饲料所有的原料来源稳定,营养成分齐全,能满足幼参生长所需的全部营养要求;有利于幼参均衡消化吸收,生长转化,排泄物有机残渣少,对底质影响小;可明显增强幼参的免疫机能和抗应激能力,幼参活力好。

成参饵料:将豆粕、进口鱼粉、虾粉、乌贼粉、扇贝边、磷酸二氢钙、酵肽粉、大叶菜、益生素、海虹肉、氯化胆碱、贝壳粉、海泥、马尾藻、裙带粉等混合投喂成参。该饲料针对刺参成参期的特点,使用地瓜秧代替部分海洋藻类资源,不仅降低成本,还能缓解海藻资源紧缺的局面,经合理配比,营养全面,海参消化吸收较好,生长快,饲料转化率高,养殖的海参颜色正常、接近野生体色。该饲料可明显增强海参的免疫机能和抗应激能力,参体活力好。池(围)塘养殖中大多投喂重量占比分别为淀粉50%、海泥20%、鱼粉8%、海藻粉22%,或者海藻粉60%、麸皮、玉米面、豆饼30%,鱼粉10%的人工配合饲料。该配方可满足成体刺参正常生长的营养需要。

种参促熟饵料:将下述营养成分按照比例混合后加入成参饵料中:DHA 5%～10%,EPA 20%～35%,虾青素0.5%～2%,胆固醇2%～4%,磷脂0～10%,沙蚕粉5%～15%,维生素A 0.5%～1%,维生素C 0.5%～1%,维生素E 0.5%～1%,松针粉10%～30%,麦芽5%～15%,鸡蛋黄粉10%～20%,球蛋白0.5%～2%,红细胞生成素0.5%～1%,糖萜素0.5%～1%。该配合饲料适于海参种参的促熟,能明显促进种参的性腺发育,加速性成熟,提高产卵量和群体的成熟比例、受精率、孵化率和参苗存活率;并且该饲料不含激素和抗生素,无污染、无毒副作用,用量少,原料来源稳定,价格低廉,生产工艺简单。

(3)单一饲料

鼠尾藻粉:鼠尾藻粉是纯天然海参饲料添加剂,采用渤海湾、黄海优质原料,鼠尾藻粉经高温杀菌、超微粉碎等先进工艺加工而成,超微粉碎到300目以便海参采食。鼠尾藻粉在海参养殖业中广泛使用。它含有丰富的营养物质(氨基酸、维生素、多种微量元素)、碘化物及促进海参生长的活性物质,把鼠尾藻粉添加到饲料中,能够改善饲料的营养结构,提高饲料利用率,调节海参机体代谢,提高海参免疫力和抗病能力,促进生长。鼠尾藻粉具有其他高蛋白饲料无法比拟的营养价值。

马尾藻粉:马尾藻粉是将马尾藻经过去杂、粗晾晒、蒸汽杀菌烘干、粗粉加工、微粉加工、冷却等工艺制作而成。经此工艺加工的马尾藻粉的优点如下:新鲜度能够得到最大限度的保障,提升饵料的效率;在230 ℃蒸汽的作用下,可以杀死各种有害细菌;人工挑选杂质后,藻粉纯度得到提高。其作为优质原料还体现在矿物质含量高,易被吸收。马尾藻粉不仅含有丰富的矿物质,而且多以有机态形式存在,不易氧化变质,动物摄食后的消化吸收强度比无机矿物质好,用SM(海藻粉)作碘剂既稳定又易吸收,利用率较高,而无机碘则相反。其含有丰富的纤维素和维生素。这些营养素对海参的生长、繁殖均有较好的促进作用。海藻中的生物活性物质和促生长因子可调节饲料营养的平衡,提高动物对营养物质的代谢和消化吸收,促进动物生长,降低饲养成本。

大豆肽:大豆肽是指大豆蛋白质经大豆蛋白酶解制得的肽。大豆肽具有低抗原性、抑制胆固醇、促进脂质代谢及发酵等功能,用于饲料能快速补充蛋白质源。大豆肽含有少量大分子肽、游离氨基酸、糖类和无机盐等成分。大豆肽的蛋白质含量为85%左右,其氨基酸组成与大豆蛋白质相同,必需氨基酸的平衡良好,含量丰富。大豆肽与大豆蛋白相比,具有消化吸收率高、提供能量迅速和促进脂肪代谢的生理功能以及无蛋白变性、酸性不沉淀、加热不凝固、易溶于水、流动性好等良好的加工性能,是优良的饲料原料。

脱脂鱼粉:脱脂鱼粉分为半脱脂鱼粉和全脱脂鱼粉,其特点是超低脂肪。脱脂鱼粉是将原料鱼经过蒸煮、压榨、固液分离、油水分离、干燥、冷却、筛选、粉碎等一系列流程加工而成。鱼粉丰富的营养和优良的消化利用率,使其在饲料工业中被广泛地使用。特别是在幼年动物饲料中,鱼粉蛋白中必需氨基酸的含量相当高,尤其是蛋氨酸、半胱氨酸、赖氨酸、苏氨酸和色氨酸,动物能够利用鱼粉中自然肽形式的氨基酸,这对改善饵料必需氨基酸的总体平衡十分有效。

海浮泥:是指海中石礁上面长海藻的稀泥,以及海中挂养扇贝笼里面生长的以硅藻类为主的各种底栖藻类及其里面寄生的一些底栖贝类、小虾等。这种海浮泥里的藻类和贝壳碎屑营养丰富,是海参喜欢的天然藻类生物饵料。在饵料充足的情况下,海浮泥在海参育苗过程中同样可达到较好的附着效果,可节省大量的人力、物力及育苗成本。唯一不足的是,海浮泥中常含桡足类等有害生物,须在投喂前用敌百虫、抗生素等药物处理 24 h 以上。

此外,除上述常见单一饲料外,还包括绿菜粉、蟹壳粉、蛎壳粉、虾糠粉、大豆蛋白粉、脱胶褐藻粉、海青粉和扇贝粉等饲料。

(4)海参发酵饲料

粗饲料经过微生物发酵而制成的饲料为发酵饲料。粗饲料中富含纤维素、半纤维素、果胶、木质素等粗纤维和蛋白质,但难以被动物直接消化吸收,动物吃了会增加肠道负担,引起肠道疾病。发酵饲料不但可以补充常规饲料中容易缺乏的氨基酸,而且能使其他粗饲料原料营养成分迅速转化,达到增强消化吸收利用的效果。

发酵饲料作为新型绿色饲料主要有以下优点:

①提高饲料营养水平,促进动物生长。饲料经过发酵后,蛋白质被分解为更易被动物体消化吸收的小分子活性肽、寡肽,纤维素、果胶被降解为单糖和寡糖,同时代谢产生的多种消化酶、氨基酸、维生素、抑菌物质、免疫增强因子以及其他菌体蛋白,作为营养物质被动物体吸收利用,显著提高了饲料的营养水平和利用率,从而提高了动物体的各项生产指标。

②维持动物肠道菌群平衡,提高动物免疫力。发酵饲料中存在的有益微生物在肠道内迅速繁殖,相对于致病菌在数量上占据了绝对优势,起到了竞争性抑制作用,大大抑制了病原菌的生长繁殖。同时有益菌的某些代谢产物(如乳酸和乙酸)使消化道 pH 值降低(低 pH 值环境可以有效抑制潜在病原菌的滋生、繁殖),从而维持或恢复肠道内微生物菌群平衡,增强肠道的抗感染能力。

③发酵脱毒,饲料更安全。近年来的一些研究表明,某些乳酸菌可抑制霉菌的生长,嗜酸乳杆菌可抑制寄生曲霉的孢子萌发。另外,多数情况下微生物的代谢产物可以降低饲料中毒素的含量。发酵饲料比未发酵饲料的有害物质含量更低,对于日益受到关注的食品安全问题更有意义。

(三)海参使用饲料配方实例

海参配合饲料的主要原料有鼠尾藻、马尾藻、大叶菜、螺旋藻、褐藻、裙带菜、脱胶海带、海菠菜、谷穗菜、冷冻卤虫、冷冻轮虫、优质鱼粉、虾粉、乌贼粉、海虹肉、扇贝边、膨化大豆、大豆蛋白、卵磷脂、益生菌、各种维生素复合预混料、各种矿物质复合预混料、诱食剂、保健抗病和促生长剂等。

1. 不同养殖时期饲料实例

(1) 开口饲料

海参幼体开口期最适合的单胞藻饵料为盐藻和角毛藻,可以单独投喂;湛江叉鞭金藻、单鞭金藻、等鞭金藻等,可以短期投喂,但不能长期单独投喂,尤其是幼体发育到中耳状幼体以后;扁藻、小球藻、微绿藻等,在耳状幼体培育期间不适宜投喂,只能在饵料紧缺时偶尔使用。另外,研究表明,不同种类单胞藻混合投喂的效果要比单独投喂的效果好。一般在实际人工育苗中,可以以盐藻和角毛藻为主,配合投喂一些其他种类的单胞藻,如三角褐指藻、小新月菱形藻、叉鞭金藻等。目前大多数育苗单位以单胞藻作为海参育苗的主要饵料,同时多途径开发了许多代用饵料。目前已开发的代用饵料主要有光合细菌、海洋红酵母、面包鲜酵母、大叶藻粉碎滤液等。

针对海参开口期的特点,添加适量冷冻卤虫和螺旋藻,并以鼠尾藻为主要藻粉原料,可提高适口性,增强免疫力。添加优质鱼粉、海虹肉,可使营养更全面,各种营养成分搭配更平衡,主要成分占比分别为粗蛋白$>16.0\%$,粗纤维$>8.0\%$,水分$<10.0\%$,钙($1.5\%\sim5.8\%$),总磷$>0.9\%$。

(2) 稚参

针对海参保苗期的特点,添加适量冷冻卤虫、冷冻轮虫、螺旋藻,并以鼠尾藻为主要藻粉原料,同时配以适量的谷穗菜和马尾藻等,不仅可以提高适口性,增强免疫力,还可以使藻类饲料营养更接近天然,更利于海参生长。另外,添加优质乌贼粉、海虹肉可进一步增加诱食性,更利于海参的采食和生长,主要成分占比分别为粗蛋白$>16.0\%$,粗纤维$>8.0\%$,水分$<10.0\%$,钙($1.5\%\sim5.8\%$),总磷$>0.9\%$。

(3) 幼参

针对海参育苗生长期的特点,在稚参料的基础上配以马尾藻、大叶菜、谷穗菜、虾粉、扇贝边等,营养成分齐全,能满足海参生长所需的全部营养需求;该搭配粒度达到250目以上,并添加益生菌,有利于海参消化吸收、生长转化,排泄物有机残渣少,对底质影响小,保健助长剂、促生长剂的适量添加可明显增强海参的免疫机能和抗应激能力,参体活力好、体色好。该配方主要成分占比分别为粗蛋白$>14.0\%$,粗纤维$>8.0\%$,水分$<10.0\%$,钙($1.5\%\sim5.8\%$),总磷$>0.8\%$。

(4) 成参

针对海参养成期的特点,在幼参料的基础上配以裙带菜、脱胶海带、大豆蛋白、卵磷脂等,在满足成参营养的同时,进一步促进其生长。该配方粉料粒度分为60目和100目,适用于室外和大棚养殖,粒料以60目粉制粒,有利于海参消化吸收、生长转化,排泄物有机残渣少,对底质影响小。此配方可增强海参的免疫机能和抗应激能力,参体活力好,海参颜色正常,接近野生体色。主要成分占比分别为粗蛋白$>12.0\%$,粗纤维$>8.0\%$,水分$<12.0\%$,钙($1.5\%\sim5.8\%$),总磷$>0.7\%$。

(5)种参

海参种参促熟饲料由下列成分组成：DHA(5%~10%)、EPA(20%~35%)、虾青素(0.5%~2%)、胆固醇(2%~4%)、磷脂(0~10%)、沙蚕粉(5%~15%)、维生素A(0.5%~1%)、维生素C(0.5%~1%)、维生素E(0.5%~1%)、松针粉(10%~30%)、麦芽(5%~15%)、鸡蛋黄粉(10%~20%)、球蛋白(0.5%~2%)、红细胞生成素(0.5%~1%)、糖萜素(0.5%~1%)。该饲料适于海参种参的促熟，能明显促进种参的性腺发育，加速种参性成熟，提高产卵量和群体的成熟比例、受精率、孵化率和参苗存活率；并且该饲料不含激素和抗生素，无污染、无毒副作用，且用量少，原料来源稳定，价格低廉，生产工艺简单。

(四)海参健康养殖中的营养调控

1.添加乳酸菌

在海参养殖的过程中，频繁的海参病害（如腐皮综合征、化皮病等）导致海参养殖死亡淘汰率高、水体环境恶劣、经济效益差。通过研究与实践，乳酸菌已成功地应用于海参的养殖。乳酸菌作为饲料添加剂的作用如下：

(1)提供营养，促进营养物质的吸收

乳酸菌能产生淀粉酶、脂肪酶、蛋白酶等多种酶类，为水产动物提供营养，并能产生乙酸、乳酸和促生长因子。此外，乳酸菌能降解饲料在消化过程中产生的一些抗营养因子，提高饲料适口性，增加动物的摄食率，提高饲料的消化率和利用率。乳酸菌还能促进维生素D的吸收和脂类的消化，提高矿物质磷、钙和铁的利用率。

(2)抑制病原菌，调节肠道微生态平衡

乳酸菌可降低肠道pH值，刺激肠道蠕动，加速致病菌的外排，也抑制了大肠杆菌、沙门氏菌、梭菌等致病菌的繁殖。乳酸菌的兼性厌氧的特性还能消耗肠道中的氧气，从而抑制有害需氧菌的繁殖，起到调节肠道菌群的作用。

(3)增强免疫力

乳酸菌能通过多种途径增强水产动物的免疫力，主要是增强水产动物肠道黏膜的免疫作用；在细胞免疫方面，乳酸菌能激活Th2细胞，增强SIgA抗体分泌；在体液免疫方面，乳酸菌能够激活巨噬细胞、NK细胞和B淋巴细胞，增加白细胞介素的产生量。此外，乳酸菌可通过增强其体壁或体液中的过氧化氢酶、溶菌酶和超氧化物歧化酶等多种免疫酶活性来达到增强水产动物免疫力的目的。

(4)吸附毒素

乳酸菌对黄曲霉毒素B1的吸附作用较强。乳酸菌对黄曲霉毒素B1的吸附能力与相互作用的温度和时间没有关系，也与乳酸菌的存活状态没有关系，其吸附黄曲霉毒素B1的能力与乳酸菌的细胞数目成正比。

2.添加光合细菌

光合细菌是一类革兰氏阴性细菌。光合细菌可直接或间接用作海参育苗中的初期饵料。海参幼体培育成败的关键在于是否有充足的开口饵料。光合细菌是一种营养丰富、营养价值高的细菌。菌体含有丰富的 B 族维生素,尤其是维生素 B_{12} 和生物素含量较高;还有生理活性物质辅酶 Q。另外,菌体还含有丰富的叶酸、活性氨基酸、类胡萝卜素等。其用作海参饲料添加剂主要有以下作用:

(1)营养丰富,增重促长,缩短养殖周期

研究表明,光合细菌的菌体无毒,营养丰富,蛋白质含量高达 64.1%~66%,脂肪 7.18%,粗纤维 2.78%,碳水化合物 23%,灰分 4.28%,每克干菌体相当于 21 kJ 热量。光合细菌不仅蛋白质丰富,而且氨基酸组成齐全,是水体中枝角类和轮虫等饵料生物最适宜的饵料之一。因此,光合细菌可直接或间接用作海参育苗中的初期饵料。

(2)降低成本,节约饲料,多重效益并存

光合细菌营养丰富,能均衡饲料中的各种营养成分,提高饲料的利用率,并可部分代替饲料,降低饵料系数 15% 以上。

(3)增强免疫力,防治病害,提高成活率

一方面,光合细菌富含生物素,如维生素 B_{12},可明显提高海参的免疫力。光合细菌中的促免疫因子可使动物免疫球蛋白数量大幅度提高(可提高 10 倍以上),强化其免疫功能,提高抗病能力,减少疾病感染和蔓延机会,大幅度提高成活率。另一方面,光合细菌是对海参有益的细菌,它的大量繁殖会使有益菌占优势,成为优势种群,抑制其他危害海参健康的有害菌的繁殖。因而若长期坚持使用,能够大大减少海参细菌性疾病的发生,可不再施用其他抗菌性化学药物(如石灰、漂白物等)。

3.添加芽孢杆菌

芽孢杆菌是需氧的非致病菌,大部分是腐生菌,在海参养殖中使用最多的是枯草芽孢杆菌、地衣芽孢杆菌、纳豆芽孢杆菌、蜡样芽孢杆菌、东洋芽孢杆菌等。与其他微制剂的不同之处在于,芽孢杆菌具有耐酸、耐碱、耐高温、稳定性强等特点。芽孢杆菌在海参养殖中有许多好处:

(1)抑制致病菌

芽孢杆菌在水体中一旦占据优势,就会抑制有害菌的生长。其进入海参肠道以后,可以抑制致病菌,使肠道 pH 值下降,并且大量耗氧,使肠道维持厌氧环境,起到控制致病菌的作用。

(2)增强海参的免疫力

定期使用可以保持肠道细菌稳定,抑制有害菌生长。

(3)促进海参的生长,提高饵料利用率

芽孢杆菌在海参的肠道中繁殖会产生维生素、氨基酸、有机酸等,参与动物的新陈代谢,促进其生长。

4.添加酵母菌

酵母菌作为饲料添加剂在水产养殖中的作用主要体现在以下几个方面:

(1)提供营养,促进营养物质的吸收

酵母菌富含蛋白质、多糖、核酸、B 族维生素、消化酶等营养物质和促生长因子,能增强海参的消化吸收功能,提高饲料利用率,促进海参的生长。活酵母菌能在肠道中产生多胺类物质,并能黏附在肠黏膜上生长和繁殖,提高蛋白酶和脂肪酶在 mRNA 水平上的表达,促进肠道成熟,增强肠细胞对营养物质的吸收能力。酵母细胞壁富含甘露寡糖,其能够增加海参肠道微绒毛长度,改善肠道微绒毛形态,扩大肠道褶皱面积,有利于肠道内营养物质的消化吸收。

(2)抑制病原菌,调节肠道微生态平衡

首先,酵母菌属于兼性厌氧菌,可消耗海参胃肠道内的氧气,促进乳酸菌生长繁殖,并抑制需氧菌的生长,从而促进海参肠道微生态平衡。其次,酵母菌能为乳酸菌的生长繁殖提供氨基酸、维生素、丙酮酸盐等营养因子,促进乳酸菌的生长,降低胃肠道pH值,保证胃肠道功能的正常运行。此外,酵母菌细胞壁的甘露寡糖的结构与病原菌在肠壁上的受体结构相似;某些大肠杆菌或沙门氏菌能够凝集在酵母菌细胞壁外层的甘露聚糖上,继而阻断其在肠壁上的定植,从而减少肠道病原菌的数量。

(3)增强免疫力

海参属于无脊椎动物,免疫系统不成熟,它们对感染的抵抗主要依赖于非特异性免疫反应。β-葡聚糖和甘露寡糖是酵母菌细胞壁的有效成分。β-葡聚糖能激活巨噬细胞,增强海参的非特异性免疫系统功能。甘露寡糖也能通过提高海参白细胞吞噬能力和溶菌酶活性来增强海参机体的非特异性免疫功能。

5. 添加硝化细菌

硝化细菌以氨、亚硝酸盐为主要生存能源及主要碳源,可以分为亚硝化细菌、硝化细菌。硝化细菌具有好氧性质,能降解生物体中的氨。亚硝酸盐在高pH值和高温环境下会对水生物产生更大的危害,但是硝酸盐不会危害水生生物。

6. 添加EM复合微生物菌

EM复合微生物菌为一种微生物菌制剂,由10个属的80种微生物组成。在净化水质方面,若应用单一微生物菌种,其效果不显著;利用复合微生物降解有机物,可通过多种菌种发挥作用,促进细胞外酶素分泌。EM复合微生物菌剂还可提高水生物生长速度,提升水生物免疫力及饲料利用率。食用EM饲料后的海参生长速度快。使用EM制剂可预防疾病、促进抗菌物质及免疫因子的产生、对抗疾病、平衡肠道微生态、降低死亡率,进而提高经济效益。

(五)海参饲料原料评价方法

1. 诱食性

研究饲料成分诱食性的重要评判标准即摄食率,主要是因为实际养殖实验中很难确定养殖动物对饲料是否喜食,因此只能通过摄食率间接反映诱食性。然而,除了诱食性,饲料能量含量也影响摄食率,在海参研究中发现,摄食率与食物能量成反比,因此在研究诱食性时应避免饲料能量对摄食率的影响。海参食性杂,既能够摄食海洋性饲料原料,也能够摄食陆生性原料。用海底质、鼠尾藻和龙须菜饲喂海参研究其诱食性,海底质中含有丰富的单胞藻、细菌和动植物碎屑等,更利于海参摄食和消化;而龙须菜由于质地硬,相比鼠尾藻不易被海参消化,因此可发现海参喜食性为海底质>鼠尾藻>龙须菜。除了对海洋性饲料原料均能摄食外,对于陆生饲料原料,如豆粕、面粉、芝麻粉、玉米粉、干酒糟颗粒、酪蛋白和肉粉等,海参也能摄食,且它们具有一定的生长促进作用。

2. 消化率

饲料原料的消化率即通过消化吸收过程,动物从饲料中得到营养和能量物质的比例,是评价饲料原料最基础、最重要的环节。消化率一方面与饲料营养组成有关,另一方面受动物自身消化吸收能力所限。海参对营养成分消化率大小为粗脂肪>粗蛋白>糖类。糖类由于具有复杂的大分子结构,海参对其消化能力差;饲料中粗脂肪含量增加,致使食物在消化道中移动加快。应降低粗蛋白、糖类和总能消化率,海参饲料中不宜多添加脂肪。

从能量学角度考虑,越容易被消化利用的饲料原料越容易被选择摄食。通过研究发现,海带蛋白质含量虽然不及鼠尾藻,但其总体有机物含量高于鼠尾藻,且干物质、糖类和总能消化率均高于鼠尾藻,所以海带在海参配合饲料业中具有广阔的应用前景。另一个具有较好应用前景的是龙须菜,尽管海参不能较好地单独消化吸收其营养成分,但通过预处理能明显提高消化率和生长效果。

动物源性饲料产品是指以动物或动物副产物为原料,经工业化加工、制造的单一饲料。动物源性饲料具有蛋白质含量高、糖类含量低的特点,由于海参对蛋白质和脂肪消化能力较强,而对糖类消化能力较弱,因此在海参饲料中适量添加动物性蛋白可提高整体消化率,向饲料中添加鱼粉等动物源性饲料可提高海参消化率。

植物性饲料即植物植株、果实及其食品工业副产品和废弃物等制成的饲料。由于海藻粉资源紧缺,动物性原料价格偏高,因此,价格低廉的陆生植物性饲料成分成为海参饲料研究的热点。根据原料成分组成的差异,植物性饲料可分为粗饲料、青饲料、精饲料和块根块茎类饲料等。在海参饲料中,现已研究的植物性饲料原料包括玉米蛋白、玉米叶粉、甘蓝、发酵大豆粉、干酒糟颗粒和稻草粉、豆粕、小麦粉、芝麻籽粉和豆渣等。干酒糟颗粒不仅蛋白质含量高,其糖类也能很好地被海参消化。干酒糟在饲料中添加量的增加能明显提高糖类和干物质的消化率,加之干酒糟作为工业副产品价格低廉,因此其在海参饲料中具有较好的应用前景。大豆也是一种较好的海参饲料原料,尽管海参对豆粕和发酵大豆粉中的糖类消化率不高,但其蛋白质含量可达40%以上且消化率较高,因此适量大豆饲料原料的添加也是可行的。

发酵饲料可通过细菌和酵母等微生物的生长繁殖,利用微生物自身的酶降解生物大分子,从而提高海参消化率。将大豆发酵和稻米发酵酿酒后的干酒糟替代鼠尾藻饲喂海参幼参,发酵处理过饲料原料,其糖类能很好地被海参消化。尽管海参对糖类的消化能力较低,但饲料经过发酵能够提高糖类在海参体内的消化吸收,增加糖类能量吸收,并很好地释放营养物质。

3. 生长率和饲料效率

生长率和饲料效率是原料价值的重要表现形式,是饲料学研究的最终目的。因此,研究饲料原料影响生长率和饲料转化的机理需结合其诱食性和消化率来共同考虑。生长率即生长速度,指动物个体在一定时期内体长(或体重)的增量与其初期体长(或体重)的比值。动物生长率与饲料摄食量和消化吸收率的乘积呈正相关。

海参对鼠尾藻和匍枝马尾藻的消化率较海带叶状体和海带夹高,因此,通过提高海带夹摄食率,增加其总营养能量物质的消化吸收量,最终可达到同马尾藻相似的特定生长率,而马尾藻由于其较好的消化率,使得饲料效率更佳。除了消化吸收的营养能量和消化率影响海参的生长率和饲料效率外,饲料本身的蛋白能量配比和氨基酸配比通过影响机体营养物质的选择代谢和氮的沉积,来影响动物的生长效果。

(六)海参饲料投喂方法

1.育苗期

浮游期:投喂海洋红酵母、角毛藻、盐藻、新月菱形藻等。另可投喂扇贝粉、海带粉、开口料,以稳定海参生长。

着板后:从浮游幼体着附着基开始,逐渐投喂开口饵料300目鼠尾藻粉,同时减少单胞藻用量。鼠尾藻粉能够促进海参消化吸收,提高免疫力,调理肠道环境,是海参养殖过程中必不可少的纯生物生长添加剂。同时,光合细菌、EM菌的使用可以稳定水质理化指标,为海参提供稳定的生长环境。

2.保苗期

稚参期:稚参期是海参生长的重要阶段,这个时期打好的基础会影响之后海参的生长状态。建议使用膨化熟制的全价配合饵料,为海参提供丰富、均衡的营养,提高抗病能力,降低饵料系数,加快生长。幼体附着后投喂活性海泥、鼠尾藻磨粉液等沉性饵料。只要饵料充足,同样可达到较好的变态、附着效果。这样可节省大量的人力、物力及育苗成本。唯一不足的是,海泥中常含桡足类等有害生物,须在投喂前用敌百虫、抗生素等药物处理24 h以上。

稚参附着后,初期投喂大叶藻洗刷下来的含底栖硅藻的活性海泥,用300目筛绢网过滤后,按每平方米水面0.5~1.5 L投喂,每日两次。体长2 mm后采用含底栖硅藻的活性海泥和鼠尾藻磨碎液投喂。鼠尾藻前期用200目,中后期用40~80目筛绢网过滤,每日分两次投喂,日投喂量为30~100 mg/L。投喂量可根据稚参摄食情况、水温高低、水质情况适当增减,以防饵料不足或过剩,影响海参生长和败坏水质。

幼参期:幼参期除了用幼参配合饵料,还可以搭配200目大叶菜粉(马尾藻粉)、扇贝边粉等。这个时期的首要任务是稳定水质理化指标,建议换水后使用EM菌4~5ppm,稳定水质。这个阶段海参翻倍率提高,参苗活性高,摄食活跃,伸展性好。

3.池塘养殖

除了池塘里的底栖硅藻及有机碎屑可作为海参饵料外,还应适量投喂人工饵料。海参在自然条件下10~16 ℃时,即春、秋季节(3—6月)生长最快,此时要加大饵料投喂量。春季一周投喂一次,秋季一周投喂两次。投饵量应为海参体重的5%~15%。6—10月,海参进入夏眠,加之此时水质相对比较肥,可停止投喂。12月至次年2月,水温降低,海参活力减弱,也不需投喂。投饵一般应选择在傍晚。池塘养殖须注重底质环境和水质环境,适时换水,投喂饵料建议选择膨化熟制饵料,其有不坏水、不臭底的优点。

(七)海参养殖饵料投喂量

1.育苗期

近年来,在渤海沿岸新建的育苗室,以及由虾池(圈)进水的育苗室(经肥水后),有的单独使用海洋红酵母作为幼体的饵料,日投喂量为 $3\sim5\ mL/m^3$,也获得了较好的育苗效果。但有时也会出现育苗不稳定的情况,甚至造成育苗的失败。在一些水质比较贫瘠的海区,单独使用海洋红酵母,育苗难以取得成功。

一般应根据幼体的不同发育阶段进行适当增减投喂量。由于各海区水质不同,特别是基础饵料不同,应有所增减。由于耳状幼体近乎透明,通过镜检胃区及胃内容物,能够准确地判断投饵量是否充足。

一般可在投饵后 30 min 左右进行镜检。根据胃区的颜色(显示饵料的颜色)及胃内吞入饵料的品种及数量,即可判定投饵量是否合适。这种检查方法,在育苗生产中既简单易行,又比较可靠。在投饵之前,应检查所投饵料的质量。已经老化的饵料,或有较多大型原生动物的饵料,不能投喂,否则易发生严重后果。

不同种类的海洋酵母培育效果也不同。海洋酵母个体小,一般为 $3\sim6\ \mu m$,悬浮性强,分布均匀,投喂 24 h 后,尚能保持淡乳白色。幼体摄食后,酵母细胞在胃内分布均匀,且随着胃液的流动而不停地旋转,在胃与肠交界处,酵母细胞已结成团,胞体轮廓不清,消化正常。

目前,一些海参育苗室没有培养饵料的设备,其饵料主要为海洋红酵母,并添加少量的浓缩单胞藻液,也取得了较好的育苗效果。

2.池塘养殖

每天投喂的饲料一定要坚持来源的多元化。目前主要以添加天然饲料为主,必要的时候也要适量投喂人工配置的饲料。如果蓄养池内的天然饲料能够满足海参的要求,可以不用投喂人工配置的饲料。

每日投喂的饲料可以按海参体重的 1%~10% 进行投喂,每日投喂一次,尽量选在傍晚时分。饲料的投喂量可以根据海参摄食的实际情况进行调整,一般是观察上次投喂的饲料剩余情况,通常应该是有少量剩余的。如果全部吃光而没有剩余,就说明饲料不足,应适当增加投喂量;如果饲料剩余很多,就说明投喂的饲料可能过量了,应该适当减少投喂量。需要注意的是,在水温高于 20 ℃ 或者低于 5 ℃ 时,不需要进行饲料的投喂。

在大量海参经常出没的地方设置观察点,这样便于我们观察海参的摄食情况,有利于及时调整饲料的投喂量。

二、海胆饲料

(一)海胆主要营养物质需要

海胆主要营养物质需要包括蛋白质、脂肪、类胡萝卜素和矿物质等。蛋白质包括亮氨酸、异亮氨酸、苏氨酸、缬氨酸、赖氨酸、甲硫氨酸、苯丙氨酸、色氨酸以及组氨酸等。脂肪主要包括磷脂、长链多不饱和脂肪酸、亚油酸、亚麻酸、胆固醇等脂类物质。类胡萝卜素包括β-类胡萝卜素、叶黄素、岩藻黄质(来源于褐藻的一种叶黄素)和β-海胆酮等。矿物质包括锌、磷、钙等海胆生长生殖所需的其他元素。

(二)海胆饵料现状

海胆饵料是针对海胆的稚胆、幼胆、成胆及种胆各阶段的生长习性,将海胆生长、发育必需的各种营养物质进行科学配比而制成的饵料。优质海胆饵料具有适口性好,使海胆生长快、体格健壮、性腺颜色更加鲜艳等特点。海胆饵料中主要为纯天然藻类,部分饵料含矿物质、维生素,更有助于海胆健康生长,同时又不败坏水质、底质。

1.海胆饵料分类

(1)单一饵料

海带:海带为多年生大型食用藻类,同时也可作为水产养殖中的饵料,一般可直接投喂。海带中含有丰富的海带多糖(至今已发现3种多糖:褐藻胶、岩藻糖胶、褐藻淀粉),并含有酸性聚糖类物质、岩藻半乳多糖硫酸酯、大叶藻素、半乳糖醛酸、昆布氨酸、牛磺酸、双歧因子等多种活性成分。海带是一种营养丰富的饲用褐藻,含有60多种营养成分。在饲料中加入海带粉末,能有效地改善营养结构,降低饲养成本和死亡率,增加体重,提高饲养品种的质量。海带成本低廉、营养丰富,是一种重要的海洋生物资源。

裙带菜:裙带菜不仅是一种可食用的经济褐藻,而且可作为优质水产养殖饵料的原料。裙带菜是微量元素和矿物质的天然宝库,含有十几种水生生物必需的氨基酸,维生素A、B(如叶酸)、C,以及钙、碘、锌、硒等矿物质。裙带菜中含有多种营养成分,据初步分析,每百克干品中含粗蛋白11.6 g、精脂肪0.32 g、糖类37.81 g、灰分18.93 g,还含有多种维生素。裙带菜粗蛋白含量高于海带,其饲用营养价值也超过海带。

紫菜:紫菜是全世界产值最高的养殖海藻,在中国、日本和韩国被大规模养殖。干紫菜中粗蛋白含量达30%~50%,富含多种膳食纤维,它们构成了一大类膳食纤维,其中可溶性膳食纤维的比例很高。干紫菜中含有丰富的具有生物活性的维生素 B_{12},每百克条斑紫菜含 51.49 ± 1.51 μg 维生素 B_{12}。紫菜中灰分的质量分数为7.8%~26.9%,高于陆地植物及动物产品。紫菜中还含有藻类特有的藻胆蛋白,具有很高的营养价值,是一种不可多得的海洋天然饲用藻类。

石莼:石莼亦称海白菜、海青菜、海莴苣、绿菜、青苔菜,属常见海藻。石莼为鲜绿色,基部以固着器固着于岩石上,生活于海岸潮间带,生长在海湾内中、低潮带的岩石上,东海、南海分布较多,黄海、渤海稀少。石莼干品每百克含水分 11.5 g、蛋白质 3.6 g、粗纤维 6.69 g,还含有维生素、有机酸、矿物质、麦角固醇等成分,其可以促进生物体聚糖及多种蛋白多糖的合成,因此可以作为海胆养殖中重要的高品质饵料。

角毛藻:角毛藻属硅藻门盒形藻科,细胞呈扁椭圆形,壳面呈椭圆形。长轴带面为四角形,短轴带面为长方形。细胞具有长角毛,并常借助角毛交接成链。中国沿海均有分布,种类达 10 多种,均为赤潮种类。海胆育苗常需要大量培养角毛藻,以供幼体或轮虫生长食用。

海胆饲料以海藻为主。海藻既可以作为原料加入饲料中,也可以作为饲料直接投喂。海藻的饲用价值主要体现在其含有的碘化物、矿物质、维生素及未知的刺激动物生长的活性物质,特别是海藻中营养物质多以有机态形式存在,易于动物吸收。其作用机理有:

矿物质含量高,易被吸收。海藻含有丰富的矿物质,而且这些矿物质多以有机态形式存在,不易氧化变质,动物摄食后的消化吸收强度比无机矿物质好,如海藻粉中钙的含量比玉米、麸皮高 2.39%、2.29%,磷的含量比玉米高 0.29%。用 SM 海藻粉作碘剂既稳定又易于吸收,利用率较高,而无机碘则相反。

含有丰富的纤维素和维生素。海藻的纤维素分别比玉米、麸皮高 8.87%、2.67%,并含有后两者所缺乏的维生素 A、B、E、K 及胡萝卜素等,而这些营养素对水产动物的生长、繁殖均有较好的促进作用,如海藻中的维生素 E(生育酚)可提高动物的受精率。

海藻中的生物活性物质和促生长因子可调节饲料营养的平衡,提高动物对营养物质的代谢和消化吸收,促进动物生长,降低饲养成本,并使生物体脂肪转换为能量,使肉质紧实、可口。

海藻中的抗病、抗营养因子对许多病原菌(如金黄色葡萄球菌、大肠杆菌等)均有抑制作用,对提高水产动物的免疫力及它们对环境的适应能力、耐低氧能力有很大帮助。

海藻中含多种色素(如藻黄素、胡萝卜素等)和碘、钠等成分,可较好地改善水产品的品质,如可使动物皮肤颜色鲜艳,肉质味道鲜美,以提高销售价格;可适当降低产品胆固醇含量,以利于人类健康。

(2)海胆养殖不同时期饵料

海胆变态期饵料:当海胆处于葡萄变态期时,由于采苗板上的饵料供应情况直接影响幼体的附着以及附着后幼体的变态率,在采苗之前应在采苗板上培养一定数量的硅藻作为饵料。据报道,附着有聚生舟形藻的采苗板的采苗效果最好。目前国内由于缺乏这种硅藻的单一藻种,海胆的生产性人工育苗只能培养以底栖硅藻为主的自然增殖的混合种群,如舟形藻、菱形藻、卵形藻、曲壳藻等。

稚胆饵料:稚海胆前期,海胆以摄食采苗板上的硅藻为主,除了喂给它们底栖硅藻外,还应该以少量的海绿菜作为补充饵料。在稚海胆生长后期,其食量增加,对饵料的要求提高,采苗板上的硅藻已不能满足其需求。这时,要投喂补充饵料,例如海带、石莼、羊栖菜等大型海藻的弱嫩藻体,一方面可以补充海胆生长所需的营养,另一方面也是为之后更换食物做准备。也可以将稚海胆剥离至网箱中,投喂上述饵料。一个月后,稚海胆就不再需要底栖硅藻,它们将以海带作为自己的主要食物。此时,就要将它们剥离,放入稚海胆培育池中进行培育。

成胆饵料:海胆成体后摄食的饵料随其种类不同而出现差异。虾夷马粪海胆成体后主要食用一些大型的藻类,如海带等,也可食用一些陆生植物或固着植物。马粪海胆成体后主要摄食褐藻类、红藻类、绿藻类、虾海藻、大叶藻等。野生马粪海胆的主要食物为藻类,尤其嗜食藻类的幼苗,主要有石莼、海带、裙带菜、马尾藻、羊栖菜、石花菜等。在人工饲育条件下,海胆同时也食用鱼粉和大豆粉等制成的配合饲料,具有杂食性的倾向。大连紫海胆成体主要以各种海藻为食,尤喜食海藻的幼苗,亦喜食鱼、虾的尸体。光棘球海胆成体一般食用海带、裙带菜、石莼等大型藻类。

种胆促熟饵料:当海胆处于繁殖期时,其性腺发育尤为重要,因此需要添加合适的饵料促进其性腺的发育,如富含高品质植物蛋白的藻类(如海带、裙带菜等),还需添加富含矿物质元素锌、磷、钙的植物粉或新鲜藻类饵料。

(3) 不同养殖方式饵料

筏养海胆投喂的饵料主要是藻类及其干品、冻品、盐渍品等。藻类丰富的季节用鲜品进行投喂。投喂时尽量保持不空笼,特别是大规格海胆,空笼时间过长,海胆可能会损伤网衣逃逸。鲜品缺乏时,可用藻类干品、冻品、藻类加工厂家的边角料及人工合成饵料等进行投喂。还可根据情况适当缩短投喂周期,采取少量多次的原则。在高温季节,海胆摄食量相对减少,可采取短时间空笼,避免残饵变质,恶化养殖环境。海胆成熟期,投喂饵料须结合成品收获情况进行调整,并尽量投喂鲜活饵料,以保证成品品质。

海上养殖海胆以投喂海带等大型海藻为主。另据报道,日本北海道有的单位用沙丁鱼段替代海藻类饲育虾夷马粪海胆,其养殖效果显著优于海带,海胆的生长速度也比喂海带时快1.5~2倍。在法国,用糖海带、掌状海带作为饵料养殖海胆,据报道,每养成1 t海胆约需海带3~7 t,饵料效率是相当高的,但养殖器材和养殖方法不详。不同规格的海胆对饵料的需要不同,如虾夷马粪海胆,0.3~0.5 cm的稚胆主要摄食底栖硅藻、囊藻和石莼;0.5~1.0 cm的幼胆主要摄食底栖硅藻和海带等;1.0 cm以上的海胆主要摄食大型海藻,如海带、裙带菜等。此外,虾夷马粪海胆在饥饿状态下也摄食一些单位性饵料,如贻贝、苔藓虫、柄海鞘等,故可利用此特点开展虾夷马粪海胆与鲍鱼混养,达到清淤和清除附着在鲍鱼体表的苔藓虫等敌害生物的目的。

(三) 海胆摄食习性

海胆一生中要经过两次比较明显的食性转变:浮游幼体期间主要摄食单细胞藻类;底栖变态后以底栖硅藻为主,兼食其他附着性单胞藻、某些大型海藻类的配子体和小型孢子体以及有机碎屑等。海胆成体后摄食的饵料随种类不同而有差异。成体海胆摄食活动有明显的昼夜变化规律,海胆的摄食还随季节变化而呈现规律性变化。

虾夷马粪海胆的基本食物是藻类,并且其食物随着个体的生长而有所改变。壳径小于5 mm的海胆更喜食一些带有钙质的藻类以及硅藻;5~10 mm的个体喜欢吃一些带有各种藻类的混合液;而大于10 mm的个体则比较喜欢食用一些大型的藻类,如海带等。在养殖中,海胆也可以食用一些陆生植物和固着动物。特别是陆生植物,在养殖海胆的过程中经常采用。

马粪海胆是以草食为主的动物,主要采食褐藻类、红藻类、绿藻类、虾海藻、大叶藻等。野生马粪海胆的主要食物为藻类,尤其嗜食藻类的幼苗,主要有石莼、海带、裙带菜、马尾藻、羊栖菜、石花菜等。马粪海胆摄食有一定的规律性,并不是一找到食物就停下来摄食,而是先集中搜索一段时间,待收集到一定数量的海藻再停下来摄食,这就形成觅食活动的间歇,摄食完后又进行新的搜索活动。一般来说,个体大的海胆昼间觅食活动强于夜间觅食活动;幼、稚胆恰好相反,夜间觅食活动明显强于昼间觅食活动。底栖动物有时也可以在其胃中出现,但很少,在人工饲育条件下,同时也摄食由鱼粉和大豆粉等制成的配合饲料,具有杂食性的倾向。壳径5~8 mm 的个体主要吞食附着性底栖硅藻、石灰藻、岩屑等;8 mm 以上的个体主要吞食海藻类。在人工饲育条件下,1~2 mm 的个体也可见其吞食孔石莼等薄嫩藻类。

大连紫海胆主要以各种海藻为食,尤喜食海藻的幼苗,亦喜食鱼、虾的尸体,小海胆仅吃有机碎屑。海胆摄食有季节变化,水温上升,摄食率提高。但在繁殖季节,随着海胆生殖腺的发育,摄食率反而下降。海胆白天隐藏在岩石的阴暗面,夜间四处活动寻找食物,凌晨4点左右活动频繁,贪食海藻。

光棘球海胆以藻类为主要食物,尤其喜食藻类的幼苗,能损害海带和裙带菜的幼苗,幼胆则以底栖硅藻和有机碎屑为饵。直径小于10 mm 的光棘球海胆的基本食物是含有硅藻、小型藻类和一些附着珊瑚藻类的碎屑;直径大于10 mm 的个体一般食用大型藻类。当海区的藻类生物量比较低时,沙子、贝壳以及附着的珊瑚藻类也会被海胆摄食。光棘球海胆还会摄食一些附着性的贝类,而且还会摄食一些鱼类。摄食有季节变化,随着水温上升,摄食量逐渐增加。但是,在繁殖季节,随着性腺发育,摄食量反而下降。繁殖盛期是6月中旬到7月中旬。

(四)海胆饵料培养液配方实例

以往海胆养殖者均采用海带、裙带菜等鲜活的天然饵料饲喂中间球海胆,但海带中蛋白质的含量极低,只有1.89%(湿品),因而饲料系数极高,导致海胆必须摄食大量海带才能满足其生长所需。海胆对海带的利用率较低,大部分物质无法被海胆吸收,而是以粪便的形式排出。而且海带、裙带菜的鲜活利用期短,尤其是每年夏季高温季节,只能以干品替代,且高温期它们极易腐烂变质,严重影响了海胆的摄食、生长。配合饲料因其原料来源广泛、营养搭配均衡、饲料利用率高成为海胆养殖产业获得突破性发展的关键。目前,配合饲料用于北方球海胆、加州红海胆和中间球海胆亲胆养殖的研究已有报道,结果表明,配合饲料在降低饵料系数、提高海胆性腺指数和营养品质方面具有生物饵料无可比拟的优势。

1.不同时期海胆幼体饵料培养

(1)幼体的匍匐变态期

由于采苗板上的饵料供应情况直接影响幼体的附着以及附着后幼体的变态率,因此应在采苗之前在采苗板上培养一定数量的硅藻作为饵料。据报道,附着有聚生舟形藻的采苗板的采苗效果最好。目前国内由于缺乏这种硅藻的单一藻种,海胆的生产性人工育苗只能培养以底栖硅藻为主的自然增殖的混合种群,如舟形藻、菱形藻、卵形藻、曲壳藻等。

(2)幼体海胆开口期

幼体海胆在开口期主要食用金藻类及硅藻类。在藻类培养的过程中,种类不同,培养液的配制方法也不同,即使同一种类,每个人的惯用方法也不一样。现将配制金藻类、硅藻类培养液常用的部分配方列表如下(见表2-3、表2-4)。底栖硅藻在培养过程中,经常更换海水,需要不断添加营养盐。营养盐的配方多种多样。底栖硅藻培养液的营养盐配方如下(见表2-5)。

表 2-3 金藻类培养液的配方

培养液 Ⅰ (E-S 培养液)	培养液 Ⅱ (潜水 107-1 号培养液)	培养液 Ⅲ (潜水 107-8 号培养液)
$NaNO_3$ 0.12 g K_2HPO_4 0.001 g 土壤抽取液 50 mL 海水 1 000 mL	$NaNO_3$ 0.05 g K_2HPO_4 0.005 g $Fe_2(SO_4)_3$(1%溶液)5 滴 $2Na_3C_6H_5O_7 \cdot 11H_2O$ 0.01 g 人尿 1.5 mL 海水 1 000 mL	$NaNO_3$ 0.005 g K_2HPO_4 0.005 g $Fe_2(SO_4)_3$(1%溶液)5 滴 $2Na_3C_6H_5O_7 \cdot 11H_2O$ 0.01 g 人尿 1.5 mL 维生素 B_1 200 μg 维生素 B_{12} 200 μg 鱼汁 0.005 mL 海水 1 000 mL
适用于等鞭金藻	培养湛江等鞭金藻使用	培养湛江等鞭金藻使用

表 2-4 硅藻类培养液的配方

培养液 Ⅰ	培养液 Ⅱ	培养液 Ⅲ
$NaNO_3$ 0.05 g K_2HPO_4 0.005 g $Fe_2(SO_4)_3$(1%溶液)5 滴 $2Na_3C_6H_5O_7 \cdot 11H_2O$ 0.01 g Na_2SiO_3 0.01 g 人尿 1.5~2 mL 维生素 B_{12} 200 μg 海水 1 000 mL	$NaNO_3$ 30~50 mg K_2HPO_4 3~5 mg $Fe(NH_4)_3(C_6H_5O_7)$ 0.5~1 mg K_2SiO_3 20 mL 海水 1 000 mL	NH_4NO_3 5~20 mg K_2HPO_4 0.5~1.0 mg $FeC_6H_5O_7 \cdot 3H_2O$ 0.5~2.0 mL 海水 1 000 mL 如再加少许人尿效果更好
适于三角褐指藻、新月菱形藻培养液	适于三角褐指藻、新月菱形藻培养液	适于角毛藻培养液

表 2-5 底栖硅藻培养液的营养盐配方

药品名称	硝酸钠	磷酸二氢钠	柠檬酸铁	硅酸钠	维生素 B_{12}
用量	10~25 mg	1~2.5 mg	0.1 mg	1 mg	0.25 μg

表中所列为培养水体 1 000 mL 各成分的用量。随着培养水体的变化,各成分的用量也要相应地变化。

(3)稚海胆期

采苗变态后的前期,海胆以摄食采苗板上的硅藻为主。因此这一时期保证稚海胆的饵料供应相当重要。为了提供充足的饵料,主要措施是施肥、控制光照、加大换水量及适量充气等,这样采苗板上的硅藻会快速增殖。施肥可以参考:磷质量分数 0.2~1 mg/L,硅质量分数 0.1~0.5 mg/L,氮质量分数 1~5 mg/L,铁质量分数 0.01 mg/L。注意:施肥不当易带入过量的氨氮等有害物质,对稚海胆有可能造成不良影响。光照度应控制在 500~3 000 lx,光照度过弱不利于硅藻的生长,过强则会导致绿藻繁殖过快,抑制硅藻的生长,所以光照度一定要适中,要注意调整。在稚海胆生长后期,其食量增加,对饵料的要求提高,采苗板上的硅藻不能满足其需求。这时,要投喂补充饵料,例如海带、石莼、羊栖菜等大型海藻的弱嫩藻体;也可以将稚海胆剥离至网箱中,投喂上述饵料。有实验表明,石莼、羊栖菜对稚海胆的生长有良好的促进作用。对于应用人工配合饵料投喂稚海胆,我国部分育苗单位处于摸索阶段,而日本搞得很好。据报道,日本北海道函馆水产蛋白加工株式会社生产的海胆各期幼体及稚幼海胆培育的系列化配合饵料,完全可以替代天然生物饵料用于海胆育苗,用其人工配合饵料投喂的幼海胆(0.5~1.5 cm),生长速度比投喂海藻快1.5倍。

(五)海胆饲料投喂方法

海胆浮游幼体选育的第二天,幼虫发育至棱柱幼体期,此时幼体消化道发育基本完成,应及时投饵。如果投饵不及时,会影响幼体发育。以少投多喂为宜,一般每天分4次进行投饵。紫海胆应在孵化后24 h内投饵,最晚不该超过48 h。汤川宏曾用紫海胆的浮游幼体进行开始投饵时间对海胆幼体生长及成活影响的实验,分别比较了开始投饵时间为24 h、36 h、48 h、60 h、72 h、84 h,结果表明开始投饵时间对海胆的生长及成活有显著影响。开始投饵时间越早,海胆死亡率越低,且发育到下一幼体所用时间越少。

饵料投喂要根据苗种大小、生长速度以及水温升降灵活掌握,在生长期一般2 d投喂一次,高温或寒冷季节10 d投喂一次,每次投饵要适量,以免堵塞网衣,影响箱内水体交换。

(六)海胆养殖饵料投喂量

单胞藻的投喂量要根据培育密度、发育时期、幼体的大小以及培育水温来决定。虾夷马粪海胆,4腕期之前每日投喂量为1.0万~2.0万 cell/mL,6腕期为3.0万~4.0万 cell/mL,8腕前期为4.0万~5.0万 cell/mL,8腕后期为6.0万~7.0万 cell/mL。

进行种海胆的促熟培育时,良好的饵料供应是极其重要的培育条件之一,因而饵料供应要充足。海胆的摄食活动具有明显的日周期性变化,一般夜间摄食活动活跃,白昼很少有索饵活动。因此夜间投饵要适当增加,同时白昼要适当地控制强光。种海胆蓄养密度要适宜,暂养期间每天换水两次,每次换1/2,定期清除粪便、残饵等污物。根据马粪海胆摄食情况酌情处理投喂量,主要视残饵情况而定,一般春秋时节1周投喂1次;盛夏季节1周投喂2次,数量减半,以免饵料生物因海水温度过高而变质腐烂;冬季则10~15 d投喂1次。饵料生物的品种主要是海带,饵料系数为1∶15~1∶20。

(七)海胆藻类饵料发展展望

我国海藻资源丰富,其中有经济价值的海藻就有100多种,是开发利用前景广阔的海洋饲料资源。但目前国内仅有少数几家海藻加工企业,而且主要是生产人类食品、药品以及提取工业品,至今尚无专门的海藻蛋白质饲料加工企业,对海藻饲料蛋白质研究正处于刚刚起步的阶段。今后研究的重点应集中在以下几个方面:应大量选育优质、高产、含生物活性物质的品种,利用生物工程技术加快培育品种的步伐,大力发展饲用海藻生产,加快对加工工艺的研究。酶解工艺是今后发展海藻饲料业的一种很有希望的加工工艺,还有待于继续深入研究,开发更好的提取方法。由于海藻中的各种营养物质成分和含量差异很大,所以在生产海藻饲料过程中,如何进行科学配比也是一个难题,在生产中要有针对性地科学选择海藻种类,进行合理的配比,这样才能发挥其特殊功效,达到安全高效、提高动物生产性能的目的。

第三节

海参、海胆病害防控技术

我国海参、海胆养殖业的不断发展,使养殖规模不断扩大,但养殖环境恶化、种质退化、病害频繁发生等问题正严重制约着我国海参、海胆养殖业的发展,尤其是大范围流行病的暴发,经常会给局部地区的养殖业带来毁灭性的打击,要想养殖顺利进行,就要控制病害的发生和蔓延。海参、海胆遭遇的危害主要是细菌性疾病、寄生虫病和水质恶化。现阶段,我国养殖的海参、海胆遭遇病害的问题不容忽视,其影响较大、危害较广,需要进行及时控制和管理,同时对出现病害的问题进行分析,找到解决的措施。养殖业一旦出现问题,波及的范围就比较广,不仅对水体造成污染,影响人们的健康,同时也影响养殖户的利益。我们应实现对水产养殖病害控制、病害种类的减少和病害出现可能性的降低,促进养殖业的不断发展,为人们提供健康的水产养殖产品。本节主要总结了海参、海胆在养殖过程中常见的疾病种类以及防控手段,针对病害出现的原因,分析病害预防的对策以及病害控制的方式,以期实现对水产养殖动物病害的有效控制,实现水产养殖行业的稳定发展,水资源的最大化安全利用,从而形成一个良性循环。

一、海参常见病害及其防控技术

刺参在分类上属棘皮动物门,海参纲,楯手目,刺参科,仿刺参属。随着刺参养殖业的快速发展,不正确的养殖过程以及外界不可抗力因素等造成病害问题日益突出,出现了多种明显病症和大规模死亡现象,部分养殖区相继出现了刺参腐皮综合征、后口虫病、气泡病、霉菌病等病害,且具有一定的传染性,给刺参养殖者造成了惨重的经济损失,阻碍了海参养殖业的快速发展。随着人们对海参的医疗和保健价值认识的提升,海参养殖、开发及应用在世界范围内已经广泛展开。海参养殖作为新兴产业,为我国渔业结构的调整开辟了新的途径。现将海参养殖中常见疾病以及防控方法介绍如下,以期为今后的海参池塘养殖疾病的防控提供参考意见。

(一) 刺参育苗期常见病害及其防控技术

1. 烂边病

症状:耳状幼体边缘突起处有增生的组织,颜色逐渐加深变黑,边缘模糊不清、溃烂,整个海参耳状幼体解体、死亡。大量发病后存活下来的个体,不会存活超过一周,增重不会有太大的变化,幼体继续变态的过程减慢,对外界刺激反应迟缓,即使能够顺利变态附板,附板1周左右后也会死亡。(王磊等,2015)

病因:由养殖环境中的弧菌感染所致,侵染耳状幼体上皮组织细胞,引起组织增生和炎症,导致组织细胞坏死。另外,由饲喂饵料品质不好,或饲料的搭配不合理所致。(薛德林等,2009)

防控技术:保证养殖环境的优良状态,定期清理养殖环境,清理底泥,进行杀菌消毒;在选择亲本海参和幼苗时需进行规范的检查,保证不会携带致病细菌进入整个育苗池,进入池塘前对育苗池进行消毒;海水需要经过二级沙滤,有条件的情况下也可以利用紫外线消毒,定期更换育苗池中的水,换水的时候需要重新消毒过滤,控制水中细菌数量等;海参培苗密度要适宜,及时清理附着基,适时倒池。在饲料投喂方面,保证饲料的新鲜、适口和清洁,严禁直接投喂海泥。有条件的情况下经常通过显微镜观察海参幼体发育情况,发现育苗体病变的情况,及时采取措施。定期测定育苗系统中温度、盐度、微生物数量,以达到疾病预警的目的。(袁宗勤等,2014)定期对海参进行健康状况的监测,在疾病发生早期进行治疗,并且在病情高发期一定要加强对海参的健康状况的观察与检查。(王磊等,2015)

2.烂胃病

症状:在摄食方面,患病幼体进食能力降低,甚至不会进食。发育速度变慢、形态大小不均等,发育变态率降低。耳状幼体的胃发生病变后,胃壁会增厚,变得很粗糙,胃的周边界线变得模糊不清,逐渐萎缩变小,严重时会使整个胃壁发生溃烂,无法进食,最终死亡。(张春云,2004;邓欢等,2004)

病因:饲喂幼体的饵料品质不佳,比如投喂老化、沉淀、变质的单胞藻饵料;或投喂的饵料营养单一,如单独投喂金藻类、扁藻等养殖饵料;或者因为投喂的饵料搭配不合理。有害的细菌感染幼体也可以导致此病发生。

防控技术:保证养殖环境的优良状态,定期清理养殖环境,清理底泥,进行杀菌消毒;在选择亲本海参和幼苗的时候,需进行规范的检查,保证不会携带致病细菌进入整个育苗池,进入池塘前对育苗池进行消毒;海水需要经过二级沙滤,有条件的情况下也可以利用紫外线消毒,定期更换育苗池中的水,换水的时候都需要重新消毒过滤,控制水中细菌数量等;海参培苗密度要适宜,做到及时清理附着基,适时倒池。要保证饲料的新鲜、适口和清洁,严禁直接投喂海泥。条件允许的情况下经常通过显微镜观察海参幼体发育情况,发现育苗体的病变情况,及时采取措施。定期测定育苗系统中温度、盐度、微生物数量,以达到疾病预警的目的。(袁宗勤等,2014)定期对养殖池内的海参进行健康状况的监测,在疾病发生早期进行治疗,并且在病情高发期加强对海参健康状况的观察与检查。(王磊等,2015)

3.化板症(滑板病、脱板病、解体病)

症状:附着在板上的海参的幼体收缩、不发生伸展的动作,幼体触手会发生收缩,活力下降,附着能力降低,并且逐渐失去附着的能力,进而沉落池底,直至大量死亡。(邓欢等,2004)

病因:养殖环境存在有害的微生物。弧菌是养殖环境中最常见的病原,有研究发现副溶血弧菌为养殖刺参化板症的致病细菌。(张春云等,2004;王印庚等,2012)

防控技术:保证养殖环境的优良状态,定期清理养殖环境,清理底泥,进行杀菌消毒;在选择亲本海参和幼苗的时候,需进行规范的检查,保证不会携带致病细菌进入整个育苗池,进入池塘前对育苗池进行消毒;育苗池中的海水需要经过二级沙滤,也可以利用紫外线消毒,定期更换,换水的时候都需要重新消毒过滤,控制水中细菌数量等;海参培苗密度要适宜,做到及时清理附着基,适时倒池。在饲料投喂方面,保证饲料的新鲜、适口和清洁,严禁直接投喂海泥。条件允许的情况下经常通过显微镜观察海参幼体发育情况,及时发现育苗体的病变情况并及时采取措施。定期测定育苗系统中温度、盐度、微生物数量,以达到疾病预警的目的。(袁宗勤等,2014)定期对养殖池内的海参进行健康状况的监测,在疾病发生早期进行治疗,并且在病情高发期加强对海参健康状况的观察与检查。(王磊等,2015)

4. 气泡病

症状:海参的幼体体内吞有气泡,摄食能力下降或者不能摄食,最终死亡。

病因:(1)春季越冬池塘融冰阶段:表面的冰层融化,水体的压力骤减,水体中溶解性气体就会出现过饱和状态,在短期过饱和的水体中,海参吸入过饱和的水就会发生气泡病。冰层发生化冰的时候,海参体内气压超过水体的气压,体内组织中溶解的气体也会形成气泡游离出海参体外,在海参的体内和海参的皮肤下形成气泡,加重气泡病发生。化冰阶段养殖环境的温度升高较快,气泡病的发生率都有明显提高。(2)高温季节阴雨天气后晴天的阶段:大雨引起倒藻,晴天后小型藻类大量繁殖,产氧能力提高,大雨后为了排出淡水,养殖池塘的水位比较浅,尤其在立秋之后晴天光照强,倒藻后水清使底栖藻类更易生长,白天升温快、早晚温差较大,使中午水中气体饱和度快速升高,导致海参发生气泡病。(3)春季气温连续快速回升,水温回升快,早晚温差大,如遇连续晴天、光照强烈、池塘水清,光线直射到底,底栖藻类如硅藻、甲藻大量繁殖,光合作用产氧旺盛,致使养殖环境的溶解气体产生过饱和状态,池底表面明显有一层气泡,肉眼观察发白、发亮,此时刺参比较容易发生气泡病。(唐绍林等,2015)

防控技术:(1)融冰期:立春前后开始打冰眼,有利于冰下水体曝气,养殖水体中过饱和气体逸出,逐渐降低冰下水体中的压力,避免化冰时气压骤降、大量溶解气体形成气泡而发生气泡病;封冰前及时处理青苔,防止越冬期冰下青苔大量生长导致气泡病的发生;平时养殖季节和越冬前用氧化剂彻底改底,分解底部过多有机质,防止越冬后期分解发热,使底部温度快速升高。(2)高温雨季晴天后:大雨后,排出淡水之后,在有条件的情况下尽量及时注水,提高水位;雨后晴天,如果有增氧机,根据具体情况尽量多开增氧机,同时外用表面活性剂促进水体对流和过饱和气体逸散,减少气泡病的发生。(3)底栖藻类快速繁殖时期的预防:高温雨季之前将池底死亡的青苔、死藻处理干净;适当提高水位,避免水质过清,导致底栖藻类繁殖过快;避免杀藻引起水清和单一藻类过度繁殖;使用水泵冲刷池底或者铁链拖底,之后大量换水,反复几次即可处理掉过多底栖藻类,再开动增氧机,培养水中浮游藻类,遮光抑制底层藻类繁殖,即可有效控制气泡病发生。(唐绍林等,2015)

(二)稚参培育阶段常见疾病及其防控技术

1. 细菌性溃烂病

症状:患病稚参的活力减弱,附着力也随着病情的发展而相应减弱,摄食能力下降;身体收缩,逐渐变成乳白色球状,身体局部组织溃烂,溃烂面积扩大,躯体大部分烂掉,骨片散落;最后整个参体解体,附着基上只留下一个白色印痕。

病因:池内稚参的密度较大,气温高、稚参高密度导致此病发生率上升;此病的发生主要还是因为养殖环境中有害细菌存在,主要为弧菌。(马悦欣等,2006;袁宗勤等,2014)

防控技术:(1)幼苗培育稚参前期,除继续投喂单胞藻外,还要加投鲜鼠尾藻磨碎液,以维持营养平衡;随着稚参长大,残饵和排泄物也逐渐增多,要经常吸底、换水或倒池,保持养殖水环境良好;各项操作要小心,防止幼参损伤,培育用水最好经过过滤、去油。(2)参苗运输时尽量走短途好路,着苗袋或附苗板要固定好,防止震荡造成参体损伤;运输时要充气、控温。

(3)放苗时要尽量放养大规格苗种,养成期要定期消毒,一般每20~30 d消毒一次。(常亚青等,2004)

2.盾纤毛虫病

症状:稚参活力降低,摄食能力降低或者个体不会进行摄食,最后死亡。盾纤毛虫攻击参体造成创口后,继而侵入组织内部,在海参体内大量繁殖,致使海参幼体解体死亡。

病因:该病多由细菌和纤毛虫协同致病。(王磊等,2015)

防控技术:养殖用水应严格经过沙滤和300目滤网处理;及时清除池底污物,勤刷附着基,适时倒池;应经过药物处理后再投喂饵料,杀灭饵料中的致病菌和纤毛虫等寄生虫;在育苗池中,配合使用合适的抗生素,以保障海参幼体强健,不受细菌的感染,从而抵御纤毛虫的攻击;做好育苗池的消毒等工作,育苗池的海水需要定期进行更换;育苗池的池底残渣也需要定期清理,保持池底的清洁,放进育苗池中的海水需要经过二级沙滤,有条件的情况下,也可以利用紫外线消毒,每次更换水的时候都需要重新消毒过滤。另外,定期对养殖池内的海参进行健康状况的监测,在疾病发生早期进行治疗,并且在病情高发期要加强对海参的健康状况的观察与检查,该病的主要预防手段都是针对有害细菌进行的。(王磊等,2015)

(三)幼体培育及养成阶段常见病害及其防控技术

1.腐皮综合征(皮肤溃烂病、化皮病)

症状:初期感染的病参多有摇头现象,口部出现局部感染,表现为触手黑浊,对外界刺激反应迟钝,刺参口部肿胀、不能收缩与闭合,继而大部分海参会出现排脏现象;中期感染的刺参身体收缩、僵直,体色变暗,但肉刺变白、秃钝,口腹部先出现小面积溃疡,形成小的蓝白色斑点;感染末期病参的病灶扩大,溃疡处增多,表皮大面积腐烂,最后海参死亡,溶化为鼻涕状的胶体状态。(荣小军,2005)

病因:感染初期病变的部位以假单胞菌属和弧菌属为主,感染后期由于侵袭、腐蚀作用形成体表创伤面,易于使霉菌和寄生虫富集和生长造成继发感染,从而加快了海参的死亡速度。(王印庚等,2004)

防控技术:(1)购买参苗时,应实施种苗健康检查措施,肉眼检查应选择体表无损伤、肉刺完整、身体自然伸展、活力好、摄食能力强、所排粪便较干呈条状的参苗为佳。有条件者可采用显微镜观察和微生物分离等手段确认其健康程度。(2)投放菌种的密度适宜,保持良好的水质和底质环境。(3)采取"冬病秋治"策略,入冬前后定期施用底质改良剂以氧化池底有机物,杀灭病原微生物,改善海参栖息环境;同时趁海参摄食时投喂专用抗菌药物,使海参在冬季时体内积累一定药物以达到抗病目的,使海参安全越冬。(4)巡池观察海参体表变化、活动情况、摄食与粪便情况、池底清洁状况,定时测量水质指标和生长速度。发现海参患病后,应遵循"早发现,早隔离,早治疗"的原则,及时将身体已经严重腐烂的个体拣出后进行掩埋处理。(5)有锅炉或地下水条件时,可提温保苗,保持较高的温度(14 ℃以上),提高海参摄食与抗病能力。(常亚青等,2004)

2. 霉菌病

症状：参体水肿或表皮腐烂。发生水肿的个体通体鼓胀，皮肤薄而透明，色素褪去，触摸参体有柔软的感觉。表皮发生腐烂的个体，棘刺尖处先发白，然后以棘刺为中心开始溃烂，严重时棘刺烂为白斑，继而感染面积扩大，表皮溃烂脱落，露出深层皮下组织而呈现蓝白色。（张春云，2004）

病因：有机物过多或大型藻类死亡沉积，水体缺氧，大量霉菌繁殖感染所致。（周剑等，2008）

防控技术：(1)防止投饵过多，保持池底和水质清洁。(2)避免过多的大型绿藻繁殖，并及时清除沉落在池底的藻类，防止池底环境恶化。(3)采取清污和晒池措施，防止过多有机物累积。(4)做好育苗池的消毒等工作，育苗池的海水需要定期进行更换；育苗池的池底残渣也需要定期清理，保持池底的清洁，放进育苗池中的海水需要经过二级沙滤，也可以利用紫外线消毒，最大限度地保证清除大多数不好的细菌，定期更换育苗池中的水，每次换水的时候都需要重新消毒过滤。（荣小军，2005；常亚青等，2004）

3. 扁形动物疾病

症状：病参腹部和背部多有溃烂斑块，严重的甚至整块组织烂掉，露出深层组织。大量扁虫寄生在皮下组织内，造成组织溃烂和损伤。

病因：扁虫感染一般与细菌感染同时存在，而且扁虫多在细菌感染后的病参上存在，加剧海参的病情，加速海参的死亡。（荣小军，2005）

防控技术：(1)投放菌种的密度适宜，保持良好的水质和底质环境。(2)采取"冬病秋治"策略，入冬前后定期施用底质改良剂以氧化池底有机物，杀灭病原微生物，改善海参栖息环境；同时，趁海参摄食时投喂专用抗菌药物，使海参在冬季时体内积累一定药物以达到抗病目的，能够安全越冬。(3)巡池观察海参表变化、活动状态、摄食与粪便情况和池底清洁状况，定时测量水质指标和生长速度。发现海参患病后，应遵循"早发现，早隔离，早治疗"的原则，及时将身体已经严重腐烂的个体拣出后进行掩埋处理。（常亚青等，2004）

4. 后口虫病

症状：患病个体外观正常，严重者多有排脏反应，排脏后丧失摄食能力，参体消瘦，活力减弱，容易由其他病原体引起继发性感染。

病因：该纤毛虫专门寄生于海参呼吸树，在呼吸树囊膜内外均有大量虫体寄生。寄生虫的头部能钻入呼吸树组织内，造成组织损伤和溃烂，并导致海参排脏。（荣小军，2005）

防控技术：做好育苗池的消毒等工作，育苗池的海水需要定期进行更换；育苗池的池底残渣也需要定期清理，保持池底的清洁，放进育苗池中的海水需要经过二级沙滤，也可以利用紫外线消毒，最大限度地保证清除影响海参正常生长发育的大多数不好的细菌，以及对海参有害的敌害生物和有机物；定期更换育苗池中的水，每次换水的时候都需要重新消毒过滤，控制水中细菌数量。此外，要严格控制投饵的质量和数量，以及饵料的营养搭配，严格消毒饲喂海参的饵料，严格控制并且预防致病菌污染育苗池的养殖环境。另外，定期对养殖池内的海参进行健康状况的监测，在疾病发生早期进行治疗。在病情高发期，要加强对海参的健康状况的观察

与检查。(常亚青等,2004)

5. 赤潮、黑潮、黄潮导致的疾病

症状:患病个体外观正常,严重者多有排脏反应,排脏后丧失摄食能力,参体消瘦,活力减弱,容易由其他病原体引起继发性感染。

病因:赤潮、黑潮、黄潮导致水体透明度降低,大量藻类繁衍,藻类死后导致水体富营养化;水体污染、理化生物指标恶变等所致的各种疾病的暴发。(周剑等,2008)

防控技术:适当提高刺参养殖池塘水体的透明度。(周剑等,2008)

6. 敌害生物

桡足类:桡足类中的一种猛水蚤是海参育苗期间的主要敌害,不仅与海参幼体争夺饵料和生存空间,造成水体缺氧,还能直接啄伤稚参的体表,食其组织碎屑。稚参受伤后易造成继发性感染和溃疡,最终导致幼体破碎、骨片脱落而解体死亡。(孙斌等,2008)

防控技术:(1)采用二级沙滤的方法严格过滤养殖用水。(2)如果发现池水中有较多桡足类,可用药物杀灭。(孙斌等,2008)

刚毛藻:刚毛藻俗称"刚藻""钢丝草""钢丝藻""网毛子"等,是室外池塘养殖海参的主要敌害。一方面,它可以在很短的时间内迅速繁殖并占据大部分养殖空间,造成水质贫瘠,从而抑制池内基础饵料生物和单胞藻类的正常繁殖和生长;另一方面,减小海参的活动空间,妨碍其活动和摄食,导致海参生长缓慢,参体消瘦。而且,死亡的藻体腐烂沉底,可使底质黑化和产生有毒物质,容易造成池底缺氧和环境恶化,影响海参正常生长,严重时可引起海参死亡。(荣小军,2004)

防控技术:池底藻类大量滋生与长期不清池、养殖早期池水太浅、池水透明度过大等有关。若水太清,考虑肥水以降低透明度,可有效地遏制藻类的生长。虽然一些药物可杀死这些藻类,但海参对这些药物比较敏感,因此很难找到合适的药物将它们杀灭。一般来说,人工捞取仍是目前清除这些藻的常用手段。另外,彻底清池、生石灰消毒和翻耕曝晒池底也可减少这些藻的滋生。(荣小军,2004)

麦秆虫:养殖海参时,有发生麦秆虫侵扰海参幼体的例子。麦秆虫能钩附在海参体表,形成伤口,引起继发性感染和溃疡性斑点。它能够造成海参个体死亡,但不会引起大规模死亡。(荣小军,2004)

防控技术:养殖用水应经过网滤或沙滤,防止麦秆虫进入养殖池塘。(荣小军,2004)

海鞘:稚参培育后期和室外潮间带养殖池内多有发生。当室内育苗时,长期不倒池,易使海鞘在池壁或附着基上生长。而室外潮间带养殖池内海鞘的发生与周围海区海鞘生物资源量、繁殖季节和进水方式有关。8月是海鞘繁殖的高峰期,海鞘大量繁殖,不仅会与海参争夺生活空间和饵料,而且会大量消耗溶解氧,同时向水中排泄代谢物,从而抑制海参的生长。本地区以玻璃海鞘居多,常附着于水下的硬质物体,营固着生活。体壁能分泌一种类似植物纤维素的被囊鞘,包围在动物体外。玻璃海鞘的被囊是透明的,其内脏清晰可见。(孙斌等,2008)

防控技术:目前尚无有效的药物清除方法。在玻璃海鞘的繁殖季节,养殖用水要经过沙滤等。勤倒池也能避免海鞘的大量繁殖。如果发现养殖系统中有海鞘附着,必要时应通过人工清除。(孙斌等,2008)

7.寄生虫病

(1)孢子虫病:囊孢子虫寄生在血液中,由于滋养体的生长逐渐堵塞了血管,使血管壁向体腔内形成一个似铃舌状的突起,它是由血管壁包裹滋养体而形成的胞囊,胞囊成熟后,或通过破囊,或通过铃舌状突起的基部断裂进入体腔。瓜参钙囊孢子虫寄生在石栖鲍氏参的呼吸树上。性腺双孢子虫则寄生在海参的性腺上,这因不同的孢子虫和不同的寄主而异。

(2)涡虫病:涡虫寄生在海参的消化道内和体腔内,海参并不表现出明显的病理症状,对海参的生长发育也影响很少。涡虫通过海参的口、呼吸树进入体腔和消化道。

(3)腹足类寄生病:腹足类寄生在海参的体表、体腔、消化道、呼吸树等组织、器官。深海豆怪螺寄生在海参上,用吻吸附在海参的体表,并用吻刺入海参的体壁,到达体腔,用吻突从寄生组织、体液、血液中摄取营养,在吻穿入体壁的部位会出现肿块。吻在穿入体壁时会排出一种分泌物,能使寄主的结缔组织迅速松弛。内寄生的种类用吻吸附在寄主的体壁、消化道、呼吸树等组织器官上,从中摄取营养。腹足类寄生后,海参生长发育受到影响,消瘦、生长缓慢,性腺不能发育。

防控技术:保证养殖环境的优良状态,定期清理养殖环境,清理底泥,进行杀菌、消毒;在选择亲本海参和购买海参幼苗的时候要进行规范的检查,保证所购买的幼苗不会携带致病细菌进入整个育苗池,进入池塘前对育苗池进行消毒;育苗池中的海水需要经过二级沙滤,也可以利用紫外线消毒,定期更换育苗池中的水,每次换水的时候都需要重新消毒过滤,控制水中细菌数量等;海参培苗密度要适宜,做到及时清理附着基,适时倒池,减少养殖环境中有机物总量。在饲料投喂方面,保证饲料的新鲜、适口和清洁,严禁直接投喂海泥。定期测定养殖系统中温度、盐度、微生物数量,以达到疾病预警的目的。(袁宗勤等,2014)定期对养殖池内的海参进行健康状况的监测,在疾病发生早期进行治疗,并且在疾病高发期一定要加强对海参的健康状况的观察与检查。(王磊等,2015)

二、海胆常见病害及其防控技术

海胆在分类上属棘皮动物门,海胆纲,正形目。随着海胆养殖技术的发展,越来越多不规范的养殖方法以及环境等不可抗力因素导致海胆疾病的频发,如海胆黑嘴病、生殖腺黑斑病、海胆红斑病等,这些疾病都是养殖海胆过程中的常见疾病并且有着较强的传染性。海胆养殖规模的增大,养殖面积的迅速扩展以及集约化养殖操作尚不规范,都会导致养殖过程中不可避免地会出现一系列病害问题,给养殖业造成经济损失,这里主要总结了海胆养殖过程中常见的疾病种类及其预防手段,以期为今后海胆的健康养殖提供一定的参考。

(一)海胆黑嘴病

症状:病海胆围口膜变黑,病情恶化时不能摄食、附着,棘刺逐渐脱落,最后死亡。该病初期无任何异常,但仔细观察,可发现海胆摄食能力逐渐减弱。该病死亡率很高。

病因:主要的原因为有害菌侵染海胆,致病菌由受伤的管足处侵入海胆的体内,随后首先出现围口膜变黑病状,海胆口器中的肌肉组织遭到破坏,使其不能摄食,最终大批死亡。病原菌还可由受伤的管足处侵入体内。

防控技术:保证养殖环境的优良状态,定期清理养殖环境,清理底泥,进行杀菌、消毒,保证养殖环境的水质;在选择亲本海胆和购买海胆幼苗的时候需要进行规范的检查,保证所购买的幼苗不会携带致病细菌进入整个育苗池,进入池塘前对育苗池进行消毒;养殖池中的海水需要经过二级沙滤,也可以利用紫外线消毒,定期更换养殖池中的水,每次更换水的时候都需要重新消毒过滤,控制水中细菌数量等;海胆的培苗密度要适宜,做到及时清理附着基,适时倒池,减少养殖环境中有机物总量。在饲料投喂方面,保证饲料的新鲜、适口和清洁。定期测定育苗系统中温度、盐度、微生物数量,以达到疾病预警的目的。(袁宗勤等,2014)另外,定期对养殖池内的海胆进行健康状况的监测,在疾病发生早期进行治疗,并且在疾病高发期一定要加强对海胆健康状况的观察与检查。(王磊等,2015)

(二)海胆红斑病

症状:海胆壳表面出现暗红色斑块,覆盖黏液,棘刺脱落。此病发病严重时海胆壳面的斑块融合、扩大、溃烂,甚至性腺等内容物溢出,直至海胆死亡。(李岩,2004)

病因:该病主要由红珊瑚弧菌、灿烂弧菌、哈维氏弧菌等致病菌引起。海胆体表的伤口是病原菌侵入的最佳部位。有害菌的持续作用造成创面的进一步扩大,导致海胆的体腔内组织外溢,造成海胆死亡。致病菌对创面的黏附可能是其感染的一个重要因素,红斑病的发生与环境温度关系密切,水温持续保持在20~25℃是引发此病的重要因素。(李岩,2004)

防控技术:可以使用适当的免疫增强剂来提高海胆体内各种免疫因子的数量和活性,从而提高机体对外界刺激或致病菌的防御能力;每年夏季发病期,使用一定量的抗生素,死亡率有所降低;夏季高温季节定时定期更换养殖池塘的水体,使养殖池塘水体保持在海胆的最适温度。(李岩,2004)

(三)秃海胆病

症状:发病的初期,患病海胆棘刺的基部周围表皮变成绿色、暗红色或紫黑色,变色区的部分棘刺脱落,海胆的表皮及真皮组织坏死并脱落,形成圆形或椭圆形的损伤区,海胆的外壳裸露。表皮组织如果部分损伤,生病个体有可能恢复健康,表皮组织和其他附属物可以再生出来;如果损伤部位较大或较深,出现穿孔,很快即出现死亡。(常亚青,2007)

病因:导致海胆患上秃海胆病的病原体主要为鳗弧菌及杀鲑气单胞杆菌,该病原体对海胆的感染率很高。(常亚青,2007)

防控技术:保证养殖环境的优良状态,定期清理养殖环境,清理底泥,进行杀菌、消毒,保证养殖环境的水质;在选择亲本海胆和购买海胆幼苗的时候需要进行规范的检查,保证所购买的幼苗不会携带致病菌进入整个育苗池,进入池塘前对育苗池进行消毒;养殖池中的海水需要经过二级沙滤,也可以利用紫外线消毒,定期更换养殖池中的水,每次更换水的时候都需要重新消毒过滤,控制水中细菌数量等;海胆的培苗密度要适宜,做到及时清理附着基,适时倒池,减少养殖环境中有机物总量。在饲料投喂方面,保证饲料的新鲜、适口和清洁。定期测定育苗系统中温度、盐度、微生物数量,以达到疾病预警的目的。(袁宗勤等,2014)另外,定期对养殖池内的海胆进行健康状况的监测,在疾病发生早期进行治疗,并且在疾病的高发期一定要加强对海胆健康状况的观察与检查。(王磊等,2015)

(四)海胆秃斑病

症状:发病的初期海胆的壳上出现紫黑色斑点,随着病情的发展,海胆的棘刺很快开始脱落,直至海胆死亡。(常亚青,2007)

病因:病原体为革兰氏阴性杆菌中的屈挠杆菌。(常亚青,2007)

防控技术:保证养殖环境的优良状态,定期清理养殖环境,清理底泥,进行杀菌、消毒,保证养殖环境的水质;在选择亲本海胆和购买海胆幼苗的时候需要进行规范的检查,保证所购买的幼苗不会携带致病菌进入整个育苗池,进入池塘前对育苗池进行消毒;养殖池中的海水需要经过二级沙滤,也可以利用紫外线消毒,定期更换养殖池中的水,每次更换水的时候都需要重新消毒过滤,控制水中细菌数量等;海胆的培苗密度要适宜,做到及时清理附着基,适时倒池,减少养殖环境中有机物总量。在饲料投喂方面,保证饲料的新鲜、适口和清洁。定期测定育苗系统中温度、盐度、微生物数量,以达到疾病预警的目的。(袁宗勤等,2014)另外,定期对养殖池内的海胆进行健康状况的监测,在疾病发生早期进行治疗,并且在疾病高发期一定要加强对海胆的健康状况的观察与检查。(王磊等,2015)另外,在15~16 ℃的较低水温下病原体的生长可受到抑制,因此,低水温也可以控制本病的发生。(常亚青,2007)

(五)海胆瘟疫病

症状:患病海胆初期体色异常,棘刺上出现黏液状物,海胆管足的吸附能力很快下降,对外界刺激反应降低,严重的个体甚至对外界的刺激没有任何的反应,随着病情的发展,海胆发生脱棘并且快速死亡。(常亚青,2007)

病因:本病的病原体目前尚未完全搞清,但从发病的海胆体内曾分离出产气荚膜杆菌属中的两个种,属厌氧性杆菌,呈革兰氏阳性反应,很可能与此病有关。(常亚青,2007)

防控技术:保证养殖环境的优良状态,定期清理养殖环境,清理底泥,进行杀菌、消毒,保证养殖环境的水质;在选择亲本海胆和购买海胆幼苗的时候需要进行规范的检查,保证所购买的幼苗不会携带致病菌进入整个育苗池,进入池塘前对育苗池进行消毒;养殖池中的海水需要经过二级沙滤,也可以利用紫外线消毒,定期更换养殖池中的水,每次更换水的时候都需要重新消毒过滤,控制水中细菌数量等;海胆的培苗密度要适宜,做到及时清理附着基,适时倒池,减少养殖环境中有机物总量。在饲料投喂方面,保证饲料的新鲜、适口和清洁。定期测定育苗系统中温度、盐度、微生物数量,以达到疾病预警的目的。(袁宗勤等,2014)另外,定期对养殖池内的海胆进行健康状况的监测,在疾病发生早期进行治疗,并且在疾病高发期一定要加强对海胆的健康状况的观察与检查。(王磊等,2015)投放菌种的密度要适宜,保持良好的水质和底质环境;巡池观察海胆体表变化、活动状态、摄食与粪便情况,池底清洁状况,定时测量水质指标和生长速度。发现海胆患病后,应遵循"早发现,早隔离,早治疗"的原则,及时将身体已经严重腐烂的个体拣出进行掩埋处理,以药浴和口服方式同时对其进行治疗。

(六)海胆变形虫病

症状:变形虫会吞噬、分解海胆组织的细胞碎片,从而引起海胆肌肉组织坏死,管足、棘刺、口的活动能力减弱。随着病情的发展,棘刺逐渐脱落,海胆的生殖腺变色,体腔内出现组织浸润、体腔液细胞数量显著减少,组织出现凝块。在感染初期,海胆表现为停止摄食、不动。(常亚青,2007)

病因:病原体为拟变形虫。变形虫寄生后,可广泛分布于患病个体的全身,包括体壁、水管系统、神经和消化道,病情进一步发展,内部组织中阿米巴虫数量增加,红色和白色小球骨针细胞侵入组织中。感染后,由于红、白小球骨针细胞和颤动细胞的减少,使得细胞的总数减少。吞噬细胞不受影响,但体腔液无细胞的蛋白质大量增加,使温度降低。外壳出现棘脱落、表皮组织坏死。(常亚青,2007)

防控技术:保证养殖环境的优良状态,定期清理养殖环境,清理底泥,进行杀菌、消毒,保证养殖环境的水质;在选择亲本海胆和购买海胆幼苗的时候需要进行规范的检查,保证所购买的幼苗不会携带致病菌进入整个育苗池,进入池塘前对育苗池进行消毒;养殖池中的海水需要经过二级沙滤,也可以利用紫外线消毒,定期更换养殖池中的水,每次更换水的时候都需要重新消毒过滤,控制水中细菌数量等;海胆的培苗密度要适宜,做到及时清理附着基,适时倒池,减少养殖环境中有机物总量。在饲料投喂方面,保证饲料的新鲜、适口和清洁。定期测定育苗系统中温度、盐度、微生物数量,以达到疾病预警的目的。(袁宗勤等,2014)投放菌种的密度要适宜,保持良好的水质和底质环境;巡池观察海胆体表变化、活动状态、摄食与粪便情况,池底清洁状况,定时测量水质指标和生长速度。发现海胆患病后,应遵循"早发现,早隔离,早治疗"的原则,及时将身体已经严重腐烂的个体拣出进行掩埋处理,以药浴和口服方式同时对其进行治疗。据有关文献报道,该病原体在 2~5 ℃时为负生长,10~12 ℃时生长缓慢,15~20 ℃时呈指数生长,因而低水温可抑制本病的发生。(常亚青,2007)

(七)海胆线虫病

症状:个体生殖腺萎缩,并且性腺产量下降,导致雄性不育。海胆个体活性降低,停止摄食,不动。(常亚青,2004)

病因:发生于美国加州西南部沿海和墨西哥中西部沿海的海胆线虫病病原体为拟钩虫的幼虫,主要感染紫球海胆、阿巴海胆等,感染率很高(最高可达 40%~50%)。病原体多寄生于生殖腺小管,抑制生殖细胞的发生,影响生殖腺的发育。(常亚青,2004)

防控技术:保证养殖环境的优良状态,定期清理养殖环境,清理底泥,进行杀菌、消毒,保证养殖环境的水质;在选择亲本海胆和购买海胆幼苗的时候需要进行规范的检查,保证所购买的幼苗不会携带致病菌进入整个育苗池,进入池塘前对育苗池进行消毒;养殖池中的海水需要经过二级沙滤,也可以利用紫外线消毒,定期更换养殖池中的水,每次更换水的时候都需要重新消毒过滤,控制水中细菌数量等;海胆的培苗密度要适宜,做到及时清理附着基,适时倒池,减少养殖环境中有机物总量。在饲料投喂方面,保证饲料的新鲜、适口和清洁。定期测定育苗系统中温度、盐度、微生物数量,以达到疾病预警的目的。(袁宗勤等,2014)投放菌种的密度要适宜,保持良好的水质和底质环境;巡池观察海胆体表变化、活动状态、摄食与粪便情况,池底清洁状况,定时测量水质指标和生长速度。发现海胆患病后,应遵循"早发现,早隔离,早治疗"的原则,及时将身体已经严重腐烂的个体拣出进行掩埋处理,以药浴和口服方式同时进行治疗。(常亚青等,2007)

(八)海胆吸虫病

症状:吸虫主要寄生于海胆的生殖腺、管足基部、口器的肌肉中,虽然危害不十分严重,但是感染严重时影响海胆摄食。(常亚青,2004)

病因:病原体为复殖亚纲吸虫中某些种的后囊蚴,吸虫的种类因发病海区的不同而异。(常亚青,2004)

防控技术:保证养殖环境的优良状态,定期清理养殖环境,清理底泥,进行杀菌、消毒,保证养殖环境的水质;在选择亲本海胆和购买海胆幼苗的时候需要进行规范的检查,保证所购买的幼苗不会携带致病菌进入整个育苗池,进入池塘前对育苗池进行消毒;养殖池中的海水需要经过二级沙滤,也可以利用紫外线消毒,定期更换养殖池中的水,每次更换水的时候都需要重新消毒过滤,控制水中细菌数量等;海胆的培苗密度要适宜,做到及时清理附着基,适时倒池,减少养殖环境中有机物总量。在饲料投喂方面,保证饲料的新鲜、适口和清洁。定期测定育苗系统中温度、盐度、微生物数量,以达到疾病预警的目的。(袁宗勤等,2014)投放菌种的密度要适宜,保持良好的水质和底质环境;巡池观察海胆体表变化、活动状态、摄食与粪便情况,池底清洁状况,定时测量水质指标和生长速度。发现海胆患病后,应遵循"早发现,早隔离,早治疗"的原则,及时将身体已经严重腐烂的个体拣出进行掩埋处理,以药浴和口服方式同时进行治疗。(常亚青等,2007)

(九)生殖腺黑斑病

症状:海胆生殖腺上出现颜色较深的斑点,部分斑点可变为暗红色或黑褐色,同时生殖腺出现萎缩并产生某些器质性变化。(常亚青,2004)

病因:目前本病的病因及病原体尚未查清。

防控技术:保证养殖环境的优良状态,定期清理养殖环境,清理底泥,进行杀菌、消毒,保证养殖环境的水质;在选择亲本海胆和购买海胆幼苗的时候需要进行规范的检查,保证所购买的幼苗不会携带致病菌进入整个育苗池,进入池塘前对育苗池进行消毒;养殖池中的海水需要经过二级沙滤,也可以利用紫外线消毒,定期更换养殖池中的水,每次更换水的时候都需要重新消毒过滤,控制水中细菌数量等;海胆的培苗密度要适宜,做到及时清理附着基,适时倒池,减少养殖环境中有机物总量。在饲料投喂方面,保证饲料的新鲜、适口和清洁。定期测定育苗系统中温度、盐度、微生物数量,以达到疾病预警的目的。(袁宗勤等,2014)投放菌种的密度要适宜,保持良好的水质和底质环境;巡池观察海胆体表变化、活动状态、摄食与粪便情况,池底清洁状况,定时测量水质指标和生长速度。发现海胆患病后,应遵循"早发现,早隔离,早治疗"的原则,及时将身体已经严重腐烂的个体拣出后进行掩埋处理。以药浴和口服方式同时进行治疗。(常亚青等,2007)

(十) 敌害生物

海胆的敌害生物大致可以分为饵料竞争性生物、食害性生物和病原性生物。

1. 饵料竞争性生物

经济海胆的饵料竞争性生物是指那些摄食饵料种类与经济海胆极其相似,常与其竞争饵料的生物,不仅包括某些以海藻类为主要饵料的匍匐型底栖生物,如鲍、蝾螺、锈凹螺等,还包括某些非经济种类的海胆,特别是在饵料藻类不十分充足的情况下,有可能成为相互限制对方生存发展的制约因素。在考虑海胆的资源发展及进行海胆资源增殖时,必须充分考虑增殖海区饵料竞争性生物的存在以及这类生物的生物量、对饵料藻类的消费量等。

2. 食害性生物

迄今已报道的能直接蚕食海胆的食害性生物主要是对 5~10 mm 的幼海胆造成危害的某些生物,如蟹类、鲷科鱼类、龙虾类、海星等。因此,在海胆的资源保护区或增殖区应采取适当的措施来减少食害性生物,以减轻其对海胆资源的损害。

3. 病原性生物

病原性生物是指导致海胆发病的各种细菌、病毒、寄生虫等,如鳗弧菌、拟钩虫、拟变形虫等。

防控技术:保证养殖环境的优良状态,定期清理养殖环境,清理底泥,进行杀菌、消毒,保证养殖环境的水质;在选择亲本海胆和购买海胆幼苗的时候需要进行规范的检查,保证所购买的幼苗不会携带致病菌进入整个育苗池,进入池塘前对育苗池进行消毒;养殖池中的海水需要经过二级沙滤,也可以利用紫外线消毒,定期更换养殖池中的水,每次更换水的时候都需要重新消毒过滤,控制水中细菌数量等;海胆的培苗密度要适宜,做到及时清理附着基,适时倒池,减少养殖环境中有机物总量。在饲料投喂方面,保证饲料的新鲜、适口和清洁。定期测定育苗系统中温度、盐度、微生物数量,以达到疾病预警的目的。(袁宗勤等,2014) 投放菌种的密度要适宜,保持良好的水质和底质环境;巡池观察海胆体表变化、活动状态、摄食与粪便情况,池底清洁状况,定时测量水质指标和生长速度。发现海胆患病后,应遵循"早发现,早隔离,早治疗"的原则,及时将身体已经严重腐烂的个体拣出进行掩埋处理。以药浴和口服方式同时进行治疗。(常亚青等,2007)

第四节

海参、海胆健康养殖模式构建与环境调控技术

一、海参、海胆健康养殖模式构建

(一) 海参健康养殖模式构建

海参是一种营养丰富的海洋棘皮类动物。近年来海参市场规模不断扩大,其养殖方式也有所改进。这里主要介绍池塘养殖、海上筏式养殖、海上沉笼养殖、潮间带梯田养殖、底播养殖、网箱养殖、北参南养、增殖型海洋牧场、生态混养模式等养殖方法和其优缺点,以期推进我国海参养殖业的可持续发展。

1. 池塘养殖

池塘养殖是利用人工开挖或天然的池塘进行水产经济动物养殖的一种生产方式,是人们通过苗种和相关的物质投入,干预和调控影响养殖动物生长的环境条件,以期获得最大产出的复杂的系统活动。池塘养殖是我国历史上最早的一种水产养殖方式,至今已有3 000多年的历史。

池塘养殖海参,一般是对水源、水质、底质条件好的虾池进行改造,或者是利用新开挖的池塘。一般海参养殖池必须是沿海水源方便、水质澄清,夏季海水水温低于28 ℃,冬季高于1 ℃,盐度稳定在25‰以上的港湾、滩涂等地。池塘应建于潮间带中、低潮区,面积以10~20亩为宜。坝高以天文小潮期间高潮时能向池内进水为基准,池深2~4 m,坝顶有可挂网的插杆,堤坝用水泥浇灌,进、排水闸应设在池塘的最低处。闸门处设筛网(60~80目),防止海参逃逸或被海水冲走,同时还可阻挡蟹类、鱼类等的进入。在参苗放养前要将池水放净、清淤,必要时回添新沙,并曝晒数日。要往池塘内投放一定数量的附着基,也就是参礁,可以选择石头、石板、瓦片、瓷管、空心砖、废旧扇贝养殖笼等。参礁的数量一般要根据养殖海参的数量、水深、换水条件而定,一般为20~100个。参礁的堆放形状多样,堆形、垄形、网形均可。附着基要相互搭叠、多缝隙,以给海参较多的附着和隐蔽的场所。这项工作应在投苗前一个半月开始。在放苗前1~1.5个月,要对池塘进行消毒。池内适量进水,使整个池塘及参礁全部被淹没。消毒剂选择漂白粉5~20 mg/亩或生石灰100~200 kg/亩,全池泼洒,并浸泡1周。对于有蟹类、海葵等生物的池塘,可泼洒敌百虫10.0 mg/亩将其杀灭。一般要求滩面水深2 m以上,池中有几处深水区在2.5 m以上,供养殖后期水温过高或过低时海参潜伏。海参养殖池塘面积以2.7~3.3公顷为宜,便于日常管理。一般要求日换水率为10%以上;进、排水口要远离,避免自身污染;排水要干净,以方便收捕、减轻污染;池坝能通行车辆,便于喂养管理。

池塘养殖海参投资少、管理方便,养殖周期短,养殖成活率和回捕率高,收益大,市场前景广阔;但是不能综合调控水质,加之池塘多年不清塘或清塘不彻底,池底老化,淤泥过多,造成肥水困难,大型藻类一直难以根除。长期大剂量地使用化学灭苔药物,不仅会破坏池塘内的生态平衡,而且会造成海参应激反应,带来药物残留等问题。

养殖海参池塘水质直接影响着海参的生理活动。在优良的环境中,海参生长较快,否则,即使投喂优质饵料,海参也不能很好地摄食和生长,甚至患病或死亡。在正常生长期,海参昼伏夜出的习性比较明显,一般日落前在池边活动的海参较少,而在风平浪静的黎明海参在池边的分布量最大。在海参频繁活动期或在排水后应及时巡池,发现落滩的海参要及时将其捡回池中,防止干露死亡。

2.海上筏式养殖

狭义的海上筏式养殖是指在浅海水面上利用浮子和绳索组成浮筏,并用缆绳固定于海底,使海藻(如海带、紫菜等)和固着动物(如贻贝)幼苗固着在吊绳上,悬挂于浮筏的养殖方式;广义的海上筏式养殖,则涵盖了垂下式养殖、网箱养殖等多种海上养殖方式。海参的海上筏式养殖可分为南方与北方:南方的海上筏式养殖多呈现渔排状,北方的海上筏式养殖是将经过中间育成体长达到3~5 cm的参苗,按一定的密度放入养殖容器内,吊挂于海区筏架上进行养殖。

南方的筏架:结构与渔排相似,由长4 m、宽30 cm、厚6 cm的杉木、椿木、铁杉等木板用螺栓、钢板连接而成,一般规格为4 m×4 m(框内3.6 m×3.6 m)。用泡沫塑料做成的浮子,缆绳9 000丝×3股,用木桩或大石块固定于海底。在框的中间固定数根木条或毛竹(每隔60 cm一根),每根木条每隔60 cm挂一笼,每框可挂36笼。浮筏:与养殖海带的浮筏类似或者利用养殖海带的浮筏,每隔80 cm左右吊挂一笼。海参笼:笼子用聚乙烯材料制成,长方形或近圆形,每笼5~6层,每层在边上开一个可活动的窗口,用于投饵等。笼子的四周开有0.5~1 cm不同规格的孔,用于笼子内外水体交换,层与层用聚乙烯绳子串联固定。

北方通常选择潮流畅通、风浪平缓、无工业污染的海区,将3~5 cm的参苗装入扇贝、鲍鱼的养殖笼或塑料养殖筒内,吊挂于海区筏架上进行养殖。放养密度是扇贝养殖笼5~10头/层,鲍鱼养殖笼(直径60 cm,12层)50~100头/层,塑料养殖筒(直径25 cm、长60 cm)50~100头/筒。吊挂水层4~8 m,吊挂距离2~3 m。由于参苗和鲍鱼刚吊养时个体较小,可适当加大养殖密度。

筏式养殖海参的最大优点是管理方便、收获率高,一般需要2年左右就能收获成品海参。但是无序的、超负荷的、越来越趋于高密度的筏式养殖,对养殖水域的整体容纳量构成了极大的影响,忽视了海区的负载能力,且存在筏式养殖工艺陈旧、机械化程度低、劳动强度较大的问题。

随着海参的生长、个体增大,应及时调整养殖密度,以免影响其生长。需经常检查网笼,防止网笼堵塞而导致海参窒息死亡。在赤潮多发季节与海区要加强检测和预警,做好应对预案。需尽快提升筏式养殖过程中的科技含量、提高机械化水平,并进行相关海洋设备的开发和应用。同时注意观察台风和寒潮,防止对海参造成伤害,影响经济效益。

3.海上沉笼养殖

海上沉笼养殖一般选择风浪小,潮流畅通、平缓,无淡水注入,管理操作方便的内湾作为养殖海区。沉箱、沉笼可以是水泥制作,也可以用粗钢筋编制而成,可以为圆形,也可以为长方形,外罩网衣,内放若干石块,均须牢牢地固定于海底。将直径70 cm、高30 cm的圆形养殖笼系绳沉于海底,且用坠石固牢,避免养殖笼在海底翻滚,每笼放养体长2~3 cm的参苗250~300头,定时投喂以马尾藻、石莼或者其他藻的藻粉为主的人工配合饵料,每笼投饵40~100 g,每周一次,经1~2个月的养殖后,根据海参的大小,再分笼养殖。一般3个月内海参体长能增长2.3~4.7倍,成活率为85%~95%,个体越大,成活率越高。放养密度为体长3~5 cm、苗种

20~30头/m²时,饵料为人工配合饵料或海带、鼠尾藻等,根据情况可3~5 d投喂一次。日常注意网衣的破损情况,并根据海参生长的快慢及时疏密。

该养殖方法安全系数较高,便于观察和管理。但是需不断地疏散,否则对生长有一定的限制作用。此种方法目前大面积应用得较少,具备此种养殖环境、条件的海区,是海参中间培育的理想方式。

4.潮间带梯田养殖

在潮间带,从低潮线或者中潮线附近开始,或者利用地质地形的特点,用石块加钢筋水泥筑堤,围成梯田。梯田最深处堤高100~150 cm,在堤上插固直径2 cm左右的钢筋,钢筋长度要高于海水表面,钢筋间距3~5 m,钢筋上吊挂网目2 cm左右的网片直至水面,风浪大的海区,在堤外应设置散石护堤。根据梯田面积,在堤上设置数个闸门,以利于水的交换。池内可以投石、海参礁、汽车轮胎等为海参提供栖息场所。投石以堆放为主、散铺为辅,每亩投石80~100 m³,或者投海参礁40~60个。放养苗种规格偏大为好,一般可放养体重5~10 g的幼参,放养密度以20头/m²左右为宜。投放时,可直接将幼参撒于池内石头或海参礁上。人工投饵在养殖密度达20~30头/m²的状况下,完全依赖自然饵料难以满足海参对饵料数量的要求,尤其是在海参活动、摄食盛期,因此应适当添加人工配合饵料,予以补充。一般在3—6月、10—12月期间,适当投喂人工配合饵料。

养殖时需注意天气变化,降大雨时应采取相应的换水措施;科学地进行水位调整,防止海参逃入大海,造成不必要的损失;防止油污及其他化学物质污染养参池;设专人管理,以防偷盗;每日纳潮,保持潮流畅通,视梯田内污物累积情况,不定期地进行清除,保持水质清新;每日退潮后,应巡视梯田,将梯田内的可疑敌害生物清除;发现坝有泄漏、网片有破损应及时修补。

5.底播养殖

底播养殖海参,是指将人工培育的苗种直接撒播在开放式海域,一般在0~20 m水深,经过3年以上自然生长的一种增养殖方式,再由潜水员人工采捕。养殖期间不需人工投放任何饵料及药物。底播养殖通过人工投入海参苗增加海参密度,增加海参产量。

在水温适宜的春、秋季节,当自然水温达到8~10 ℃时,选择晴朗、风平浪静的日子,将2~3 cm以上的海参苗放入网袋或竹筐中,潜水员潜入海底将其放入礁石之间,让其自然爬行、避难,自由选择安家的地方。底播时应注意密度一般为6~7头/m²。底播时要注意池中温度和海区温度的差异,一般不得超过2 ℃。要选择水流平缓、饵料丰富、敌害少、沙砾与沙土之间的海区。

这种方法主要是弥补海参天然繁殖的不足,操作简单,费用低,海参生长在自然环境中,生长速度快,一般2年可收获。但是易受天气的影响和天敌的威胁,以及海域的限制,还存在养殖周期长、产量低、看管不易、容易被偷盗、捕捞成本高的问题,底播参的产量有限,而且只有一些大企业才有自己的养殖海域。

整个养殖期间对于海参生长情况的检查是必不可少的,投放饵料的同时也要观察海参的生长状态。从外观上来说,体表干净、没有黏液、体躯自然伸展、不抱团的个体为正常个体,粪便比较干燥而且呈条状的大多比较健壮。如果发现有不健康的海参,要及时将其清理出去,防止传染其他海参和污染水质。

6.网箱养殖

浅海网箱养殖是通过在自然海区中设置网箱,依托自然环境和人工投饵进行高密度水产养殖的生产方式。

网箱养殖选择风浪小、潮流通畅、无大海流的海湾,水质条件符合、基础饵料丰富、无淡水注入、水深8~15 m的海域。根据海湾条件,制作3 m×3 m~4 m×4 m、深4 m的网箱,网孔规格8~20目;网箱架使用木板和泡沫浮子组装,将网箱架沿着潮流的方向在海中设置好。一排相连数十个,两排固定在一起,使用缆绳固定法在海中固定;使用沉子将网箱放置入海,网箱间相距约1 m。附着基采用网片或网袋作为材料,幼参规格为20~100头/kg。投苗时间在4月中下旬,海水温度接近10 ℃,且稳步上升,此时为海参的快速生长期。投放密度根据苗种规格不同,控制在40~80头/m³的范围内。在夏季高温季节,将附着基高度适当下降,网箱加盖遮阳网。经过春季的快速生长期后,立秋后海水温度逐渐适宜海参生长,进入另一个快速生长期。为保证网箱内海参的正常生长需要,避免溶氧和饵料不足,应及时调整密度,适时分箱。

海参海上网箱养殖投资较小,生产安全,可实现生态养殖。从海洋环境保护方面来说,可避免因投饵养殖造成海域污染,且有效避免海参体内累积饵料中的有害物质,利于海上网箱养殖持续健康发展和成品海参销路持续稳定扩大。海参海上网箱养殖技术不适用于所有海域是它的不足之处。

需要注意的是,运输参苗时,用黑色塑料袋扎紧口袋,放入保温箱运输,每袋5~10 kg,运输成活率可达99%。一般选择清晨运输,注意避免海参应急而导致吐肠的情况。要经常观察网箱,检查网箱绳子有无拉断、筛绢网有无破损。观察箱内海参摄食情况,饵料不足时,适当进行人工投喂。在发展网箱养殖过程中,应根据水域的养殖容量,合理规划,控制规模,改进网箱结构,注重环境监测及评价,加快养殖水域生态环境保护和修复,使海水养殖与水环境保护协调发展。

7.北参南养

北参南养是将北方海参引入南方的"南北接力"养殖。主要养殖区域为福建,主要集中在莆田、宁德霞浦和连江等地,海参苗多来自山东和大连,以池塘养殖和海区网箱吊养为主要养殖方式。

一般选择附近无污染,远离河口,无淡水注入,盐度常年保持在26‰~32‰(短期在20‰~24‰),水深在5 m以上风浪较小的海区。养殖渔排可用大黄鱼网箱或鲍鱼养殖渔排,若网箱规格为3.3 m×3.3 m,以毛竹为支架,每框均匀搭5根毛竹,每根悬挂6个聚乙烯材料制成的海参吊笼,总共可挂30笼。若为4 m×4 m网箱,则可挂36笼。养成期间主要饵料为干海带,盐渍海带下脚料效果更佳。放养后间隔一天即可开始投喂。投喂前干海带需切至4.5 cm,再浸泡3 d左右软化后投喂。第一次投喂量控制在海参体重的5%~10%,隔天观察吊笼内饵料摄食情况,适当增减投饵量,通过3~5 d的反复观察后确定投喂量,之后每隔3~4 d投喂一次。水温在12~15 ℃时海参生长最快,此时要加大饵料投喂量,可在海带中适当添加具有免疫调节作用和增强作用的海洋生物多糖,以及少量干贝边、鱼糜等动物蛋白含量高的饵料。1—2月(春节前后),水温较低,海参活力减弱,应减少投喂量,投饵一般选择在傍晚。每次投饵前应将吊笼在水中上下左右晃动几下,使黏附的泥土、残饵、海参粪便等从吊笼小孔中排走,保证笼内水体交换通畅。养殖过程中,吊笼易附着生长玻璃海鞘等生物,每间隔一次投喂(即6~8 d),需清理玻璃海鞘一次。一般在养殖一个半月就进行一次分苗,由于苗种规格不尽相同,苗种生长亦有快慢,因此在养殖过程中发现同一吊笼中个体差异较大时,应按规格进行分苗稀养。

北参南养周期为4~5个月,为了在海参夏眠之前达到上市规格,需要购买大规格参苗(16~30只/kg)进行养殖。放苗时间在11月中旬,水温降到20 ℃以下,购买的海参种苗在运输前一天停止投饵,待肠内粪便吐净后再运输,可有效防止吐肠。放养密度依参苗规格合理控制,规格为16~24只/kg的投放密度为1.1~1.25 kg/笼(即一笼24只左右)。在饵料投喂方面,要保证饵料的新鲜和清洁,严禁直接投喂海泥。根据当地实际情况,筛选高效、低毒的抗菌药品,在入冬前口服药品,从而使海参体内积累一定浓度抗生素以增强抗病力。加强卫生管理,经常清洗吊笼及清理附着生物,保证吊笼内水体交换畅通和清洁。

北参南养是利用南方冬季适宜的温度养殖,可以缩短上市时间,同时弥补北方市场空缺的优势,风险较小,效益可观,网箱吊养的海带直接成为饵料来源,福建省较长的海岸线具备网箱养殖的有利条件都是目前北参南养成功的助力因素。但是目前无法解决海参种苗度夏的问题,种苗一直受到限制,只能从北方购买,而且投苗时间一定要准确,在水温合适的时间参苗刚好从北方运过来投放,否则损失会很大。

8.增殖型海洋牧场

"海洋牧场"是指在一定海域内,利用自然的海洋生态环境,采用规模化渔业设施和系统化管理体制,将人工放流的经济海洋生物聚集起来,对鱼、虾、贝、藻等海洋资源进行有计划和有目的的海上放养。渔业增养殖型海洋牧场是最常见的海洋牧场类型,一般建在近海沿岸。渔业增养殖型海洋牧场以增殖渔业或海珍品的种苗繁育和养殖为主要目的,增养殖品种多样,以海参、鲍鱼、海胆、梭子蟹等海珍品为主,技术水平和复杂程度各异。近几十年来,我国建设了一系列以海参、鲍鱼、高值贝类、海藻等为增殖对象的海珍品增殖型海洋牧场。

海洋牧场的建设主要包括生境构建、资源养护以及管理维护等方面。生境构建的搭建方法包括投放人工鱼礁,建设海草床、海藻场、珊瑚礁和牡蛎礁等;资源养护则是通过苗种培育、资源增殖、资源采捕等措施,科学保护和合理开发水生生物;管理维护是指对构建的生境和养护的资源进行管理和维护,需要进行信息化建设、调查评估、生境与设施维护等。

(1)人工鱼礁:在陆地上用钢筋混凝土等材料搭建完成后,用船运载到海上的指定位置,再用吊机将其投放到海里。人工鱼礁慢慢下沉,在海底着陆后,海洋生物的房子就造好了。目前大部分的人工鱼礁材料是钢筋混凝土,也有部分是石块、钢材等其他材料。

(2)海藻场:通过大型海藻自然附着和人工栽植等方式在海里种植海藻或者海草。海藻场可分为自然基质海藻场、人工浮床式海藻场、人工藻礁式海藻场等。根据海洋牧场中海藻场的功能定位及海域环境,筛选适宜本地物种为目标藻种。海带、裙带菜、羊栖菜等都是常见的海藻。

(3)海草床:在近岸浅水区域沙质或泥质海底生长的高等植物海草群落。种植海草一般选取海洋牧场海域本地海草床或周边海草床的海草种类,如鳗草、海菖蒲等都是常见的海草。根据海洋环境不同的情况,还可通过植株移植或者种子种植的方式进行种植。将培育好的海草草块移植到海底,像种树一样种下去,有时还可以将海草的种子播种到海底的土壤中。

通过投放人工鱼礁,结合海珍品苗种底播,建设并完善了近岸海洋牧场示范区,实验证明示范区生态修复效果显著,示范区大型藻类丰富,藻场修复效果良好,浮游植物种类数从10种增加到29种,密度增加了4.8倍,初级生产力水平得到了显著提升,示范区均为一类水质。根据2012年数据,相比2008年,结合苗种底播增殖,海参资源量提升87.6%,海胆资源量增加74.9%,皱纹盘鲍资源量增加51.7%。

投放人工鱼礁、建设海洋牧场是修复和优化海洋生态环境、增殖渔业资源的有效途径。目前我国大力发展海洋牧场,打造"蓝色粮仓"。海水养殖与旅游业的联系越来越紧密,良好的养殖模式以及养殖海域生态环境可成为另一个效益点。但是海洋牧场建设需要投入大量的人力财力,海洋牧场选址仍然缺乏评价方法和由定量评价指标构成的评价准则体系。

9.生态混养模式

生态混养模式,就是根据混养品种的生理特点和生态习性的不同,在同一水体中进行生态混养,依据混养品种在栖息水层、食性和生活习性等互补特点,互相促进、生态互补,是一种立体、多营养层次的生态养殖模式。

海参池塘混养能够丰富养殖品种,额外获得养殖收益,改善生态环境。海参池塘混养的品种较为多元,如海参与鱼类混养、海参与各种藻类和沉水植物混养、海参与对虾混养、海参与海胆混养、海参与单环刺螠混养、海参与贝类混养等。以下主要介绍海参与对虾混养、海参与鲍混养、海水池塘海参-日本对虾-三疣梭子蟹-菊花心江蓠生态混养这三种类型。

(1)海参与对虾混养:一般选择底质较硬的泥沙底或沙底、上游无淡水流入且海水盐度常年保持在26‰以上的养参池,面积一般以30~100亩比较适宜。放养参苗池应进行清淤和消毒处理,清除凶猛的鱼类、蟹类,消毒剂采用漂白粉或生石灰均可。如果清淤较难,可对池底进行改造:一是采用水泥柱、石柱、木柱、竹筒等物,打立排桩,然后用铁丝和尼龙绳连接,再把旧轮胎、瓦片或人工礁等附着基吊挂在绳索上,吊挂的附着基接近地面即可,要密集成片;二是用接近地面的矮桩,将绳索和旧网片架起一个层面,然后投放附着基即可。放苗前施足基肥肥水,培养底栖藻类和浮游植物,每亩可施鸡粪50~100 kg。放苗时间大约在每年10月末,即当育苗室中的海参苗体长达到1.5 cm以上时,便可入池放养,若能放养越冬参苗则更好,一般每亩投放参苗5 000~7 000头为宜。养殖日常管理包括饵料投喂,盐度、水温、pH值的观测,体长的测定等。海参与对虾混养,一般不必单独投饵,主要靠摄食对虾残饵、排泄物等有机碎屑以及底栖微小动物等。因此,肥水培养基础饵料最为重要。

(2)海参和鲍混养:选择洁净无污染、附近无河流、海区潮汐为正规半日潮、水流畅通的海区。可选择潮间带,这样可保持水质清新,且节省能源。养殖池塘为混凝土结构,池底向外海倾斜,在围坝最低处设一排闸门,干潮时可将池内海水排掉。网箱采用直径16 mm的螺纹钢做框架,规格为2 m×1.5 m×1 m,中间焊接12根钢筋加固,外面用网目为1 cm的聚乙烯包裹,形成一封闭式单层六面体结构,在网箱顶端留一袖口,以便投喂与清饵。网箱放置呈东西走向,共设置100个网箱,分10排均匀放置,排距1 m,箱距1 m。排间有排水沟,以便清淤与排污。按每箱的空间堆放石块70%,高80 cm,使用本地开采的石块,四面光滑、坚硬,每块重10~20 kg。石块垒放要牢固,多制造空隙,形成梯形。石块离网四边的间距为5 cm,防止磨破网以及抗风浪。养殖的日常管理包括合理密度、饵料投喂、换水、清池、敌害防治及水质监测等方面。潮间带围塘网箱鲍鱼、海参混养,放苗密度不要过大,苗种不要过小,品种不要过多。鲍鱼苗一般为100~150粒/m²,壳长不小于3 cm为宜。海参苗密度为50~80头/m²,体重不小于30~40 g为宜。每月清池一次,高温季节和冬天不清池。遇到大风天气、海水混浊时,待风停后、潮落时立即清池。清池时先开启闸门,将水放掉,然后用水泵抽水冲刷池壁、池底和网箱,清除网箱内的残饵和敌害,然后关上闸门,待涨潮时注入新水。

(3)海水池塘海参-日本对虾-三疣梭子蟹-菊花心江蓠生态混养:采用了2个底质为泥沙底,深3~4 m,进排水方便,交通便利的池塘。对养殖池塘进行清淤平整,整理海参附着基——礁石,进水时用80~100目筛网过滤,水深80~100 cm。海参投苗前一周泼洒"硅藻旺"肥水,培育底栖藻类,使水体透明度维持在30~40 cm。4月投放海参苗种,5月初投放第一批对虾苗种,5月下旬投放三疣梭子蟹,8月上旬投放第二批对虾苗种,菊花心江蓠在6月份池塘水温稳定在20 ℃时采用底播方式投苗。根据试验池塘的水温、水色和水深情况,在大潮期间安排施肥和进排水,池塘水色调控至黄褐色或黄绿色,透明度维持在30~50 cm。春季和秋季的池塘水位保持在1~1.5 m,夏季高温期水位加至2 m以上。整个养殖期间不投喂,完全依靠天然饵料满足养殖品种的营养需求。每日早晚各巡塘一次,观察养殖品种的生长、体质状况,池塘水色和透明度变化,池塘设施运行情况,发现问题及时处理。

(二)海胆健康养殖模式构建

海胆需求量的不断增加和海胆价格的不断上升,刺激了海胆捕捞业的发展。但是这也消耗了海胆的自然资源。近年来,随着海水养殖业多品种、多元化养殖格局的逐步确立,海胆已成为我国北方又一新的优良养殖品种。目前海胆养殖方式主要有工厂化养殖、底播增殖、北胆南养、筏式养殖、多营养层次综合养殖。

1. 工厂化养殖

工厂化养殖的基本概念是人为控制环境,满足海胆所需要的最佳水温、最佳营养饵料和优良的水质条件,在人工和机械自动化控制饲养管理下,实现终年生产、快速生长和高产、高效的目的。工厂化养殖实现繁殖、培育以及商品养殖的一条龙生产。本养殖方法目前在国外已形成规模,法国、日本等已建成若干规模较大的陆上海胆养殖工厂。在国内,辽宁、山东沿海地区利用鲍养殖设施进行养殖,取得了初步的效果。

国内的陆上养殖大多采用多层式玻璃钢水槽,水槽规格为240 cm×60 cm×30 cm,给水方式为连续流水,日给水量约为培育水体的10倍。养殖密度多控制在壳径1 cm的海胆苗1 000~2 000个/m²,2 cm的海胆苗500~1 000个/m²,3 cm以上的海胆苗250~500个/m²。饵料为海带、裙带菜、石莼等海藻类,日给饵量按海胆体重的5%为基数,根据水温、个体大小及摄食状态适度调整,适量增减。一般情况下,采用本养殖方式,壳径1~3 cm的海胆苗,经12~18个月即可达到商品规格(壳径4.5 cm以上),平均产量不低于15 kg/m²。

工厂化养殖便于管理和控制,方便对种苗进行人工投喂与管理,生长较快,流失率低,回收率高,生产周期相对较短,可提高海胆生长率、成活率和出肉率,且可保持较长时间的高出池率,可延长销售时间,提高竞争力和效益;同时对于水温等环境条件以及成品海胆的收获期可控性强,不受季节与气候等自然因素的限制,产品能在自然海区生产,淡季供应市场,提高其商品价格,增加经济效益。但是工厂化养殖生产成本较高,管理工作量相对较大,设施投资大,一定程度上导致养殖成本提高。

在选择工厂化养殖时,需选择体质健康的海胆种放养,放养前进行严格的消毒工作,要保证饲料新鲜,及时清理残饵,预防疾病的发生。前期每日换水一次,后期气温降低后改为每2~3 d 换水一次,每次换水量为 100%。在每小时给水量不少于培育水体 20%~40%的条件下,养殖密度以 1 cm 左右的海胆苗 1 000~2 000 个/m²、2 cm 左右的海胆苗 500~1 000 个/m²、3 cm 以上的海胆苗 250~500 个/m²比较适宜。

2. 底播增殖

底播增殖是指将壳径 1 cm 以上的人工种苗或者经中间培育的海区采集的半人工苗投放到环境条件适宜的海域,经 2~3 年的自然生长,使之达到商品规格后再进行回捕的资源增殖方式。在自然条件比较优越的海域,回捕率可以达到 40%以上,是当前海胆资源人工增殖经常采用的有效方法之一。

底播增殖需考虑到苗种放流和放流海区两大部分:

(1)苗种放流:放流体质健壮、规格较大的种苗是必要的,这可以增强海胆苗种对外界环境条件的适应能力,以及减少放流场的敌害生物(如海星、蟹类等)的吞食。适宜的苗种放流规格为壳径 1~1.5 cm,增殖区放流密度以 4~5 个/m²为宜。放流时间最好选在海胆生活的适温期,尽量避开高温期。放流方法有直接撒播法和箱式放流法两种。直接撒播法:在最低潮的平潮时间内,由潜水员将装有海胆的网袋带到水底,在适宜海胆栖息的地方均匀撒播。箱式放流法:用木板制成方形木箱,规格为 90 cm×40 cm×20 cm,木板间缝隙以不能漏出海胆为宜。箱内放入附着幼海胆的裙带菜,海胆以 2 000 个为宜。外用网目 50~70 mm 的网衣包好箱子。由潜水员放在海底礁石上并固定好,以免被风浪、潮流冲走,箱子上口打开,由海胆自行爬出。

(2)放流海区:①水环境:潮流通畅,水质澄清,受风浪影响小;浮泥少、附近无大量淡水或其他污染源注入,常年盐度在 27‰以上,常年水温接近海胆的生长适温范围;增殖场的水深最好在 10 m 以内,以利于饵料海藻类生长。②底质环境:为岩礁或者有块石分布的砾石底质,有适于海胆附着及栖息隐蔽的场所。③饵料环境:海底生存有适于海胆摄食的海藻类,并且在各种藻类消长季节均能保持有足量的饵料藻类供海胆摄食。

底播增殖资金投入量低,管理工作量少,低密度、不给饵的底播增殖方式保障了生物在自然环境中自然生长。这是一种健康养殖模式,充分利用了海水的自净能力,保证了养殖生物的安全和质量,并能有效防止病害发生;养殖场所位于海底,受风浪等自然环境变化影响较小,具有可持续发展的特点,且水温低、日差较小,不存在温度、盐度跃层,适于冷水生物养殖。生长期较长,需要较大海域和种苗不足以及海域管理不规范这些问题是其不足之处。

底播增殖的苗种,经过了长途运输,需要在放流前先进行暂养恢复体力,待活力恢复再放流为宜。海胆放流后,应对放流海区进行定期调查,掌握放流后海胆的成活、移动、生长情况。必要时可采用染色等方法进行标志放流。放流 1.5~2 年后,幼海胆基本上可达到商品规格,采收回捕率一般为 40%~50%,高者可达 70%。

3. 北胆南养

"北胆南养"是海胆养殖的一种新模式,是仿效海参的"北参南养"而开展的一项人工养殖技术,即利用南方近半年的低温期,对大规格海胆苗种进行养成。"北胆南养"模式的建立,是我国继"北鲍南养"和"北参南养"之后的又一创造,将有效解决海胆日益增长的市场需求和产业产能低下的突出矛盾,推动我国的海胆产业高质量发展。

我国北方通常于每年9—10月开展海胆育苗工作,越冬后,次年3月或4月壳径达约1 cm。随后大部分采用筏式笼养的方式,经12~16个月的养殖期可达到商品规格(壳径>5 cm,体重>50 g)。福建省沿海养殖时间为冬季(每年11月—次年4月),水质为水温10~24 ℃,pH值为7.8~8.6,盐度为26‰~35‰。海胆的生长速度很大程度上取决于温度。15~22 ℃是海胆摄食最为活跃的水温,能够显著地促进海胆的生长。因此,我国南方沿海拥有广阔的适养海域,为海胆养殖业发展提供了良好的条件,特别是鲍和藻类养殖行业规模大,南方沿海冬、春两季适宜的温度和盐度,以及现有的养殖浮排设施和充足的饵料供给可为海胆的南移养殖提供广阔的前景。

通常在11月将海胆苗种从北方运往南方进行试养。采用湿运法运输,运输期间持续充氧,中途全量更换一次海水,苗种运输成活率为100%。采用当地鲍养殖设施进行筏式养殖,每个排筏上有32个鲍笼(长×宽×高:41 cm×35 cm×75 cm,孔径为0.80~0.85 cm),每个鲍笼分为6层,笼子每层有可活动的门窗,用于投饵、观察、清理残饵和杂物等。定期清理鲍笼上的淤泥、附着物等,保证良好的水流交换。鲍笼每层容积约为18 000 cm^3,直径3 cm的海胆苗种放养密度为每层20只;1 cm海胆放养密度为每层40只。养殖期间每7 d投喂一次饵料,足量投喂海带。

"北胆南养"模式可充分借用南北方的差异以及南方养殖的现有设备和管理方法,节省时间和降低设备成本,同时保证养殖饲料供应,使海胆最大化增殖。这种模式下海胆生长效果显著,性腺品质良好,能够提前达到市场规格。但是需额外考虑运输过程中海胆的状态,以及运输成本和可能出现的一些疾病,以及除了温度等自然因素外,南北养殖设施和管理模式存在客观不同(南方使用鲍笼,投喂海带和龙须菜;北方使用扇贝笼,投喂海带和裙带菜),可能造成相关差异。

4. 筏式养殖

筏式养殖是在浅海与潮间带设置浮动筏架,筏上挂养养殖对象的一种生产方式。这是目前在日本和中国较为普遍采用的养殖方式。筏式养殖可用的养殖器材种类较多,在日本,有的用长方形塑料箱,有的用大型网箱或网笼。适于海胆养殖的器材种类较多,常用的有鲍养殖笼、扇贝养殖笼、塑料养殖笼(30 cm×70 cm)以及塑料筐(56 cm×36 cm×18 cm,两个扣在一起使用)。

目前国内最常使用的养殖器材为一侧带有拉链的多层养殖笼,采用的网笼较大(2 m×1.3 m×1.3 m),内装塑料容器,容器内养海胆,容器外罩尼龙网,外层大网为机制网(即网箱),可养体长1 cm的幼海胆2万个。如果第一年夏季能避开死亡高峰,则成活率为60%~70%。用2 m×1.3 m×1.3 m规格的网笼每笼可养1 cm的幼海胆2万个左右。随着海胆的生长逐步分散养殖密度,至接近商品规格时每个网笼减少至2 000个左右。网笼有两种可供选择:鲍鱼养殖笼,直径为 60 cm,共有 12 层;扇贝养殖笼,直径为 33 cm,共有 12~15 层。日本另有一种网笼(80 cm×90 cm×30 cm),网笼中切成 6 个区,每笼可装 5 mm 的个体稚海胆 5 000 个,当壳径长到 10 mm 以上时需减少到每笼 2 000 个。5~10 mm 个体的网笼的网目为 3 mm,当个体达到 10 mm 时,网目需加大到 6 mm。海上养殖海胆以投喂海带等大型海藻为主。饵料的投喂要根据苗种大小、生长速度、水温升降灵活掌握,一般 2 d 投饵一次,生长期 5~7 d 投饵一次,高温或寒冷季节 10~15 d 投饵一次。每次投饵要适量,以免堵塞网衣,影响水体交换。

海胆筏式养殖器材可以与其他种类的养殖器材兼用,养殖成本较低,投入产出比高,在中国更易于被生产单位接受,容易推广。塑料筐的附着面积大,易于投饵及管理,使用期长,成本适中,但是水性较差,在有的海区易发生淤泥沉积,导致海胆死亡,养殖效果稍差;鲍鱼养殖笼的通水性好,养殖容量大,易于操作管理,但成本较高;扇贝养殖笼可供海胆附着的面积小,投饵操作也不方便,若投饵口缝合不严还容易发生海胆逃逸。总的来说,塑料筐是一种比较理想的海胆养殖器材。

筏式养殖时要密切注意水质变化,以免引起传染性疾病和病毒性感染,还要注意避免因挤压碰撞及机械损伤引起的感染。需及时清除养殖笼内外的杂藻、杂贝,保持笼内的水流畅通。经常检查筏架的安全情况,保持筏架的稳定,大风大浪时要及时将筏架下沉,平时根据风浪大小加减浮漂。及时调节水深,一般初期下海时水深稍微浅一些,随着海胆的生长逐步下降:小苗初期下海时,水深在 3 m 左右;壳长 3 cm 左右时,水深保持在 3.5 m 左右;壳长 5 cm 以上时,要降到水深 4 m 以下。

5.多营养层次综合养殖

多营养层次综合养殖(Integrated Multi-Trophic Aquaculture,IMTA)模式充分利用养殖水域的物质和能量、生物间的生态互利性及养殖水域对养殖生物的容纳量,合理搭配不同营养级生物(如鱼类、虾蟹类、滤食性贝类、大型藻类等)的比例,使具有某类功能的养殖生物能利用另一功能养殖生物的代谢产物,将系统内多余的营养物质转化到养殖生物体内,进而实现养殖系统内物质循环利用、水质调控、生态防病及质量安全控制等目的,使系统具有较高的养殖容纳量和经济产出,是一种生态系统水平的适应性管理策略。这里主要介绍以下两种类型:

(1)IMTA 模式贝、海藻、海胆生态混养:大型海藻通过光合作用为贝类和海胆提供氧气,吸收其呼吸作用放出的 CO_2,能起到调节水体 pH 值的作用。海藻脱落的碎屑颗粒态有机质(POM)和溶解态有机质(溶解氧 M)可以为滤食性贝类提供食物,海藻的叶片也可以直接被海胆大量摄食,贝类滤食水体中的悬浮物、藻类碎屑等,则增加了养殖水体的透明度,进而提高了大型海藻的光合作用效率。同时,浮游植物被滤食,亦可帮助大型海藻在营养盐竞争中处于优势地位。海胆的食物对象是各类海藻,在开展藻类养殖的同时混养海胆,食料可以在筏架上就地取材,既清理了筏架,又养殖了海胆,节省了饵料,一举多得。另外,海胆养殖全部在海带养殖区内进行,两者互利。

(2)贝与海胆混养:皱纹盘鲍和光棘球海胆进行筏式混养试验,发现海胆能有效减少皱纹盘鲍及养殖网笼污损生物的附着率,当两者以最佳比例混养时,污损生物的附着量仅为皱纹盘鲍单养时的 5%,这样可以大大减少贝类养殖过程中的人工倒笼和清洗成本。

多营养层次综合养殖可以合理使用饵料、节省饲料成本、减少池塘污染、保持相对稳定的水质环境,还可以提高养殖动物成活率、缩短养殖周期、恢复池塘生态系统的生物多样性,而且能有效控制病害发生及蔓延、提升产品质量,从而实现控制养殖水域富营养化的现象和建立友好型生态高效的养殖模式。但是 IMTA 模式在我国起步较晚,还处于发展阶段,其技术推广尚未普及,构建一个合理的 IMTA 系统不仅需要了解养殖地的环境参数,更重要的是选择合适的养殖品种。不同地方的养殖区域环境条件不同,需要因地制宜地进行混养品种选配以及调整比例。同时混养的贝类和海胆不能存在食物链上的捕食关系,且两者的生长条件须相近,应选择在海水温度、盐度年变化幅度不大的海区进行养殖。

二、环境调控技术

(一)水质调控技术

1. 海参养殖水质环境调控

池塘养殖作为北方海参养殖的主要模式,虽然具有建池投资少、管理方便、养殖成活率和回捕率高、养殖周期短、收益大、市场前景广阔等优点,但是也存在着不能综合调控水质、清塘不彻底、淤泥太多、大型藻类难以根除等缺点。在养殖过程中长期使用化学药物灭苔,不仅会破坏池塘生态系统,而且可能造成海参的应激反应。

池塘养殖水质的好坏直接影响海参的品质,在好的水质环境下,海参摄食旺盛,生长较快。而在差的水质环境中,即使投喂优质饵料,海参也不能生长得好,甚至会患病死亡。这充分体现了水质调控的重要性。因此本节主要介绍海参池塘养殖中遇到的问题并提供调控技术。

(1)水温过高或过低的问题

①水温过高或过低的危害

水温是养殖过程中非常重要的水质因子。前几年,由于夏季持续高温,尤其是 2018 年 8 月,辽宁等地最高水温达到 35 ℃,当池底温度过高时,会导致海参大面积死亡,带来重大的经济损失。(崔文萱,2019)在低温条件下,海参代谢水平显著下降,摄食不活跃,因摄食不足,其抵抗力也明显下降,很容易发病。

②解决方法

辽宁等地春节过后,海参养殖池塘还有厚厚的冰盖。随着气温逐渐升高,冰下的水温也升高。这时应该打开冰盖(俗称"打冰眼"),观察海参状况,特别是出水口和死角部位。水温升高加剧了底部有机质的腐烂和有害细菌的繁殖,冰层覆盖导致低溶氧,且有毒气体不能排出,会造成海参化皮现象,应及时处理。方法为每 10~15 m^2 凿一冰眼,添加增氧片或养殖改底剂提高海参抵抗力。养殖池中的冰融化后,全池要进行底质改良和水体消毒。以前用二氧化氯进行水体消毒,但此时水温较低,二氧化氯在低温下杀菌效果较差,可以选择使用标碘等药物进行杀菌。(刘广志,2011)

夏季时,随着气温逐渐升高,上层水温逐渐高于下层水温,而高水位不利于水体对流,造成池底低溶氧的可能性非常大,因此要逐步降低水位。当水温在 10~18 ℃时,水位要保持在

1.2 m以下;当水温达到或超过18 ℃时,应逐步加高水位。在进入高温季节时,水位加到1.6~2 m。这样可使下层水温变化较小,利于海参的生长和推迟夏眠的时间。在考虑经济性的基础上,海参池要尽量做到遮阳避雨,建设良好的排水系统。最简单的排水设施是在参池上安装一系列不同高度的排水阀,在不同季节,根据海参养殖的需要,打开相应高度的排水阀,以便控制水位高度。

还要注意改善海参平时的休息环境。大量的实践证明,养殖海参的池塘底部使用礁体的材质和形状,对于夏季高温天气下海参的成活率影响是非常大的,尤其是在温度非常高、池塘底部氧气大量缺失的时候,适合的休息环境是提升成活率的关键所在。在选择礁体时,需要注意的是遮阴挡光的面积要充足,而且有足够的空间提供给海参休息附着,应当使用较硬的材料组成,形状、高度应当利于海参在池塘底部环境恶化的时候顺利地往上爬。

研究表明,海参幼体时的最适宜温度范围是23~27 ℃,体长超过1 cm以上的,生长的适宜水温为7~17 ℃,最适宜的水温为10~15 ℃。所以要尽可能维持海参的适宜生长温度,才能获得最好的养殖收益。

③注意事项

在使用遮阳篷时,当遮阳篷的面积达到养殖海参池塘的面积2/3的时候,就可以让整体的水温下降2 ℃左右。不过在搭建遮阳篷时高度不能太低,避免影响池塘表面的通风和热量的散发,遮阳篷高度太低不仅起不到遮阳降温的作用,还可能会让温度上升得更快、更高。想要在夏季的高温天气保证海参养殖的经济收益,就需要进行精细化管理。在夏季温度非常高的时期,因为池塘的水体相对来说较小且流动性特别差,积存的热量不容易扩散出去,水温相比于外海来说要高一些,因此加大平时的换水量是降低水温的重要措施,同时还可以在换水的时候增加水体的流动性,改善池底缺氧的状态。

(2)青苔过多的问题

①青苔的危害

A.导致水质清澈、透明

青苔大量繁殖,会疯狂地吸收水体中的无机盐等水生植物所共同需要的营养成分,使得各种有益藻类(如硅藻、绿藻等)因缺乏营养盐而无法大量生长繁殖。藻类的缺乏,不仅会使水体透明度增大,而且会导致海参因缺乏硅藻等饵料生物的供应而生长缓慢。

B.容易造成水体缺氧、海参应激

青苔大量繁殖后,因其生物量巨大,虽然白天大量产生氧气,但在夜间会消耗大量的溶解氧;青苔死亡、腐烂的过程中消耗大量的氧气;青苔腐烂时产生的有害物质刺激海参应激。这些极易造成水体缺氧、海参应激等现象,尤其当天气变化、连续阴雨天的时候,缺氧、海参应激现象更加明显。

C.阻碍海参运动

青苔的丝状结构往往会使海参困在其中,严重影响海参的运动和摄食,严重情况下甚至会将海参缢断,危害严重。

②解决方法

A.人工捞除(效果差)

此种方法算是比较迅速的一种方法,可以迅速清除池塘中长成的青苔植物体。但是弊端也非常明显：其一，人工捞除时会把海参一起捞出，如果操作人员比较尽心，这些海参可能存活，但如果操作人员不尽心，就会带来很大的损失；其二，不能从根本上解决青苔问题，在捞除过程中往往会有许多被扯断的青苔残留在水体中，由于青苔具有强大的再生能力，一段时间后又会大量繁殖起来；其三，此种情况下如果立即进行肥水，往往会加速青苔的复活速度；其四，此法会耗费大量人力、物力、财力，却不一定收到好的效果。

B.使用扑草净等除草剂(不推荐)

农药类除草剂一般用于田地内阔叶杂草的清除，是专门为农田植物或草坪开发的，开发之初不会考虑未来会在海参池塘里使用，在海参池塘里使用会带来先天性不足。当其用于养殖池塘中时，往往由于没有经过特殊工艺处理，而保留了较强烈的刺激性，对于水体中的有益藻类、养殖生物(如海参)都会带来严重的刺激作用，尤其是没有注意把握好使用量时，后果会更加严重，如会出现大部分海参停食现象等。

C.使用水产专用清苔剂(推荐)

这也是目前为止较为理想的清苔方法，既减轻了杀灭青苔药物的毒害刺激作用，又能够高效地杀灭青苔，作用效果比较明显。它能够有效清除青苔、丝苔、泥皮、刚毛藻、钢丝草(需加量)、浒苔等，对海参刺激性小。通过加水稀释或拌沙泼洒，青苔吸收充分，杀灭漂浮和池底的青苔效果明显。

③注意事项

清苔产品易对水体产生一定的破坏作用，尤其对藻类、水质、底质等易造成破坏，因此在使用清苔产品的时候一定要谨慎。(赵江岸等，2012)在使用过程中应注意：

A.清苔时机选择宜早不宜晚。最好在春天青苔刚刚露头时就进行杀灭，此时清苔效果最明显，而且用药相对较少，节约用药成本。

B.选择阳光充足的时间进行。多数清苔产品发挥作用都是通过被青苔的根或叶吸收，进而影响其光合作用的进行，达到杀灭青苔的目的。因此，清苔过程一定要选择阳光充足的时间进行，并且保证使用后 3~5 d 仍为晴天，同时此段时间内尽量不要排水换水，以便于清苔药物能够充分发挥作用。

C.少量多次。当池塘中青苔数量较多时，在杀灭青苔时应该遵循少量多次的原则用药，每次使用不超过 1/3 水面，并注意根据情况及时增氧。

D.杀灭青苔后及时改底和肥水。无论是温度较低的春天、秋天，还是高温的夏天，在清苔之后(一般是 3~7 d，青苔已经枯黄、死亡)，一定要进行改底和肥水。

a.改底的目的：将死亡的青苔分解，防止底质恶化发臭，此时的改底产品应该选择化学氧化性产品或生物活菌类产品，避免选用物理吸附类产品。

b.肥水的目的：使水体中浮游植物迅速增长，为水体提供充足的溶解氧，并降低透明度，防止青苔再次复苏。肥水产品的选择上，应选择带有藻种的产品。

c.为了减小清苔药物对海参的毒性刺激，在使用清苔药物已经达到效果后，应采用解毒药物进行解毒，以减轻海参的应激反应。

d.捞出或死亡的青苔不得投喂动物。

(3)池塘水体发红

①倒藻引起的红水

倒藻是养殖水体中藻类大量死亡,导致水色突然变清、变浊,甚至变红的现象。

倒藻的原因:水质较肥,水色较浓,藻相不稳定,藻体老化,遇到天气突变,尤其是持续阴天后藻类大量死亡,此时水体严重缺氧,4—5月份和8—9月份较为常见。

倒藻的危害:首先会导致溶解氧下降,二氧化碳增加,使pH值下降。其次,大量的死藻分解,还会产生氨氮和亚硝酸盐。

处理方案:首先,开启氧泵大量增氧,同时配合使用增氧片,加强改底调水。

②甲藻引起的红水

出现红水的原因:外海的甲藻进入池塘后,由于环境适宜,大量繁殖,同时释放出大量的甲藻毒素,进而引起水体发红,全年可见。

红水的危害:首先,大量藻类繁殖容易导致海参缺氧;其次,甲藻会释放甲藻毒素造成海参肿嘴,进而引起海参化皮;第三,藻类大量繁殖容易引发倒藻。

处理方案:部分水变红时,先换水,然后用果酸类解毒产品和EM菌液体产品调水质;全池变红时,先用果酸类解毒产品全池泼洒,并结合换水,可以采取多次换水的方式并结合喷洒来进行;表层水红、底层水不红时,用强氧化剂片剂产品杀灭池塘底部甲藻,然后过两天用粉剂枯草芽孢杆菌控制沟藻属甲藻的繁殖,注意枯草芽孢杆菌产品一定不要用红糖活化,直接用原池水泡2 h左右,然后全池泼洒;表层水不红、底层水红时,有条件的参圈开始大排、大换水,然后用二氯异氰脲酸钠片处理底部、三氯异氰脲酸粉处理表层水,第二天用杀藻产品全池泼洒,注意观察池底变化和水中前沟藻属甲藻的数量,如有必要再用一遍杀藻片,最后用强氧化剂产品改底和解藻毒。

③注意事项

避免池塘底部淤泥堆积过多,应按时清底;不注重改底,底部脏、黑、臭;草死亡后不及时改底或不改底,草腐烂导致池底质变坏。因此,预防水体变红,一定要及时改底并处理底质。

(4)池塘如何科学换水

①春季常用的换水方式

春季易发生水温、盐度双分层,因此换水步骤为:首先,及时排出池塘上层盐度低的淡水、冰水,促使风浪打破水分层,避免因局部地区盐度过低发生缺氧、漂参现象。其次,降低水位至1.1 m,目的是使水层变浅,透明度提高,阳光更容易照射到底部,利于早期低温肥水(促进底栖硅藻的繁殖),也利于池塘水温的提升,促使海参快速下礁。最后,海参大部分下礁后,将水位提高到1.4 m,降低水体透明度,抑制池底青苔的生长,提高水体稳定性,便于海参摄食生长。(倪成男等,2013)

②夏季常用的换水方式

夏季多暴雨,暴雨时节淡水大量进入海参池塘,淡水盐度低、密度低,若不及时排淡,易形成水分层,进而发生温度、盐度分层,阻碍氧气传输,产生底热,发生夏季漂参等。此时可泼洒解毒剂、多元有机酸药物,打破水体分层,解除底热。

排换水方式:夏季雨季来临前,外海水盐度正常时,将水位提升至1.8 m左右;及时关注天气情况,在雨中和雨后及时利用排淡闸排淡。

换水方式的好处:下暴雨时,因大量雨水进入而导致池塘盐度下降,周边很多海参池塘会排淡,近岸海水盐度常过低,不能使用。如果雨季前将水位提升至1.8 m,池塘储备充足的海水,经得起排淡时排出海水的损耗,可使盐度稳定或下降得很缓慢,提供盐度缓冲;水位提升至1.8 m,可使底层水的温度降低,适应海参的需要。

③秋季常用的换水方式

海参夏眠后开始下礁,但部分海参长时间夏眠没有摄食,体质不好,且池塘底部的底栖硅藻丰度低于礁上,所以海参不下礁。改变排换水方式也可部分解决海参不下礁的问题。

排换水方式:其一,在外海水水质好的情况下,少量多次换水,做到有潮尽量换水,每次换水1/4左右。这样既可将海水中的天然饵料尽可能多地引入养殖池塘,解决天然饵料不足影响海参下礁的问题,又可避免大量换水给海参带来应激。其二,尽量换潮中部水。潮头水虽然浮游生物、有机质多,但是因水温较高,进入池塘会提升水体温度,不利海参下礁;潮中部的水温要低一些,甚至略低于池塘水温,且天然饵料丰富。其三,水位降至1.3 m,利于水底部温度随着自然气温的下降而下降,尽快达到海参解除夏眠的水温。秋季排换水方式配合改底物质及增强海参体质的药物一起使用效果更佳。

④冬季常用的换水方式

北方地区的海参池塘都要面临冰封期这个难题。冰封时,海参处于冬眠状态,体质不好的海参易出现冰下化皮等现象,结冰前有效的换排水方式能较好地改善此类情况。

冬季排换水方式:结冰前,将水位提升至1.8 m,可有效地控制底部水温过低对海参的影响;结冰时,冰面很薄,不能撑住人站立,应适当少量进排水,补充冰下海参对氧气的需求;结厚冰时,应及时打冰窟窿,以便及时补充氧气,或者用于曝气,在冰窟窿处配合投放增氧药物效果更佳;结冰后,池塘严禁大排大进,以免破坏冰下稳定的水环境,引发病害。

⑤注意事项

A.遇到赤潮时,尽量不要换水。赤潮时,海水具有一定的毒性。一旦将赤潮水引进池塘,易导致有害藻在池塘暴发。

B.用水产投入品时的排换水:

a.肥水、补菌、调水、补充营养、改底、增氧等情况不需换水。b.消毒以及杀虫一段时间后排换水,具体时间根据不同投入品来定。c.杀草时,比如"苔藻双杀",用药后7~10 d不换水,然后根据草死亡情况决定排换水时间。

C.周围池塘出现海参大量肿嘴、化皮等病害现象时,不能换水。

D.水源地遭石油污染时不能换水。

E.池塘遭油脂、硫酸铜等污染时,应大量换水,并配合解毒药品使用。

(5)海参养殖盐度过低的问题

①盐度过低的危害

对自然海区的调查表明,海参属狭盐性种类,对盐度的要求比较严格,适宜盐度的范围比较狭窄。养殖池塘盐度一般较为恒定,但是在暴雨天雨水大量流入或淡水经沙层渗入,会导致养殖池盐度骤降,几个小时内从正常盐度陡降至20‰左右,甚至10‰左右,海参突发应激反应,严重危及生命;而且在养殖池上层形成较厚的淡水层,阻碍了整个水体上下溶解氧的交换,导致底层水温升高、有害物质含量增高,有机耗氧量增加、水体严重缺氧,以致造成海参暴发性缺氧死亡。

②解决方法

暴雨中应将高处排水阀全部打开，及时排出雨水，及时开机增氧或投放增氧剂，尽快消除海水、淡水分层现象，提高底部水体氧气含量。确保底部水体溶解氧含量短时间内至少达3 mg/L以上。随时监测池内外盐度。暴雨过后，短时间内禁止与外海直接进行水交换。有地下高盐度海水井的，应立即换水，稳定盐度；备有蓄水池的，可利用蓄水池高盐度海水进行适当交换；小面积养殖池，还可采取泼洒高盐度卤水或饱和食盐水等补救措施，使池水盐度迅速回升。

③注意事项

在海参养殖过程中，特别是进入夏季多雨期，要准确掌握天气变化和气象预报信息，并根据潮汐的变化，适当控制换水量。如果近日有降雨过程，应暂时停止排水，并加深水位。要善于总结养殖经验，摸索养殖规律，提前落实防范措施，主要包括整修活动闸板、敷设临时排淡管道、加固闸门、搞好水量调节与控制等。有条件的池塘，应打好若干口地下高盐度海水井，在夏季休眠期和暴雨期间，可以起到有效降低水温、稳定盐度的作用。

(6)海参养殖溶解度过低的问题

①溶解氧过低的危害

溶解氧是非常重要的水质指标。溶解氧充足，海参生理活动旺盛，生长发育快，抗逆能力强。当水中溶解氧太少或消失时，厌气性细菌繁殖，形成厌气分解，发生黑臭，产生甲烷、硫化氢等有毒物质，将会影响海参及其他生物的生存。许多养殖户对水体溶解氧的重视不够。为保证海参的健康及经济效益，海参养殖池塘的溶解氧必须保持在4 mg/L以上。海参缺氧的表现为：海参大面积上礁、爬边，严重的海参身体呈细长状态，摇头拧劲儿。

②解决方法

直接增氧：增氧机在生长季节要一直开着，不要仅仅在水体分层、天气恶劣等情况下才开，在非生长季节可以适当开，以节约成本。增氧不仅可以给海参补充氧分，而且可以缓解化冻初期和雨季过后盐度分层、高温夏眠时温度分层现象；另外，使用药物后，开动增氧设备可加快药物溶解，增强药效。

间接增氧：定期使用改底药物改底，配合光合细菌微生物制剂分解有机质等减小池底耗氧量；适时补充溶解氧高的外源水，换掉部分老水；适当培养有益藻类，通过藻类光合作用辅助增氧。

③注意事项

海参养殖水体受外界因素的影响较大，如果池内有机物太多、杂藻丛生，遇到高温天气有可能导致缺氧，必须密切监测。一年比一年多的投喂量，再加上一茬又一茬的草，已经让池底不堪重负，每到高温期、阴雨天，池底都会加速发酵，造成底热及有毒、有害物质的大量累积，所以平时必须加大改底的频率。使用表面活性剂类的弱氧化性底改产品既能打破底层张力"降底热"，又能在不破坏底部环境的情况下加快物质循环。根据上述分析，海参育苗和养殖水体溶解氧应控制在5.0 mg/L以上，在高氧环境下，海参活力好，摄食旺盛，生长快。

(7)养殖过程中的水质管理

①日常检查

水质管理要高度关注水温、混浊度、盐度和溶氧量。这四个指标需要勤检、多检,根据检查数据的变化及时采取相关措施进行调整。新换入池塘的海水在入塘前也应检测其温度、混浊度、盐度,如果数据指标不合适,力争采取过滤、添加微生物制剂等方法一次性调整到位,防止数据大幅波动给海参带来影响。

②预防为主

应全面分析养殖场的内部环境和外部环境,找出可能污染水质的因素,提前采取防治措施。在养殖过程中,既要防止外部环境(如水源)等对养殖用水的污染,同时也要防止自身的污染,如代谢产物未能及时清除、放养密度过大、劣质饵料的使用、操作不当带进有害物质、盲目大量用药等都可能引起水质变坏。

③综合措施

在养殖水体中,影响水质、污染水体的因素很多,通过人为干预,可以多创造一些优化水质的因素。如在海参养殖过程中移植一些大型藻类,不仅提供了天然的饲料来源和栖息场所,也有利于净化水质。

④严格把控水源

水源选择不好,会给海参养殖带来灾难性的损失。建场时就应调查确认水源无污染;日常进水,一般潮头水不进;大雨过后,为避免海水盐度的急剧变化,也可暂不进水。

换水量不是越大越好,而是要适量,如果水源已经污染,换水量越大,危害也越大;换进的新水在水温、盐度指标方面应尽量和原池水接近,差别不应太大;有时流水比换水效果更好,水质变化缓慢,海参易于适应,有利于有益微生物的繁生,改善微生态环境。

2.海胆养殖水质环境调控

工厂化养殖作为北方海胆养殖的主要方式,具有对水温环境条件及海胆的收获可控性好的优点,不受季节和气候等自然因素的影响。由于海胆养殖中环境因素调查较少,因此文中仅对海胆养殖温度、盐度两个最常见的环境因子以及工厂化的养殖模式进行介绍。但养殖中出现的问题可类比海参养殖,最重要的是多查水质,预防为主。

(1)海胆养殖温度问题

①水温过高或过低的危害

综合有关的研究结果可以这样认为,每种海胆都有其相对的一定的生存水温、生长适温、生殖腺发育适宜水温、繁殖水温等。在某种海胆的生长适温范围内,该种海胆有较快的生长速度,超出该范围,其生长速度将显著下降,甚至停止生长;若超出其生存水温范围,将导致该种海胆大量死亡。某种海胆在不同海区或不同年份的繁殖时间之所以会出现某些差异,其原因主要是不同海区或不同年份的水温差异造成的,这就说明海胆的繁殖活动也有一定的水温要求。

②解决方法

寒、温带海域的水温年间变化范围一般都比较大,因而分布于这些海域中的海胆大多为广温种,适应的温度范围较广,特别是对偏低水温的耐受能力较强。生活于温带海域的光棘球海胆的生存水温为0~30℃,生长适温为15~22℃,25℃时其摄食量剧减;生活于寒温带海域的虾夷马粪海胆生存的水温范围为-2~25℃,水温在15℃以下时摄食活泼,水温超过20℃则摄食量将显著减少,若水温超过23℃并且持续的时间较长,则有可能导致其大量死亡。所以,在工厂化养殖过程中应尽量满足海胆的适宜温度,保证其健康生长。

③注意事项

同一个种的海胆,在不同的生长阶段,对水温的要求也不相同。一般地讲,海胆在浮游幼体阶段对水温变化的适应能力最弱,随着其个体的长大,对水温的适应能力也逐渐增强。水温作为最常见的影响因素,与海胆的耗氧率、排氨率息息相关,因此在工厂化养殖中应给予较为恒定的温度。

(2)海胆养殖盐度的问题

①盐度过低的危害

海胆类属狭盐性海洋生物,要求生活于盐度较高的水环境中。当其处于盐度较高的水环境中时,对盐度的变化还具有一定的适应能力;但处于盐度较低的水环境中时,对盐度的变化反应敏感,对低盐度的适应能力很差。当盐度低至23‰时,幼体不能变态发育,成体则出现摄食量急剧下降、活力显著减弱等不良反应。

②如何解决

盐度的变化对光棘球海胆的摄食与生长均能产生显著影响,在盐度为27‰~35‰的水环境中,海胆的摄食与生长良好。马粪海胆摄食与生长的最适盐度为30‰~34‰,盐度升高至36.1‰~41.6‰时短时间内不会出现死亡,盐度低至23.5‰时会急剧地丧失活力,至12.7‰时将很快死亡。盐度是影响海胆代谢活动的主要因子。虾夷马粪海胆在盐度30‰左右时耗氧率最高,低于或高于该盐度其耗氧率将下降,这表明该种海胆在盐度30‰左右时代谢活动最强,盐度过高或过低都将影响其正常的生理活动。

第三章

观赏鱼与特种水产动物健康养殖技术

第一节

观赏鱼健康养殖与造景

一、观赏鱼类的生物学

(一)观赏鱼类的分类

1.软骨鱼纲观赏鱼类的分类

软骨鱼纲(Chondrichthyes)鱼类内骨骼完全由软骨组成,软骨中含有多量的钙质沉淀,但无任何真骨组织;外骨骼不发达或退化,体被盾鳞或光滑无鳞,角质鳍条。脑颅为原颅,上颌由腭方软骨组成,下颌由梅氏软骨组成。鳃间隔发达,鳃裂5~7对,分别开口于体外,或鳃孔1对,被以皮膜。雄性具有腹鳍内缘特化而成的交配器——鳍脚。肠短,具螺旋瓣。心脏动脉圆锥有数列瓣膜。无鳔。无大型耳石。泄殖腔或有或无。卵大,富于卵黄,盘状分裂,体内受精。卵生、卵胎生或胎生。歪尾型;鼻孔腹位。具世界性分布,但主要分布于低纬度海洋,个别栖息淡水。分为板鳃亚纲和全头亚纲。共约800种。我国约190种。主要分布在南海,东海次之,黄渤海最少。在热带和亚热带有纯淡水种类。下面主要介绍下板鳃亚纲。

板鳃亚纲具5~7对鳃裂,各自开口于体外,上颌不与脑颅愈合,多以舌接式联系,体被盾鳞或裸露,具泄殖腔,雄性具鳍脚。

(1)须鲨目

须鲨目眼小,无瞬膜,口鼻沟或鼻孔位于口内;具有鼻须一对,鳃孔2~4对;牙细或多而细小,侧齿头有或无;喷水孔大小不一;背鳍2个,无硬棘。

铰口鲨科

(2)鼠鲨目

鼠鲨目眼无瞬膜;口裂大,延伸至眼后;背鳍2个,有臀鳍;具有5个鳃孔。

锥齿鲨科

(3)真鲨目

真鲨目眼具有瞬褶或瞬膜,椎体具辐射状钙化区域;4个非钙化区域有钙化辐条侵入;背鳍2个,无硬棘,具有臀鳍。

真鲨科

(4)鳐形目

鳐形目体扁圆或呈菱形;胸鳍的前鳍基骨长,向前延伸达吻端,或前部分化为吻鳍或头鳍,腹鳍前部分化为足趾状构造,背鳍无或仅有1个;尾部细长,上、下叶退化。

虹科

江虹科

鹞鲼科

2.硬骨鱼纲观赏鱼类的分类

硬骨鱼纲是现生鱼类最繁盛的类群,分为辐鳍鱼亚纲和肉鳍鱼亚纲。硬骨鱼纲为种类最多的一个类群,基本特征是偶鳍、无中轴骨。不呈叶状,无内鼻孔。心脏具发达的动脉球。通常无喷水孔。内骨骼或多或少骨化,尤其脑颅、颌、鳃盖等区,膜骨的加入更加促进了骨骼的坚硬程度。体被骨鳞、硬鳞、骨板或无鳞。鳃裂外方有一膜骨性鳃盖,鳃间隔退化。无鳍脚,尾鳍多为正尾型。鳔通常存在,大多数肠内无螺旋瓣,无动脉圆锥。

(1)鲟形目

吻长并且发达,体被5行骨板或完全裸露,仅在尾鳍上叶有棘状硬鳞,歪型尾。背鳍与臀鳍的支鳍骨数少于鳍条数,腹鳍具支鳍骨。内骨骼为软骨,头部有膜骨,中轴骨骼为未骨化的弹性脊索,无椎体。肠内具退化的螺旋瓣。

鲟科

白鲟科(匙吻鲟科)

(2)多鳍鱼目

体被菱形硬鳞,胸鳍有小的肉质叶,有鳍基骨,并不直接和肩胛骨连接。背部有5~18个棘状背鳍,这些棘状背鳍中的每一条都有锋利的刺状鳍骨。尾鳍对称,为非标准的原尾型。脊椎骨完全骨化。无松果孔。具有肺,可用于呼吸。幼鱼期具有类似两栖类的外鳃。

多鳍鱼科

(3)雀鳝目(半椎鱼目)

体延长,上下颌亦长。间鳃盖骨、喉板、间插骨和后耳骨消失。额骨成对。尾鳍上叶短。背、臀鳍相对并位于体后部;无脂鳍;腹鳍腹位。侧线鳞50~65。

雀鳝科

(4)鲑形目

多数种类在其背鳍后方具有一个脂鳍,具有侧线。部分种类在其偶鳍的基部具有腋鳞。头骨和脊柱通常不完全骨化。

狗鱼科

(5)骨舌鱼目

口上位或端位。腹鳍腹位,胸鳍位低,无脂鳍,背鳍小或中等,位于体之中部或后部,臀鳍一般位于体之后部或与尾鳍相连。体被圆鳞,典型的鳞片有复杂的饰边,具有侧线。通常具有发达的牙,起剪咬的作用。

骨舌鱼科

驼背鱼科

(6)鳗鲡目

体延长呈蛇形。无腹鳍,仅化石种类具有腹鳍,且腹位。背鳍与臀鳍均长,通常与尾鳍相连,各鳍均无鳍棘。如有鳔,则具有鳔管。体裸露或少数种类被圆鳞。无中乌喙骨、后颞骨。前颌骨不分离,多与中筛骨愈合形成上颌骨的前缘。通常上颌具齿。椎骨多,可达260个。一般具上下肋骨及肌间骨(刺)。

康吉鳗科

海鳝科

鳅科

第三章 观赏鱼与特种水产动物健康养殖技术

(7) 脂鲤目

通常具有脂鳍,无须。除个别种类外,均具有鳞片覆盖。腹鳍 5~12 根鳍条,臀鳍鳍条不超过 45 根。上颌一般不能伸缩。鳃条骨 3~5 根。

脂鲤科

上口脂鲤科

无齿脂鲤科

(8) 裸背电鳗目

体侧扁或圆形,无背鳍或腹鳍,臀鳍延长,尾鳍多数退化。鳃孔细小。有发电器官。

光背电鳗科

(9) 鲤形目

体被圆鳞或裸露,无骨板。上颌骨发达,有顶骨、续骨,下鳃盖骨及肌间骨。无脂鳍。一般上下颌无齿,下咽骨有咽齿。第三与第四椎骨不愈合。鳃盖条 3 根。如有鳔,则具管与肠相通。

亚口鱼科(吸口鲤科)

鲤科

(10) 鲇形目

上颌退化仅留有痕迹,用以支持口须。口须 1~4 对。体裸露无鳞或被骨板。两颌常有带状排列的绒毛状齿。通常具有脂鳍,背鳍和胸鳍一般具有一根硬棘。无续骨、下鳃盖骨以及顶骨,第 2、3、4(有时第 5)椎骨彼此愈合,无肌间刺。具有韦伯氏器。

[鲢]科

甲鲇科

花鲇科

(11) 鳉形目

鳍无刺,鳔无管。背鳍一个,于臀鳍上方,有 6~7 根鳍条。体被圆鳞。侧线无或不发达。口裂上缘由前颌骨组成,无肌间刺,具有上下肋骨。无眶蝶骨、中乌喙骨。鳃盖条 4~8 根。

花鳉科

(12) 银汉鱼目

常具有两个背鳍,第一背鳍为柔软的不分支鳍条,第二背鳍与臀鳍具有 1~2 个不分支鳍条,腹鳍腹位或亚胸位。鳃盖条 5~7 根。无侧线或侧线不发达。眼通常较大。

银汉鱼科

(13) 颌针鱼目

体被圆鳞,侧线近腹部。无硬棘,腹鳍腹位,胸鳍高位。无中喙骨,下咽骨愈合。鳔无管。无眶蝶骨。骨骼绿色,具胆绿素。

异鳞鱵科

(14) 金眼鲷目

腹鳍胸位或亚胸位,尾鳍 18~19 根分支鳍条。体被栉鳞。无鳔管或无鳔。具有眶蝶骨。无中乌喙骨。

金鳞鱼科

松球鱼科

(15) 刺鱼目

体长,呈管状或侧扁。吻常呈管状,口小,并且前位,口裂上缘由前颌骨和上颌骨共同组成。牙有或无。背鳍1个或2个,第一背鳍存在时,具有2个或更多个游离棘。无腹鳍,或腹鳍腹位或亚胸位。鳃盖条骨1~7根。鳔无管。体表常被骨板。

玻甲鱼科

海龙科

(16) 鲈形目

腹鳍胸位或喉位,个别位于胸鳍稍后下方。背鳍多数2个,第一背鳍由硬鳍棘组成。第二背鳍由软鳍条组成,常与臀鳍位置相对。无脂鳍。尾鳍发达,通常12~15(少数可达19)根分支鳍条。鳞片多为栉鳞,也有圆鳞或裸露的。上下颌发达。无韦伯氏器。有上下肋骨,无肌间刺。鳔无管。

鳕科

鲊科

拟雀鲷科

天竺鲷科

鲹科

笛鲷科

松鲷科

石首鱼科

白鲳科

蝴蝶鱼科

刺盖鱼科(海水神仙鱼)

丽鱼科(慈鲷科)

雀鲷科

隆头鱼科

[鳚]科

线鳚科

鼠鱼科

篮子鱼科

镰鱼科

刺尾鱼科

沼口鱼科

丝足鱼科

虾虎鱼科

鲻科

(17) 鲉形目

通常头部具有棱和棘或骨板,体表覆盖栉鳞、圆鳞、绒毛状细刺、骨板,或光滑无鳞,有假鳃,第4鳃弓后方常有1个孔。鳃盖条骨5~7根。背鳍1~2个,由鳍棘和鳍条组成。胸鳍大,有或无指状游离鳍条。腹鳍胸位或亚胸位,有的特化成吸盘。尾鳍分叉。第2眶下骨后延为一骨突并与前鳃盖相连。颌齿细小,犁骨和腭骨均有齿。

鮋科

毒鮋科

(18)鲀形目

体型特化,通常短而粗壮,裸露或被以骨板或刺。腹鳍胸位或亚胸位。背鳍1~2个。口较小,有锥状齿、门齿或愈合为板齿。上颌骨与前颌骨愈合或紧密连接。无肋骨。鳃孔小而侧位。鳔有或无。气囊有或无,有气囊的种类能通过气囊使胸腹部膨胀,用于自卫或漂浮水面。多数为海水鱼类。

鳞鲀科

单角鲀科

箱鲀科

鲀科

刺鲀科

(二)观赏鱼类的摄食与生长

观赏鱼类与其他鱼类一样,要维持自身生存,就需要从外界环境中获取食物,摄食和生长是观赏水生动物重要的生命活动,其生长和繁殖都是以食物提供的营养为基础而完成的。自然环境下的观赏鱼类和养殖环境下的观赏鱼类的观赏性都与其营养状况有着密切的关系。

本节对主要观赏水生动物的食性、摄食节律、食量和生长特点进行介绍。

1.食性

依所摄取食物的性质来划分,观赏动物的食性主要有三种:草食性、肉食性和杂食性。

(1)草食性:以植物性饵料作为主要食物。该食性又可分为两个类型:

①摄食高等水生维管束植物(水草)或大型藻类。淡水观赏鱼中的鳑鲏等鲤科的鱼类属于此种摄食类型。海水观赏鱼中属于此摄食类型的有刺尾鱼科的高鳍刺尾鱼等。此种摄食类型的鱼类,在饲养时应注意不宜种植水草。

②摄食低等藻类。淡水观赏鱼中,丽鱼科的珍珠蝴蝶鱼、无齿脂鲤科的飞凤鱼、甲鲇科的清道夫等属于这种摄食类型。海水观赏鱼中,刺尾鱼科的多数鱼类属于此种摄食类型。这些鱼类大多下颌具有角质喙,能够刮食底栖或附着于礁石的藻类。

(2)肉食性:以动物性饵料作为主要食物,依对象不同,又可分为三类:

①凶猛肉食性:以其他水生脊椎动物、他种鱼类为食,甚至以本种为食。具有口裂大、游泳快、齿发达等特点。淡水观赏鱼中,骨舌鱼科的龙鱼、丽鱼科的地图鱼等;海水观赏鱼中,锥齿鲨科的沙虎鲨、真鲨科的柠檬鲨、金鳞鱼科的尖吻棘鳞鱼、鮨科的驼背鲈等均属于此种摄食类型。这些观赏鱼在水槽中混养时应加以注意。

②温和肉食性:主要以水生无脊椎动物为食。淡水观赏鱼中,多鳍鱼科的虎纹恐龙王、胭脂鱼科的胭脂鱼等;海水观赏鱼中,金鳞鱼科的白边锯鳞鱼、鲹科的无齿鲹、蝴蝶鱼科的多数种

类等属于这种摄食类型。

③浮游动物食性:主食浮游动物,如桡足类、枝角类等。淡水观赏鱼中,匙吻鲟科的匙吻鲟;海水观赏鱼中,青光鳃鱼属于这种摄食类型。

以上三种分类的界线并不是十分明显,并不能说属于凶猛肉食性的观赏鱼类在自然条件下就不捕食水生无脊椎动物,或者说温和肉食性鱼类就不捕食浮游动物等。这种分类方式是依据观赏鱼类的主要摄食对象而进行区分的,在研究时还应具体分析。

(3)杂食性:动植物都吃的鱼类。淡水观赏鱼中,鲟科的小体鲟,鲤科的锦鲤、金鱼,鳅科的三间鼠鱼等;海水观赏鱼中,天然鲷科的丝鳍高身天竺鲷、神仙鱼科的多数种类,雀鲷科的多数种类等均属于杂食性的鱼类。

观赏鱼类主要的摄食类型除了按照食物的类型分为以上三类之外,还可根据鱼类摄取食物种类的范围分为广食性鱼类和狭食性鱼类。广食性鱼类食物类群广,动植物都可以作为食物,杂食性观赏鱼属于此类。这些鱼类易于适应环境的变化,在自然条件下能够通过改变食物组成而实现对环境的适应。狭食性鱼类食物类群窄,仅食动物或植物,甚至仅为其中的某一特定类群,外界营养环境条件发生变化时难以适应。总的来说,鱼类的食性是鱼类长期进化过程中形成的对环境的适应。

2.摄食节律

观赏鱼类摄食的数量、方式及方法不一,但都具有一定的规律性。每天中摄食强度有很大变化,一般视觉摄食鱼白天摄食量大于晚上,但白天通常也不是一直在摄食,一天中也有高峰和低谷;而嗅觉、触觉摄食鱼则相反,可能晚上摄食量大于白天。对观赏鱼类摄食节律的研究,有助于对养殖观赏鱼类的投饵时间的确定。

3.食量

以一次摄食量来看,多数凶猛观赏鱼类的食量是惊人的,捕到食物就饱吃一顿,将胃充满,当胃放空时,再行捕食;多数温和性鱼类的摄食量比较均匀;以浮游生物为食的鱼类,在生活中常不断地摄食,它们的胃没有明显的放空,但饱食后有一个停食时间。研究鱼类的食量一般用日粮,即24 h摄食量占其体重的百分数。

通常用直接计算法研究凶猛性和以较大动植物为主食的观赏鱼类的日粮。在实验室水族箱内,将实验用鱼饿上24~48 h,然后将定量过的食物投入实验水族箱内,统计24 h内被吃食物的重量或者个数,即是此种鱼类的日粮。对日粮的了解,可以帮助确定饲料的需要量。

4.生长特点

观赏水生动物的生长主要由内在的遗传特性所决定,同时也受到外在的营养供给、水温、光照等环境因子的影响。龙鱼、虎鲨鱼、七星刀鱼、兵鲇等大型鱼类,体长可达80 cm或100 cm以上,生长迅速,鱼苗出膜后2个月体长可达8~15 cm;锦鲤、地图鱼等大中型鱼类,体长可达40 cm以上,前2个月的生长也较快,可达5~12 cm;而孔雀鱼、虎皮鱼、斑马鱼等小型种类,成鱼体长一般可达5~8 cm,孵出后3~4个月可达成体规格。

观赏鱼类的生长有其共性,但每种鱼也有其各自的特点。只有了解和掌握了鱼类在不同发育阶段的特点,并以准确的方式进行测量与表达,才能为观赏渔业服务。

(三)观赏鱼类的繁殖习性

了解水生观赏动物在自然界的繁殖习性是人工繁殖的理论依据。

1.卵生

(1)产卵类型

鱼类的卵通常由卵膜、原生质和卵黄三部分组成。有的种类在卵膜外还有一层胶膜(次级卵膜)。卵黄构成卵的主要部分,是仔胚发育的营养来源;原生质在多数鱼类呈一薄层,包围着整个卵黄,这是构成仔胚的物质基础。鱼类的卵根据其密度和有无黏性可分为四种类型:

①浮性卵:卵的形状较小,色泽透明,密度小于水,产出后漂浮在水面,大多数海水观赏鱼类的卵属于这种类型。攀鲈、黑带大眼鲳、高射炮鱼等鲈形目鱼类多产浮性卵。斗鱼科中的大多数鱼类性情粗暴,繁殖时雄鱼好斗,咬断水生植物,用吐出的泡沫制成浮泡巢;接吻鱼和攀木鱼等繁殖时不吐泡巢,卵琥珀色或透明,产后不护卵。刺尾鱼亚目的鱼类繁殖时要经过透明状的浮游性仔鱼期。

②沉性卵:卵的形状通常较大,密度大于水,产出后沉于水底解化,如鲤形目的珍珠斑马鱼、斑马鱼,非洲产的脂鲤目鱼类、红翅鱼、扯旗鱼和丽鱼科鱼类多产沉性卵。

③黏性卵:卵的密度大于水,卵膜具黏性,产出后黏附于水生植物或其他物体上,金鱼、锦鲤等大多数观赏性鲤形目和脂鲤目(除非洲产的脂鲤外)鱼类,如大斑马鱼、三间鱼、无须鲍、网球鱼等皆产黏性卵。

④漂流性卵:卵的密度略大于水,有轻微水流就可将其悬浮在水层中孵化,如鲢。

卵内含有蛋白质、脂肪、水分和各种无机盐等。一般淡水鱼类卵所含盐分约为5‰,而海水硬骨鱼类约为7‰。鱼卵的渗透压调节功能是原生质区完成的。但这种调节是单向的,即淡水鱼卵只限于阻止低渗环境中水分的进入,而没有防止在高渗环境中失水的功能;而海水鱼卵只限于防止在高渗环境中失水,而没有防止在低渗环境中水分进入的功能。因此,淡水鱼通常不能在海水中繁殖,海水鱼也不能在淡水中繁殖。但若把卵放在等渗的鱼用任氏液中,就能节省其渗透调节耗能,从而延长卵的活性时间。

2.卵胎生

卵胎生鱼类主要有三大类:软骨鱼类、硬骨鱼类和腔棘鱼类。在600~800种软骨鱼类中,卵胎生鱼类有420种;在20 000种硬骨鱼类中,只有510种鱼类行卵胎生,其中行卵胎生的淡水观赏鱼主要是鳉形目鱼类,海水观赏鱼主要是鲈形目鱼类。腔棘鱼中只有矛尾鱼为卵胎生。硬骨鱼纲中行卵胎生的目和科如表3-1所示。

表 3-1　硬骨鱼纲中行卵胎生的目和科

亚纲	目	科
肉鳍亚纲	腔棘鱼目	1.矛尾鱼科
辐鳍亚纲	鳕形目	2.绵鳚科 3.副绵鳚科
	鼬鳚目	4.胎鼬鳚科 5.胶鼬鳚科
	银汉鱼目	6.鱵鱼科
	鳉形目	7.古氏鳉科 8.四眼鱼科 9.花鳉科
	鲉形目	10.鲉科 11.胎生贝湖鱼科
	鲈形目	12.海鲫科 13.草鳚科 14.唇鳚科

资料来源：引自 Hoar 和 Randall(1988)。

孔雀鱼、剑尾鱼、玛丽鱼和食蚊鱼等鳉形目花鳉科的鱼类及四眼鱼科的四眼鱼为卵胎生。卵子不排出体外，雄鱼将精液注入雌鱼的泄殖腔内，使卵子受精。胚胎靠卵中的营养发育，破膜后从泄殖腔中入水。卵胎生鱼类的仔鱼成活率较卵生高，但产卵量不如卵生鱼类多。

除鳉科外，鳉形目中其他各科鱼类和鹤鱵鱼等鱼类的雄鱼臀鳍变为复杂的交接器。交接器的管子一直延长到臀鳍最前鳍条的前端。四眼鱼的这种管子为鳞片所包；雌鱼的生殖孔为特殊的生殖孔鳞覆盖。鳞的一端游离，另一端固着；鳞片可在生殖孔左或右。雄鱼的生殖器官也偏左或偏右。交尾时雌雄的身体平行，生殖孔或交接器必须是雄左而雌右或雄右而雌左。

雌鳉比雄鳉大数倍。雄鳉的背鳍和臀鳍的若干根鳍条延长成丝条状，鳍膜上有红、青、黄色眼样斑点。交尾时雄鱼把臀鳍向左或向右曲成圆形，尖端向前且向上翘，突进雌体，鳍末端的突起插入雌体的生殖孔，瞬间完成射精过程。精子排出时，在吸引力的作用下进入雌体。大多数雌鱼一次产仔 10~50 尾，而四眼鱼只产 4~5 尾。

剑尾鱼和隆头鱼等初次性成熟时多为雌鱼，之后，约有 50% 的雌体卵巢萎缩，精巢渐次发达，转化为雄鱼。性转化时，体色为暗绿色，臀鳍由圆形逐渐变为棒状，尾鳍下叶逐渐延长成剑状。性转化的雄鱼可以发情，追逐雌鱼，与之交配受精。

鲉科鱼类中有许多种类也行体内受精和卵胎生。有些将卵产在胶质泡状物上。这些泡状物直径为 200 mm，如斑点鲉。

目前，尚不能成功地大规模进行人工繁殖的鱼类有：胸斧鱼、肉斧鱼、黑白手斧鱼、腊肠鱼、玻璃鲇、仙女鲇、隆头鲇、铁铲鲇、豹斑脂鲇、棘甲鲇、龙鱼等。除小五鱼外，绝大多数海水观赏鱼目前均不能大规模人工繁殖。为了便于了解主要水生观赏鱼类的繁殖习性，现归纳于表 3-2。

表 3-2　主要水生观赏鱼类的繁殖习性

鱼类	性成熟年龄	卵			孵化	
		性质	数量（粒/尾）	卵径/mm	水温/℃	天数/d
唐鱼	1~2	黏性	—	1.2~1.5	20~24	2
鳑鲏	1~3	—	—	—	—	—
华鳊	—	黏性	1 000~2 000			
斑马鱼	1~2	沉性	200~600		25~28	2~3
剪刀鱼		黏性	100~1 000		20~25	1~1.2
玫瑰鲫	1~2	黏性	100~500		22~27	1.0~1.5
T字鲫	1~2	黏性	1 000~3 000		22~28	1~1.2
黑白线鱼	2~3	黏性			22~30	1~1.5
网球鱼	—	黏性	2 000~3 000	2	22~28	4
铅笔鱼	—	黏性	200~2 000		22~27	1~1.2
黑鳍鱼	0.5	黏性	—		26	1.5
刚果扯旗鱼	0.7	沉性	100~300		26	2
鲃脂鲤	—	黏性	—			
半线脂鲤	0.5	黏性	100~300		27~28	1~1.2
玻璃扯旗鱼	—	沉性	100~200		24~26	1~1.2
食人鲳	1.5	黏性	300~400		22~25	1
银鲳	0.6	沉性	300~500	2~3	26	2~2.5
猫嘴鲇	—	沉性	200~500		25~28	4
印度金龙	0.5	黏性	100	2	22~28	0.5
齿鲤		黏性	100~200		23~24	14
剑尾鱼	0.3	卵胎	30	—	27~28	1~2
火口鱼	0.8	黏性	400~1 000		25	2
密鲈	0.5	浮性	600~700		25	2
丝足鲈	0.6	浮性	500		25	1.5
斑马神仙鱼	1	弱黏性	300~800	—	24~28	2~3

资料来源：王吉桥，《水生观赏动物养殖学》，北京：中国农业出版社，2011年版。

二、金鱼的繁殖与健康养殖

(一) 金鱼的人工繁殖和鱼苗培育

1. 亲鱼的选择和培育

优秀种鱼的选择标准为:品种特征明显、体质健壮、形态端正、游姿平稳、色彩鲜艳。金鱼亲鱼的年龄以 2~4 龄为佳,5 龄以上的金鱼不宜作为亲鱼。体长 14~15 cm,重 75 g 的 3 龄金鱼怀卵量为 7 万~8 万粒。

亲鱼培育是人工繁殖的基础和关键。亲鱼越冬后食欲锐减,体力较弱,必须精心培育,其要点是:彻底消毒和清理亲鱼培育水体或容器;若池塘培育,放养前要适量施有机肥,培养天然饵料;放养密度略低于商品金鱼,小水体一般为 5~8 尾/m^2,保持适宜水质:溶氧量达 4~5 mg/L 以上,定期加水或排水,培育后期最好为微流水;动、植物性饲料合理搭配,定时、定点、定质、定量投喂,适量增加维生素 E、维生素 C 等,补充动物性活饵料,满足性腺发育需要。

2. 亲鱼的雌雄鉴别

在繁殖季节主要依据第二性征来鉴别金鱼亲鱼的雌雄,平时则主要依据形态、游姿等来鉴别(见表 3-3)。雄性金鱼通常体细长,雌性金鱼体短。在繁殖季节,雌鱼腹部比较膨大而突出,雄鱼腹部突出不明显。从背面看,雄鱼尾柄粗,雌鱼细。

表 3-3 雌雄金鱼的主要形态和行为特征

项目	雄鱼	雌鱼
体型	体瘦而长	体短而粗,后腹部膨大,繁殖期尤盛
胸鳍和鳃盖	胸鳍长而窄,且尖;繁殖季节胸鳍第一鳍条和鳃盖上有白色追星,繁殖季节过后消失	胸鳍宽而圆;繁殖季节胸鳍和鳃盖上不出现追星
泄殖孔	小而狭长,呈瘦枣核状,两端尖,中间微膨大,与体表平或稍向内凹	稍大而圆,呈梨形,梨柄端向前,近胸鳍,微向外凸出
腹部	手摸较硬(水泡眼、望天、虎头、珠鳞等较难摸)	手摸较软
游姿	繁殖期游动活泼,常主动追逐其他金鱼	繁殖期游动较慢,反应不如雄鱼灵敏

资料来源:王吉桥,《水生观赏动物养殖学》,北京:中国农业出版社,2011 年版。

同规格、同品种的金鱼,雌雄间的体色也有差异:

一般雄鱼色泽鲜艳,颜色较深,雌鱼则颜色淡而浅。如鹤顶红、元宝红和红头等当年鱼到秋季,多数雄鱼的鳃盖下或尾鳍上稍带淡黄色,而雌鱼则为纯白色。

同品种、同规格的金鱼,雄鱼的尾鳍、胸鳍和背鳍稍长些,雌鱼则短些。随着年龄的增长,这些差异日益增长,如龙睛、蝶尾墨龙睛雄鱼胸鳍硬刺略弯曲,而雌鱼的胸鳍硬刺平直。

在繁殖季节用追星鉴别雌雄比较可靠。追星出现的时间和数量与水温、食物和光照等有关。追星多出现在水温12~28℃时,最适合在20℃,持续15~40 d,其中多而明显的时间仅4~5 d,之后逐渐减退、消失。在非生殖季节,雌鱼的腹部柔软,雄鱼腹部较硬。雄鱼的泄殖孔小而狭长,如针状,四进或平直,雌鱼的泄殖孔则稍大而圆,外凸。

3. 产卵

亲鱼经50~60 d至4—5月时,体色艳丽,体质健康,生殖腺发育成熟,即可按雌雄比例为1:(1~3)配组放入产卵池中繁殖。

一般先用闲置的池塘或容器晒好新水。亲鱼放入后,雄鱼尾随雌鱼快游一段,以后追逐频繁,时间延长,表明已临近产卵。几日后,雄鱼用头部紧紧顶着雌鱼腹部追来追去,久久不离开,即是产卵的征兆。此时应在产卵池中敷设鱼巢。制作鱼巢的材料要无毒、耐用、附着面积大、来源广、价格低,生产中多采用狐尾藻、金鱼藻等水草,柳树根、棕榈皮和生麻丝等。柳树根和棕榈皮要煮过、消毒,棕榈皮要除去棕榈酸后再用。水草洗净后用(10~15)×10^{-4}的高锰酸钾消毒5~10 min再用。将制作鱼巢的材料截成30 cm长的小段,以数十根为一束,用绳捆好,浮于产卵池中。在2 m^2的产卵池中,对边各放1束鱼巢即可,为亲鱼留有充分追逐的空间。

条件适宜,亲鱼性成熟,第二天清晨4时至上午10时左右,雄鱼激烈追逐雌鱼,发情高峰时,雌鱼游到鱼巢上产卵,雄鱼同时射精。尾鳍激起的水波使卵子散落黏附在鱼巢上。待鱼巢表面布满鱼卵后,应及时取出放入孵化池中,以免鱼卵重叠或亲鱼吃卵。金鱼分批产卵,一般每批间隔8~12 d,产完之后应及时将亲鱼捞出。一般来说,雌鱼产后懒游,长时间沉在水底;雄鱼停止追逐开始食卵。产卵池恢复平静后,应迅速将亲鱼捞出,雌雄分开放入另池中精心培育。亲鱼受伤,要涂抹磺胺软膏等消炎药物或用药浴等消毒。

金鱼繁殖中常出现雌雄亲鱼配组后不产卵或产卵不集中等问题。为使亲鱼集中而顺利产卵或科学杂交,也可采用催情和人工授精的办法。

在杂交育种时,异品种雌鱼和雄鱼的个体发育差异较大,产卵和排精时间不一致,导致人工授精失败。注射催产剂能使雄雌亲鱼的性腺发育趋于同步,可在预定的时间内产卵和排精,顺利地完成人工授精过程。此外,人工注射催产剂,可以促进体弱或体脂肥厚、性机能衰退、性激素分泌不足的亲鱼产卵。例如对早期难产的老年雌金鱼注射催产剂,并每日以拇指挤压鱼体腹部1~2次,可使成熟的卵安全产出。所用的催产剂有鲤脑下垂体和促黄体素释放激素类似物混合剂。

每尾雌亲鱼的注射剂量为60~130 μg,促黄体素释放激素类似物加1~3个鲤或鲫脑下垂体,雄亲鱼的剂量为雌亲鱼的一半。

金鱼个体小,采用肌肉或胸腔注射,深度不超过1~2 cm。要用4号或5号的细针头,使用前需消毒。

催产池的水温需保持在16~20℃。催产后的效应时间受水温、性腺成熟度、催产剂种类和剂量等因素的影响。一般在注射后24 h内出现不同程度的反应。要随时注意观察反应,做好收集鱼卵的准备。

人工授精能提高金鱼精子与卵子的受精率和利用率,也可按生产需要有意识地定向培育优良品种和新品种。人工授精可以带水进行,也可以离水操作。

带水授精法,即以口大底浅的脸盆为容器,盛放适量清水,一般水深约为盆深度的1/2,并放入适量的金鱼藻或狐尾草等,让其漂浮在水中。然后,两手各提雌雄亲鱼,让它们的泄殖孔相对。先让鱼头朝向手心,鱼尾顺手指散开,中指顶住腹部,大拇指轻轻挤压雌鱼腹部,挤出成熟的卵粒,另一手的拇指和中指轻轻挤压雄鱼腹部两侧,来回抖动,让精液流入水中,立即用水使精子与卵子激活,完成受精过程后,取出粘有鱼卵的水草,移到另一容器中孵化。

离水授精的做法是:取明显发情(追逐)的雌、雄亲鱼 1 对,以柔软的纱布轻轻地把鱼体擦干,以拇指轻轻挤压雄鱼腹部,乳白色的精液即流出。另一手拿吸管把精液及时吸到干燥的玻璃容器中,然后,迅速以拇指挤压雌鱼的腹部,把成熟卵粒挤入盛有精液的玻璃容器中。同时,取一干净的飞羽把精液与卵粒拌混,使卵粒散粘在玻璃容器内壁上,再注入适量清水,使带有精液的卵粒浸入水中,精子即很快找到卵表面的精孔而钻入卵内受精。静置 5 min 左右,更换容器中的水,即完成离水受精过程。

产后亲鱼的体质较虚弱,易感染皮肤充血症、肤霉病与白点病等而死亡,因此要加强产后亲鱼的护理和培育,恢复体质,以便明年顺利繁殖。产后亲鱼放养在绿水池中,水深 20~25 cm,密度要比产前低一些。

亲鱼交配时期的池水要更换,或在原水内掺入部分清水或绿水以改善水质。亲鱼交配时,水中残留较多的精液和亲鱼的分泌物,易败坏水质,因此必须改善水质。新更换过的水最好掺入部分绿水,使池水迅速转绿。新水的水温应与原水温相近,两者的温差不要超过 0.5 ℃。如条件许可,亲鱼池中以机械增氧。产后亲鱼应处在光照充足的环境中,如果光照不足,应将亲鱼移至光线充足处饲养,或以灯光补充光照。

产后亲鱼的投饲量是平时的 1/3~1/2,最好投喂活饵料,切忌一餐多量。应每日上午 7 时前喂食。每日至少观察 3~4 次,注意亲鱼的活动情况、体表色泽、食欲、排泄物等。如发现亲鱼呆滞、沉浮失常、皮肤充血、体表有白色的黏液等反常状况,应对感染处进行显微镜检查,分析病因,对症诊治。亲鱼在产卵过程中常相互追逐而导致体表受伤,尤其是黏膜、鳞片、皮肤等会损伤,且产后的亲鱼体质都较脆弱,因此,亲鱼产卵结束后,应及时将它们分别放回与原池水温相近的老水中饲养(雌、雄需分养),珍贵品种的亲鱼不能混养。将亲鱼移出产卵池时,应以容器连水带鱼一起移出,这种方式可预防鱼体受伤。

亲鱼池内可放适量食盐($50~100$ g/m^3),每 2 周放一次。这可起到对鱼体与水体消毒的作用(抑制或预防寄生虫及病菌的繁殖)。

4. 孵化

孵化池中要清除未受精卵,更换池水和清污,以防败坏水质,影响孵化效果。受精卵为橙黄色半透明状,有光泽,卵径 1~1.2 mm,未受精卵为乳白色。在 15~16 ℃条件下,受精卵孵化 2~3 d,胚胎发育似鲤。

金鱼受精卵孵化期的长短与卵的质量、品种和外界环境条件,尤其是水温有关。一般情况下,孵化期随着水温升高而缩短,不同水温下金鱼胚胎发育速度比较如表 3-4 所示。例如,水温 10~20 ℃时,孵化期为 5~7 d;水温升高至 20 ℃时,为 4~5 d;20~25 ℃时,仅 3 d 即完成孵化过程。如果水温高于 30 ℃或低于 7 ℃,胚胎畸形率增高,单尾鱼的比例增加。孵化池的水温最好保持在 18~20 ℃。孵化期间,应尽量减少水温急剧波动。在室外孵化时,应预防雷阵雨直接侵袭孵化池,以免胚胎发育异常。

表 3-4　不同水温下金鱼胚胎发育速度比较

发育阶段	从 16 个细胞起到发育阶段所需要的时间/h							
	7 ℃	10 ℃	15 ℃	20 ℃	25 ℃	30 ℃	35 ℃	40 ℃
原肠期结束	—	24	—	—	10	10	—	—
头尾原基形成	—	72	24	24	—	—	—	—
肌节出现	—	192	48	—	24	—	10	—
眼球出现色素	—	240	120	48	—	24	24	—
心脏开始搏动	—	360	192	57	48	48	34	—
出膜期	—	—	264	132	96	21	60	—

金鱼孵化期的长短与品种的关系不如与水温的关系明显,如平均水温为 16 ℃ 时,朝天龙的孵化期为 8 d;平均水温为 13.5 ℃ 时,红水泡的孵化期为 8.5 d;温度为 12.67 ℃ 时,鹤顶红的孵化期则达 12 d。

光照对金鱼受精卵孵化也有一定影响。在室外,以自然光为主,孵化池的水面要宽敞,水深 30 cm,水池低矮,池底平整。室内孵化时,可用灯光补充光照,但不宜过强,也不宜过弱,以免影响受精卵的正常孵化。孵化池内的水质要保持清洁、新鲜,溶氧量要充足。一般在清澈的水质中不要额外增氧与注水。

(二) 金鱼的健康养殖技术

金鱼有三大喜好:鱼虫、阳光、青苔水。想要真正地养好金鱼,此三者缺一不可,但是喂食量上我们一定要精准把握。除了水质以外,金鱼的很多疾病都是由喂食不当引起的,特别是纯饲料喂养更要小心谨慎,实际上,如果能够投喂鲜活的鱼虫,金鱼反而很少得病。

金鱼的生存环境就是淡水水体。好的水质应具备以下几点要求:

(1)水体含氧量。不同水源的水体含氧量不同,其中以流动的河流、溪流最好,自来水最少。虽然溪流中也存在着许多水生动物,但是金鱼经过长期的选育,本身的免疫能力较弱,由于自然界中的水体含有大量的有害微生物,所以,我们养金鱼不得不选自来水。自来水通过加入水体中的氯消除了微生物。之后,通过晾晒或者爆氧的方式可除去水中的氯,同时也增加了水体的含氧量,不会对金鱼产生伤害。

(2)水体有害物。水体有害物一般指的是亚硝酸盐。作为一种强氧化剂,它会将血红蛋白中的亚铁氧化成三价铁,从而使血红蛋白失去携氧能力。水体的亚硝酸盐浓度积累到 0.1 mg/L 后,就会对鱼类产生危害,金鱼会出现反应迟钝、摄食量降低等现象。亚硝酸盐超标的处理办法:一般是通过有规律的换水降低亚硝酸盐浓度或者培养硝化细菌。总而言之,对于小鱼缸,降低水体亚硝酸盐浓度最好的办法就是换水。水体过少,无法保持稳定的水体环境,不利于硝化细菌的培养。

(3)水温因素,这也是饲养金鱼往往忽略的。金鱼自身无法调节体温,对于突然间的温差,容易发生感冒。一旦温差在短时间内达到 5 ℃ 左右,金鱼就极易得病。

要想金鱼不得病,关键就在于保持水体的环境,从水质到水温都要保持稳定。许多人饲养金鱼不仅仅在于观赏金鱼婀娜的身姿和丰富多彩的颜色,还有一点就是与金鱼喂食的互动。

肠道作为金鱼的管状消化器官,具有消化、运输、容纳的功能。健康金鱼的饥饿感是十分强烈的,容易存在吃食过饱现象。因此金鱼的喂养要遵循少喂多餐的原则,给金鱼喂食,要根据金鱼的数目决定,每次喂食控制在 15 min 内完成,一旦 15 min 没有吃完,就要及时捞出,避免剩余的饲料产生的水质污染。

金鱼喂食的时间可以根据季节进行调整,一般的原则是,春、夏季节选择早上和下午,秋、冬季节选择中午,在一天温度较高的时候喂食比较好一些。

三、锦鲤的繁殖与健康养殖

(一) 锦鲤的人工繁殖和鱼苗培育

1. 亲鱼的选择和培育

亲鱼应具备下列条件:体质健壮、色泽鲜亮晶莹、品系纯正、品种特征明显、色斑边际清晰鲜明、无虚边、无疵斑、鳞片光润整齐、游姿稳健、各鳍完整无缺陷。雌鱼一般在 4~10 龄,雄鱼在 3~5 龄。锦鲤亲鱼的培育方法可参见金鱼的培育方法。

2. 亲鱼的雌雄鉴别

一般来说,达到性成熟年龄的雌锦鲤体短粗而丰满,腹部膨大,越接近产卵时腹部膨大越明显,头部稍窄而长;雄鱼的体形较瘦长,头部宽而短,颈部稍突起。雌鱼的胸鳍端部圆形,雄鱼的则为尖形。生殖季节,雄鱼头部、胸鳍和尾柄等处有追星,生殖孔小而下凹,用手轻压腹部有精液流出;雌鱼生殖孔稍宽而扁平,微微外突,近产卵期轻压腹部有卵粒流出。为了提高卵子的受精率和胚胎的孵化率,雌雄比例以 1∶(2~3) 或 2∶3 为宜。

3. 产卵

水泥产卵池的面积为 4 m×4 m 的方形池或 4 m×5 m 的长方形池,水深 30~40 cm,水质适宜。鱼巢的制作和放置同金鱼。在北方地区,4 月下旬至 6 月上旬、水温 18 ℃ 以上时是锦鲤的繁殖季节,即可将亲鱼移入产卵池。待发现亲鱼急剧追逐时即可在产卵池中放置鱼巢。第二天清晨至上午 10 时即可产卵。一般体长 30~40 cm 的锦鲤可产卵 20 万~40 万粒。

为使亲鱼顺利而集中大批产卵,也可人工催产和人工授精。锦鲤人工授精的操作过程与金鱼的人工授精方法基本一致,只不过是锦鲤的个体较大,在做人工授精时要将亲鱼抱在手中,用一手握住鱼的尾柄,另一手握住鱼的头下背脊处,腹部朝上成 45° 角,轻轻擦干体表,然后轻压雌鱼腹部,使卵子流入干燥的白色脸盆中。同时将雄鱼的精液挤于其上,用消毒过的羽毛轻轻搅拌,使之授精,2~3 min 后,即将受精卵均匀地倒入预置于浅水脸盆的鱼巢上,静置十几分钟后待受精卵黏固,用清水洗去精液,即可进行孵化。

4. 孵化

孵化池面积 3 m×3 m,水深 30 cm。孵化池水温要与产卵池水温相近,温差不得超过 5 ℃。

孵化时间的长短与水温的高低密切相关：水温18℃，卵约经5 d孵出仔鱼；水温20℃时，约经4 d孵出仔鱼；20~22℃时，3~4 d仔鱼可孵出；25℃时，3 d仔鱼孵出。刚孵出的仔鱼习性与金鱼仔鱼相似，喂养方法也大致相同。可采用脱黏法孵化、流水孵化、网箱孵化等方法，但开始时水流可适当大些，仔鱼孵出后，流速应适当减小。

5.鱼苗和鱼种培育

孵出3~4 d的仔鱼卵黄囊吸收完毕，开始外源性营养。如天然饵料不足，应投喂熟蛋黄汁或轮虫，并改善水质状况。7~8 d后，改喂稍大些的食物，如枝角类、鱼糜或颗粒饲料。仔鱼经20~30 d饲养，体长达3 cm时，就要进行挑选（筛选），去劣留优，保持种质的优良性状。挑选工作在孵出后3个多月内进行3~4次。挑选因品种的不同、生长速度和斑纹出现时间等方面的差异而略有不同。例如，昭和三色锦鲤在孵出后2周时开始挑选；黄金系统锦鲤则在50日龄开始挑选；红白系和大正三色系的锦鲤在60日龄左右开始挑选。挑选时，首先去掉畸形、色彩不鲜艳的鱼，还要依照花纹的生长状况和质量标准进行挑选。红白系锦鲤中应淘汰红斑纹颜色淡的个体；黄金系锦鲤头部无光泽、鳞片覆盖不好、鱼体杂斑多、胸鳍生长不好的个体均应淘汰。锦鲤饲养过程中淘汰率很高：亲鱼产10万粒卵，获仔鱼6万~7万尾，夏花3万尾，经第一次挑选剩1.6万尾，到秋季越冬时只剩3 600尾左右。

第一次挑选后，留下的幼鱼可放入面积5 m×5 m的鱼池，水深30~50 cm，密度为120~150尾/m²。第二次挑选后，留下的鱼放养密度为90~120尾/m²，以后逐渐稀疏。当鱼体长达10~20 cm时，放养密度应视水体大小、水质状况、设备条件和养殖技术等因素综合考虑。挑选后的锦鲤可喂豆饼、菜饼、颗粒饲料或水丝蚓、软体动物、浮萍等饵料。投饲率为体重的3%~10%，并要经常换水、清污。

（二）锦鲤的健康养殖技术

锦鲤体格健美、色彩艳丽、花纹多变，具有极高的观赏和饲养价值。其体长可达1~1.5 m，寿命也极长，寓意吉祥，是备受青睐的观赏宠物。

锦鲤的饲养注意事项：

（1）水质：锦鲤对水温、水质的要求不严，适于生活在微碱性、硬度低的水质环境中。

（2）水温：锦鲤生活的水温范围为2~30℃，最适合生活的水温是20~25℃，在这种温度的水中锦鲤游动活跃，食欲旺盛，体质健壮，色彩鲜艳。使用水族箱饲养，一年四季都可以把温度控制在20~25℃的范围内，使锦鲤能有舒适的环境而生长迅速。

（3）鱼池密度：一般的放养可参照鱼池放养锦鲤的密度表：60 cm×30 cm×15 cm的水族箱可放养体长15 cm~20 cm的锦鲤6尾；90 cm×30 cm×50 cm的水族箱可放养8尾；110 cm×30 cm×50 cm的水族箱可放养10尾。

（4）食物：锦鲤是杂食性鱼类，一般软体动物、高等水生植物碎片、底栖动物以至细小的藻类或人工合成颗粒饵料均可作为食物。水族箱饲养锦鲤在其他方面和饲养金鱼等相似，每日可投喂2次，每年的不同季节视温度增减投饵量，一般可以投喂鱼虫、颗粒饲料、小蚯蚓等饵料，但要注意的是在投喂过程中，不要投喂过多饲料，一般八成饱就可以了，投喂饲料过多易产生残饵污染水质，引发各种疾病。

锦鲤的养殖还要注意四季的变换。春季,锦鲤由冬眠开始复苏,饲养从室内转移到室外,但要特别注意突然降温,要及时覆盖薄膜,保持水温稳定;投饵以植物性饵料为主,投量由少逐渐增多。夏季,天气酷热,须加盖塑料遮光网,防止阳光直射。秋季天气少雨多晴,水温明显有所下降,最适合锦鲤生长,可提高动物性蛋白质(如蚕蛹等)的比例,加大投量,促进快长。冬季,天气比较寒冷,当气温降至0℃时,要及时将锦鲤转移到室内鱼池越冬,室内水温要保持在2~10℃,重点是保温,适当投饵,保膘防病,11月至次年3月为锦鲤越冬期。

(5)常见病:主要有水霉病、烂鳃病、肠炎病、竖鳞病等,要注意投放相应的药物等进行改善水质。

要想锦鲤快速生长、有灵性,除了要有健康的生长环境以外,在管理饲养上也需要多加注意。最重要也是最基本的要求,生长空间必须足够大,以水质呈弱碱性的硬性水为佳,特别注意水温的控制,要求保持均衡,一旦出现温差,锦鲤就会出现不适应的情况。还应有足够的氧气和优良的过滤器来加强水质的净化,使水的质量符合锦鲤成长的标准。在喂食方面,每天喂食应定时定量,注重食物的营养。虽然锦鲤是杂食性鱼类,但是也需要有营养的食物来帮助它成长。

四、常见热带观赏鱼的健康养殖

热带观赏鱼大多体色艳丽,而通常雄鱼又较雌鱼鲜艳,成体比幼体鲜艳;在繁殖期,它们不是简单地把卵子释放到水中了事,而是多具有护巢抚幼、占领地域、选择和争夺配偶等社会性特点。这表明,这些鱼类除了具有鱼类共有的中枢神经系统和内分泌系统调控的"环境—下丘脑—脑垂体—性腺轴",除了有规律和节律地相互协调和制约机制外,还有较强的生殖行为调控机制。孔雀鱼、剑尾鱼和食蚊鱼等卵胎生鱼类的繁殖生理学和性腺组织学也有其不同于卵生鱼类的特点。了解这些机理,对保持热带观赏鱼的艳丽体色、提高其繁殖效率具有重要意义。

(一)繁殖生物学技术

1.亲鱼的选择和培育

亲鱼应在同种同龄鱼中挑选个体大、色泽鲜艳、形态标准、年龄适宜、体质健壮、性腺发育良好的雌雄鱼。如在同一批中选择,应选生长快、个体大的亲鱼,但只能选择一种性别,以避免近亲繁殖。有些观赏鱼的雄鱼个体大、生长快;有些鱼则相反,在选亲鱼时切勿只顾个体大,而忽视了雌雄比例。

选亲鱼还要注意选副性征突出而明显者,例如繁殖期出现婚姻色和追星的鱼,婚姻色和追星要明显;斗鱼要好斗;接吻鱼要常"接吻"等。选择了良种亲鱼后,还要给予适宜的生活条件,良种的优良性状才能不断延续。水质、水温、光照、溶解氧等对亲鱼性腺发育具有重要影响,而科学的饲料和合理的投喂又是亲鱼培育的关键之一。多数热带鱼个体虽小,但相对怀卵量较大,需要大量的多种营养物质;否则,不仅影响亲鱼的怀卵量,也影响幼鱼的体质。所以,每天应给亲鱼投喂优质、足量的动物性饲料。一般来说,天然活饵料中,底栖动物比浮游动物营养更全面些。对植食性鱼类也应适量补充动物性饲料。投喂量以性腺发育对营养物质的需要为依据,以无剩饵过夜为度,以免败坏水质,导致鱼缺氧死亡。亲鱼培育前期以营养为中心,后期,尤其是临近繁殖季节,应以环境条件为重点。

在环境因素中,光照和水温对亲鱼性腺发育的影响较为明显。不同种鱼产卵所需的水温和光照度不同,若营养、水温、水质、光照等条件达不到鱼成熟产卵的临界范围,其性腺就发育不良或退化;同种同龄鱼,人工控制光照度和水温也可反季繁殖。

2.繁殖容器、工具和水质

根据不同种类热带鱼的繁殖生态习性,准备繁殖用的容器(含人工授精用具)、水草(金丝藻、金鱼藻、狐尾藻等)或其他人工鱼巢(棕丝)、沙石、药物及用水等。大型、产浮性卵的鱼类和游动快而激烈的鱼类要求宽大水体和大型水族箱;小型鱼类、卵胎生和产沉性卵的鱼类、喜静的鱼等,繁殖容器可适当小些。水质、鱼巢、光线和水体环境都要符合热带鱼繁殖的要求。繁殖容器和各种用具均要经消毒,无病原体,置于安静处,并加上网罩,防止鱼跃出。

繁殖用水要符合渔业水质标准。用自来水作为水源要提前4~7 d晒水排氯,不要用硫代硫酸钠除氯。要严格过滤,严防浮游动物进入。根据鱼种类的不同,注入水的深度可为繁殖容器高度的1/2或1/3;还应放入底沙、水草、石块、花盆、瓦片、塑料板等作为卵的承载或附着物、产卵的刺激物和仔鱼的隐蔽物。

五、观赏鱼养殖的设施与设备

(一) 饲养容器

饲养水生观赏动物的容器必须满足动物对生活环境的要求,同时要美观、实用、方便,易于观察、欣赏。目前常用的观赏鱼养殖容器有缸、池、盆、箱等几种。无论哪种容器,都要力求透亮,内壁光滑、无瑕疵,以免擦伤鱼体,导致感染疾病。

1.小型水泥池

小型水泥池体积大,用于庭院、花园和公共场合养鱼。其适宜于放养数量多、生命力强、不容易患病、容易饲养的鱼类。水泥池的大小和形式要按实际需要和条件而定。生产性鱼池以长方形为宜;养金鱼池深50~70 cm,养热带鱼池深70~80 cm;池底砌成斜坡,在最低处设一坑,坑底设一排水管,通向排水沟,管口覆盖筛网防止鱼逃逸。池边离顶10 cm左右设置溢水口,用纱网防止鱼逃跑。

一般在公园、宾馆、机关、企业作为展示的观赏鱼池,其样式要以美观大方和管理方便为原则。池中用石筑成假山,山中凿坑垫土,种植花草树木等,设喷水管,构成各种水流或瀑布。池底铺各色鹅卵石,构成美丽的水底景色。

2. 木盆或陶、泥、瓷缸和瓦盆是较早的一些饲养容器

此类容器透气性好,在正常密度下饲养,不易缺氧,搬动方便,其设置的数量和位置随意性强,但采光较差,不适宜饲养需强光照的鱼类;对一些以侧视观赏为主的观赏鱼,不能观赏到鱼体的头、腹、鳍及晶莹闪光的鳞片,更不能详观其飘逸的游姿。目前常用的有木盆、黄沙缸、天津泥缸、宜兴陶缸、江西瓷缸等容器。

3. 玻璃缸

玻璃缸有圆形、扁圆形、椭圆形、橘形以及太平鼓形等,一般体积较小,宜饲养体形小、活动范围不大的观赏鱼,如淡水鱼类中的唐鱼、金鱼、孔雀鱼、红绿灯鱼、头尾灯鱼,海水鱼类中的雀鲷科鱼类等。玻璃缸形状美观,易换水,移动方便,无接缝而不漏水,无框架结构,不妨碍视线,不会生锈和腐蚀而污染水质。玻璃缸适于室内小型饲养,供桌上观赏。其缺点是体积小,深度浅,氧气供给不足,对光的折射率不一致,在观赏时容易产生视觉变形,故不能长时间饲养。

4. 水族箱

饲养观赏鱼用得最广的还是水族箱。依制造材料不同,水族箱可分为塑料、玻璃、钢化玻璃、有机玻璃和特殊玻璃水族箱等数种。有现成的产品,也可依需求定制特殊规格和要求的水族箱。水族箱在造型上也各不相同,现在还有带过滤、照明、加热等系统的全套缸。

塑料长期浸在水中会发生化学反应,对鱼等观赏动物有不利影响。因此,塑料水族箱用得不多。

玻璃水族箱表面坚硬、光滑,透视性好,价格便宜,应用较广。玻璃水族箱形状多为长方形或方形,大小视饲养对象而定。一般深、宽比多为 2∶1。为了增强观赏效果,便于栽种水生植物,亦可稍加深一些。黏结水族箱应使用灰色、黑色或咖啡色的硅胶,海藻和软体动物能破坏透明胶表层,最好不用。镶嵌玻璃水族箱的拐角处应留有 2~3 mm 的伸缩缝。

有机玻璃水族箱的形状、规格可参照玻璃水族箱。这种水族箱相对较为轻便,不易破碎,透视性好。但它的质地较软,不能承受较大压力,盛水后容易变形,因此不宜用来制作大型水族箱。此外,有机玻璃不耐磨,一旦与硬物摩擦,会出现永久性划痕,经过长久擦拭,表面会变得粗糙,导致透明度降低,有碍观赏。

钢化玻璃水族箱除具有玻璃水族箱的优点外,还经过了碳化加热处理,所以,钢化玻璃水族箱的耐冲击强度为普通玻璃水族箱的 4~5 倍,适于经常搬动。这种材料硬度高、透射度好、不反光、不雾化、没有偏光,且可塑性高,能配合各种造型变化,在制作过程中采用高频一体成形,绝对不漏水,是目前高档的水族箱。许多开放式大型水族馆的大缸或海底隧道都采用这种材料,只是价格较高。

自控式水族箱由两部分组成,上部分盛水养鱼,下部分是水质、水温自控设备。其优点是能够自动控制水族箱内的温度,使其稳定在最适宜范围内,保持水质清洁、透明,箱底无残饵和排泄物的积存。水的流速可根据水质污染程度进行调节。

水族箱应根据环境的色调、要求与摆设决定所需样式和造型,最好摆放在阳光不直射、安静、便于管理、靠近电源而远离电器的地方。

(二)过滤与净化装置

水族箱(馆)是一个人工控制的异养型生态系统,存在着复杂的能量、物质和信息流动。在这个系统中,以饵料或饲料等为主的现成有机物能量输入量远大于太阳能输入量。因此,高效、快速地净化残饵和养殖动物的代谢废物,尤其是氮、磷化合物,是水生观赏动物养殖中水质调控的关键问题。

按对污染物作用方式的不同,废水处理方法大体可分为两类:一类是通过各种外力作用,把有害物从废水中分离出来,称为分离法;另一类是通过化学或生物的作用,使其转化为无害的物质或可分离的物质,后者再经过分离予以处理,称为转化法。

热带观赏鱼水族箱基本上都包括过滤系统,过滤的目的是尽量减少残渣碎屑等有机物质的积累,减少换水及清洁的次数。过滤器的原理是利用水流经过滤材时产生的过滤功能。

1.过滤系统的构造与作用

习惯上按废水处理原理的不同,水族箱过滤系统分为机械过滤、生物过滤和化学过滤三大类。

(1)机械过滤(物理过滤):是降低水体混浊度的一种水质净化途径。水中微细的无机物、有机物以及部分活的微生物通过絮凝作用,逐渐凝聚成肉眼可见的凝聚体,悬浮或沉积在水中,引起水质混浊。这些凝聚物质的大量存在,不仅会降低水体透明度从而影响观赏效果,还会消耗水中的溶解氧,甚至黏附在鱼鳃上,影响鱼类的正常呼吸活动,危及鱼类的生长。机械过滤的功能是把大颗粒、大块黏状物等阻挡下来。过滤器结构为具有良好透水性和较密孔隙的过滤材料(如泡棉、羊毛毡、沙石等)。

(2)生物过滤:包括很多重要的生化过程,最重要的是给硝化细菌提供一个良好的生长、繁殖温床,让硝化细菌能够迅速地大量生长、繁殖,充分发挥其氧化铵盐和亚硝酸盐的作用。

生物过滤器的结构特点是布满了大小不同的孔隙,大孔隙让水顺畅地流过,小孔隙提供了极大的表面积,供硝化细菌附着、生长、繁殖。它的整体组织不必很大,使用时可叠加堆放。生化棉、生化球、生化块、塑料丝、陶瓷环、珊瑚沙(海水用)等是组成生化滤器的好材料。

(3)化学过滤(含吸附过滤):以化学反应方式来消除水中不稳定物质的方式。这些化学物质是以游离的或化合物的形式存在。发生化学反应后,无毒的物质沉淀于水族箱过滤系统的底部被物理性滤材除去,或被另外一些无害或毒性较低的元素所替代(置换)。水质稳定剂、pH值调整剂、水质沉淀剂及其他一些化学制剂等都是化学滤材。活性炭也是一种化学过滤材料,具有脱色、除臭的功能,但要定期更换。

2.设计与种类

产生流经滤材水流的方式有两种:利用气泵所产生的水泡带动水箱里的水流经过滤材;利用潜水泵或抽水泵将水抽入过滤器中,通过滤材。依过滤器在水族箱上的位置、过滤功能及对象的不同,观赏鱼养殖中常用的过滤器分为下列几种:

(1)顶部过滤器:将过滤装置置于水族箱顶部,用水泵抽到长方形盒的过滤器中,过滤后水从盒底流入水族箱中。

滤材:丝绵、生化棉、过滤沙、活性炭等。
优点:使用方便,易清洗,滤材种类较多,溶氧性好,节省空间。
缺点:过滤面积小,影响美观。

(2)背(侧)滤:在鱼缸的背部或侧部用玻璃隔出一部分做过滤,其内部分成几个小格用于放置滤材(或过滤设备)和循环泵。一边设有溢流口(如出水管),水泵把过滤后的水抽向鱼缸,溢出的水通过溢流口流入过滤槽的第一格,在隔板的引导下从上到下或从下到上流经各种滤材,水从最后一格通过水泵再次送入鱼缸,如此循环。

(3)底部过滤器:过滤器的过滤板设于水族箱底部,板上留有插放通气管的孔洞,插上塑料管。过滤板上面铺放沙石(珊瑚沙、贝壳、河沙均可)。塑料管连接充气泵,充气时,带动水流经过沙石,一方面打气充氧,一方面达到过滤的效果。另一种是把过滤沙床设置在水族箱外,用水泵或气泵把水输送到过滤器,过滤后再回到水族箱。底部过滤器的隔板材料要质地坚硬,具有一定的承受力,化学性质不活泼,不会在水中发生化学反应而污染水质。隔板上有渗水的微孔,滤水孔的大小以水可渗过而沙不能通过为宜。隔板的大小与水族箱的底面积相同,安装时,应使隔板的四边与水族箱的四壁相吻合,接缝不要漏水。在隔板底部,应垫上小木块或塑料管等作为隔板底座。这样既可提高隔板的承载力,又可使隔板与水族箱底部间形成一定的空间,经过滤的洁净水经此空间回流到水族箱中去。

过滤沙床应选择质地坚硬、化学性质稳定的沙砾作为滤沙材料,如石英砂、溪沙等。沙砾应大小均匀,形状不规则,表面稍粗糙,直径 3~5 mm,这样可增大硝化细菌的黏附面积。从过滤效果来看,沙床的面积越大越好。滤沙层的深度不宜过深或过浅。硝化细菌在沙床中的分布以表层和底层较多,中层较少。硝化作用主要发生在 5 cm 内的表层沙床(占90%),10 cm 以下的底层部分通常无硝化作用。因此,过滤沙床的深度以 6~10 cm 为宜。底面式过滤器的缺点是重量重,体积大,换水及清洗沙石不方便,尤其易损伤水草的根。它的优点是过滤面积大,当水泵工作时,底部过滤网与水族箱底部的空隙产生虹吸作用,形成一股强有力的水流,将网板上的脏物吸到过滤槽内。既有效又不需进行特别保养,维护成本低。

(4)外置过滤器:过滤装置挂在水族箱外侧(外滤桶式过滤器安装在水族箱底柜内),用潜水泵抽到滤槽中过滤。
优点:过滤效率高,不占用缸内空间,噪声较低,可培养大量硝化细菌。
缺点:价格较高,影响美观。

(5)内置过滤器:过滤装置沉入水中,滤材浸泡在水中,较利于有益菌的生长。
优点:体积小,节省空间,噪声低,和鱼缸融为一体,美观;溶氧性好。
缺点:过滤能力有限,不便清洗。

3.滤材种类

(1)过滤棉

过滤棉属于人工合成材料,不腐烂,能过滤较大颗粒杂质、附着硝化细菌。
①白棉:一般水族过滤,较为蓬松,透水性好,成本低,需经常更换。
②生化棉:孔径小,可以冲洗,不易变形,透水性好。

(2) 多孔滤材

①陶瓷环：人工烧制的滤材，具有蜂窝式微孔，能很好地吸附微生物，适宜作为中层滤材，容纳大量厌氧菌、硝化细菌及其他细菌的附着。

功能：对淡水和海水进行最佳生物学净化，获得最佳水质，是一种纯生物学性质的强化过滤材料。

②珊瑚沙：容纳一定量的硝化细菌，同时能够释放钙、镁离子，具有提高水体硬度、调节 pH 值的作用。

使用原则：多用于海水珊瑚缸等，养殖喜弱碱性、偏硬水质的淡水观赏生物，不适用于多喜弱酸性水质的淡水观赏生物。

③细菌屋：烧制而成的圆柱体生化滤材，中空，侧面分布很多的小孔。

优点：透气透水性非常好，有助于硝化细菌的培养。

缺点：占地面积大，空间利用率不高。

注意事项：使用前需要用清水浸泡；细菌屋通过培养硝化细菌消除水中的有害物质，起效比较慢；在使用过程中细菌屋表面会出现一层菌膜，其会随着厚度的增加而自动脱落。

④活性炭：表面积巨大，吸附效率非常高，可以吸附小分子化合物，如过滤棉无法清除掉的污染物，兼有祛除异味的功效。具有酸碱中和的功能，使 pH 值趋于中性。

用法：作为中层铺设的滤材，吸附水中有机污染物、异色、异味等杂质。

注意事项：新买的活性炭最好在清水中浸泡一天，冲洗干净后放入过滤盒或筛孔袋中，以免活性炭本身造成污染，且需要定期更换。

⑤新兴滤材

生化球：表面具有复杂的凹道，作为硝化细菌附着的纹理，为其生长提供良好条件。

麦饭石：天然的硅酸盐矿物，对生物无毒、无害并具有一定生物活性的复合矿物或药用岩石，富含人体必需的多种微量元素，可以用于水质净化、污水处理，并且对细菌具有很强的吸附作用。

沸石：沸石族矿物的总称，是一种含水的碱金属或碱土金属的铝硅酸矿物，表面密布细孔，为硝化细菌提供温床；具有吸附性、离子交换性、催化和耐酸耐热等性能，因此被广泛用作吸附剂、离子交换剂和催化剂，也可用于气体的干燥、净化和污水处理等方面。

（三）温控系统

水温是影响变温观赏动物正常生理活动的重要因素。观赏生物对水温急剧变化的适应力较弱，所以温控系统对水族观赏生物的存活及正常生长发育至关重要。观赏鱼为冷血动物，体温随环境变化而变化。水族箱水体有限，缓冲能力弱。温带区域的温差明显，热带鱼很难适应，因此温控系统非常重要。

控温的意义要求水温的浮动很小。温控设施包括升（加）温设备和降温（冷却）设备。

1.升温设备

(1) 加热器（棒）

加热器（棒）呈试管状，外壳是玻璃或陶瓷的，内部是缠绕镍铬合金线，周围充填石英砂。

①普通电热管:便宜,不能自动控温,适用于广温性鱼类。
②自动控温电热器:自动控制水温。

市售的加热器有:外挂式加热器,2/3没入水中;沉水式加热器,全部没入水中;加热器配合电子控温器。

注意:加热器不能过小,过小会导致加热慢,室温低时不起作用;也不能过大,温度过高会使水族箱爆裂。小水族箱水体小,温度变化频繁,加热器反复开关,易损坏温控器。大型水族箱养大鱼时,务必将加热棒固定好。加热棒要尽量避免与玻璃直接接触,也不要将其埋在底沙里面,否则会导致鱼缸玻璃受热不均,容易使缸体破裂。对于热不敏感的鱼,最好给加热棒加套管,可以防止鱼被烫伤。加热棒除电源外,其他部分都不要露出水面。水族箱内如果安装了2个加热棒,尽量将它们分别安装在缸的两边,有利于均匀加热,使用时要注意加热棒的寿命。

(2)底部加温线

温控原理:24 V加温线埋于底沙中,缓慢释放热能,促进底层中的水进行冷热交换,通过热水上升、冷水下降,形成循环对流,打破温度成层,使水族箱内上层的水温与底层的水温一致。加温线管由柔软性极佳且绝缘、耐高温的硅胶制成。加温线用于90 cm以上的水草箱,通过电线固定吸盘将其分隔独立地埋在底沙之下,可达到极佳的热能控制效果,同时避免换水时造成的加温器破裂、漏电等。循环的水流可促进底层气体的流通,提高底沙中溶解氧含量,避免底沙因缺氧发生还原作用而发黑腐臭。

(3)冷水机

冷水机分为水冷式与风冷式两种,是提供恒温、恒流、恒压的冷却水设备。冷水机根据温度控制分为低温冷水机(0~-100 ℃)和常温冷水机(0~35 ℃)。向机内水箱注入一定量的水,通过冷水机制冷系统将水冷却,再由水泵将低温冷却水送入需冷却的设备,冷水机冷冻水将热量带走后温度升高再回流到水箱,达到冷却的效果。

(四)照明系统

照明系统是水族箱内的生命源泉,关联整个生态平衡,并且提供热源,有利于观赏生物的生命活动。保证植物进行光合作用和细菌进行分解作用,还会影响观赏动物的生长发育以及观赏鱼体色的形成与维持。安装时要选择专为水族箱制造的灯具,这是水族箱成功的关键之一。

水族箱使用的基本上是复合光,光谱较全面,但有时需加入一些特定光谱的灯珠,使水族箱内的动植物可以健康生长且尽可能完美地发光。照明灯有以下几种类型:

1.荧光灯

传统型荧光灯即低压汞灯,利用低气压的汞蒸气在通电后释放紫外线,从而使荧光粉发出可见光。T5灯管是荧光灯的一种,T5灯管管径约16 mm,使用电场在氩氖混合气中激活水银蒸气,形成等离子体放电并发出短波紫外线,令灯管内壁的三基色荧光粉发出可见光。它的优点是技术性能先进,节能、光效高,正以较快的速度取代T8荧光灯管。PL节能灯管即单端节能灯管,是一种新型的荧光灯管,一般适用于小型淡水水族箱。它的优点是具有亮丽的白光且产生的热量少,但是需要搭配特别的灯座,价格高。

无极荧光灯即无极灯,取消了传统荧光灯的灯丝和电极,利用电磁耦合的原理,使汞原子从原始状态激发成激发态,其发光原理和传统荧光灯相似,有寿命长、光效高、显色性好等优点。无极灯由高频发生器、耦合器和灯泡三部分组成。它的优点是便宜、省电、照明面积大、颜色全。而它也有不足之处,亮度不高,仅适合小型水族箱,具有弱紫外辐射,应置于离水面20 cm处。

2.金属卤素灯

金属卤素灯又称金卤灯,是由高压水银灯发展而来的紫外线灯,灯管由高纯度石英管材制成,充入了含有汞、氩、镓的碘化物、铁的碘化物以及一些稀有金属卤化物。它的工作原理是靠金属卤化物的循环作用,向电弧不断提供相应的金属蒸气,金属原子在电弧中受激发而辐射该金属的特征光谱线。适当选择金属卤化物并控制其比例,可以制成多种光色不同的金属卤化灯。适合水族箱使用的金属卤素灯为碘化钠—碘化铊—碘化铟灯,简称钠铊铟灯。它的优点是光度强、穿透力强,在海水水族箱中广泛使用。而它的不足之处是有强紫外辐射,必须配适当的玻璃滤光器才能使用,和水族箱之间的距离要大于40 cm。

3.LED（Light Emitting Diode）灯

LED 灯也叫发光二极管,是能够将电能直接转化为可见光的固态半导体。LED 的核心是一个半导体的晶片,用银胶或白胶固化到支架上,然后用银线或金线连接芯片和电路板,四周再用环氧树脂密封,起到保护内部芯线的作用,最后安装外壳,所以它的抗震性能较好。LED灯优点很多,LED 光源具有使用低压电源、耗能少、适用性强、稳定性高、响应时间短、对环境无污染、多色发光等优点。其缺点是价格贵,实际光效率和理论值有很大差距,实际寿命与理论寿命(10 万 h)差距巨大,有一定的发热量,光衰存在大幅度缩小。光源中的400~500 nm 蓝光波段亮度过高,眼睛长时间直视光源后可能引起视网膜的光化学损伤。这种损伤主要分两类:蓝光直接与视觉感光细胞中的视觉色素反应所产生的损伤,以及蓝光与视网膜色素上皮细胞中的脂褐素反应所引发的损伤。

灯光使用原则：

养鱼:荧光灯;珊瑚:T5;软体动物:金属卤素灯。不管使用何种灯,最好配以蓝光灯和红光灯,凸显鱼和珊瑚等体表的颜色,增强观赏性。

（五）增氧系统

水体中溶解的氧气即溶解氧,其含量的多少对观赏水生生物的养殖至关重要。溶解氧过低会影响养殖生物生长、呼吸,导致其患病甚至窒息死亡。缺氧会使水中氨氮、亚硝酸盐、硫化氢等致命的有毒物质含量增加,危害养殖生物的健康。所以水族箱中必备增氧设备,加速分解有害物质。增氧设备的作用有增加水中溶解氧;增加气压,水体波动,避免水体中溶氧、温度不均衡;促进有益菌(如硝化细菌)的活动,加速分解有害物质。增氧方式有以下几种:

机械增氧即通过气泵、潜水泵等形式强制充氧。气泵强制充氧是主要的供氧途径。还有化学增氧,在鱼缸中加入增氧剂,多用于乏氧时的急救。增氧剂是通过特殊工艺精制而成,富含多种有效成分,如过氧化钙(CaO_2)、过氧化酰胺[$CO(NH_2)_2 \cdot H_2O_2$],通过中合作用,均匀释放溶氧,迅速降解水体毒素。它的特点是稳定性强,速效而长效,养殖中任一时期均可安全使用,能够从根本上解决水质恶化问题,改善养殖环境。增氧剂分解后生成的氢氧化钙能够稳定水体的酸碱度,增加水体中钙离子的含量,有效预防虾蟹等甲壳类动物的软壳病。增氧剂还可作为氧化剂进行消毒,能有效地杀死厌氧菌和致病细菌,起到澄清水体的作用。絮状的$Ca(OH)_2$可以沉淀水中一部分微粒起到净水作用,一定程度上增加了水上漂浮植物的光合作用而增加溶氧。还有一种方式是换水增氧,即更换新水,可提高水中溶解氧含量。换水过程中水流经过一定的流程和落差可使溶解氧含量提高。

水族用增氧设施的种类有:

(1)增氧泵:水族用增氧泵与工业增氧泵工作原理相似,是将空气压入水中,让空气中的氧气与水体充分接触并溶入水中,从而增加水体的溶氧量,以保证耗氧类生物的生长需求。增氧泵一般功率较小。其优点是方便高效、成本低廉,因此在现代鱼类养殖中应用非常广泛。

增氧泵的科学保养:选择好安放增氧泵的位置,位于安全、隐蔽的地方,底部垫一层泡沫板,远离水火;放在水面高度之上,以防停止工作时,水流倒吸入增氧泵中。根据水质情况、鱼的密度及个体大小、季节(冬季短),合理安排增氧机的使用时间。经常清洗被污物、青苔堵塞的气头,及时清理倒流入皮管中的水和污物。

(2)鱼缸过滤器:鱼缸过滤器是水族箱中常用的净水增氧装置,利用水泵吸水,在进水端或出水端加上滤材用以过滤,同时利用介质流速大、压强小的原理,水流流动使装置内部压强变小,外接进气管露出水面,利用大气压将空气压入水中,以达到充氧的目的。

(六)杀菌系统

水族箱内有"爆菌"的生态风险,即短时间内水体由清澈变为混浊。"爆菌"的原因是养殖密度过大,残饵、粪便多,造成有机物含量迅速升高,导致异养菌大量繁殖;过滤装置不佳、长时间不换水或一次性大量清洗滤材等。"绿水"现象的原因是水体里绿藻过多,部分绿藻在阳光直射的鱼缸里会快速大量繁殖,影响水族箱的观赏性。杀菌系统可以有效防治"爆菌"和"绿水",降低鱼缸内细菌总数,避免有害病原菌的大量滋生,同时也可降低鱼缸爆藻问题发生的可能性。杀菌设施种类如下:

1. 紫外线杀菌灯

紫外线杀菌灯是一种低压汞灯,利用较低汞蒸气压(小于10^{-2} Pa)被激化而发出紫外光,其发光谱线主要是波长253.7 nm和波长185 nm的肉眼看不见的紫外线。杀菌原理是利用适当波长的紫外线破坏微生物机体细胞中的DNA或RNA的分子结构,造成细胞死亡。紫外线灭菌是物理方法,无二次污染和副作用,优于氯化消毒。通常紫外线杀菌灯与其他物质联合使用,如$UV+H_2O_2$、$UV+H_2O_2+O_3$、$UV+TiO_2$,可以达到更好的消毒效果。

水族箱使用杀菌灯的注意事项:放在水族箱出水口,在过滤之前先让水经过杀菌灯,然后再经过滤材,避免伤害观赏动物、杀死缸中的硝化细菌。最常见的是摆放在底滤鱼缸的水泵旁边,如果配一个低功率的水泵,尽量让水都经过杀菌灯,这样可以最有效地发挥杀菌除藻的作用。使用频率为2 h/d。长时间使用紫外线杀菌灯对箱体内的有益菌有一定影响,同时还会减短其使用寿命。先药后灯:避免紫外线和药物产生不良反应。保护眼睛:避免长时间注视开着的杀菌灯。及时更换:一年换一次杀菌灯管比较合适。

2. 臭氧发生器

臭氧是一种强氧化剂,也是独有的溶菌型制剂。臭氧氧化杀菌的机理是:臭氧能氧化分解细菌内部葡萄糖所需的酶,使细菌灭活死亡;直接与细菌、病毒作用,破坏它们的细胞器和DNA、RNA,使细菌的新陈代谢受到破坏,导致细菌死亡;透过细胞膜组织,侵入细胞内,作用于外膜的脂蛋白和内部的脂多糖,使细菌发生通透性畸变而溶解死亡。臭氧杀菌能力极强,可以杀灭细菌、病毒及未萌动的孢子,灭菌速度快,是氯的600~3 000倍。臭氧可以很快分解为氧气,无二次污染,还能提高养殖用水中的溶氧量。臭氧是一种广谱消毒剂,可用于养殖用水、饮用水、海水、污水处理,也可用于环境、物体等的消毒。臭氧气体呈游离状态,消毒无死角。

臭氧还具有净水作用,通过氧化、絮凝作用,消除酚、亚硫酸盐、亚硝酸盐等有害物质。总结来说,就是简便、完全、可靠、经济。但是它也有缺点:①对消毒后的物质无保护性余量,对多种物品有损坏,且浓度越高对物品损坏越严重,可使铜片出现绿色锈斑,橡胶老化、变色、弹性减低,以致变脆、断裂,使织物漂白褪色等。②臭氧是有毒气体,过量会使人的呼吸系出现障碍,因此人不能在密封的臭氧过量的环境中停留过长时间。

(七)水族箱的辅助设备

1. 油膜去除器

饲料为观赏动物生活提供必需的营养(如蛋白质等),产生的残饵为蛋白质、油脂等不易溶于水的物质,浮在水面,形成了油膜。由于过滤不足等原因,油膜不能被及时去除,会阻碍水中的气体交换,使水质恶化。油膜去除器通过增加水流并形成局部溢流的方法去除油膜。电动油膜去除器兼具增氧功能。

2. 蛋白分离器(Protein skimmer)

蛋白分离器的原理是:水中的气泡表面具有一定的张力,可以吸附混杂在水中的各种颗粒状的污垢以及可溶性的有机物;利用充氧设备或旋涡泵产生大量微小气泡,打入水中,气泡在上升的同时将溶解态有机物富集到气泡表面形成颗粒有机物,最终这些气泡全部集中在水面形成泡沫,将吸附了污物的泡沫收集在水面上的容器中,以混浊的液体的形式排出。蛋白质分离器的有效性:扩大气体和液体之间的表面区域以及其特定的表面张力;泡沫排出与水族箱中的水循环是分离的,可直接从水族箱中清除废物。分离器的作用:减轻水族箱内过滤系统的负荷,将海水净化,使水质得到更好的循环。分离器是海水缸的必备器材之一。它能在有机物分解成有毒废物前将其分离,减轻过滤系统的负担;增加水中的溶氧量。同时,它会氧化水中的微量元素,如铁、钼、锰等重要的微量元素;会造成盐分的流失;海水被雾化后,腐蚀性强且无孔不入;在增氧的同时会排出珊瑚必需的CO_2。

3. 滴定泵

滴定泵是小型海水珊瑚缸必不可少的,能给珊瑚源源不断地输送生长所必需的Ca^{2+}、

Mg^{2+}、KH（HCO_3^-浓度的度标）、Sr^{2+}等营养物质，从而使珊瑚茁壮成长。

4. 钙反应器

钙反应器的功能与滴定泵类似，为珊瑚生长提供 Ca^{2+}、Mg^{2+} 等必需离子。原理：它是一个封闭的桶状装置，里面添加了天然珊瑚骨，使用时向内部充入 CO_2 气体，使反应器内 pH 值 = 6.5 左右，珊瑚骨在酸性条件下缓慢溶解，释放出 Ca^{2+}、Mg^{2+} 等离子，最后通过蠕动泵把桶内富离子水缓慢加入水族箱中，保持离子平衡。

钙反应器与滴定泵相比，其优势在于后期维护简单方便，可大量稳定供应珊瑚生长需要，适合大水体、高密度的珊瑚饲养。其缺点则是钙反应器体积较大，需要配置 pH 值检测表、蠕动泵、CO_2 装置，占地大；初次使用时调节困难，需要专业人员安装测试。

六、观赏鱼常见病害的防治

水生观赏动物病害防治的关键是预防和及早治疗，而预防要贯穿在整个饲养管理的过程中，贵在坚持，重在精心。疾病的发生是鱼体（种类、规格、体质、生理状况等）、环境（水质）和病原（种类、密度、致病力等）三者相互作用的结果，因此，观赏动物健康养殖管理也应从这三方面入手。

改善养殖的生态环境是防病的基础。设计和建造观赏动物养殖场时就要考虑水源沉淀、消毒处理和隔离等防病措施。要采用理化、生物方法改善和保持良好的环境条件，如清除过多的淤泥、池底翻晒，勤注水，定期适量泼洒生石灰、含溴或氯的消毒剂、光合细菌、微生态制剂等。

加强饲养管理，增强养殖动物的抗病力，如选用抗病种类、科学投喂（适量、适时、适宜方法等）优质饲料、添加免疫增强剂和预防药物等。控制和消灭病原体，严格切断传播途径，有百分之一的染病可能，也要做百分之百的防病努力。具体应做到以下"五勤"：

(1) 勤观察水体：颜色、透明度、水质（悬浮物、气味、溶氧和氨氮等）、池壁的附着物，包括沉淀槽、过滤槽。

(2) 勤观察鱼体表各部位：皮肤（尤其是黏液）是鱼体的第一道防线。体色暗淡、无光泽可能是某种疾病的症状。要检查外表是否有寄生虫，是否鳍烂、口腐、穿孔，有松球、冠绵、红斑，表皮肌肉是否溃疡，头部是否变白，这些都是锦鲤和金鱼等观赏鱼类的病症。观察鱼体的消瘦程度，背瘦病可能是营养不良；鱼体浮肿可发展为松球病；鱼体弯曲可能是投药不当，或缺乏某些微量物质（矿物质和维生素等）；眼球异常是内脏疾病的外部表现；鳃是个敏感器官，应观察其张合程度、颜色深浅、黏液多寡、附着物或寄生虫的有无。

(3) 勤观察鱼类的游动：病鱼常离群独游，严重时会摇晃不定。锦鲤在鱼池一角围成一环或以躯体摩擦池壁、池内的固体物或池底，表明身上可能有寄生虫（如纤毛虫、锚头鳋或鲺等），严重时锦鲤会擦身，扇动胸鳍、背鳍，跳跃，甚至狂游。

(4) 勤观察摄食：食欲减退是多种疾病的症状和不良环境的表现，如缺氧、氨氮升高、水温变化、寄生虫寄生、病毒和细菌感染等。

(5)勤检查粪便:有时水面会浮现粪便,这可能是消化不良的症状。

(一)病毒性疾病

1.痘疮病

(1)症状

发病初期,锦鲤等体表或尾鳍上出现乳白色小斑点,覆盖着一层很薄的白色黏液。随着病情的发展,发病部位的表皮增厚,形成大块石蜡状的增生物,这些增生物长到一定大小和厚度,会自动脱落,在原处又重新长出增生物。病鱼消瘦,游动迟缓,食欲较差,常沉在水底,陆续死亡。

(2)病原

病原为鲤痘疮病毒。病毒颗粒近球形,20面体,在FNM细胞内包囊的病毒规格为190 ± 27 nm,核心11 ± 9 nm,为有囊膜的DNA病毒;对乙醚、pH值和热不稳定,复制时被碘(替代脱氧尿嘧啶核苷)抑制;不产生合胞体,被感染细胞显示染色质边缘化,核内形成包涵体,约5 d出现CPE,病灶空泡化,核固缩。也有人认为其不是病毒,而是上皮组织瘤。

(3)流行

当年鱼和1龄水生观赏动物常发生此病,秋末和冬季水温较低(12 ℃左右)时是此病的流行期。

(4)预防

①强化秋季培育,使水生观赏动物在越冬前有一定肥满度,增强抗低温和抗病力。

②经常投喂水蚤、水蚯蚓、摇蚊幼虫(血虫)等动物性鲜活饵料,加强营养,增强对痘疮病的抗病力。

(5)治疗

①用10 mg/L红霉素浸洗50~60 min,对预防和早期的治疗有一定效果。

②用0.4~1.0 mg/L红霉素全池遍洒,10 d后再施药一次。

③用10 mg/L红霉素浸洗后,再用呋喃西林0.5~1.0 mg/L全池遍洒,10 d后再用同样浓度全池遍洒,有一定的疗效。

④每千克饲料添加50 g大黄,连喂5~10 d。大黄研成粉末,在开水中浸泡12 h。

⑤复合碘溶液或10%聚维酮碘溶液全池泼洒,剂量为0.45~0.75 mL/m³。

2.虹彩病毒病

(1)症状

皮肤、鳍和眼球等处出现小疱状肿胀物。肿胀物大的直径3 cm,为白色细胞团块,分散、聚集成团或连成片,严重者密布于全身皮肤。通过组织病理学检查,肿胀物为皮肤结缔组织被病毒感染后巨大化的产物。

(2)病原

病原为虹彩病毒科淋巴囊肿病毒(Lymphocystis Disease Virus,LDV),dsDNA病毒,呈正20面体,直径200~260 nm。

(3)流行

已发生于100余种海淡水鱼类,我国养殖的鲈鱼、真鲷、红斑笛鲷、石斑鱼、牙鲆、大菱鲆和东方鲀等都曾发现过。此病在水温10~25 ℃时为流行的高峰期,在我国全年均可发生。

(4)诊断方法

依外观初诊,以电镜观察确诊。

(5)防治

对该病以预防为主,加强饲养管理。

①严格检疫,对检测呈病毒阳性的鱼要及时淘汰。

②加强饲养管理,改良水质,在饲喂前对饵料鱼进行消毒。

③探索安全、高效、廉价的病毒疫苗是今后防治该病的研究方向,日本已有成品化的真鲷虹彩病毒病疫苗。

3.传染性胰腺坏死病(IPN)

(1)症状

食欲丧失,体色发黑,眼球凸出,腹部膨大;多数肛门拖着线状粪便,还可见原地转圈游泳等异常的活动现象;病理组织检查为胰腺广泛坏死。

(2)病原

病原为传染性胰腺坏死病病毒(Infectious Pancreatic Necrosis Virus, IPNV),双RNA病毒科;病毒为正20面体,无囊膜,直径55~75 nm,衣壳内包有2个片段的双股RNA基因。

(3)流行

主要发病鱼类是鲑鳟鱼类(鱼苗3月龄鱼)。IPNV宿主范围很广,如鲆、鲽、鲷、鳕。流行季节为春季,一般发病水温10~15 ℃。

(4)诊断方法

根据外观症状初步诊断,取病鱼胰脏组织切片、HE染色可诊断。

(5)预防

①加强检疫工作,不将带有传染性胰腺坏死病毒的鱼卵、鱼苗、鱼种及亲鱼输入或输出。

②发现疫情首先要封锁、销毁病鱼。被污染的鱼池用浓度为200 mg/kg的有效氯消毒;被污染的工具用2%的福尔马林或pH值为12.2的氢氧化钠水溶液消毒10 min。

③已有眼点鱼卵用浓度为50 mg/kg的10%复方皮维碘溶液药浴15 min;水的pH值较高时,则需用浓度为60~100 mg/kg的10%复方皮维碘溶液药浴15 min。

(6)治疗

①疾病早期用聚乙烯吡咯烷酮碘剂(PVP-1)拌饵投喂,每天每千克鱼1.64~1.91 g有效碘,连用15 d,可降低死亡率。

②大黄研成粉末,经煎煮或热开水浸泡过夜,以每万尾鱼0.25~0.5 kg的剂量拌饵投喂,同时全池遍洒浓度为4 mg/kg的"病毒灵",对传染性胰腺坏死病有一定疗效。

③水温在10 ℃以下可降低传染性胰腺坏死病的死亡率,因此,可将病鱼放在低温水中饲养,以控制疾病的发展。

(二)细菌性疾病

1.皮肤发炎充血病

(1)症状

皮肤发炎充血,以眼眶四周、鳃盖、腹部、尾柄等处较常见,有时鳍条基部也有充血现象,严重时鳍条破裂。肠道、肾脏、肝脏等内脏器官都有不同程度的炎症。与出血病不同的是,肌肉正常,口腔内部没有炎症。病鱼鳞片通常完整,没有脱落。病鱼浮在水面或沉在水底部,游动缓慢,反应迟钝,食欲较差。

(2)病原

可能是细菌,有待鉴定。

(3)流行

患病的多数是个体大的当年鱼和1龄以上的大个体水生观赏动物。春末到初秋是患病的流行季节。水温20~30℃时是流行盛期,水温降至20℃以下时,仍会出现少数病鱼,且继续死亡,因此危害很大,直至10℃左右不再发现病鱼,死亡停止。此病是水生观赏动物常见病、多发病,全国各地都有此病流行。

(4)防治

①水中溶氧量最好维持在5 mg/L左右,尽量避免水生观赏动物浮头,以增强抗病力。

②加强饲养管理。每周除投喂全价颗粒饲料外,至少有3 d投喂活水蚤、剑水蚤、摇蚊幼虫、水蚯蚓等动物性食物,并加喂少量芜萍,以增强抗病力。

③用呋喃西林或呋喃唑酮浸洗鱼体,浓度为20 mg/L,水温20℃以下时,浸洗20~30 min;21~32℃时,浸洗10~15 min。

④全池遍洒0.2~0.3 mg/L呋喃西林或呋喃唑酮。病情严重时,可增加到0.5~1.2 mg/L。

⑤用2.0~2.5 mg/L红霉素浸洗鱼体。水温34℃以下,浸洗30~50 min,每天浸洗1次,连续3~5 d,直到病情好转。

⑥每尾大水生观赏动物腹腔注射5万~10万IU链霉素或卡那霉素,注射1次,没有明显好转者,可在第五天注射第2次。

⑦每10 kg鱼每天用氟哌酸(诺氟沙星)0.8~1.0 g拌人工饲料投喂,每天1次,连续内服6 d。由于用量少,务必和饲料充分拌匀,让每条病鱼都能吃到药饵。用呋喃西林浸洗或全池遍洒,用红霉素等外用药浸洗的同时,再结合内服药,疗效更为显著。

2.烂鳃病

(1)症状

病鱼鳃部腐烂,带有一些污泥。有时鳃部尖端组织腐烂,鳃边缘残缺不全,有时鳃部某一处或多处腐烂,不在边缘处。鳃盖骨的内皮充血,有时腐蚀成一个略呈圆形的透明区,俗称"开天窗"。由于鳃部组织被破坏,病鱼呼吸困难,常游近水表,呈浮头状。病情严重的病鱼,在换清水后,仍有浮头现象。

(2)病原

柱状噬纤维菌[同物异名:鱼害黏球菌]。

(3)流行

水温20 ℃以上即开始流行,在长江流域一带,春末至秋季为流行盛期。水温在15 ℃以下时,病鱼逐渐减少。此病能使当年鱼大量死亡,1龄以上大水生观赏动物也常患病。此病是水生观赏动物的常见病、多发病,全国各地都有此病流行。

(4)防治

①当年小水生观赏动物适当稀养,经常投喂水蚤、摇蚊幼虫等活饵料。

②用2%的食盐水溶液浸洗。水温在32 ℃以下,浸洗5~10 min,能有效预防和早期治疗。

③用20 mg/L的呋喃西林或呋喃唑酮浸洗,与防治皮肤发炎充血病相同。

④全池遍洒呋喃西林或呋喃唑酮,与防治皮肤发点充血病相同。

⑤全池遍洒漂白粉1 mg/L,此法适用于室外大鱼池。

⑥每0.5 kg大黄(干品)用10 kg淡的氨水(0.3%)浸洗12 h后,大黄溶解,连药液、药渣一起全池遍洒(氨水的含氨量一律当作100%纯氨水计算),使池水中药液浓度为2.5~3.75 mg/L。

3.白头白嘴病

(1)症状

病鱼的头部和口周围为乳白色,唇肿胀,口不能张闭而呼吸困难,有些病鱼颅顶和瞳孔周围充血,呈现"红头白嘴"症状。病鱼通常不合群,游近水面,呈浮头状。

(2)病原

一种噬纤维菌。

(3)流行

小水生观赏动物对此病很敏感,而大鱼通常不发病。刚开始时仅死亡二三尾,次日便增至数十尾,第三日便大批死亡,发病之快,来势之猛,较为罕见。病情和池养家鱼苗极相似,在湖北武汉地区,每年5月下旬至7月上旬是流行季节,6月为流行高峰期,我国华中、华南地区都有此病出现。

(4)防治

药物和剂量与防治黏细菌性烂鳃病相同。

4.出血性腐败病(赤皮病)

(1)症状

病鱼体表局部或大部充血发炎,鳞片脱落,鱼体两侧及腹部最明显。背鳍、尾鳍等鳍条基部充血,鳍条末端腐烂,水温低(15 ℃左右)时感染水霉菌,口腔和肌肉正常。

(2)病原

荧光极毛杆菌。

(3)流行

通常鱼体受伤后易患此病,当年水生观赏动物患病较多,1龄以上的大水生观赏动物少见。春季和秋季是此病的流行季节。此病与水质有密切的关系,溶氧量低,有机质含量高,易发生此病。我国各地都有此病流行。

(4)防治

①水中溶氧量最好维持在 5 mg/L 左右。注意饲养管理,操作要小心,尽量避免鱼体受伤。用漂白粉 1 mg/L 全池遍洒,适用于室外大鱼池。

②用呋喃西林或呋喃唑酮浸洗或全池遍洒,与防治皮肤发炎充血病相同。

③用利凡诺浸洗或全池遍洒,与防治烂鳃病相同。

5.打印病(腐皮病)

(1)症状

发病部位通常在肛门附近的两侧,少数在身体前部。最初皮肤发炎,出现红斑,随着病情的发展,鳞片脱落,肌肉腐烂,病灶部位呈圆形,周围充血发红,犹如打上一个红色印章或椭圆形。病鱼身体瘦弱,食欲减退,游动缓慢,最终衰竭而死。

(2)病原

点状气单胞杆菌点状亚种。

(3)流行

此病危害大水生观赏动物,主要因操作不当,鱼体受伤而感染致病菌。患病的多数是 1 龄和 1 龄以上的大鱼,当年水生观赏动物此病少见。春末至秋季是流行季节。此病是水生观赏动物的常见病、多发病,全国各地都有病例出现。

(4)防治

①加强饲养管理,勿使鱼体受伤。夏季经常换水,可有效预防此病。

②用呋喃唑酮或 1% 利凡诺涂抹病灶。再用呋喃西林或呋喃唑酮全池遍洒,与防治皮肤发炎充血病相同。

③用呋喃西林或呋喃唑酮浸洗或用红霉素浸洗,与防治皮肤发炎充血病相同。

6.竖鳞病(松鳞病、鳞立病)

(1)症状

病鱼体表粗糙,部分或全部鳞片竖起呈松果状。鳞片的基部水肿,内部积存着半透明或含血的渗出液,鳞片竖起。如在鳞片上稍加压力,就有液体从鳞片基部喷出。有时鳍基充血,皮肤轻度充血,眼球外突。文金、龙睛的病鱼,看起来外形像珍珠鳞。病鱼沉在水底部或身体失去平衡,腹部向上,最后衰竭而死。

(2)病原

水型点状极毛杆菌。

(3)流行

主要危害个体较大的水生观赏动物,流行季节为每年秋末至春季水温较低时。此病是水生观赏动物的常见病、多发病,全国各地都有此病流行,以东北和华北地区较为严重。

(4)防治

①强化秋季培育工作,使水生观赏动物在越冬前有一定肥满度,增强抗低温和抗病力。

②每 10 kg 鱼每天用 0.3~0.6 g 维生素 E 拌在饲料中长期投喂,有效预防竖鳞病、水霉病等;每天用 0.6~0.9 g 投喂,连续 10~15 d,作为辅助治疗药物。待水生观赏动物愈后,维生素 E 用量改为预防用药量。

③用食盐水浸洗或红霉素浸洗,与皮肤发炎充血病、细菌性烂鳃病相同。

④20 ℃以下时,用 1.5~2.0 mg/L 呋喃西林或呋喃唑酮全池遍洒,10~15 d 后,再用同样浓度全池遍洒一次。

⑤用上述外用药浸洗或全池遍洒的同时,结合内服氟哌酸,剂量与皮肤发炎充血病完全相同。

⑥用链霉素注射,与皮肤发炎充血病相同。

7. 蛀鳍烂尾病

(1) 症状

病鱼的鳍条边缘呈乳白色,腐烂而造成鳍条残缺不全,尾鳍尤为常见。有时鳍条软骨间结缔组织裂开,有时尾鳍呈扫帚状,严重时整个尾鳍烂掉。病鱼的鳞片正常,或者有个别鳞片脱落。有些病鱼尾鳍有充血现象,呈一条一条的血丝状。

(2) 病原

可能是细菌,菌名待定。

(3) 流行

从当年鱼到产卵亲鱼都会患此病,以大鱼为常见。一年四季都会发生,夏季往往引起病鱼死亡。水温较低时,整个尾鳍烂掉,病鱼仍活着,观赏价值降低。家庭养水生观赏动物易发生此病。我国各地都有此病出现。

(4) 防治

①先促使伤口愈合,预防水霉菌感染,再用呋喃西林或呋喃唑酮 1~2 mg/L 全池遍洒。

②用呋喃唑酮或 1% 利凡诺溶液涂抹,每天 1 次,连续涂 3~5 d。再用上述浓度呋喃西林或呋喃唑酮全池遍洒。

③用药物治疗的同时,必须投喂水蛋、剑水蚤、水蚯蚓等动物性饲料,加强营养,增强抗病力和组织再生能力。

④如果尾鳍烂掉一部分,残缺不全,应用剪刀剪去,使鳍条平整,然后用上述药物处理。通常经过 10~15 d,裂开的鳍条能够愈合。经过 40~80 d,剪去的鳍条也能再生。再生鳍条与原来旧鳍之间留下一条痕迹,观赏价值虽降低,但可留作亲鱼。

8. 水痘病

(1) 症状

病鱼体表出现一粒一粒的小水痘,大小不一,小的如绿豆、黄豆,大的如豌豆。通常水痘为圆形或椭圆形,内是淡黄色的液体,经显微镜检查发现,含有大量的细菌。水痘集中在体腹部腹面两侧,少数在尾柄、颌下。水痘的数量少则 3~5 个,多则 10 余个。珍珠鳞,特别是球形珍珠鳞发病率高,其次是水泡眼。

(2) 病原

可能是细菌。

(3) 流行

患病的都是大水生观赏动物,从当年鱼到亲鱼都会患病。从春末到秋季都有发生,有时水痘会自行消失;有时水痘会破裂,破伤处发炎充血,能使病鱼死亡。通常对水生观赏动物危害不大。上海、江苏、浙江、湖北都有此病的病例。

(4)防治

①用1%利凡诺或呋喃唑酮水溶液涂抹水痘破裂处,防止继发性感染致病菌。每天涂抹1次,连续3~6 d,直到伤口愈合。

②全池遍洒呋喃唑酮,与防治皮肤发炎充血病相同。

③用维生素 E 内服,与防治竖鳞病相同。

9.鱼类穿孔病(洞穴病)

(1)症状

早期病鱼食欲减退,体表微红,微微隆起,部分鳞片脱落,随后出现出血性溃疡,从头部、鳃盖、背部、腹部、鳍部直到尾柄均可出现。溃疡面大小不一,依鱼体大小有所差异,小者如黄豆,2龄以上大水生观赏动物溃疡直径1~2 cm。有的病状在腹侧,形如一条刀划破的伤口,又似打印病,其溃疡不仅限于真皮层,而且深及肌肉,严重的甚至深入骨骼和内脏,酷似一个洞穴,故又称洞穴病。发病快,病程持续时间较长,病原体侵入鳃部,鳃丝红肿呈棒状,尖端有缺刻,肿胀,有的呈紫色,有的整个鳃丝呈苍白色,有的部分鳃丝形成血栓,导致病鱼呼吸困难,窒息而死。

(2)病原

鱼害黏球菌。

(3)流行

此病危害很大。从9月到次年6月为流行期,10月到初冬水温较低时,为流行盛期。用病鱼卵孵化的鱼苗,1个月后也开始发病,其症状与成鱼有所不同,最初是尾鳍边缘出现白色黏液分泌物,随即向前蔓延,布满全身,不久便死亡。开始时,少数小鱼鳞片色素细胞被破坏,失去光泽,体色转白,然后脱落发炎、溃疡。此病仅发现于杭州。

(4)防治

①经常投喂水蚤、水蚯蚓等鲜活饵料,加强营养,增强对穿孔病的抗病力。

②水中溶氧量最好维持在5 mg/L 左右,避免鱼浮头,以增强抗病力。

③用呋喃唑酮 20 mg/L 加 1.4%食盐混合液浸洗 20~30 min,每天浸洗1次,连续2~3次,预防比治疗效果更好。

④用呋喃唑酮、食盐、高锰酸钾 20 mg/L 浸洗 10~30 min。适用于发病早期的幼鱼。

⑤病鱼死亡后务必深埋,并加生石灰消毒灭菌;病鱼池水用 10 mg/L 漂白粉全池遍洒,消毒 24 h 后方可排入下水道中。

10.肠炎病

(1)症状

病鱼体色发黑,离群独游,游动缓慢,食欲减退,直至停食。发病初期,肠上皮呈炎性水肿,肠壁局部充血发炎,肠空或有少量食物,黏液较多;发病后期,肠上皮细胞坏死,红肿,无食而只有黄色黏液,严重时鳍基部充血,腹部出现红斑,有腹水流出。

(2)病原

肠型点状气单胞菌和豚鼠气单胞菌。该菌呈短杆状,极端单鞭毛,无芽孢,常两个相连。琼脂菌落呈圆形。在 pH 值为 6~12 的水中均能生长,生长适温为 25 ℃,60 ℃时 0.5 h 死亡。

(3)流行

水温 18 ℃以上时开始流行,高峰为 25~30 ℃。此病常与细菌性烂鳃病、赤皮病并发。

(4)防治

①用 1 mg/kg 的漂白粉全池泼洒。

②每公顷水深 1 m,用 225~375 kg 生石灰全池泼洒。

③每 10 kg 鱼用 1 g 磺胺咪唑制成药饵投喂。

④每 10 kg 鱼用大蒜 50 g 做成药饵投喂,每天 1 次,连续 3 d。

⑤喂含干地锦草的药饵,每 10 kg 鱼每天用药 50 g,每天 1 次,连续 3 d。

11.白皮病(白尾病)

(1)症状

发病初期,尾柄处发白,随着病情发展,迅速蔓延至背鳍基部后面的体表全部发白,严重时病鱼尾鳍烂掉或残缺不全;病鱼的头朝下尾朝上,与水面垂直,挣扎游动,最终死亡。

(2)病原

最初认为是白皮假单胞菌;后又有人提出为鱼害黏球菌应为柱状噬纤维菌。菌体呈杆状,多数两个相连;极端单鞭毛或双鞭毛,有动力,无芽孢,无荚膜,革兰氏阴性。琼脂菌落呈圆形,灰白色,24 h 后产生黄绿色色素。

(3)流行

每年 6—8 月为流行季节,主要危害鱼种。

(4)防治

同细菌性烂鳃病。

(三)真菌性疾病

1.肤霉病(水霉病、白毛病、绒毛病)

(1)症状

病鱼体表或鳍条上有灰白色如棉絮状的菌丝,故又称白毛病。严重时菌丝厚而密,鱼体过重,游动迟缓,食欲减退,终至死亡。有时菌丝着生处有伤口充血或溃烂。

(2)病原

丝水霉、寄生水霉。

(3)流行

水霉和绵霉为腐生性寄生物,专门寄生在伤口和尸体上。鱼类患肤霉病的原因,主要是捕捉、搬运时操作不小心,擦伤其皮肤,或因寄生虫破坏鳃和体表,或因水温过低冻伤皮肤,水霉的动孢子侵入伤口。当水温适宜(15 ℃)时,3~5 d 就长成错综交叉的菌丝体。若伤口继发性感染细菌,则会加速病鱼的死亡。水霉全年都存在,秋末到早春是流行季节。此病是水生观赏动物的常见病、多发病，我国各地都有流行。

（4）预防

加强饲养管理，避免鱼体受伤。在越冬以前，杀灭寄生虫可以有效地预防此病。

（5）治疗

将病鱼集中在小水泥池中，用食盐（400~500 mg/L）和碳酸氢钠（400~500 mg/L）合剂全池遍洒。投喂维生素 E，药量与治疗竖鳞病相同。

2. 鳃霉病

（1）症状

病鱼呼吸困难，失去食欲，鳃上黏液增多，可见有出血、淤血或缺血的斑点，呈现花斑样。病情严重时，病鱼高度贫血，整个鳃呈青灰色。

（2）病原

鳃霉寄生在鱼体鳃丝或鳃小片中而引起。

（3）流行

该病主要流行于高温季节，尤以 5—7 月为甚。鱼种和大鱼均可患病，病鱼在几天内即可大量死亡。全国各地均有发生。当饲养水质恶化，特别是水中有机质含量过高时，容易暴发此病。通过孢子与鳃直接接触而感染。

（4）防治

①清除饲养池中过多的污泥，放鱼前用 450 mg/L 生石灰或 40 mg/L 漂白粉消毒。

②注意水质，尤其是在疾病流行季节，定期灌注新水，每月在饲养水体中撒 1~2 次生石灰（20 mg/L 左右），必要时全池撒一次漂白粉。

③改用稻草粪肥直接沤水法为混合堆肥法来培育鱼苗，改茶饼清塘法为生石灰清塘，可以预防鳃霉病的发生。

3. 口腔炎（霉菌性口腔炎）

（1）症状

口腔黏膜覆盖一层白色膜状物。

（2）病原

霉菌性口腔炎是一种由白色念珠菌引起的口腔黏膜疾病。长期食物单一或长期、超量使用广谱抗生素或免疫功能低下，容易并发霉菌性口腔炎。

（3）预防

①避免长期、超量使用广谱抗生素。

②投喂食物时避免损伤口腔黏膜。

③定期补充适量多维元素，食物多样化，提高免疫功能。

（4）治疗

①用 1% 或 2% 的碳酸氢钠溶液擦拭口腔，每天 3~5 次，直到完全康复。

②研碎的制霉菌素片，均匀撒在患处，每天 3~5 次，直到完全康复。

③严重者可以口服制霉菌素片配合治疗，每 500 g 鱼每天用量 5 万~15 万单位，分 2 次服用。

4. 斑点叉尾鮰肠型败血症

(1) 症状

根据临床症状分为急性型和慢性型。

急性型：发病急，死亡率高，主要经消化道感染。病鱼腹部膨大，体表、肌肉可见到细小的充血、出血斑和溃疡灶，眼球突出，鳃丝苍白而有出血点，腹腔积水，肝、脾、肾肿大、出血，胃、肠道扩张、充血、出血、积液。

慢性型：主要经神经系统感染，病程较长，常引起病鱼出现慢性脑膜炎，感染迅速经脑膜到颅骨，感染到皮肤，使皮肤溃烂，最后在头部形成一个溃疡性的病灶。

(2) 病原

病原为爱德华氏菌。侵入鱼的躯干部、头部和鳍等处后，头部发生出血，眼球突出，最后致鱼大量死亡。

(3) 诊断

根据流行情况、发病症状进行初步诊断。确诊需对从靶组织内分离到的革兰氏阴性菌进行鉴定，并结合临诊症状和病理变化进行综合诊断。在苗种阶段，斑点叉尾鮰病毒病可能与本病混淆，可通过临诊症状、病理变化和血清学诊断进行区别。

(4) 治疗

拌饲投喂磺胺类药物氟苯尼考，一次量为每千克鱼体重 10~20 mg。每日 2~3 次，连用 5~7 d，同时全池泼洒 8% 二氧化氯、溴氯梅因，一次量为每立方米水体 0.1~0.2 g。

(四) 寄生性疾病

1. 卵甲藻病（打粉病）

(1) 症状

初期体表黏液增多，背鳍、尾鳍及体表出现白点，逐渐蔓延至尾柄、头部和鳃内。乍看和小瓜虫病的症状相似，仔细观察（或用放大镜），可见白点之间有红色血点。后期病鱼游动迟缓，不时呆浮水表或群集，身上白点连接成片，似裹了一层面粉，最后病鱼瘦弱而死。

(2) 病原

病原体是嗜酸卵甲藻。成熟的个体呈肾形，宽大而长，长 0.083~0.130 mm，宽 0.102~0.155 mm。显微镜检查发现，白点能运动，不同于小瓜虫。

(3) 流行

此病发生在酸性池水（pH 值 5.2~6.2）中，主要危害当年水生观赏动物，1 龄鱼死亡较少。春末至初秋，水温 22~32 ℃ 时为流行季节。小水生观赏动物密度过大，缺少水蚤、剑水蚤和水蚯蚓等动物性食料时，病情特别严重，常导致大量死亡。此病先后在广东连州、南海，江西上饶和宜春地区出现。

(4) 预防

①投喂水蚤、剑水蚤等动物性饵料，加喂少量芜萍，以增强抗病力。

②将病鱼转移到微碱性水质（pH 值 7.2~8.0）中饲养。

③小缸、小池等小水体,用 10~25 mg/L 碳酸氢钠全池遍洒;室外土池或大鱼池,用生石灰 5~20 mg/L 全池遍洒。

2. 小瓜虫病

(1)症状

病鱼周身布满白点,严重时整个鱼身都覆盖着一层乳白色的黏膜。小瓜虫常成群地寄生于鱼的体表、鳃盖和各鳍,出现许多白色的点状胞囊,体表黏液增多。病鱼呆滞,漂浮于水面,很少活动,严重时通体密布胞囊,体质消瘦,呼吸困难,直至停止摄食,最终成批死亡。当水生观赏动物侵染上小瓜虫幼虫时,起初体表呈白翳状,似肤霉,又不像肤霉,有时两者病状并发,过数日后,小瓜虫幼虫在鱼体表形成胞囊时,小瓜虫病症状才明朗。

(2)病原

常见为多子小瓜虫。

(3)流行

病鱼体表白色胞囊内有无数个纤毛虫,它们具有直接感染其他鱼体的能力,在 15~20 ℃ 水温环境中繁殖最为迅速。若水温高于 26~28 ℃ 或低于 10 ℃,则虫体停止发育或逐渐死亡,故此病多见于晚春、深秋或梅雨季节。

(4)防治

①小瓜虫在 10 ℃ 以下或 28 ℃ 以上水温环境中会停止发育甚至死亡,故可将养鱼水温控制在 28 ℃ 以上,从而杀死病原。

②用 0.1 mg/L 硝酸亚汞溶液浸泡病鱼,连续 3 d。

③每立方米水体用 0.8~1.2 g 辣椒粉和 1.5~2.2 g 生姜加水煮沸 30 min,连渣带水全池泼洒,每天 1 次,连用 3~4 d。

④每天泼洒 2 mg/L 亚甲基蓝,连用 2~3 d。

3. 鱼波豆虫病(口丝虫病)

(1)症状

病鱼皮肤上有一层乳白色或灰蓝色的黏液,使其失去光泽。在鱼体破伤处,往往感染细菌或水霉,形成溃疡。当虫体大量侵袭皮肤时,鳃上也出现大量虫体,破坏鳃组织,影响呼吸,因此,病鱼常游近水表呈浮头状。

(2)病原

漂游鱼波豆虫。

(3)流行

鱼波豆虫病对幼鱼危害最大,能引起幼鱼大量死亡。虫体大量繁殖的水温为 12~20 ℃,秋末至春季是此病的流行季节。此病多发生在水缸和水质较脏的小池中。大鱼在越冬以后,饲料缺乏,患病后也能引起死亡。

(4)防治

①用 2% 食盐水浸洗 5~15 min。

②用 20 mg/L 高锰酸钾,水温 10~20 ℃ 时,浸洗 20~30 min;水温 20~25 ℃ 时,浸洗 15~20 min;水温 25 ℃ 以上时,浸洗 10~15 min。

③将水温保持在 20~30 ℃可以预防淡水热带鱼患此病。

4.斜管虫病(白翳病)

(1)症状

病鱼瘦弱,体色较深,体表有乳白色薄翳物,使病鱼失去原有色彩,严重时病鱼的鳍条不能充分伸展。病原体寄生在体表和鳃上,破坏鳃组织,病鱼呼吸困难,呈浮头状,即使换清水仍不能恢复正常。

(2)病原

鲤斜管虫。

(3)流行

此病是鱼类常见病,多发生在小缸和水质较脏的水池中。对当年生幼鱼危害最大。病原繁殖的水温为 12~18 ℃,从发现少数虫体,经过 3~5 d,就大量繁殖,最初少数鱼死亡,继之大量死亡。

(4)防治

与鱼波豆虫病的防治方法相同。

5.车轮虫病

(1)症状

病鱼瘦弱,体色较深。当病原体大量侵袭鳃部时,病鱼游近水表,呈浮头状。

(2)病原

车轮虫和小车轮虫属中的一些种类,通常寄生在鳃上。

(3)流行

此病主要危害金鱼、锦鲤和淡水热带鱼的幼鱼,大鱼虽有车轮虫寄生,通常不会死亡,但生长发育会受到一定影响。水温 25 ℃以上时,车轮虫大量繁殖,每年 5—8 月为流行季节。水体中有机物含量高时,低温也会大量繁殖。车轮虫常和其他寄生虫一起形成并发症。此病危害热带鱼比其他鱼为甚。

(4)防治

同鱼波豆虫病的防治。

6.固着类纤毛虫病

(1)症状

固着类纤毛虫少量寄生时,宿主外表没有明显症状;但当大量寄生时,病鱼的鳃及体表有大量黏液及许多绒毛状物,手摸有滑腻感,病鱼游动缓慢,会因呼吸困难而死。

(2)病原

固着类纤毛虫属纤毛虫类,种类很多,最常见的有聚缩虫、累枝虫、钟虫、单缩虫及杯体虫等。

(3)流行

全国各养鱼地区都有发生,危害多种水产动物的卵、幼体、成体,尤其危害鱼苗,传播快、死亡率高。

(4) 预防

①彻底清塘,合理施肥,掌握放养密度。定期添加有益微生物。

②放养,用 8 mg/L 硫酸铜与硫酸亚铁合剂浸洗鱼种 15~20 min (15~20 ℃)。

③每立方米水体全池撒 0.7 g 硫酸铜与硫酸亚铁(5∶2)合剂。

(5) 治疗

①用 1.5%~2.5%食盐水浸洗病鱼 30~50 min,再用 1/5 000 醋酸浸洗 30~50 min;亦可用 1/4 000 福尔马林浸洗 30 min,或戊二醛 20 mg/L 浸泡 10 min。

②全池泼洒福尔马林,浓度为 30~50 mL/m³,或全池泼洒戊二醛,浓度为 15 mL/m³。严重时,可隔日再泼洒一次。

③水深 1 m,每亩全池泼洒 15~20 g 阿维菌素。

7. 黏孢子虫病

(1) 症状

鱼体的体表、鳃、肠道、胆囊等器官形成肉眼可见的白色大胞囊,鱼生长缓慢或死亡。腔道寄生种类一般不明显,严重感染时,胆囊膨大而充血,胆管发炎,孢子阻塞胆管。脑部寄生种类可使鱼体色发黑、身体瘦弱。

(2) 病原

黏孢子虫。

(3) 预防

用生石灰彻底清塘。放养前用 500 mg/L 的高锰酸钾溶液浸洗 30 min。

(4) 治疗

①全池泼洒 0.5~1 mg/L 的敌百虫,2 d 为 1 个疗程,连用 2 个疗程,对治疗鳃上黏孢子虫病有一定效果。

②全池泼洒 1.5 mg/L 的亚甲基蓝,隔天再泼 1 次,对体表黏孢子虫病有一定效果。

8. 三代虫病

(1) 症状

病鱼瘦弱,初期呈现极度不安,时而狂游于水中,时而快速侧游,在水草丛中或缸边撞擦,企图摆脱病原体的侵扰。继之食欲减低,游动缓慢,终至死亡。

(2) 病原

中型三代虫、细锚三代虫和秀丽三代虫。

(3) 流行

三代虫寄生在体表和鳃上,刺激鱼体分泌过多黏液,夺取营养,鱼体逐渐消瘦。对鱼苗、当年鱼危害极大,能引起大量死亡。据相关文献记载,长约 17 cm 的当年锦鲤,由于三代虫大量寄生,引起眼角膜混浊、失明。对 1 龄以上的大鱼危害较小。三代虫繁殖最适宜的水温为 20 ℃,在长江流域 4 月为此病流行季节。全国各地都有此病流行,华北地区更严重。

(4) 防治

①用 20 mg/L 的高锰酸钾水溶液浸洗病鱼,与防治鱼波豆虫病相同。

②全池泼洒 0.2~0.4 mg/L 的敌百虫溶液。

9.指环虫病

(1)症状

初期症状不明显,后期鳃部显著肿胀,鳃盖张开。鳃上有乳白色虫体,鳃丝通常不鲜艳。病鱼有时急剧侧游,在水草丛中或缸边撞擦,企图摆脱指环虫的侵扰,最后游动缓慢,衰竭而死。

(2)病原

多种指环虫,如中型指环虫、坏鳃指环虫和弧形指环虫。

(3)流行

指环虫用1对锚钩和14个边缘小钩钩在鳃丝中,破坏鳃组织,刺激鳃分泌过多的黏液,妨碍呼吸。它以鳃组织和血细胞为食物,造成鱼体贫血、消瘦、血液中的单核和多核白细胞增多。温度20~25 ℃时,适宜指环虫繁殖,每年春季至初夏和秋季为流行季节(长江流域)。大量寄生也能使1龄以上的大鱼死亡。在密养下,指环虫病的危害严重。全长在12 cm以内的当年鱼易患指环虫病,大锦鲤有较强的抗病力。热带鱼幼鱼患此病多。

(4)防治

同三代虫病。

10.寄生虫性白内障病(双穴吸虫病、复口吸虫病)

(1)症状

眼晶体混浊,呈乳白色,严重时整个眼睛失明或晶体脱落。病鱼不能正常摄食,鱼体瘦弱或极度瘦弱而死。有些病鱼一只眼睛患病,生长、发育受到很大的影响。

(2)病原

复口吸虫的囊蚴。

(3)流行

病鱼眼晶体混浊,影响到观赏价值。患病的多数为1龄以上的大鱼,特别是龙睛,患病最为普遍。

(4)防治

经常喂活的水蚤、水蚯蚓、摇蚊幼虫等,病鱼还能够依靠嗅觉吃到饲料。水族缸、水池里一旦发现锥实螺(土螺、薄壳螺),应立即清除。目前缺少有效的治疗方法。

11.头槽绦虫病

(1)症状

病鱼黑瘦,体表黑色素沉着,摄食力剧减,口常张开,故又称为干口病。严重时,病鱼的前腹部膨胀,触摸时手感结实;剖开鱼腹,明显可见前肠扩张;剪开前肠扩张部位,可见白色带状虫体聚居。

(2)病原

九江头槽绦虫。

(3) 流行

头槽绦虫寄生于鱼肠中,可造成鱼大批死亡。每年育苗初期开始感染,在短期内,大部分水生动物病情严重。发病时间多在夏季,越冬后水生动物的死亡率下降。

(4) 防治

①水深 1 m,用生石灰彻底清塘。

②每千克鱼体重用硫双二氯酚(别丁)0.2 g拌料投喂,1 d 1次,连用 5 d。

③每千克鱼体重用 20 mg 丙硫咪唑拌料投喂。

④每千克鱼体重用贯众、土荆芥、苏梗、苦楝树皮合剂(16∶5∶3∶5)500 g,加入总药量 3 倍水煎煮,连续煎 2 次,拌入豆饼喂用,连用 6 d。

12. 嗜子宫线虫病(红线虫病)

(1) 症状

线虫寄生于鳞片下,经常蠕动,使鳞片隆起,皮肤发炎、出血,引起水霉菌的继发感染。病鱼食欲减退,消瘦。肉眼检查病鱼,可见寄生处鳞片有紫红色的不规则花纹,揭起鳞片可见到红色虫体。

(2) 病原

嗜子宫线虫属的一些种类。由于虫体一般为红色,故俗称红线虫病。

(3) 预防

①用生石灰彻底清塘,杀死幼虫。

②防止把病鱼运到无病地区饲养,也不要把病鱼混入健康鱼群。

(4) 防治

①全池泼洒 90% 晶体敌百虫,池水浓度呈 0.6 mg/L,能使虫体死亡、脱落。

②将医用碘酒或 1% 高锰酸钾涂擦病鱼患部,或用 2% 食盐水溶液洗浴 10~20 min。

13. 毛细线虫病

(1) 症状

虫体以头部钻入宿主肠壁的黏膜层内,破坏肠壁组织,引起发炎,严重时可致死亡。少量寄生不显症状,感染 4 条以上虫体,鱼体即消瘦,体色变黑,离群独游;感染 7 条以上时,就能引起大量死亡。

(2) 病原

毛细线虫病是由毛细线虫寄生于鱼肠中引起的鱼病。

(3) 防治

①彻底干塘,曝晒池底至干裂。

②用漂白粉与生石灰合剂清塘,每立方米水体用漂白粉 10 g、生石灰 120 g,单用生石灰无效。

③发病初期,可用 90% 晶体敌百虫,按每千克鱼每天用 0.1~0.15 g,拌入豆饼粉 30 g,做成药饵投喂,连喂 6 d,可有效地杀死肠内毛细线虫。

14.锚头鳋病(针虫病、铁锚头病)

(1)症状

初期病鱼呈现急躁不安、食欲不振,继而鱼体逐渐瘦弱症状。细检,鱼体上有一根半透明的针状虫体,一头插入肌肉组织,其四周发炎、红肿,有因溢血而出现的红斑,继而鱼体组织坏死。严重时病鱼死亡。

(2)病原

鲤锚头鳋是引发锚头鳋病的病原。其雌虫体长 6~12.4 mm,体宽 0.6~0.8 mm。

(3)流行

锚头鳋对小鱼的危害很大,只要有 2~4 个虫体寄生一尾鱼,就能引起死亡。有时寄生于鱼眼和口腔处,影响鱼类摄食。长江流域一带 4—9 月为此病多发季节。从天然水体中捞取水蚤时,将其幼虫带入养鱼缸(水池)中而使鱼体感染。

(4)防治

①鱼体上有少数虫体,可立即用锋利的剪刀将虫体剪断,用紫药水涂抹伤口,再用呋喃西林溶液全池泼洒,控制伤口不再感染病原菌。方法与皮肤发炎充血病防治方法相同。

②用1%高锰酸钾溶液涂抹虫体和伤口,约经 30 s,放入水中,次日再涂抹药一次,同样用呋喃西林溶液全池泼洒。上述药物和处理方法能使锚头鳋死亡,经过 4~8 d,鳋体腐烂而软化,用镊子将虫体轻轻取出,再涂抹 1%的呋喃西林溶液,使伤口很快愈合。

③如果室外鱼池大量感染,则用 1/80 000~1/50 000 的高锰酸钾溶液浸洗,水温 20~30 ℃时,浸洗 1 h 左右,能有效地杀灭锚头鳋。

(五)其他疾病

1.鱼鳔失调病

(1)症状

病鱼侧卧于水底,用手碰一下才会游水,不久又卧于水底。

(2)病因

养鱼容器有限,饵料不多而导致营养不良,以及水温低,引起鱼鳔失调。

(3)防治

加强投喂精细饲料,增加营养,将病鱼集中一处,提高水温,增强鱼体抗病力。

2.肠炎病

(1)症状

病鱼初观体表无明显症状,须经多次细心观察,才能发现其精神呆滞,常停伏池底不动,体肌做短时间的抽搐,投饵不食,翻转鱼腹可见肛门附近红肿充血,严重时溃烂,最后死亡。

(2)病因

病鱼吃了不适合的食物,或摄食过饱和,肠道排泄受阻,最后消化不良引起肠炎病发生,以春夏秋季为多见。

(3)防治

①投喂药饵:用 0.1 g 呋喃唑酮拌面粉,搓成米粒状颗粒投喂,可取得良好效果;或选用磺胺嘧啶 1~2 片,研成粉末拌入面粉中,搓成颗粒状投喂,疗效更好。

②浸洗:用 3%~5%硫酸镁(泻盐)浸洗鱼体 2~3 次,对初发肠炎或消化不良引起的排泄受阻或顶食等均有治愈作用。

3. 气泡病(焦尾病、烫尾病)

(1)症状

病鱼的鳍条组织中产生许多大小不同的气泡,特别是尾鳍组织更为显著。病鱼往往浮在水表层,不易沉入水中或水底,尾鳍组织伴有充血现象,俗称焦尾病、烫尾病。

(2)病因

水中溶氧过饱和或氮气过饱和引起。

(3)流行

鱼类气泡病患病原因是多方面的。气泡病多数发生在春末、夏季高温之时。浮游植物或丝状绿藻(青苔)过多的水族箱或小型水泥池等经日光强烈照射,水生植物进行光合作用,大量释放氧气,以致水中氧气达到过饱和状态即 14.4 mg/L,饱和度为 192%时,体长 1 cm 的幼鱼就会发生气泡病。幼鱼血中的氧游离成小气泡,导致血液循环受阻。严重时病鱼游动不便,失去平衡,继之尾鳍组织坏死,因而死亡。室外鱼池发生气泡病,短时间内可使鱼大批死亡。

(4)防治

①室外养鱼水体,应配置遮阴设备,控制光照强度。缸、池中间种植大的植株水草,予以遮光、遮阴,中午前后让鱼进入阴影处休息,保持鱼池安静。

②病鱼应立即转移至清水中或室内水缸中,经过数小时至 1 d,病鱼组织中的气泡逐渐消失,即可恢复正常。患病严重的鱼无法挽救。

③室外鱼池高温季节停止施肥。

④适时投饵。盛夏季节投饵宜早,不宜超过 9 点。

⑤防止水温剧升。对绿水或变色水,不但清晨投饵要充足,而且上午 10 时左右还须将缸、池遮阴,防止水温剧升。

⑥促进气泡排尽:对已患气泡病的水生观赏动物,必须当日傍晚换清水,以水刺激各鳍膜排尽气泡,并用手按摩尾鳍,由尾柄处开始向下均匀地排泄气泡,加速气体排出,可有效抑制重患者尾鳍腐烂。

七、观赏水族箱景观设计非生物材料的类型及选择

水族箱景观设计的非生物材料主要包括:水族箱、造景所需基本材料(石材、木材)、景观维持所需基本条件(水体、底床及养分)。

(一) 水族箱的类型及选择

1.水族箱的类型

随着科技的飞速发展,以及人们生活水平及需求的不断提高,水族箱在尺寸、形状、材质及功能上都发生了巨大的变化。目前市面上的水族箱既美观又功能齐全。水族箱的用途,一方面是饲养水生动植物,用于养殖及科学研究等;另一方面是饲养观赏水生动植物或营造水中景观,用于观赏。

水族箱的大小、材质、款式多样,按照不同性质可以分为多种类型:

(1)按照容水量,可分为小型水族箱(容水量在70 L以下)、中型水族箱(容水量70~200 L)、大型水族箱(容水量200~400 L)。

(2)根据材质可分为塑料水族箱、普通玻璃水族箱、浮法玻璃水族箱、超白玻璃水族箱及亚克力水族箱。

(3)根据款式可分为长方形、正方形、圆柱形及特殊形态等或分为开放式、封闭式及半开放式。

2.水族箱的选择

水族箱用途不同,其选择标准及注意事项也有所不同,本节仅介绍景观设计中水族箱的选择标准及注意事项。景观设计用水族箱的选择,首要考虑因素为是否适于景观的建造、呈现及后期维护,并且能够更好地展示给观赏者。因此应从以下几个方面考虑:

(1)水族箱的尺寸

常见的水族箱长度尺寸有30 cm、60 cm、80 cm、1.0 m、1.2 m、1.5 m、1.8 m、2.0 m、2.5 m;宽度尺寸一般为40 cm、45 cm、50 cm、60 cm;高度尺寸一般为45 cm、50 cm、60 cm。不同尺寸适合不同的造景风格,小型尺寸的水族箱所需造景材料较少且较易获取,水质不易控制,所呈现景观主要为紧凑的局部景观,体现出玲珑精致之感。中型尺寸的水族箱所呈现景观较多元化,既可呈现具有意境美的局部景观,也可表现出恢宏大气的山河地貌。此类型水族箱较适合初学者及新手选用,能够按照自己的意愿随意设计景观且后期维护不会太难。大型尺寸水族箱由于体积较大,能容纳不同种类的鱼以及可以放下各种布景,因此所需造景素材相对较多,后期维护较难,所呈现景观多以大型场景为主,体现出磅礴之势,此种类型水族箱造景需要造景者具备较好的造景技能。造景用水族箱选择尺寸时切忌选用高度过高的水族箱,例如70 cm、80 cm及100 cm的高度,过高的水族箱通常不利于底沙清洗、营造景观及水草种植等工作的进行,而且水族箱过高,也不利于一些对光照需求高的水草的生长。

(2)水族箱的材质

造景用水族箱通常选用超白玻璃材质,即超白缸。超白玻璃是一种超透明低铁玻璃,也称低铁玻璃、高透明玻璃。它是一种高品质、多功能的新型高档玻璃品种,透光率较高,具有晶莹剔透、高档典雅的特性,同时具有浮法玻璃所具有的一切可加工性能,还具有优越的物理、机械及光学性能,可进行各种深加工,并且在制作过程中杂质含量极低,所以在制作的过程中自爆率低,安全性能较高。以上特性均可很好地应用在水族箱上,因此,景观设计用水族箱尽量选择此种材质,既安全又可大大提升景观的清晰度及呈现效果。

(3)水族箱的款式

造景用水族箱通常选用开放式水族箱。开放式水族箱即裸缸,水族箱无盖,且不配备任何相关设施设备,其优点为:

①可塑性强,允许根据造景需求定制尺寸,如可在常规尺寸的基础上适当增加宽度,以达到增加景深的效果。

②可自由搭配、设置满足景观维护要求的配套设施(过滤、灯光、CO_2等)。

③造景及后期维护简便易操作,在造景过程中经常需要搬运大块石材、木材及种植水草,因此无盖式设计减少了阻碍,非常方便。

④水族箱设计简单,可利用景观的设计与任何环境相融合。

虽然此类型水族箱具备众多优点,但其缺点也很明显,如采用开放式水族箱,配套设施需另行购买,且造景者必须具备一定的设施设备常识,能够根据经验选择适合的配套设施以达到景观需求,并且能够正确安装设备等。封闭式水族箱即成品套缸,配备全套设施设备。采用此类型水族箱进行景观设计,大大降低了其可塑性,在配套设施满足不了要求时,无法根据需求自行添加设备,如照明强度不符合水草生长条件,就需要更换或添加灯光设备,而封闭式水族箱则很难达到要求。另外,这种成品套缸在夏季会产生因水温过高而影响水草健康的风险。

(4)水族箱的价格

水族箱的价格千差万别,从几十元到几万元不等。通常来说,尺寸越大,材质越好,价格越高。造景者可根据经济能力及景观需求进行选择。

(二)造景基本材料的类型及选择

除了使用水草外,景观的构架主要是由非生物素材来完成的。少量的素材可对景观起到点缀的作用,而大量素材的搭配可营造出恢宏的气势。非生物素材中,除了石材、沉木,还有人造装饰品、仿真水草、背景板等,凡是放进水中不会浮起、不影响水质,都可以成为造景的材料,但其中最能营造出自然效果,又可与水草完美融合的,只有木材和石材,也主要是通过此素材来进行主题的表达。

1.石材的类型及选择

(1)石材的类型

天然的石材中,能用在水族箱的种类并不多,很多石材对水质是具有一定程度的污染的,因此,能够使用的石材包括以下几种:

①青龙石(云雾石)

青龙石因其色泽呈青黑色而得名。多带棱角,且呈现黑白不规则条纹。水草造景常用的有太湖石(形态水磨多孔)及韶关英德石(形态风化),通过人工筛选及酸洗处理后使用。在造景缸里选用、摆放得当,非常出彩,自然、大气,常能营造出层峦叠嶂的天然景观,深受广大造景爱好者青睐。

②松皮石

松皮石产于广西柳州地区。因其体表多呈古松鳞片状而得名。松皮石常见黑、黄两色,质地软中有硬,多孔洞,断裂处多棱角,可塑能力强。基于其形态特点,在造景中常常用来搭建山体骨架,也是造景中常用的石材之一。

③木化石(硅化木)

木化石是几百万年前乃至更早之前的树木,由于种种原因被埋入地下,树木木质部分被树干周围的二氧化硅等化学物质所替换,经过石化作用而形成的具有树木形态的植物化石。木化石可分为竹化石、松化石、柏化石等。其色泽多样,主要有灰色、黄褐色、褐色等。木化石是造景的主要石材,常常采用阶梯式摆放,可较好地呈现历史沧桑感。

④火山石(浮石)

火山石是火山喷发过程中岩浆在急骤冷却后,由于压力急剧减小,内部气体迅速逸出膨胀而形成的一种有密集气孔的玻璃质熔岩。火山石表面粗糙,无明显棱角,对水流阻力小,布满蜂窝式洞穴,气孔体积占岩石体积的50%以上,有利于有益菌群的附着,也可作为水草栽种的载体。质量轻,能浮于水面。有红、黑、青灰色等多种,颜色不同,其密度也不同,因此用途各异。由于此种石材较轻,不容易固定,且容易溶解破碎,因此较少用在水族箱景观设计中,多用于生态缸陆地部分造景。

⑤卵石

卵石是指风化岩石经水流长期冲刷及搬运而成的粒径为60~200 mm的无棱角的天然卵形颗粒。卵石是最常见的天然石材,在任何自然水域附近均能找到。表面光滑浑圆,常有大小不一的凹点。色泽多样,多为黑、灰色。此种石材在景观设计中多起点缀作用,很少用于搭建山体及大型景观。例如用于溪流旁,可很好地体现其真实自然的意境。

⑥千层石

千层石是沉积岩的一种,纹理呈层状结构,石纹成横向,外形似久经风雨侵蚀的岩层。外形平整,石形扁阔,纹理独特。颜色呈灰黑、灰白、灰、棕相间,色泽与纹理比较协调,显得自然、光洁;造型奇特,变化多端。在水景创造中多用于假山的营造,纹理古朴、雄浑、自然,可表现出陡峭、险峻、飞扬的意境。

⑦龟纹石(风化石)

龟纹石因表面横竖乱纹,类似龟壳上的纹理而得名。其主要成分为石炭岩,由各种碎石聚合而成,色彩相杂,沟纹纵横,石质坚硬。虽然此类石材有使水质变硬的特性,但由于其表面纹理独特,在景观设计中常被使用,可营造岩壑意境,能展现出峭峻、雄奇和粗犷的磅礴之势。

除以上常用造景石材外,可用到水族箱中的石材还包括斧劈石、砂积石、蜡石、风凌石、珊瑚石、水晶石等。虽然有些并不适合在造景中使用,但可在鱼缸中作点缀之用。

(2)石材的选择

水族箱景观设计中运用石材的主要目的是搭建景观、表达主题、营造意境及气势,因此在造景石材的选择上应注意以下几点:

①尽量选用天然石材。水族箱景观设计强调自然,因此建议多使用天然的素材,天然的素材未经加工处理,富有个人感性色彩。避免选用太过人工化的材料,如塑料制品等。当然,如为达到某种特殊效果,可选用少量人工材料,但需注意用量。

②选用符合水质需求的石材。有的石材是石灰岩,有的是碳酸岩,有的是磷酸岩,它们都会严重影响水体的酸碱度,可根据具体情况选用能达到水质要求的石材类型。

③根据景观需求选用合适的石材。石材的种类、大小、形状、纹理,应依据是否能完美呈现景观主题进行选择,需考虑水族箱的尺寸、所要传达的感受,例如搭建山体、模拟山丘又或者制造溪流,均应选择易搭建且能够体现其意境的石材类型。

④同一水族箱中应选用种类、颜色、纹理相似的石材。通常一个景观的呈现需要大量的同一素材来强调和突出景观的主题及完整性,从而体现出景观的统一性,加深印象,表现出有规律的节奏感。

2.木材的类型及选择

在水族箱造景中使用的木材是一种质地坚硬、密度较大、能沉入水底的木材,即沉木。沉木是埋在湿地或地下的枯木或树根经过长时间的腐烂和自然作用,再经过去脂、碳化作用所形成的密度较高的木材。一块好沉木的运用可增添自然的灵气,也可提供给造景者更广阔的创作空间。在目前的造景风格中,沉木是水族景观设计中的重要组成部分,在景观中的主要作用是增添自然、真实气息,为水生物提供栖息场所,又可作为水草及有益菌附着的载体。

(1)木材的类型

水族造景用沉木通常可分为四种:阴木、流木、藤条、杜鹃根。

①阴木

阴木是指地壳变迁(如地震、洪水、泥石流)等自然灾害因素,造成树木埋于河床低洼深处或者淤泥里,在长达成千上万年的缺氧、高压,以及弱酸、微生物的作用下所形成的木材。接近黑褐色,细腻光滑,致密耐腐。阴木是所有沉木中最早运用到水族造景中的一类木材,由于天然生态环境因素,阴木具有天然的生态美,形态各异,纹理顺畅,每一件都具有其独特性,因此较好地表现出视觉美感。通常阴木体积较大,造型恢宏大气,备受造景者青睐,可用于大型水景制作中。

②流木

流木是市场上最常见的沉木,是植物生物腐化在酸性沼泽地中长时间形成的一种木材。其密度较大,数量较多,体积较阴木小得多。流木因产地不同,颜色及形态也各异,在水景中经常被用于森林、树木的营造,可运用于中小型水族箱。

③藤条

藤条是多种植物树枝的总称,取材非常广泛,也因此形态各异。藤条的颜色通常为褐色,有些偏白。藤条密度小,不易沉入水中,需进行后期加工(例如煮、泡或利用石材固定等手段),方可达到沉入水中的目的。由于藤条较流木细长、弯曲,在水景中既可作为中大型木材的修饰材料来增强景观的自然感,也可作为景观的主要使用木材,利用其枝条蜿蜒走向的形态特点,渲染沧桑历史感的同时,可增强视觉冲击力。藤条的使用并没有水族箱大小的限制,因此各类型的水族箱均可使用。

④杜鹃根

杜鹃根即杜鹃花的根。杜鹃花又名映山红、山石榴,为常绿或半常绿灌木,是一种较为常见的造景材料,在有杜鹃花生长的地方即可挖到,较易获得。其材质坚硬,形态曲折而富于变化,多以藤蔓姿态出现,枝条多,伸展性强。在水草造景中使用杜鹃根能起到画龙点睛、锦上添花的作用,例如有些杜鹃根不用进行组合,即可很好地呈现出完整树木的形态,因此在各类国际赛事中也备受青睐。但杜鹃根同藤条一样,需经过人工处理后方可在造景中使用,并且很多情况下,经过处理后的杜鹃根沉水效果依然不佳,需用石材进一步辅助固定。

目前,在水景设计中使用的木材种类很多,均具有不同的形态、纹理、颜色。总的来说,凡对水质无影响,且能够固定于水中而不漂浮的木材均可使用。

(2) 木材的选择

在水景设计中,木材是体现热带雨林自然景观及渲染意境必不可少的素材之一。沉木的优劣,直接决定造景的成功与否。在挑选它时,形态、尺寸、性质等众多条件不容忽视。在选择和使用木材时应注意以下几点:

①应选用不会影响水质,或经处理后对水质影响较小的木材。木材中含有木质素,木质素在水中分解为富含色素的鞣质、腐殖酸及其衍生物,会导致水体逐渐变为黄褐色,影响水质及观赏效果。水质颜色持续时间与木质素含量有关,待木质素全部释放完全后,水体的颜色才会恢复正常。沉木的碳化程度不同,碳化程度越高,含有的木质素就越低,因此建议选择碳化程度较高的木材,也可通过人工处理释放木材中的木质素,或采用定期换水的方式减轻水体颜色。

②尽量选用沉水效果好的木材。不同种类或同一种类不同个体的沉木密度各不相同。密度直接影响了木材是否能在水中具有一定的稳定性,密度越大,其稳定性越好。景观可根据需求随意设计,不会出现由于稳定性不佳,需要被固定在某一区域不可调整,从而导致创意空间被限制的情况。如为了景观需求,不得不选用需要经过人工处理方可沉水的木材,也应选用同一种类中,需要浸泡时间尽可能短的个体,浸泡时间越短,代表其密度越大。

③根据鱼缸大小选择合适的木材。所选用的木材的尺寸要适合水族箱空间的大小。如较小的水族箱不适合利用较大型的沉木进行造景,否则会导致本就空间有限的水族箱被全部填满,视觉上给人一种压抑感的同时,对其他空间的利用性也大大降低,在创作上缺少了发挥的空间,不利于对景观进行进一步的修饰。

④根据造景主题需求选择合适的木材。不同景观需要不同大小、颜色、形态的木材来呈现,例如利用杜鹃根很难体现出磅礴大气之势,利用阴木多体现的是浑厚苍劲之力,很难表现出柔美的视觉感受。因此,在决定景观主题的前提下,以选择符合景观主题的石材为宜。

⑤应注意木材的颜色及形态特点。好的木材一定具有其独特的优势。在外形上,应选用体态完整,无人为损坏、断裂的个体,尽量挑选根部区域,通常根部的形态较好。颜色上以选择深褐色为宜,避免灰白色,深褐色表明其长期浸泡于湿土中,化学性质稳定。气味上,不要选择有刺鼻气味的木材,这些木材很可能经过了药物的处理。

⑥木材均来自自然,每一块都有其独特性,要善于调整创作思路,更好地利用现有木材的特点,切忌在现有木材达不到景观需求时,一味地寻找与假定模型形态构造完全相同的材料。

⑦在造景前应对购买的沉木进行人工处理。进行人工处理的目的有两个:一个是防止黄水现象的产生,或减轻此现象;另一个是购买的木材密度不够,需要经过处理后达到沉水的目的。不同种类的木材,其处理方式有些许差别,但总体上可分为刷、煮、泡三种。购买后需用刷子将沉木刷洗干净,主要是为了清除木材上附着的藻类、灰尘、细菌及其他杂质,接下来可将木

材放置在清水中浸泡一周以上,在此期间要不断换水,或将其直接放在流水中。如觉得浸泡时间过长,也可用开水煮30~60 min,可快速达到杀菌、去除色素及增加其重量的目的。自然放凉后,加入高锰酸钾消毒水进行消毒,浸泡不要超过半个小时,体积过大时可用高锰酸钾刷洗,最后用清水刷洗后即可使用。强调一点,浸泡和煮并不冲突,可进行一种操作,也可全部进行,并不是必须二选一。

(三)底床的类型及选择

底床是指在水族箱底部铺设的沙、石、泥之类的底质。很多种不同的材料都可以运用到水族箱的底床中,功能也各不相同。

在水族箱景观设计中,底床是种植水草的根基,也是水草的"沃土",具体作用包括:

(1)固定水草。在景观设计中,水草需要定植在一定的基质上,且基质需要一定的深度及密度,以便水草根部可以较好地扎根且进一步延伸,从而达到稳定水草的作用。

(2)提供水草生长所需的养分。部分底床材料富含水草生长所需的基本营养。虽然水草可以通过茎、叶等器官吸收水中的养分,但根部的吸收作用也是不容忽视的,因此,富含养分的底床可以更加利于水草的生长,从而降低水草栽培的难度。

(3)调节水质硬度及酸碱性。景观设计中所使用的各类型水草大多来自热带及亚热带地区,因此,低硬度和弱酸性的水质条件更有利于水草的健康生长。底床在水族箱中占有较大的面积,在铺设底床时,如选用降酸软水的材料,能够起到较好的水质调节作用。

(4)培养有益微生物,改良水质。有益微生物在水体中能够起到改良水质的作用。底床在水族箱中表面积较大,并且与鱼类排泄物和水草的落叶等直接接触,维护不当就会由于底床缺氧导致厌氧菌发酵,产生大量有害物质的现象,从而影响水质。因此,需要保持底床的透气性,使其具有充足的氧气,培养大量有益微生物,维护水体水质。

(5)利于景观坡度的呈现。在制造某些景观时,需要景观呈现一定的坡度来营造一定的特殊效果,例如有利于景深的表现等。

1.底床的类型

水族箱景观中可以铺设的底床有很多种,都具有不同的特性:有的可以提供养分,有的可以调节水质,有的可以造景之用。本书中仅介绍水族箱景观设计中几种常用底床的类型。

(1)天然底床

天然底床是指天然形成,非人工制作的底床。其具有易获得、价格便宜、使用寿命长、物理化学性质稳定等优点。其可分为两类:天然惰性底床和天然非惰性底床。

①天然惰性底床:即化学性质和物理性质都极为稳定,对水质不会造成任何影响的底床材质。

河沙:河沙是在自然状态下,经河水反复冲撞、摩擦产生的。河沙的颜色由于产地不同而不同,有褐色、白色、棕色等。河沙是比较容易获得且经济实惠的底床材料。河沙主要成分为二氧化硅,性质极其稳定,不会对pH值和GH值等水质指标造成影响,使用寿命非常长,但孔隙比较少,容易发生板结(结块变硬)现象。

硅砂(荷兰砂):硅砂是含二氧化硅成分高的石英砂的总称。硅砂在水中状态非常稳定,且颗粒细致,颇具观赏价值。市场上常见的进口硅砂多来自荷兰、美国或日本,因此有时也叫作荷兰砂,价格相对较贵。国产硅砂相对较便宜,质量也很好,更多地被造景人所选用。

②天然非惰性底床:可改变水质的底床。这类底床由于其组成特性,会慢慢向水中溶出某些化学物质或者结合水中化学物质,对水体的 pH 值和 GH 值以及某些营养元素指标造成影响。

仙土:来源于自然土壤,成分复杂。仙土富含多种微量元素,具有一定的肥效,浸泡后可使用,无须加入其他培植料,可略微降低水体 pH 值和 GH 值。仙土价格较便宜,但不是所有仙土都能够使用,需要注意仙土的着色问题,应选用基本不褪色的仙土。

五味土(日本土、草泥丸):是指火山岩浆到达地表后,经冷却及土壤化过程,形成的肥力较好的土壤,有白色、黑色、褐色三种颜色。五味土富含多种微量元素,可维持水体的弱酸性,适合植物生长。

(2)人造底床

人造底床是针对水草养殖及造景,经过科学配伍或工厂化加工生产出来的底床材料。与天然底床相比,其具有色彩多样、营养成分满足需求等特点,可以满足造景时搭配颜色的多样性和美观性。人造底床包括人造惰性底床和人造非惰性底床。

①人造惰性底床:对水质不会产生影响的人工制作的底床材料。

陶粒砂:利用多种原料,经过陶瓷烧结而成。化学性质稳定,对水质无影响。圆形或椭圆形球体,因采用的原料和工艺不同而颜色各异,大多为暗红色或黑灰色。耐磨,使用寿命长。球体表面布满空隙,透气性好,有利于微生物的培养,生化效果明显,可良好维持水质,但前期可能出现吸肥的现象,需掌握好前期施肥的量,保证水草的正常生长。

黑金砂:用工业废土烧结而成。化学性质稳定,对水质无影响。不易粉碎,使用寿命长。黑色,对鱼类色彩有显色作用,造景中可以用来强化景观形态及轮廓之用。但粒径很小,容易造成底床因缺氧而腐败的现象,且锐利坚硬,不利于清洗工作的进行。

②人造非惰性底床:对水质有一定影响的人工制作的底床材料。

水草泥:以天然泥土为原料烧结而成。水草泥是对自然界中水草生活在底泥中的一种模仿,专门为水草养殖而设计,由日本 ADA 公司最早研发。水草泥为黑色颗粒状,较传统泥土具有更好的透气性,有利于植物的扎根生长及培养底床微生物。同时水草泥具有降酸软水的作用。它含有天然的腐殖质,能给水草提供生长必需的营养成分,降低水草养殖的难度,但其性质不稳定,易出现浑水现象。

2.底床的选择

底床的种类很多,可以使用某一种底床,也可以根据需求多种底床混用。选择底床类型,应根据以下几点:

(1)根据水草品种所需营养及水质条件确定。选用能够提供水草正常生长足够肥料的底床。由于水草适宜弱酸性水质,因此避免使用使水质呈碱性的底床材质,否则不利于水草生长。

(2)根据造景风格选择底沙的颜色及铺设面积。不同的造景风格需要不同颜色的底沙进行搭配,例如大量铺设白色底沙,可以使景观明亮的同时突出硬景观的轮廓;少量铺设白色底沙,可以营造溪流的场景;底部需要大量种植水草时,可不考虑颜色,大量铺设水草泥作为水草栽种的基质等。

(3)根据水族箱大小、造景风格及水草栽种类型决定底沙的厚度。底沙的厚度通常在8~9 cm,小型水族箱可以稍薄一些,大型水族箱稍厚一些。另外,根据景观需求可适当改变部分区域底沙的厚度,营造出特殊的效果。同时还要考虑种植水草的类型,有些水草的根系很发达,需要一定的底沙厚度有利于水草根系的延伸和定植。

(4)根据经济条件进行选择。部分底沙虽然具有众多功效,但价格昂贵,因此应根据自身的经济条件,选择既能满足基本需求,又经济实惠的底沙类型。

八、水族箱景观设计的生物材料的类型及选择

水族箱景观设计的生物材料主要有两类:一类为造景所需的水草,另一类为水族箱内饲养的观赏鱼。

(一)水草

水草泛指水生植物,通常指可以在水中生长的草本植物,一般不包括小型藻类。水生植物生长在水体与陆地之间,随着水体深度的增加,呈阶梯状分布,形成了水体与陆地之间的一条过渡带。根据水生植物的生活方式,一般将其分为以下几大类:挺水植物、浮叶植物、沉水植物、漂浮植物以及湿生植物。

1.水草在水族箱中的作用

最初水族箱仅作为观赏鱼的饲养容器,但由于水质不易维持,水草开始被人们放入水族箱内,和观赏鱼共同饲养展示。随着水族箱景观设计的不断发展,所营造的景观类型也更加多样,因此水草在水族箱中也越来越重要,水草的作用也从最初的调节水质发展成为景观塑造不可或缺的一部分。水草在水族箱中的作用包括以下几点:

(1)增加水体溶氧

整个植株通过光合作用不断向水体及底床中释放氧气,增加水中及底床中溶解氧含量,不仅可以满足水族箱内观赏鱼呼吸、有益菌增殖、水草呼吸及水体内其他生化过程的溶氧需求,而且还可以有效避免底床因缺氧而发生腐败。

(2)消除有毒物质

水草可通过自身生命活动将水中的污染物质分解、转化或富集到体内,恢复水质。例如鱼类代谢物和残饵的分解产生大量氨和亚硝酸,经反应形成硝酸盐,大量囤积在水中,可污染水质,水草可吸收过量的硝酸盐,起到净化水质的作用。

(3)控制有害微生物含量

水草可释放出抗生素,抑制和杀灭有害菌,从而降低水中有害菌的含量,对鱼类具有一定的保护作用。

（4）防止藻类大量增殖

在水质稳定的水体中，水草较藻类更具有竞争力，即在争夺养分时更具有优势，因此，大量密集地种植水草，可有效抑制藻类的快速繁殖。

（5）利于鱼类繁殖

鱼类的生活习性不同，部分鱼类需要将受精卵产于水草叶面，水草可以起到保护鱼卵的作用，同时水草还可以给孵化后仔鱼提供躲避的空间，以免遭受大型鱼类的捕杀。

（6）提供有益菌附着基

水体内的有益菌在净化水质中扮演着重要的角色，可在水草、底床、过滤设施等物体中附着繁殖。水草在水族箱中的量越多，就能够给有益菌提供更大面积的附着基，从而达到净化水质的作用。

（7）利于景观呈现

水草是水族箱景观的主要构景要素。在造景过程中，水草的运用直接影响景观的艺术表达。可利用水草的种类、粗细、高矮、叶形及色彩的搭配，配合相应的石材和木材，营造出多种多样的景观效果和意境，从而达到提升景观功能、强化景观效果、丰富景观内涵及增加景观魅力的目的。

2.水草的分类

水草根据不同的性质可分为很多类，本书中仅介绍几种针对水族造景需求的分类方式。

（1）根据光照需求不同分类

水族箱内的水草，难以利用天然光线，因此，人工光线的使用成为水草栽培是否成功的重要因素，其中光照强度直接影响了水草的生长状态。通常情况下，需要根据景观主题、意境、结构等设置灯光强度，从而选择适合此光照强度的水草类型。

水草生长过程中，需要光照多的，称为阳性水草；需要光照少的，称为阴性水草；介于两者之间的，称为半阳性水草或半阴性水草。根据水草对光照强度需求的不同，需光量从低到高的顺序排列为：阴性、半阴性、半阳性、阳性。这四类水草不仅光照强度需求不同，在光合作用强弱以及产生氧气能力等方面均有差别。

①阴性水草、半阴性水草

阴性水草、半阴性水草即对光照需求较低的水草，仅利用弱光和弱二氧化碳即可完成光合作用，满足生长需求。阴性水草需光量低于 500 lx，半阴性水草最低需光量为 500～1 000 lx。此类水草一般生长比较缓慢，在中性或偏碱性水质中可以生长良好。

任何水草的光合作用都需要一定光照，虽然此类水草需光量较小，但没有光照是绝对不可以的，会导致水草由于生长基本需求得不到满足而失去原来的形态，从而影响景观的呈现。在强光照射下此类水草也可以健康生长，但由于它生长缓慢，在强光下反而容易引起水族箱内藻类的大量增殖，对于水族箱水质维持及景观呈现都是非常不利的，因此在使用此类水草时，不建议给予过强光照。

常见种类有榕类、皇冠类、蕨类、莫丝类水草等。

②阳性水草、半阳性水草

阳性水草、半阳性水草即对光照需求较高的水草，需要在强光及强二氧化碳下才能充分地进行光合作用,从而达到较好的生长状态。阳性水草最低需光量超过 1 500 lx,半阳性水草最低需光量为 1 000~1 500 lx。此类水草以有茎类水草为主,一般生长速度较快,在微酸水质中可以生长良好。在较低光照下,此类水草会发生营养不良等现象。

常见种类有新叶底红、紫红圆叶、越南百叶、针叶皇冠、圆叶珍珠、雪花草、四色睡莲、水罗兰、太阳喷泉、红蝴蝶、宫廷草类、迷你矮珍珠、太阳草类、鹿角苔、虎耳草、牛顿草、绿松尾、古巴叶底红、金钱草、珍珠草、牛毛毡、迷你牛毛毡等。

(2)根据在水族箱中种植位置不同分类

水族箱中位于同一区域的水草,在形态上存在着某些共同特点。因此,将水族箱分为前、中、后三个区域,栽种在景观最前面的称为前景草,中间的为中景草,最后方的为后景草。此种分类方式是根据水草的高度及造景习惯,为了便于造景及对景观的讲解而产生的,可方便大家快速理解水草在水族箱内的具体栽种位置,迅速掌握水草造景的原则和方法。另外,此分类方式更适合荷兰式造景风格(全部为水草的景观),至于其他的造景风格,由于景观变化多样,使用硬景观较多,有时并不适用。由于此种分类仅依据水族箱位置,因此对种类的划分不够严谨,有时依据景观需求,同一种水草既可作为前景草,也可作为中景草使用。

①前景草

前景草,即种植在水族箱内靠前区域的水草,通常高度在 10 cm 以下。由于形态较小,一般采用大量密集种植成一片的方式来呈现。这类水草大多生长在浅水区,因此对光照及二氧化碳需求较高。在景观中,前景草主要起辅助作用,与硬景观主题形成颜色的对比,突出主题轮廓,使景观视野开阔等。

常见种类有迷你椒草、天湖葵、小水兰、香菇草、绿藻球、挖耳草、辣椒榕、汤匙萍、田字草、微果草、玲珑皇冠草、莫丝、日本泽藻、针叶皇冠、牛毛毡、迷你牛毛毡、矮珍珠、迷你矮珍珠、蝴蝶萍、鹿角矮珍珠、鹿角苔、迷你鹿角苔等。

②中景草

中景草,即种植在水族箱中部区域的水草,介于前景草和后景草之间,通常高度为 10~20 cm。这类水草一般具有独特的叶片形态或颜色,观赏性较强,中景草将前景与后景较好地衔接在一起,突出主景观的同时,创造景观的层次感及深远效果。中景草体型较大,因此不会密集成片种植,通常使用数量不多,更注重利用其形态、颜色的特点进行合理搭配。

常见种类有皇冠类、荷根类、宝塔、睡莲、红柳、大型椒草、芋类、榕类、羽毛草、小竹叶、绿菊花、老香蕉、虎头、黑木蕨等。

③后景草

后景草,即种植在水族箱后部区域的水草,通常高度在 20 cm 以上。这一区域可以看作水族箱景观的背景,也是较容易设计的部分。后景草通常为具有长直茎的有茎类水草,可从底床延伸至水面,叶片会随水面波动而摆动。在造景中,不仅可以用于掩盖附属设备,还可以塑造景观的神秘感、动感和深远效果。此类水草生长速度通常较快,需要定期修剪。

常见种类有大水榕、水兰、波浪、铁皇冠、丝带兰、缎带椒草、红玫瑰(新叶底红)、虎耳、宫廷草、小红莓、大红叶、血心兰、细叶水芹、雪花草等。

(3)根据叶形及生长特性不同分类

以上两种分类方式在使用时都具有一定的局限性,因此,我们可根据不同水草在叶形及生长特性上的差别进行分类,虽然不够科学,但是比较实用,也是比较普及的分类方式。由于水草叶形及生活习性非常多样,此分类方式也较复杂,本书中仅列举在造景中常使用的类型。

①有茎类

有茎类水草,具有明显的茎,种类繁多,较常见。其包括两种生长形态:一种是走茎,横向生长,在底床表面爬行,例如荷根、铁皇冠等;另一种为常见的茎垂直向上生长的类型,植株较高,通常作为后景草使用,例如宫廷草、血心兰、红蝴蝶、绿松尾、泽藻、小竹叶、太阳草、矮珍珠等。

②榕类

榕类水草,属天南星科水榕芋属。叶片为长椭圆形或长卵形,单叶互生,有长柄,先端渐尖,深绿色。此类水草易栽培,对光照要求不高,适应能力强,根部不插入底床中也可生长良好。榕类由于其叶形与陆地上树木的叶形相似,在水族箱中常捆绑或粘在木材或石材上,用来模拟自然界中的树叶,属于中后景水草,例如小水榕、迷你水榕、黄金榕、辣椒榕、圆叶榕等。

③椒草类

椒草种类繁多,色彩丰富。叶簇生,倒卵形或披针形,浅绿色、深绿色或红褐色,大多种类叶缘具有褶皱。有些种类栽培较难,对水质、肥料浓度、光照等环境变化非常敏感,因此也可作为水质指标,在水质发生变化时,椒草最先发生生长状态的变化。在造景时,植株较矮的种类可作为前景草大片种植,植株较高大的可作为后景草,表现出丛林的景象,例如波浪椒草、亚比椒草、气泡椒草、贝克椒草、喷泉椒草、汤勺椒草、迷你椒草、皱边椒草、咖啡椒草、红温蒂椒草等。

④皇冠草类

皇冠草类属泽泻科肋果慈姑属。叶基生,10~20片呈莲座状排列,具长柄,椭圆状披针形、长披针形或剑形。较易栽培,对光照需求不高。在造景中,由于皇冠草类大小差异较大,因此使用目的也较为多样,较小型的可用于前景,模拟草地,较大型的可用于中后景,模拟丛林,例如铁皇冠草、针叶皇冠草、迷你皇冠草、尖叶皇冠、乌拉圭皇冠等。

⑤水兰类

水兰类属泽泻科慈姑属。叶基生,无柄,狭带状,绿色至中绿色。易栽培,对水质要求不高,适应能力强。在造景中,水兰的叶形与自然界中草的形态极为相似,因此,个体较小的种类可作为前景草模拟草坪,个体较大的种类作为中后景草,可展现出飘逸之感,例如大水兰、南美水兰、浮叶小水兰、小水兰等。

⑥睡莲类

睡莲类属睡莲科睡莲属。植株较高大,叶片宽大,椭圆形,基部深裂,叶缘波状。栽培难度适中。在造景中,由于其叶片宽大而突出,因此一般作为一种主景草使用,通常不会大量栽种在水族箱内。

⑦波浪草类

波浪草类属水蕹科水蕹属。叶基生,呈莲座状排列,二型,长椭圆形或长披针形,叶缘具波浪状皱边,淡绿色或棕绿色,叶片上具有半透明的斑点,叶柄短或无柄。波浪草类属大型水草,因此在造景中,通常作为中后景使用,例如澳洲红浪草、澳洲紫浪草、大卷浪草、大浪草、大皱叶草、网草、窄叶网草等。

⑧莫丝类

莫丝类水草是苔藓类植物的统称,造景中使用的通常为水下莫丝类型。植株个体较小,对环境适应能力较强,对光照需求不高,较易栽培。在造景中,常常将莫丝类水草依附在石材或木材上,模拟自然界中的苔藓,营造景观的自然气息及历史感,但莫丝由于芽片比较繁杂,因此需进行修剪后才会美观。另外,不同种类的莫丝形态差别较大,因此可满足不同景观的需求,例如三角莫丝、珊瑚莫丝、火焰莫丝、柳叶莫丝、凤尾莫丝、翡翠莫丝、垂泪莫丝等。

⑨水生蕨类

水生蕨类是生活在沼泽、湿地、溪流、湖泊等地的蕨类植物,蕨类水草基本上都在真蕨纲中。形态多样,颜色多为浅绿或深绿色。栽培难度一般,对各项指标要求不高,例如凤尾蕨、黑木蕨、越南水芹、植株蕨、青木蕨、肚兜萍、三叶蕨等。

4.水草的选择

不同种类的水草具有不同的形态、颜色、条件需求,在选择水草时,在保证其健康的基础上,着重考虑其使用目的,可遵循以下原则:

(1)应根据造景需求购买适合的水草种类,例如用于水族箱的不同位置(前、中、后景),模拟自然界的不同景象(树叶、苔藓、丛林),营造不同氛围(神秘、沧桑、明亮)等。

(2)一个水族箱中,不适合种植太多种类的水草,否则不利于景观整体感的呈现,会使整个造景显得凌乱。

(3)种植水草的面积应不小于整个水族箱缸底面积的70%,面积过小会使水族箱内景观不够饱满。

(4)根据消费水平选择,有些水草形态、颜色较特殊,非常美丽,但价格非常贵,且有些饲养难度高,因此除必要需求外,应根据具体的消费水平选择既能满足需求又不贵的种类,不要过于追求一时的独特美丽,有些廉价的水草,应用得当,也可以营造非凡的景观。

(5)在同一水族箱内尽量选择对光照、二氧化碳及水质需求一致的水草,有利于使水族箱各类水草均维持在较好的生长状态。如特殊景观需求,一定要将需求不一致的水草放在一起饲养时,需要找到满足不同需求水草的基本生存条件,或进行其他特殊处理。

(6)在购买时,需先观察其外部情况,应选择:

①植株健壮的水草。

②叶片状态良好,叶形完整,叶片呈现本种水草应有的颜色,避免叶子上有黄色斑点,另外需区分水上叶和水中叶,水上叶需修剪后再种植到水族箱内。

③根、茎无伤痕、无溃烂、无折断,有根的类型尽量选择根比较多的、茎比较粗的、形态较好的。

④选择叶柄较短的幼株,幼株比老株更具生命力。

⑤块茎类水草应选择硕大、饱满、完整、表皮光洁、无伤痕病斑的块茎,且块茎上最好带有叶芽,可确定其未坏死。

⑥尽量选择水草上未附着青苔的个体,因为青苔不易清洗。

(7)初学者,建议选择栽培难度不高的种类,便于养活。

(二)观赏鱼

观赏鱼是指具有观赏价值的、有鲜艳色彩或奇特形状的鱼类。观赏鱼分布在世界各地,无论是淡水还是海水,无论是温带地区还是热带地区,都有分布,品种繁多。全世界观赏鱼通常由三大品系组成,即温带淡水观赏鱼、热带淡水观赏鱼和热带海水观赏鱼。目前饲养较普遍的观赏鱼有500种左右。

1.观赏鱼在水族箱中的作用

观赏鱼在水族箱起到的作用主要分为两种情况:一种是主养鱼水族箱,水族箱内没有任何景观或景观极少,所饲养的观赏鱼个体较大,此时以观赏鱼作为主要的观赏对象;另一种是景观比较多的主景观水族箱,内部景观通常比较饱满,尤其是竞赛类的水族箱都属于这种类型,通常饲养的均为个体较小的种类,此时观赏鱼仅起到点缀、美化的作用,可使景观的呈现更接近自然。

2.主景观水族箱中常见观赏鱼种类

主景观水族箱中可以饲养的观赏鱼种类有限,由于造景中使用大量的水草,因此观赏鱼需适应和水草一样的水质环境,并且体型较小,不撞坏或啃伤水草,不挖掘底沙等。主景观水族箱通常以一种多条的方式进行饲养,形成群游效果,可突出此种鱼的特点,与景观形成明显的对比。

适合主景观水族箱,尤其是竞赛类水族箱的常见观赏鱼有宝莲灯、红绿灯、三角灯、红鼻剪刀、白云金丝、橘帆梦幻旗、黑莲灯、红尾玻璃、企鹅灯、蓝线金灯、黄扯旗灯、玫瑰扯旗、蚂蚁灯、帝王灯等。

3.观赏鱼的选择

由于主养鱼和主造景的水族箱所饲养的鱼类有所差别,因此分别介绍这两种类型水族箱观赏鱼的选择原则。

(1)主养鱼水族箱观赏鱼的选择

①选择与当地天气条件相适应的种类,可有效节省耗电量。

②根据鱼缸大小选择。小鱼缸选用体型较小的种类,大鱼缸可选择体型较大的种类。

③根据消费水平选择。有些鱼类价格昂贵,几千、几万,甚至百万、千万,同时此类鱼在饲养中的花销也同样巨大,因此需慎重考虑是否能够承担鱼的售卖价格及饲养的花费。

④根据饲养难易度进行选择。无经验者建议饲养较易成活的种类,有些比较娇贵的鱼种,需要特别饲养才可存活。

⑤根据个人喜好进行选择。选择能够让自己赏心悦目的种类,才能发挥观赏鱼的主要作用。

(2)主造景水族箱观赏鱼的选择

主造景水族箱以景观为主,游鱼为辅。因此,通常情况下,水族箱内仅饲养1~3种鱼即可,种类不宜过多,否则会喧宾夺主,影响景观的呈现。

①选择适应偏酸性水质的鱼类。由于造景中用到大量的水草,而水草大多适合酸性水质,因此,应选择适合酸性水质的种类。

②选择适应25 ℃左右水温的鱼类。大部分水草在25 ℃左右的水温中光合效率较高。

③选择耗氧量较小的种类。为使水草健康生长,通常会人为地输入二氧化碳,因此,水族箱内二氧化碳含量较高,应选择需氧量较小的种类。

④选择食量较小的种类。食量较大的种类,鱼类的排泄物和残饵易导致水质恶化,造成藻类的暴发。

⑤选择对景观无害的种类。有些观赏鱼喜欢啃食水草,有些有挖掘底泥或底沙的习性,有些个体太大,有些游动过快,这些都容易破坏景观,因此均不宜选择。

⑥选择与景观主题相适应的种类,例如颜色靓丽的鱼类,可增添景观的活泼和生机,游动缓慢的鱼可突出景观的宁静和安逸。

⑦选择喜群游的种类。群游可在水族箱中形成独特的风景线,单一个体分散游动,缺少集体游动的美感。

⑧选择与景观颜色有明显差别的种类。由于鱼类个体较小,在水族箱中容易被忽略,如果选择与景观颜色相似的种类,就不能起到画龙点睛的作用。

九、水族箱景观的搭建

水族箱有不同的规格和形状、不同的造景风格、不同的用途、不同的配套设备,适应不同的经济能力,具体的造景过程和方法也有所不同。本节以使用目的为区分标准,从家庭实用、竞赛两方面介绍水族箱造景的基本步骤、注意事项及常用的造景工具和材料等。

家庭实用型和竞赛型造景的最基本区别在于材料的用量、搭建技术的难度及后期维护的难度等。家庭实用型在达到美观目的的同时,要保证其造景过程简单、易操作、使用的素材种类容易获得且经济实惠,后期不需要花费大量时间打理,即可维持景观基本形态,通常所呈现的是大自然某一区域的局部景观。家庭实用型可以是以鱼为主、以硬景观为辅,也可以是以硬景观为主、以鱼为辅。而竞赛型景观则力求整个水族箱画面充实饱满,更注重层次的搭建和景深的创造,通常以硬景观为主、以鱼为辅,既可为局部景观,也可为大场景,例如一片山脉、一片森林等,对构图能力、素材拼搭、水草养护都有极高的要求。

(一)造景基本步骤及注意事项

1.设计构思

在造景前,首先需要做的就是确定景观的风格、所表达的主题(即通过这个作品想要表达的主要思想)及整体布局,根据主题决定需要的素材类型,包括石材、木材以及水草等,进而绘制出草图,可更直观地对素材的布局进行设计和调整。

根据每个人不同的美学素质、审美感觉以及巧妙构思,可以设计出风格各异的景观。家庭实用型水族箱的构思较容易,因为使用的素材数量较少,各素材搭配使用的可能类型也较少。

竞赛型景观所使用的素材种类和数量都非常多,所能创造的景观类型也就更多,因此,就要求造景者对不同类型造景风格的特点,石材、木材及水草的特性都有较深入的了解。

此步骤需要考虑的基本问题:
①想要创造什么风格的景观?
②想要创造的是局部景观还是整体景观?
③想要表达什么样的主题?
④采用什么方式突出主题?
⑤使用什么种类的素材以及水草类型?
⑥如何将素材按照美学规律排布在水族箱内?
⑦整个景观营造需要的费用是多少?

2.造景前准备

景观搭建之前,需要对水族箱、附属设备、造景工具、素材及生物进行准备。

(1)水族箱的准备

无论是新购入的水族箱还是用过的水族箱,水族箱内外都会有尘土或污垢,严重影响景观的观赏效果,而在水族箱注水后再清理会比较麻烦,因此,造景前需用清洁剂和清水对水族箱进行清洗,并用干毛巾或纸巾擦干。水族箱的清洗需彻底,避免清洁剂残留,污染水质。

(2)附属设备的准备

需要在景观搭建完成前准备好所有的水族箱附属设备,保证在注水后可第一时间将附属设备安装完成并使用,主要包括灯光、温控、过滤、二氧化碳设备等。其中过滤系统、温控系统及灯光系统,无论是家庭实用型还是竞赛型通常都是配备的,但由于竞赛型均使用大量水草,因此必须配备二氧化碳系统,保证水草的健康状态。

(3)造景工具的准备

造景过程中,每个步骤都需要使用相应的用具和材料,具体类型和用途可参考本节第三部分内容,根据设计构思的内容,准备相应用途的工具和材料。家庭实用型所使用的工具种类较竞赛型要少,因为不需要太复杂的石材和木材的拼搭;而竞赛型追求技术的高难度和景观的独特性,更注重景观的细节,因此搭建景观时所使用的工具和材料种类相对较多一些。

(4)素材的准备

根据景观设计的需求,选择合适的素材类型,主要从素材的大小、形态、表面纹路、颜色四个方面进行挑选,例如:水族箱大小不同,所选择素材大小也不同,尽量避免使用大小占据水族箱一半的大型素材,会使景观不够自然,也不利于后期素材的组合。再比如,景观所要表达的内容不同,选择素材的类型也不同。就景观呈现效果而言,不考虑其他因素,在搭建山体时,青龙石和松皮石都是不错的选择,由于青龙石和松皮石的颜色不同,表面纹路、结构不同,视觉风格不同,所体现出的意境也不同:青龙石为灰色,表面光滑,有条纹,用于搭建山体更加自然,能够更好地体现山体的磅礴、苍劲之势;但松皮石多为黄褐色,色彩相对于青龙石更加明亮,且表面布满孔洞,更易体现被风雨侵蚀之沧桑感,能够营造出一种特殊的意境。

当现有的素材形状不符合景观需求时,应对素材进行塑形。对于石材来说,通常采用锤子敲打石块,使其形成景观所需的石块形态。对于木材来说,通常使用锯子进行切割,可将细碎的枝条切掉,使木材枝条走向清晰,切下来的细碎枝条也可作为景观后期修饰之用,可使景观更加自然,还可将大块木材切割成几部分,挑选出需要的形态使用。无论是对石材还是木材进行塑形,都要避免出现不自然的裂口或切口,即使有也应该隐藏在景观所看不到的区域,或用水草进行掩饰。

所有的素材在使用前均需要清洗和浸泡,尤其对于易产生浑水现象的石材和木材,一定要充分浸泡和清洗,减轻后期维护负担。

(5) 生物的准备

鱼和水草的准备。所购买的鱼类应与景观相适应,避免选用个体大小、生活习性与景观不协调的种类。水草种类依据景观需求而定。

3. 景观搭建

(1) 底床的铺设

底床可选用一种,也可以多种类型搭配使用,主要取决于景观需求。家庭实用型和竞赛型均需要长期维持景观,因此在底床的搭配上没有太大差别。根据使用底床类型的多少,分为单一底床和复合底床。搭配的方法很多,这里介绍几种常用的搭配方法。

① 单一底床

单一底床仅使用一种无肥力的底床材料,如沙石等。由于此类型不具有任何肥力,不能给水草养殖提供养分,因此更适用于石材或木材搭建的景观,不适合养水草。如需养水草,可将肥料混合在此类型底床中,或者添加液肥,但没有使用具有肥力的底床效果好。目前,在竞赛中,除特殊景观需求外,几乎不使用,但由于沙石具有易获得、经济实惠、颜色明亮、使用寿命长等优点,部分家庭实用型也会采用此底床方式。

仅使用一种具有肥力的底床材料,如水草泥等。由于水草泥具有水草生长所需的基本营养,因此大大降低了养殖水草的难度。目前,养水草的水族箱均使用水草泥作为底床。但单一使用水草泥,其肥力及底床活化程度都不如复合底床效果好,适合对肥力要求不高的阴性草的养殖。

② 复合底床

由于单一底床肥力有限,且易发生底床腐烂现象,因此出现了多种底床类型混合使用的现象。

水草泥和能源砂的组合。能源砂是为水草养殖而专门开发的底床类型。能源砂不仅具有一定的肥力,而且由于颗粒较大,可有效防止底床因缺氧而发生腐败,同时多孔的结构可以大量培养有益微生物,具有较好的水质维持效果。但能源砂不能长期提供维持水草生长所需的全部营养,因此不可单独使用,必须和水草泥搭配使用,在铺设时将能源砂铺在水草泥下方即可。

水草泥和火山岩石粒的组合。由于火山岩石粒颗粒较大,且布满大量密集细孔,因此同样具有培养微生物、活化底床、维持水质的作用。因其不具有肥力,需和水草泥搭配使用,火山岩石粒在下、水草泥在上铺设。

③ 添加剂和营养剂的添加

在底床中可混入各类底床添加剂和营养剂。各类粉剂大致分为以下五类:植物生长促进剂、防底床硬化粉、防底床腐化剂、硝化细菌粉、清水粉。各类营养粉剂产品类型丰富,虽然名称和成分可能不同,但基本作用相同,有利于植物生长、底床活化、水质维持。市场上也有将几种粉剂混合在一起的成品,例如"开缸五宝"或"开缸伴侣"。此类粉剂非必须添加,建缸初期效果较明显,但对于长期维持缸内状态作用不明显。

底床铺设的方式和厚度,可依据不同景观需求进行设置。整体底床不宜过厚,避免由于缺氧导致底床的腐败和板结,从而影响水质;也不宜过薄,否则不利于水草的定植和根的延伸。通常情况下,底床厚度可保持在5~13 cm,缸体大小不同,具体数值不同。铺设应采用前低后高或两边高中间低的方式,可增强水族箱的深远效果。常用的设置为前5~7 cm、中7~10 cm、后10~13 cm。最后用平沙铲将底床铺设平整。

(2)骨架的搭建

骨架的搭建主要分为三个基本过程:主素材的放置、主素材的固定及主素材的修饰。

①主素材的放置:进行任何风格的景观搭建时,首先都要确定主素材的位置和角度,也就是将骨架中较大的几块素材,按照一定的美学规律,放置在水族箱前后的不同位置上,并转动素材,找到能够较好呈现景观的角度进行摆放。

②主素材的固定:主素材摆放完成后,需要用其他素材进行固定,以防止景观在后续的搭建过程中发生坍塌。如使用的是石材或沉水效果较好的木材,不够稳固的情况下,可用小型石块在下方挤压进行辅助固定。如使用的是易漂浮的木材,可在木材下方捆绑石块,或使用较大的石块挤压进行固定。

③主素材的修饰:主素材摆放完成后,需要进行多次的修饰,主要包括两方面:一方面是对主素材的修饰,使用藤条类木材缠绕或依附在主景观上,可增强景观的自然感或沧桑感,也可起到突出主景观的作用;另一方面是对构图的修饰,使用比主景观小一些的素材,放置在水族箱的其他区域,不仅可以使画面饱满,而且可以使画面更具层次感,营造景观的深远效果。在修饰过程中,经常会用胶或塑料扎带等进行素材之间的捆绑和粘接,将多个素材组合在一起,形成一个完整的景观,满足景观需求。

家庭实用型景观,在搭建时相对较容易,对景观的饱满度、景深等要求不高。但要注意的是,家庭实用型的主要目的是居家观赏,因此在素材摆放时应考虑多角度的观赏需求。在家庭实用型中,石材的放置没有特别规则,可随自己的感觉和审美,使用大小不同的素材布置不同的高低起伏即可,通常情况下不需要素材的大量捆绑和粘接。

而竞赛型景观,尤其是国际赛事,大多为网络评选,仅以正面观为主要呈现方式,因此在素材的摆放时,更多地考虑正面的观赏效果。同时,追求视觉冲击力,需用一些特殊的景观才能体现,而这些特殊的景观往往需利用素材之间的组合,因此,在竞赛型景观中,素材之间的拼搭技巧就尤为重要。另外,竞赛型景观对构图能力的要求更高,需要造景者在具有扎实理论基础的同时,还要有丰富的造景经验。

(3)水草种植

景观骨架搭建完成后,需要进行水草的捆绑和栽种。

①水草的清洗及处理

将购入的水草进行浸泡、刷洗、消毒、去除坏根坏叶、拆分等一系列处理。

②水草的捆绑

有些景观中需要将水草覆盖住石材或木材表面,此时,需要利用胶、细线或网将水草固定在素材上。主要有以下几种情况:需要大面积附着在石材或木材上,根据素材形态,可选用细线或网将水草固定;点缀在某些素材凹陷处或两个素材接缝处时,可选用胶水进行固定。

③注水

在栽种水草之前,需要先向水族箱中注入一定量的水,高度以没过底床1 cm为宜,使底床潮湿,有利于水草的固定。

(4)水草的栽种

水草的栽种手法很多,要有足够的耐心,因为需要一小丛一小丛地种植,最常用的方式为用镊子夹住水草根部,轻轻插入底床中,使叶片或茎露在外面,轻轻松开,慢慢将镊子拔出。

栽种的深度取决于水草根系的发达程度,一般来说,以草不飘起即可,根系发达的水草如栽种过深,会影响水草的正常生长。

根据景观需求不同,水草栽种的区域和密度也不同,通常低矮的水草种植在中、前景,较高的水草种植在后景或水族箱两侧。水草栽种密度要适中,不可过密,避免竞争营养物质;也不可过稀,不利于景观的快速成景。

4.注水

水草栽种后需要向水族箱内大量注水,由于水流会产生冲击力,可能导致底床的变动、水草的漂浮、硬景观的移位等问题,因此注水时应尽量减小水流的冲击力,常使用的方法是选用一个水流缓冲物,阻止水流直接流入缸体,可将水流先流到缓冲物上,再慢慢向四周溢到水族箱内,例如使用较轻的塑料袋铺到底床或硬景观上,注水完成后取出即可。

5.安装附属设备

注水完成后,需要进行附属设备的安装。根据种类的不同,附属设备的安装方法也不相同。关于具体的安装方法,本书中不做详细介绍,但安装的基本原则是能够提供景观维持所需要的基本条件,并且不可影响景观的观赏效果。

6.放鱼

对于家庭实用型水族箱,大多需要养鱼,因此在选择鱼类时应着重考虑鱼的生活习性和个体大小是否与景观相适合,否则会发生景观被破坏的现象。对于竞赛型景观,通常鱼仅作为景观的点缀,另外由于竞赛型景观使用的材料很多,几乎填充了整个水族箱,因此鱼类的生活空间也有限,通常选用小型的热带鱼,数量几十条即可。

7.后期维护

维护是非常关键的一项工作,直接决定景观呈现效果,维护内容主要包括换水、滤材的清洗和更换、肥料的添加、灯光及二氧化碳的控制、水草的修剪等。

第二节

沙蚕、单环刺螠等苗种繁育与养殖

一、沙蚕的基础生物学

双齿围沙蚕属围沙蚕属,在我国沿海潮间带习见。因其结构典型、数量多、营养价值高,是教学、实验和增养殖的重要种类。

(一) 沙蚕的外部形态结构

双齿围沙蚕的活体,虫体背部为肉红色或蓝绿色,腹部为白色略偏黄或偏红,背腹面均具有光泽;酒精标本多呈黄白、黄褐、紫褐或肉红色,大多数标本的上背舌叶具有咖啡色色斑;福尔马林保存的标本虫体背面呈青绿色、背须颜色深,也多见体前部黄绿色、体后部颜色加深并伴有黑绿色色斑标本,刚节褐色,肛须颜色较淡。双齿围沙蚕形态及头部特写如图3-1所示。

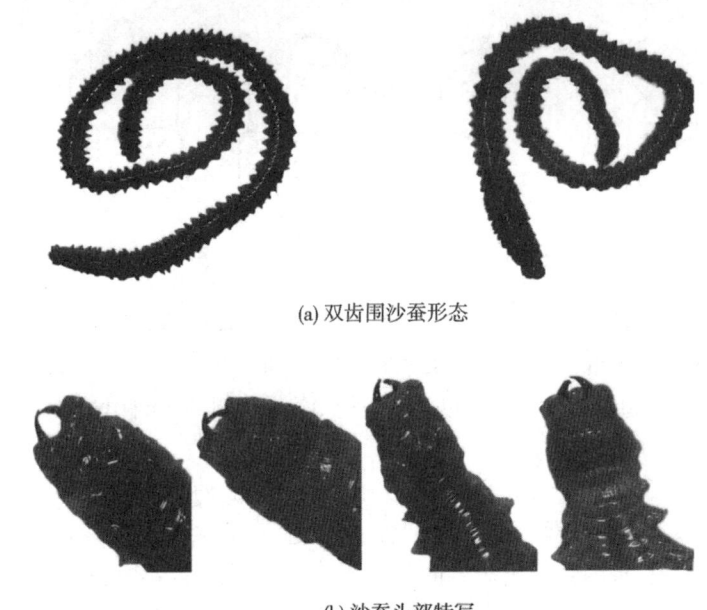

(a) 双齿围沙蚕形态

(b) 沙蚕头部特写

图3-1 双齿围沙蚕形态及头部特写(引自周一兵等,2019)

沙蚕的身体分为头部和躯干部。头部由口前叶和围口节组成。口前叶前宽后窄,呈梨形,具呈倒梯形排列于口前叶中后部的眼4个(2对),2根位于口前叶前端中央的短小的触手和分布在其两侧的2个卵形或圆锥形分节的触角,触角长于触手,二者皆为感觉器官。口前叶后为第1体节,其腹面有口,具可翻出的吻,故称围口节。围口节两侧每侧具有3~4根触须,最长的可伸达虫体第6~8体节。双齿围沙蚕的头部示意图和常见颚齿变化如图3-2所示。

大颚上有6~7个侧齿,吻部除Ⅵ区具有2~3个扁棒状颚齿排成一横排外,其他皆为圆锥形颚齿。颚齿分布为:Ⅰ区2~4个(有的特别的标本有6个);Ⅱ区有12~18个,成2~3排弯曲排列;Ⅲ区有30~54个,呈3~4排不规则椭圆形堆状排列;Ⅳ区有18~25个,排成3~4斜排;Ⅴ区具2~4个(3个时排成三角形);Ⅶ区和Ⅷ区则有35~50个,排成两横排,此两排齿即为双齿围沙蚕中文名称的由来。因个体差异和产地不同,吻部Ⅰ区、Ⅴ区和Ⅵ区的颚齿数与排列方式常有变化。

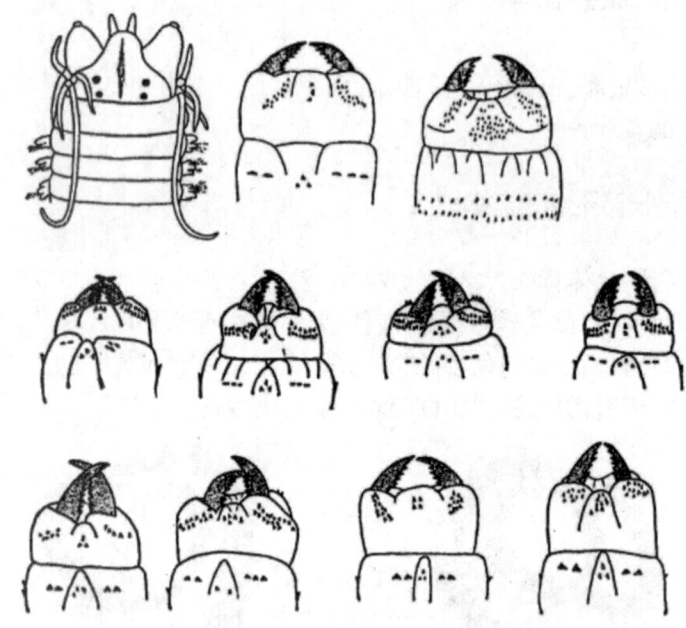

图3-2 双齿围沙蚕的头部示意图和常见颚齿变化(引自孙瑞平等,2006)

沙蚕的躯干部稍扁,腹面平坦或微凹,腹中部具有一纵行的腹中沟。沙蚕由许多彼此相似的环状部分沿虫体纵轴组成,每一环状部分称为体节(也称刚节)。每个体节之间以隔膜相分隔,体表相应地形成节间沟,为体节之间的分界。体节两侧具扁平的肉质突起物,为沙蚕的疣足。

双齿围沙蚕除前2对疣足为单叶型疣足外,其余皆为双叶型疣足,由背足叶、腹足叶、背须、腹须和刚毛组成。体前部双叶型疣足,上背舌叶近三角形,背腹须为须状,背须与上背舌叶长度大约相等;腹须短,长度约为下腹舌叶的一半。体中部疣足,背须短于上背舌叶,上背舌叶尖细,下背舌叶稍短且圆钝,2个腹前刚叶和1个腹后刚叶与下腹舌叶长度大致相等,腹须短。体后部疣足,疣足整体明显小于身体前部疣足,上、下背舌叶和腹舌叶变小为指状。

疣足的刚毛为复型刚毛,背刚毛为复型等齿刺状刚毛;在腹足刺上方的腹刚毛为复型等齿刺状刚毛和异齿镰刀形刚毛,腹足刺下方的腹刚毛为复型异齿刺状刚毛和异齿镰刀形刚毛。

(二)沙蚕的内部结构

1.体壁

沙蚕的体壁一般都较薄,不透明,背面多呈褐色或棕绿色,腹面呈棕红色或黄白色。由外及内,体壁由角质层、表皮层、肌肉层和壁体腔膜组成。

(1)角质膜:为表皮细胞分泌而成的一层非几丁质的硬蛋白膜,较薄且易弯曲,具保护作用。

(2)表皮层:位于角质层下方的单层柱状上皮细胞层。其中有腺细胞和感觉细胞,尤以腹侧面和疣足叶基部处腺细胞分布较多。腺细胞分泌黏液,表皮层还富有毛细血管,以利于呼吸。沙蚕表皮下的基膜不明显。

(3)肌肉层:沙蚕的肌肉组织为平滑肌,呈梭形。肌肉分为环肌、纵肌和斜肌三种。环肌为外层环生,较薄。沙蚕体节过疣足被横切时,可见环肌于疣足处间断。纵肌位于疣足间断处的内层,发达,较厚,横切呈多边形。纵肌分成4束,背、腹侧各有两束。斜肌位于每个体节内,1对。每个斜肌又分为两支:一支穿过体腔达背部,另一支至疣足的腹基部。此外,疣足还具有复杂的疣足肌。

在功能上,环肌的收缩可以使沙蚕虫体伸长,变得细长,纵肌的收缩可以使沙蚕虫体收缩,变得粗短,斜肌和疣足肌则控制疣足和刚毛的摆动,几种肌肉分工合作协同完成沙蚕的运动。

(4)壁体腔膜:位于沙蚕体壁的最内层,为一层扁平细胞,是体腔膜的一部分。

2.体腔

沙蚕的体腔为体壁与消化管间宽阔的腔隙,内外均围有体腔膜。其中,近体壁的部分为壁体腔膜,近消化管的部分为肠体腔膜或脏体腔膜。相邻体节的体腔由隔膜分开,每一体节的体腔由背、腹系膜将其分隔成左右两个体腔。体腔内充斥着体腔液和变形细胞,具循环功能。在生殖期,体腔内充满了不同发育阶段的生殖细胞。

3.消化系统

沙蚕消化系统包括消化管和消化腺两部分。消化管为从口到肛门的直管。根据其构造和来源,分为前肠、中肠和后肠三个部分。

沙蚕主要摄食软体动物、甲壳动物、其他小型动物、有机碎屑和海藻。摄食时,沙蚕体前部伸出穴外,同时通过伸缩肌的牵引和体腔液的压力驱动口咽区外翻成吻或称翻吻,一旦大颚夹持住食物后,外伸的前部便缩回穴中,翻吻也因伸缩肌的收缩而缩回。食物经由颚齿和乳突等磨碎、吞咽后,在消化道肌层有节律的蠕动和食道腺及黏膜层上皮细胞分泌的酶的作用下,被消化和吸收。未被消化的食物残渣及粪便经由直肠从肛门排出体外。

4.排泄系统

除体前几体节外,沙蚕每个体节都有1对按节排列的后肾,其一端为开口于前体节体腔的纤毛肾内孔,另一端为开口于疣足基部近腹须处的肾外孔。后肾为一合胞体致密的腺体,腺体表面具有密集的血管,腺体内聚螺旋的纤毛肾管和无纤毛的端管。血液、体腔液带来的代谢产物,经后肾纤毛肾管的渗透和吸收浓缩后,形成含氮代谢产物(主要是氨)排出体外。

5.呼吸系统

沙蚕无特殊的呼吸器官。其体表,尤其是薄的背表面和疣足的舌叶,都布满微血管网,是气体交换的主要场所。

6.生殖系统

沙蚕多为雌雄异体或单性,没有明显固定的生殖腺(精巢和卵巢)。生殖腺只是在繁殖季节,由腹隔膜体腔上皮细胞快速增殖而成。除体前端外,几乎每节都可能有生殖细胞。

(二) 沙蚕的生殖

多毛类的生殖方式分为有性生殖和无性生殖，绝大多数多毛类动物进行有性生殖。双齿围沙蚕原生殖细胞由体腔上皮细胞分化形成。原生殖细胞形成后，与体腔上皮细胞分离、脱落，进入体腔，在体腔液中自由悬浮，并在体腔内继续分裂、生长、分化，最终发育为成熟的配子细胞。其生殖细胞在整个发育过程中的大部分时间是以细胞团的形式存在于体腔液中，逐渐发育，完成一生一次的生殖过程。

1. 双齿围沙蚕精子的发育

根据沙蚕体腔细胞内精母细胞进入体腔的时间和精子团的大小，双齿围沙蚕的精子发生分为精原细胞期、初级精母细胞期、次级精母细胞期、精细胞期和精子细胞。

(1) 精原细胞期

体壁上皮细胞经过分化，形成精原细胞。精原细胞数量较少，细胞为圆形或椭圆形，直径约为 5.3~6.7 μm。细胞核较大，染色较深。细胞质较少，且染色较浅[见图3-3(a)]。精原细胞形成后，从体壁脱落，散落在体腔液中。体腔液中的间质细胞紧紧地围绕在精原细胞的周围。精原细胞在体腔液中进一步生长、增殖[见图3-3(b)]。同时，精原细胞间逐渐发生聚合，形成精原细胞团。精原细胞团内有 3~5 个精原细胞，外面包被一层薄薄的滤泡细胞膜[见图3-3(c)]。

(2) 初级精母细胞期

精原细胞团在体腔液中进一步生长、增殖。经过 3~5 次的有丝分裂，形成初级精母细胞团。初级精母细胞团体积较大、着色较深。同时，初级精母细胞团不断有新的初级精母细胞加入，使细胞团的体积不断变大。由于有新的细胞加入，因此细胞团的体积不固定。细胞团直径约为 2.60~3.65 μm[见图3-3(d)和图3-3(e)]。

(3) 次级精母细胞期

初级精母细胞从体腔液中吸取营养，并继续生长、分裂，形成次级精母细胞。次级精母细胞团体积继续增大，着色很深。大的次级精母细胞团内被分为很多个小的细胞团，小细胞团间有滤泡膜相连。每个小细胞团内有多个着色很深的次级精母细胞。次级精母细胞团外观类似葡萄串状[见图3-3(f)和图3-3(g)]。

(4) 精细胞期

次级精母细胞团经过生长和二次减数分裂，形成精子团，精子团在外观上和次级精母细胞团相同。在精子团内精子逐渐发生分化和分离，形成正常的精子。精子在动物体没进行成熟变态的时候，仍为滤泡膜包被的精子团。

(5) 精子细胞

当动物体在生殖季节发生变态，变化为异沙蚕相个体时，精子团膜逐渐溶解，精子细胞从精子团中分散出来，散落到体腔当中，等待生殖活动进行[见图3-3(h)]。接受刺激后，精子由体壁上的临时裂口排出体外。

此外，在沙蚕体腔的组织学切片中，配子细胞周围常具有体积微小的间质细胞。间质细胞具有多个细胞核，没有固定的形态，数量较多，存在于生殖细胞的周围，相互连接成网状。间质细胞在配子细胞发生的早期和中期大量出现,其功能可能是为早期的生殖细胞提供营养并防止生殖细胞间的相互挤压和摩擦。

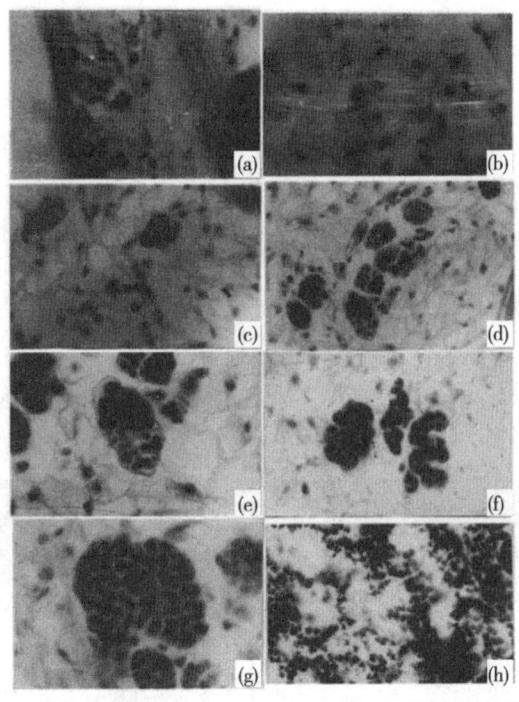

图 3-3 双齿围沙蚕精子发生的组织学观察(引自周一兵等,2019)

(a)精原细胞期,体壁细胞分化,形成精原细胞(×100);(b)精原细胞形成后,释放于体腔液中(×400);(c)精原细胞间发生聚合,形成精原细胞团,外被滤泡细胞膜(×400);(d)初级精母细胞期,有丝分裂后,形成精母细胞团(×200);(e)精母细胞团的体积不断增大(×200);(f)次级精母细胞期,细胞染色加深,细胞团中划分为小细胞团(×200);(g)次级精母细胞期,示"葡萄串"状精母细胞团(×400);(h)精子期,精子团膜溶解,精子释放于体腔中(×400)。SG 精原细胞;PS 初级精母细胞;SS 次级精母细胞团;S 精子。

2.双齿围沙蚕卵子发生

根据双齿围沙蚕的卵原细胞进入体腔的时间和卵黄合成过程以及卵径的大小,将双齿围沙蚕的卵子发生确定为四个时期:

(1)卵原细胞期

细胞大小约为 5~12 μm,细胞核大小约为 4.5~8.0 μm。卵原细胞紧贴在体腔壁的生殖上皮[见图 3-4(a)],细胞形状不规则,核大且圆,染色较深,呈分散状分布,靠近核膜处。卵原细胞生长到一定阶段,就可以从生殖上皮脱落,进入体腔中,在体腔液中继续发育[见图 3-4(b)]。

(2)无卵黄期

细胞呈圆形,一般 4~5 个组成团状。细胞大小约为 12~25 μm,细胞核大小约为 8.0~11.0 μm。细胞核中有大核仁 1 个,小核仁 2~4 个,大核仁位于细胞中央,小核仁多偏离中心,位于核膜内缘。且卵细胞内没有卵黄颗粒[见图3-4(c)]。

(3) 卵黄形成期

根据卵黄颗粒的多少,可以将此时期分为卵黄形成前期、卵黄形成中期和卵黄形成后期。

卵黄形成前期:细胞为亚圆形,细胞长径为40.8 μm,短径为26.8 μm。细胞核圆,长径为13.2 μm,短径为12.8 μm。大核仁1个,小核仁2~4个,核仁偏离中心,位于细胞核膜边缘。细胞质中出现卵黄颗粒,卵黄颗粒被染成浅红色。此时能看到卵黄颗粒均匀分布,但数量较少。有数量很多的空泡状物质,为脂滴,大小约为1.2 μm[见图3-4(d)]。

卵黄形成中期:细胞为圆形,细胞团散开,细胞单独存在。细胞长径为65.0 μm,短径为50.5 μm。细胞核长径为16.2 μm,短径为13.5 μm。大核仁1个,位于细胞核中央,小核仁逐渐消失,细胞质中卵黄颗粒增多,脂滴大小约为2.1~5.8 μm[见图3-4(e)]。

卵黄形成后期:细胞为椭圆形,单个存在,细胞长径为92.4 μm,短径为75.8 μm。细胞核长径为25.5 μm,短径为21.9 μm。大核仁1个,位于细胞核中央,细胞质中有密集且均匀分布的卵黄颗粒。脂滴数量很多,大小约为7.4~13.9 μm[见图3-4(f)]。

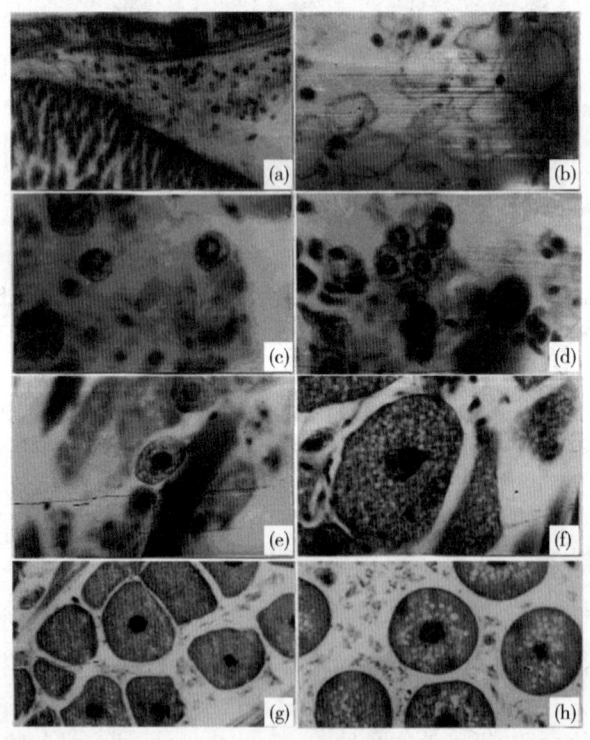

图3-4 双齿围沙蚕卵子发生组织学观察(引自杨大佐,2005)

(a)卵原细胞期,卵原细胞由体腔上皮细胞转化,在体腔上皮细胞中(×100);(b)卵原细胞期,体腔液中的卵原细胞,周边为间质细胞(×400);(c)初级卵母细胞期,细胞呈圆形、团块状(×400);(d)次级卵母细胞期(卵黄形成前期),细胞呈圆形,出现卵黄颗粒(×400);(e)卵黄形成中期,细胞呈亚圆形,卵黄颗粒不断增多(×400);(f)卵黄形成后期,细胞呈椭圆形,有均匀分布的卵黄颗粒(×400);(g)卵母细胞成熟期(胶膜形成前期),细胞被挤压成不规则的形状,外被薄薄的胶膜(×100);(h)卵母细胞成熟期(胶膜形成后期),细胞呈圆形,细胞核在中央,胶膜增厚,细胞质出现脂滴(×100)。

(4)胶膜形成期

胶膜形成期可分为胶膜形成前期和胶膜形成后期。

①胶膜形成前期

细胞排列紧密且被挤压成不规则形,细胞长径为 130.4 μm,短径为 115.8 μm。细胞核居中,长径为 32.3 μm,短径为 24.6 μm,核仁 1 个,细胞质中的脂滴汇成多个大的脂滴,大小约为 7.3~15.8 μm。在细胞膜外形成一个薄层的胶膜[见图 3-4(g)]。

②胶膜形成后期

细胞圆形,长径为 167.6 μm,短径为 148.6 μm。细胞核位于中央,长径为 45.5 μm,短径为 34.7 μm,核仁不明显。大的脂滴集中在细胞核周围,大小约为 16.3~19.6 μm。胶膜厚达 25.8 μm。此时间质细胞体积变小[见图 3-4(h)]。成熟期的卵在体腔中可自由移动,呈墨绿色。因沙蚕无生殖导管,成熟的卵主要由体壁上的临时裂口排出。

(三)沙蚕的繁殖

沙蚕的生殖现象较为特殊,会于生殖前发生形态上的变异,即生殖态,这种具生殖态的虫体又称异沙蚕体,常由前部的非生殖体区和中后部的生殖体区组成。

异沙蚕体沙蚕头部 4 个眼明显变大且出现晶体,触手、触角变短,触须变长。躯干部缩短,出现有性体节的生殖区。有性体节的疣足变化最大,其舌叶加宽变扁,尤其是足刺叶(刚毛叶)变为叶片状或扇状且极富血管。疣足背、腹须加长,雌性体前部疣足背须和腹须膨大;雄性除体前部膨大外,体中、后部背须具有锯齿状排列的乳突;刚毛逐步由排成扇状的桨状刚毛所替代。虫体内部体壁肌肉组织溶解且重组,肠和隔膜自溶被吸收消失,血管更发达,疣足肌也显著拉长。上述种种变化有利于虫体由底栖转入暂时性的浮游,保证生殖细胞获得足够的营养和宽敞的发育空间,能使生殖细胞畅通排放,也有利于虫体采取特殊的生殖对策。

当沙蚕性成熟时,分散而居的沙蚕若要成功地使精卵相遇,必须使两性个体在一起,多数沙蚕采取的最优生殖对策是在一定时期同步地离开栖息地,由底栖起浮于海面排精放卵。这种生殖习性称为群浮。雌性呈青绿色,体前部疣足触须膨大,而雄性呈乳白色、尾部红色。大部分沙蚕在一年的几个星期或几天内起浮,具有一定的趋光性和周期性。沙蚕在群浮时,雌、雄个体常相伴做圆形的旋转运动,在旋转的过程中排卵放精,此为婚舞,一般表现为起浮于水面的一个或多个雄体围绕雌个体旋转。雌、雄异沙蚕体进行群游和婚舞,雄性排精,雌性产卵,精、卵细胞在水中受精形成受精卵。

(四)沙蚕早期胚胎发育

1.受精卵

卵子受精后,受精膜举起,卵收缩,围卵黄周隙形成,油球集中在卵中间,卵黄颗粒分散在周围,清晰可见[见图 3-5(a)和图 3-5(b)];原生质有流动感,胞质、卵黄和油球由均匀分布状态开始向受精卵两端集中,原生质向顶端移动形成动物极,卵黄和油球向末端移动形成植物极[见图 3-5(c)]。

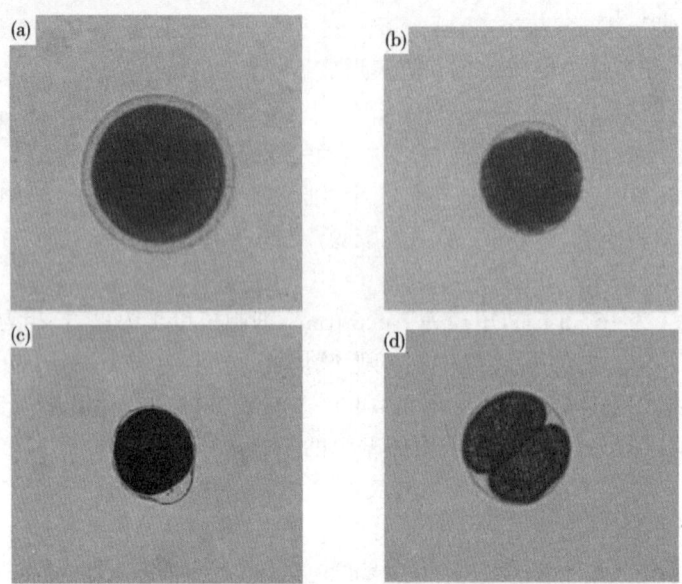

图 3-5 受精卵变化(引自周一兵等,2019)
(a)受精卵×20;(b)受精卵卵黄颗粒×20;(c)原生质流动×20;(d)二分裂×20

2. 卵裂期

成熟卵子受精后约 30 min 开始卵裂。第一次卵裂为纵裂,不等卵裂,将受精卵的卵黄分裂成不等的两份,形成 2 细胞期[见图 3-5(d)]。第二次卵裂也为纵裂,2 条分裂沟不完全垂直,将受精卵分裂成 1 个大分裂球和 3 个小分裂球,即 4 细胞期[见图 3-6(a)]。第三次卵裂的分裂沟倾斜,将受精卵分裂成 2 个大分裂球和 6 个小分裂球,胚胎发育进入 8 细胞期,此时,卵黄颗粒溶解消失,只见油球[见图 3-6(b)]。8 细胞期后,受精卵经历 16 细胞期后,进入多细胞期,可见明显大、小分裂球[见图 3-6(c)]。此阶段的卵裂大约半小时分裂一次,进入囊胚期后分裂时间延长。在卵裂过程中,受精卵的原生质越来越集中到动物极一端,而卵黄和油球则集中到植物极,最终形成囊胚。

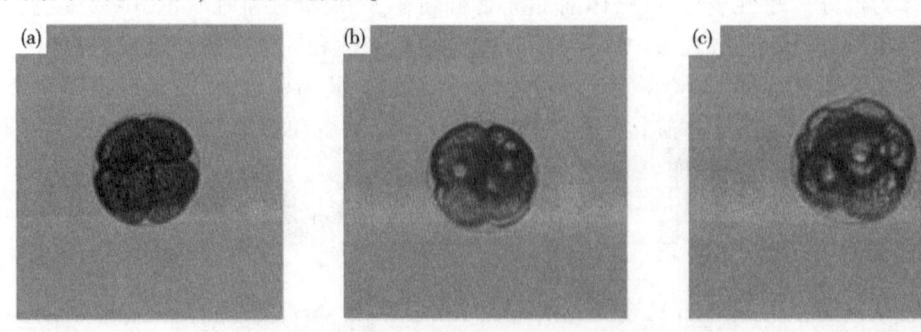

图 3-6 卵裂期(引自周一兵等,2019)
(a)4 细胞期×20;(b)8 细胞期×20;(c)多细胞期×20

3. 囊胚期

囊胚为实心,内部没有明显的囊胚腔(见图 3-7)。动物极和植物极有明显的分隔线。在光镜下,动物极的小分裂球颜色较淡,略带微红色,与细胞膜之间有空隙;植物极包含卵黄和油球的大分裂球呈现暗黄色,油球和卵黄清晰可见,细胞团紧紧地与卵膜相连接。

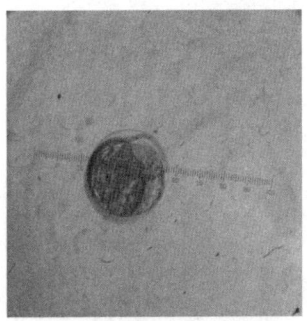

图 3-7　囊胚期(引自周一兵等,2019)

4. 原肠期

经无腔囊胚并以外包为主、内褶为辅进入原肠期,囊胚细胞大小差异大,动物极的 26 小分裂球不断分裂,厚度变薄、表面积变大,逐渐向植物极细胞团延伸,最后包围植物极的大分裂球,而大分裂球由于受卵黄和油球的阻碍并且紧靠卵膜,几乎不动。最后,动物极的小分裂球成为外胚层,植物极的大分裂球成为内胚层。

5. 担轮幼虫期

原肠期形成的胚层开始分化,胚体开始拉长,卵膜膨胀,胚体离开卵膜,在卵膜内自由旋转,可明显区分头部和身体。胚体呈圆锥形,头略大,头部有一圈黄褐色色素环。内胚层细胞逐渐分化为内部器官,与胚体形状一致,油球仍可见。幼虫具 4 条纤毛轮(口前纤毛轮、2 条中纤毛轮、端纤毛轮),幼虫借助纤毛轮在卵膜内自由旋转[见图 3-8(a)]。

胚体继续拉长,变为椭圆形,可区分身体前后和背、腹面。胚体在不同部位出现类似肌肉收缩运动的现象。胚体中间为褐色的卵黄和油球,内部器官未分化成形。身体逐渐形成沙蚕幼体雏形,身体两侧各出现 3 个突起,为疣足的雏形[见图 3-8(b)]。

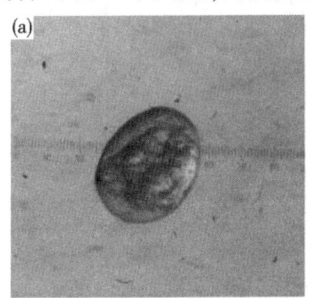
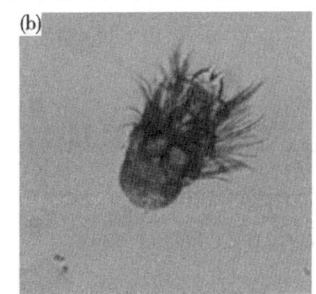

图 3-8　担轮幼虫期(引自周一兵等,2019)

6.3 刚节疣足幼虫

3 刚节疣足幼虫从卵膜中孵化出来,开始浮游生活;消化道已分化成形,但尚未与体外相通;体内可见褐色的卵黄和油球(见图 3-9)。当幼虫出现第 4 对疣足时,其头部开始出现明显器官分化,在吻端的为口前叶触手,稍短;头部两侧的为围口节触须,稍长,与身体垂直。2 对眼点分化明显,黑色,前端眼点大于后端眼点。这时体内油球已很少,消化道分化完全,以肛门与体外相通,幼虫开始摄食藻类。幼虫两侧的疣足突起明显,每个疣足上有数十根长短不一的刚毛,辅助幼虫游泳。

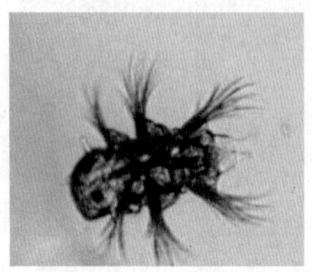

图3-9　3 刚节幼体(引自周一兵等,2019)

7.5 刚节疣足幼体

幼虫进入 5 刚节幼虫时,具 5 个刚节,5 对疣足,体长增加。幼体体内不见油球、卵黄,体腔已经完全形成。肠道明显呈规则细管状,从头部连接到尾部,位于体腔中间。头部出现围口节、吻等器官的雏形(见图 3-10)。幼体由浮游生活转入匍匐底栖生活,此时的幼虫,体侧刚毛减少、变短,喜钻入泥沙等底质中。其后,当第 1 刚节疣足前伸成第 2 对触须并构成围口节的一部分、新体节也在尾节前部不断长出时,此变态后的个体称刚节幼体,下沉到海底后成长为底栖生活的成虫。

图3-10　5 刚节幼体(引自周一兵等,2019)

二、沙蚕的人工繁育与池塘养殖

(一)异沙蚕体人工诱导

具体步骤如下:

1.沙蚕亲体蓄养条件

用二氧化氯溶液(3~5 mg/L)浸泡催熟池和细沙,然后淘洗干净。池底铺粒径 2.3~5.6 mm 的细沙 20 cm。畜养期间盐度为 23‰~25‰,pH 值为 7.8~8.0,光照为 500~1 500 lx,其他水质条件符合渔业水质标准,用 100 目或 120 目散气石连续微量充气;底质条件符合海洋一类沉积质标准。

2.亲体选择和培养

春季的双齿围沙蚕已经历了冬季的低温,直接升温即可诱导异沙蚕体形成群浮;秋季蓄养的沙蚕则必须经历先降温、后升温的过程,方可形成异沙蚕体,并发生群浮行为。调查表明,双齿围沙蚕群浮出现于7—8月上旬,海水表层温度为25 ℃。沙蚕繁殖时卵径为180~190 μm。于7—8月间,逢天文大潮来临时,利用捞网采捕随涨潮而上浮的异沙蚕体,采用干法运输至孵化车间。选择健壮、大小均匀,体重1 g以上的个体作为繁殖亲体。将沙蚕在2~4 ℃时移入室内培养,按1.5 kg/m²投放。缓慢升温,升幅为1 ℃/d,两周后提升至15~16 ℃,水温恒定于18~20 ℃,培育60~80 d,可获得大量群浮的异沙蚕体。

3.催熟期间的管理

蓄养水温逐渐提升至18~20 ℃恒温培育。日换水2次,每次换水1/2。水温超过12 ℃时,投喂海带粉。培育期间水深0.5~1.0 m,盐度为23‰~25‰,pH值为7.8~8.0。

4.异沙蚕体的捞取

当异沙蚕体在池中出现群浮时,及时捞取,移入孵化池中(见图3-11和图3-12)。

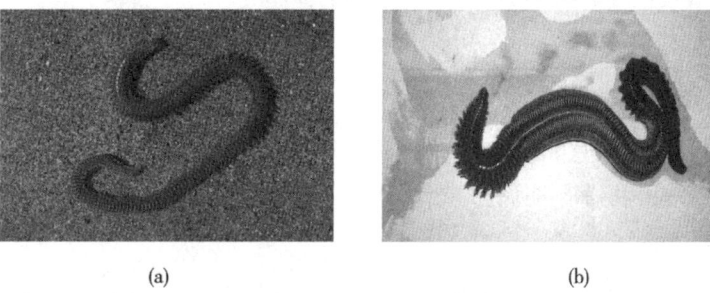

图3-11 沙蚕的正常个体(a)和异沙蚕体(b)(引自周一兵等,2019)

图3-12 采捞异沙蚕(a)和异沙蚕体在网箱中产卵、排精(b)(引自周一兵等,2019)

(二)沙蚕浮游幼体培育

1.产卵

将待产异沙蚕体按1.0~1.5 kg/箱直接置于孵化池的60目网箱(30 cm×30 cm×120 cm)。

每孵化池放置 1 个网箱。孵化池容积 15 m³,预先注水 1.2 m 深;异沙蚕体入池后,快速游动,出现婚游现象,经 4~5 h 完成产卵、排精后,将产卵网箱和亲体移出,进行原池孵化。虹吸法洗卵 2~3 次,并采用微充气原池孵化,充气量保持在每分钟达到总水体的 1.5%以上。

2. 受精和洗卵

精子数量应以每个卵子周围 3~5 枚精子为宜,超过 10 枚精子则采用虹吸法洗卵 1~2 次。

3. 孵化密度及条件

孵化密度为 $10×10^7$ 粒/m³。孵化期间水温 24±2 ℃,盐度为 28‰~31‰,pH 值为 7.8~8.0,光照为 500~1 500 lx,其他水质条件符合渔业水质标准。用 100 目或 120 目散气石连续微量充气。孵化时间约为 48~52 h。沙蚕人工孵化车间如图 3-13 所示。

图 3-13 沙蚕人工孵化车间

4. 浮游幼虫培育

水温 26±0.2 ℃,经 48~52 h 可孵出 3 刚节疣足幼体。根据幼虫趋光上浮的游动习性,采用虹吸方法,用 250 目的尼龙筛绢网筛选健康幼体。培育密度为 5~10 尾/mL。培育条件同上。

5. 日常管理

疣足幼体期每日换水 1/3~1/2,后期日换水 2 次,每次换 2/3。当幼体发育为四刚节幼体时,卵黄油球消失,消化道开始打通,需及时投喂饵料。饵料以小球藻和角毛藻搭配使用为宜。小球藻浓度为 $2×10^4$~$5×10^4$ cell/mL;角毛藻浓度为 $1×10^4$~$3×10^4$ cell/mL。每日上午和下午各投 1 次。幼体发育至 5 刚节疣足幼虫后可按 0.5 g/m³ 适当添加螺旋藻粉,以后根据幼体摄食情况酌情添加。浮游幼虫培育饵料应符合 NY 5072 标准的规定。

(三) 底栖幼体中间培育

1. 底栖幼体培育的设施

将已发育至 4 刚节后期的浮游幼体转入中间培育阶段。底栖幼体培育设施可由规格为 6 m×4 m×0.25 m、10 m×3 m×0.25 m 或 5 m×3 m×0.3 m 的水泥浅池组成(见图 3-14)。池内底质为海泥,经 60 目筛绢吊箱带水过滤后铺设,厚度为 10 cm。水泥浅池一端顶部设置入水管 2 个,对侧底部设出水口 2~3 个,以及溢水管 2 个。

图 3-14　沙蚕底栖幼体室外中间育成浅池(引自周一兵等,2019)

2. 底栖幼体培育的底质

所用附着底质采用两种类型,即细沙型和泥沙混合型(泥:沙=3:7)。细沙型细沙粒径约为 0.1~0.15 mm。细沙用 $2.0×10^{-5} ~ 5.0×10^{-5}$ mol/L 的高锰酸钾溶液浸泡 3~5 h,再用新鲜沙滤海水反复冲洗,直至洗净。洗净的细沙采用带水法均匀铺入底栖幼体培育池,沙层厚度为 0.5~1.0 cm。底质铺好后,将新鲜沙滤海水注入,水深 50 cm。细沙底质的优点为通透性强,底质不易变质,易于幼体附着。泥沙混合型底质的优点是有机质较多,幼体生长快,缺点是由于投饵、高温等原因,底质容易腐败变质,引起幼体死亡。

3. 幼体入池

将已发育至 4 刚节疣足幼虫用 200 目的筛绢网收集、计数后,采用带水充氧法用聚乙烯袋运输,转入中间培育池,采用水瓢带水方法均匀播撒。培育密度为 10 万~20 万尾/m²,水温 19~28 ℃,盐度为 24‰~28‰,pH 值为 7.5~8.2。

4. 中间育成管理

每日模拟潮汐换水 2 次,每次换水时间为 2~3 h。用 1 h 缓慢将池水排干,将底质暴露 2 h 后,再经 1~2 h 缓慢注满池水。

日投喂饵 2 次,投喂量按角毛藻 $1×10^4 ~ 2×10^4$ cell/mL,小球藻 $1×10^5 ~ 2.5×10^5$ cell/mL,逐渐辅以海带粉、米糠和玉米碴等。养殖沙蚕的饵料如图 3-15 所示。投喂 3 周至 1 个月,实际投喂量视滩面残饵量加以调整。底栖幼体中间培育饵料应符合 NY 5072 标准的规定。每周 1~2 次随机采样观察沙蚕幼体生长情况,测定幼体的存活率和生长率等指标。

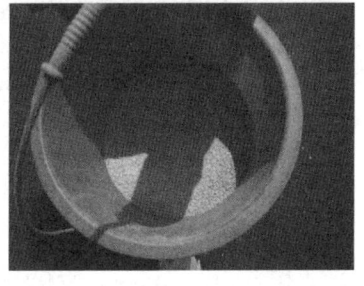 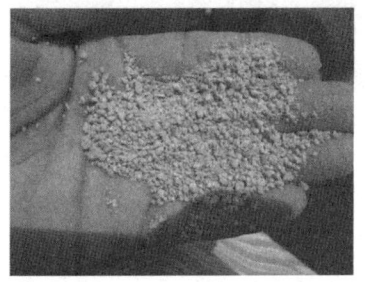

图 3-15　养殖沙蚕的饵料(引自周一兵等,2019)

5. 出苗

幼体发育至10刚节以上幼体时,大小均匀,活力强,爬行迅速,可作为养成苗种。

(四)沙蚕的海水池塘养殖

1.海水池塘的选择

沙蚕养殖所需池塘较为广泛,只要海区内海水盐度为15‰~28‰,池塘完好,无渗漏均可。池塘底质对于沙蚕养殖最为重要,泥、细沙、泥沙或沙泥混合等底质适合沙蚕生长即可。一般来说,细沙底质沙蚕生长速度较慢,但所产沙蚕个体较硬,色泽较好;泥底或泥沙底质生长速度较快,个体较大,但所产沙蚕偏软。底质污染严重,已经发黑、发臭的池塘则不适合沙蚕养殖。池塘选择好后,应注水,仔细检查池塘是否渗漏,如发现渗漏应及时修补。

2.池塘底质处理和进水

选择好池塘后,在冬季来临前,将池水排干,使底质经过冷冻,杀灭底质中的敌害生物。在夏季时亦要将池水排干,经过日光曝晒。开春后,用翻土机将池塘底质翻耕,翻土深度约为10~20 cm。底质平整好后,在大潮来临时将海水注入。注水前,应在池塘进排水口设置网箱。进水网箱筛绢孔径以224 μm为宜、排水网箱筛绢网目以280 μm为宜。注水深度30~50 cm,用0.5~1.0 mL/m³二氧化氯消毒,以杀灭甲壳类、野杂鱼等。

3.沙蚕幼体入池

沙蚕幼体经中间培育达10刚节后,移入海水养殖池塘。经中间育成后的30刚节至90刚节幼虫如图3-16所示。沙蚕幼体用孔径为50 μm的筛绢网带底质全部从中间培育池中取出,移至海水养殖池塘全池均匀泼洒。所选试验池塘分别记为3号池和5号池,共计200亩。每月进行沙蚕数量和生物量采样调查。

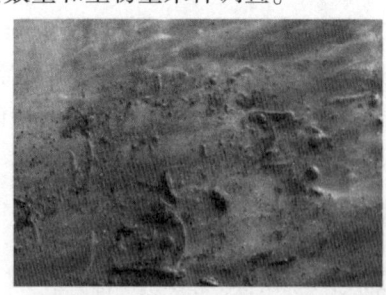 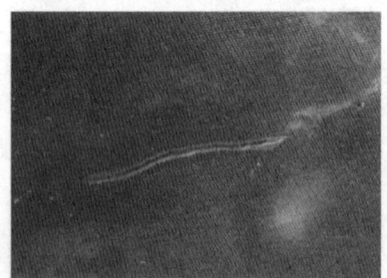

图3-16 经中间育成后的30刚节至90刚节幼虫(引自周一兵等,2019)

4.沙蚕池塘养殖管理

投苗后,根据潮汐和池塘状况,每月换水3~5次。排水时,应缓慢排干池水,时间为3~8 h。池水排干后,暴露池底1~2 d后即可注水。注水深达50~80 cm。应尽量模拟潮汐特点换水。沙蚕养殖目前无特定饲料。在合适的密度下,沙蚕养殖期间主要依靠进排水所带来的有机质,无须依靠人工投饵。沙蚕室内人工集约化养殖如图3-17所示。

 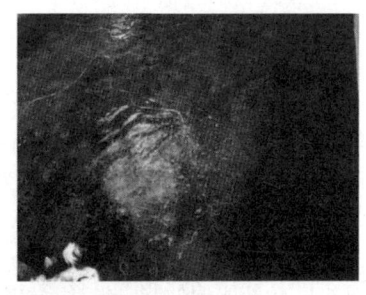

图 3-17　沙蚕室内人工集约化养殖

5.越冬管理

随着气温下降,沙蚕活动能力逐渐减弱,此时应进行越冬准备。由于幼蚕个体较小,潜居能力较弱,如果池塘底质结冰,会对幼蚕有致命危害。因此,北方池塘水深应保持在 1 m 以上。冬季来临后,池塘结冰时,应及时清除冰层表面积雪,同时定期在冰面钻凿孔洞或插入玉米秸秆至池底增氧。

三、单环刺螠的繁殖生物学

单环刺螠俗称海肠,属螠虫动物门,螠纲,无管螠目,刺螠科,刺螠属,广泛分布于朝鲜半岛、日本北海道、俄罗斯和我国黄渤海沿岸,是一种沿海潮间和潮下带常见的底栖生物。

(一)单环刺螠的生殖腺

单环刺螠成体体长 20~35 cm,直径为 1~3 cm,呈肉红色长圆筒状,体后端具刚毛,体前端为吻部,身体具有很强的伸缩能力。单环刺螠体表有环状排列的颗粒突起,吻部具有呼吸和摄食功能。单环刺螠基部有 1 对腹刚毛,中央为口,后方为 2 对肾孔与肾管相连。单环刺螠体腔发达,充满体腔液。肾管位于其身体内部,在繁殖期时充满生殖细胞,雄性个体的生殖细胞为乳白色,雌性个体的生殖细胞为橘黄色。

(二)单环刺螠的早期胚胎发育

1.受精卵

单环刺螠卵细胞卵黄均匀分布,属于间黄卵,卵核明显。成熟的卵细胞为圆球状,呈淡黄色,具有两层卵膜,卵径为 160±10 μm[见图 3-18(a)]。受精后受精膜举起[见图 3-18(b)和图 3-18(c)],30 min 排放第一极体[见图 3-18(d)],75 min 后排放第二极体[见图 3-18(e)]。

2.卵裂

第一次卵裂发生在受精后 1.5 h,进入 2 细胞期[见图 3-18(f)];3 h 后发生第二次卵裂,进入 4 细胞期[见图 3-18(g)];4 h 后经螺旋卵裂进入 8 细胞期[见图 3-18(h)];5 h 后进入 16

细胞期[见图3-18(i)]。随着分裂球越来越多,其边界逐渐模糊不清,进入多细胞期。

3.囊胚

受精后约6 h发育成囊胚[见图3-18(j)],单环刺螠囊胚壁由一层大小基本一致的分裂球组成。内具有囊胚腔,为有腔囊胚,直径约为170 μm。

4.原肠胚

受精后约8 h发育成原肠胚[见图3-18(k)],囊胚内陷形成原肠。胚体发育至原肠胚后期胚胎表面出现纤毛,具有运动能力,直径约为170 μm。

5.担轮幼虫

受精后约24 h发育为早期担轮幼虫[见图3-18(l)],虫体开始摄食,进入浮游生活。早期担轮幼虫虫体呈水母状,大小约为180 μm×150 μm,中间具纤毛环。上半球较大为体前端,可摄食。继续发育,体型逐渐增大[见图3-18(m)],下半球增大,虫体呈葫芦形,大小约为230 μm×160 μm。

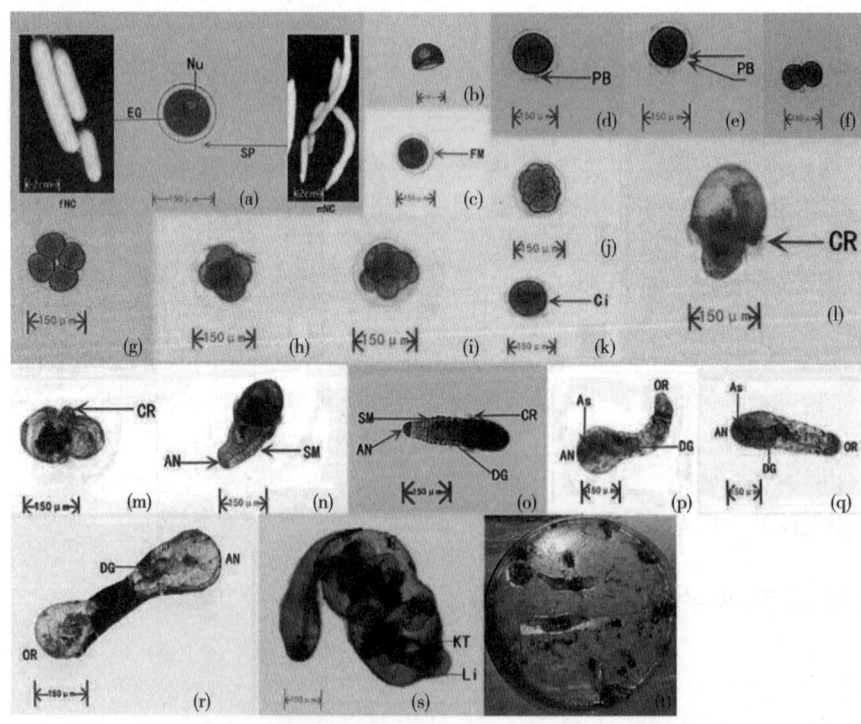

图3-18 单环刺螠胚胎及幼体发育(引自曹杰宇,2021)

(a)成熟卵;(b),(c)受精卵,示受精膜举起;(d)排出第一极体;(e)排出第二极体;(f)2细胞期;(g)4细胞期;(h)8细胞期;(i)16细胞期;(j)囊胚;(k)原肠胚;(l)担轮幼虫前期;(m)担轮幼虫后期;(n)7体节幼虫;(o)12体节幼虫;(p)早期蠕虫状幼虫;(q)晚期蠕虫状幼虫;(r),(s),(t)幼螠
AN:肛门;As:肛门囊;Ci:纤毛;CR:纤毛环;DG:消化道;EG:卵子;FM:受精膜;fNC:雌性肾管;KT:肾管;Li:吻;mNC:雄性肾管;Nu:细胞核;OR:口部;PB:极体;SM:体节;SP:精子

6. 体节幼虫

受精后约 14 d 虫体下半球变长,出现体节,为体节幼虫。7 体节幼虫大小约为 300 μm×160 μm[见图 3-18(n)],体前端呈半球状,依靠纤毛环运动。随着发育的进行,幼体体节数增多,至 12 体节时期[见图 3-18(o)],虫体大小约为 310 μm×100 μm。

7. 蠕虫状幼虫

受精后约 17 d 体节幼虫体节及纤毛环逐渐消失;体前端变小退化,隐约可见其内部的消化道;后端出现肛门囊;由浮游生活转为底栖生活。虫体大小约为 480 μm×150 μm,成为蠕虫状幼虫[见图 3-18(p)和图 3-18(q)]。

8. 幼蛰

受精后约 21 d 虫体前端出现管状的吻部,尾端出现刚毛环;体壁加厚,消化道基本发育完全,成为幼蛰[见图 3-18(r)]。体腔前端出现肾管[见图 3-18(s)]。再经过 20 d 的培养,成长至大小约为 2.5 cm×0.4 cm 的幼体[见图 3-18(t)],体壁不透明,尾端的刚毛环清晰可见。

四、单环刺螠的人工繁育技术

(一)亲体的采卵及人工授精

单环刺螠每年有两个繁殖期,大生殖期在 4—5 月,小生殖期在 9 月,水温大约为 15~25 ℃。单环刺螠的采卵方式有两种:阴干自然排放、人工解剖获得。

人工采卵相比自然排卵有能耗低、授精时间可调控、精卵比例可调控、耗时短等优点。人工采卵时,在单环刺螠的出水端 0.5 cm 左右将尾端剪除,不能剪过长,否则会造成肾管的损失,剪完之后单环刺螠的肾管会随着体液和内脏一起流出,取出肾管,分别将卵管与精管放入不同的烧杯中。将精管与卵管分别在 250 μm 剪碎,分别放在两个装有干净海水的容器中,将肾管过滤掉,得到精子和卵子溶液。将精子和卵子溶液按 100∶1(体积比)的比例混合,得到受精卵溶液,充气,在显微镜下观察,当受精卵膜举起,利用 48 μm 筛网进行洗卵,大约洗 3 次即可。对滤出海水进行观察,以防止漏苗。将洗卵过后的受精卵溶液均匀地泼洒在育苗池中,密度大约在 2 个/mL。连续充气的同时进行搅池,防止受精卵沉底,待育苗池中受精卵发育为担轮幼虫时即可停止搅池。待育苗池中的苗全部浮起后,停气半小时,再进行吸底,将死卵吸出。1 d 后停止搅池(具体情况视胚胎发育为担轮幼虫的时间而定),仍需充气。

对单环刺螠孵化率来说,影响较大的环境因子是温度。单环刺螠适宜孵化温度为 15~21 ℃,但同样能够耐受 24 ℃。当温度条件大于 27 ℃时,虽可正常进行受精,却不能完成孵化过程。在单环刺螠胚体的孵化过程中,一般保持自然水温(20 ℃)即可。如遇极端天气或其他原因导致温度升高影响单环刺螠的发育,可用井盐水(温度 16 ℃,盐度 13‰,pH 值 8.24)调节沙滤海水的温度和盐度,应急备用。将井盐水抽至备水池中,加入二氧化氯消毒,静置 2 d 之后可以使用。

(二)幼虫培育

选择无漏水情况的育苗池,消毒之后装满沙滤海水充气备用。在育苗池进水口处加装200目的棉质筛网袋,避免一些小型生物及杂质进入育苗池中。在培育的过程中,由于育苗池中温度适宜、饵料充足,容易滋生桡足类生物。建议使用此种物理方法尽量减少育苗池中桡足类生物的数量。

担轮幼虫密度约在100个/L为宜,如密度过高可进行分苗。日常换水可使用1 m×1 m×1.5 m的换水网箱,外套200目筛网,利用虹吸法进行换水。换水的过程中需检查是否有漏苗的情况。每天换水1~2次,每次换1/3。

当幼体发育到体节虫时期(14~15 d),每天吸底,镜检观察幼体是否有附着现象(蠕虫状幼虫)。发现幼体有附着现象时,用100目网箱收集幼虫(倒池),将幼虫转移至附着池中继续培养。附着池选择10 m×10 m×0.5 m的海参养殖池,池底铺2~5 cm厚的海滩沙(过60目筛网)作为附着基,也可使用海泥代替。

饵料使用海参开口料、诱食破壁酵母粉、海洋红酵母粉、破壁小球藻粉混合投喂。使用成品饵料代替活体藻类一来可以简化培育过程,不需藻类培养车间,节省人力成本,降低养殖门槛;二来可以保证饵料供给和品质,降低养殖风险。按照饵料说明,根据育苗池的大小自主调配饵料。饵料过200目筛网之后均匀泼洒在育苗池之中,以避免饵料颗粒过大导致幼虫无法摄食。每天6:00及18:00投喂两次,可进行镜检,观察幼虫的饱食情况,适当增减饵料。待发育成蠕虫状幼虫后,饵料中可以增加适当的海泥,海泥需要用150 μm筛网进行过滤,将混合饵料打入附着池中。

(三)环境因子对单环刺螠幼体生长的影响

适合的饵料可以促进幼体生长发育,而不适合的饵料会显著地降低幼体的生长发育速度,甚至会导致幼体的变态失败和发育中止。本团队对不同饵料及饵料颗粒对单环刺螠幼体生长的影响进行了分析,结果如下:

1.不同饵料对单环刺螠幼体发育的影响

选择A1组(海参开口料)、A2组(盐藻)、A3组(海洋红酵母粉)、A4组(螺旋藻)、A5组(混合饵料)投喂单环刺螠幼体,开展1个月的幼体生长实验。实验结果如表3-5所示,投喂不同饵料的幼螠的质量增加率由高到低为:A5>A3>A1>A4>A2。A5幼螠质量增加率显著高于A1、A2组($P<0.05$);A3幼螠质量增加率高于A4,两者并无显著差异($P>0.05$)。

表3-5 投喂不同饵料幼螠实验前后体质量及增长率

组别	初始体质量(mg)	实验末体质量(mg)	质量增加率(%)
A1(海参开口料)	10.55±1.91[a]	19.61±0.68[a]	86±19[a]
A2(盐藻)	9.80±0.85[a]	16.55±1.02[ab]	70±9[c]
A3(海洋红酵母粉)	8.20±0.42[a]	15.88±0.77[ab]	94±10[ab]

续表

组别	初始体质量(mg)	实验末体质量(mg)	质量增加率(%)
A4(螺旋藻)	11.05±1.06^a	20.47±0.19^{ab}	85±8^{ab}
A5(混合饵料)	12.07±1.13^a	18.94±2.28^b	99±12^b

注：表中同一列数据的不同上标字母代表数据间差异显著($P<0.05$)。(引自曹杰宇，2021)

2.不同饵料粒径对单环刺螠幼体发育的影响

进行饵料投喂，投喂饵料前使用150 μm(A)、100 μm(B)、75 μm(C)三层筛选网过滤混合饵料，选择不同大小规格单环刺螠进行为期1个月的生长实验，其中S规格单环刺螠初始平均体重约为0.26±0.01 g，M规格单环刺螠初始平均体重约为0.55±0.01 g，L规格单环刺螠初始平均体重约为1.06±0.02 g。实验结果如表3-6所示，单环刺螠规格与饵料粒径之间对单环刺螠体重增长存在交互作用，且差异性显著($P<0.05$)。在前14天，所有规格单环刺螠摄食C饵料最好，其单环刺螠平均体重生长量显著高于其他两组饵料($P<0.05$)，单环刺螠的平均体重增长量在L规格时投喂C饵料粒径饵料的实验组取得最大值1.01±0.09 g。在第14~21 d，S与M规格时，投喂C饵料粒径饵料的实验组单环刺螠体重平均增长量显著高于其他两组($P<0.05$)；L规格下，投喂B饵料粒径饵料的实验组取得最大值1.25±0.10 g；而当投喂C饵料粒径饵料时，S规格的单环刺螠体重平均增长量显著高于其他两组；且各组之间差异显著($P<0.05$)，投喂A与B饵料粒径饵料时，L规格的单环刺螠体重平均增长量显著高于其他两组($P<0.05$)。在第21~28 d，投喂A饵料粒径饵料的单环刺螠体重平均增长量显著高于其他两组($P<0.05$)。在第28~35 d，M与L规格下，投喂A饵料粒径饵料的单环刺螠体重平均增长量显著高于其他两组($P<0.05$)，当投喂A饵料粒径饵料时，M规格的单环刺螠体重平均增长量显著高于其他两组($P<0.05$)。

表3-6 不同规格单环刺螠与不同饵料粒径饵料对单环刺螠体重增长量影响变化表

规格(Size)	目数(Mesh)	养殖天数(Experiment days)					体重总增长量(Total weight gain)
		7	14	21	28	35	
S	A	0.17±0.05^{bB}	0.34±0.02^{bB}	0.68±0.03^{cC}	0.77±0.03^{aC}	0.71±0.11^{aC}	2.67±0.12^{bC}
S	B	0.18±0.01^{bB}	0.38±0.04^{bB}	0.80±0.08^{bB}	0.60±0.01^{bC}	0.75±0.13^{aA}	2.71±0.09^{bC}
S	C	0.60±0.01^{aB}	0.63±0.05^{aB}	1.43±0.04^{aA}	0.31±0.10^{cB}	0.52±0.09^{aA}	3.49±0.12^{aA}
M	A	0.27±0.05^{bA}	0.38±0.06^{bB}	0.79±0.10^{bB}	0.89±0.01^{aB}	1.53±0.06^{aA}	3.85±0.08^{aA}
M	B	0.32±0.03^{bA}	0.49±0.07^{bA}	0.83±0.08^{bB}	0.70±0.02^{bB}	0.74±0.05^{bB}	3.08±0.04^{cB}
M	C	0.67±0.06^{aA}	0.91±0.10^{aA}	1.16±0.08^{aB}	0.32±0.10^{cB}	0.52±0.09^{cA}	3.57±0.08^{bA}
L	A	0.23±0.11^{bAB}	0.55±0.06^{bA}	1.07±0.02^{cA}	1.47±0.04^{aA}	1.20±0.13^{aB}	4.53±0.04^{aA}
L	B	0.21±0.06^{bB}	0.53±0.04^{bA}	1.25±0.10^{aA}	0.77±0.08^{bA}	0.80±0.04^{bA}	3.56±0.05^{bA}
L	C	0.73±0.08^{aA}	1.01±0.09^{aA}	0.80±0.10^{bC}	0.45±0.07^{cA}	0.43±0.02^{cA}	3.42±0.03^{cA}

注：表中同一列数据的不同上标字母代表数据间差异显著($P<0.05$)。其中规格相同时，目数之间的差异

用"a"表示;其中目数相同时,规格之间差异用"A"表示。(引自曹杰宇,2021)

3.不同底质对单环刺螠幼体存活生长影响

实验选择 4 种不同底质开展研究,其中沙子是取自养殖基地的海沙,淘洗后,用 250 μm 筛选网过滤得到的细沙;海泥是海参投喂海泥,用 250 μm 筛网过滤其中杂质。两者均烘干。实验开始后,按照泥、沙重量比设置 4 种底质类型:70%沙组(A)、全沙底质(B)、70%泥组(C)、纯泥组(D)。每种底质类型设置 3 个重复。实验进行 30 d,结果如表3-7所示,单环刺螠的体长增长量在不同底质环境中差异显著:第 5 天,A 组平均体长增长量显著高于 B、C、D 组的体长增长量,C 与 D 组平均体长增长量差异显著($P<0.05$),但 B 组的平均体长增长量与 C、D 两组的平均体长增长量差异不显著($P>0.05$);第 10 天和第 15 天各组之间差异不显著($P>0.05$);第 20 天,B、C、D 三组的平均体长增长量显著高于 A 组($P<0.05$),而 B、C、D 三组之间差异不显著($P>0.05$);从实验开始到结束,B、C 两组的体长总增生量显著高于 A、D 两组($P<0.05$),在 B 组时体长总增长量达到最大值 6.84±0.23 mm。

表 3-7 不同底质单环刺螠的体长增长量

底质(Bottom)	时间				体长总增长量 (Total length gain)
	5	10	15	20	
A	0.53±0.02[a]	0.66±0.09[a]	2.81±0.24[a]	1.47±0.19[b]	5.46±0.19[b]
B	0.34±0.05[bc]	0.77±0.06[a]	2.57±0.12[a]	3.16±0.23[a]	6.84±0.23[a]
C	0.38±0.01[b]	0.69±0.05[a]	2.69±0.30[a]	2.94±0.19[a]	6.70±0.19[a]
D	0.27±0.01[c]	0.60±0.11[a]	2.11±0.21[a]	2.84±0.33[a]	5.82±0.33[b]

注:表中同一列数据的不同上标字母代表数据间差异显著($P<0.05$)。(引自曹杰宇,2021)

4.不同温度对不同体质量单环刺螠滤水率的影响

恒温条件下滤水率实验根据不同规格单环刺螠小苗(S,1.50±0.01 g)、中苗(M,3.90±0.04 g)、成体(L,11.86±0.37 g),设置 3 个不同规格的处理组,每组设定 3 个平行组,每个小桶加入相同体积的水(4 L),分别在 24.2 ℃、20.8 ℃、18.4 ℃、14.8 ℃进行滤水率实验。在实验开始前,将称量好的载玻片平稳地放入每个小圆桶的底部,实验组每个桶打入 5 g 饵料,饵料经过 150 μm 筛网过滤,实验完成时,在同一时间取出载玻片,放入烘箱内烘干,同时每个桶取出相同体积的水样(100 mL),进行抽滤,将抽滤过后的纤维滤膜放入烘箱内烘干,最后取出单环刺螠进行测量大小,计算滤水率,实验周期 1 h。实验结果如表 3-8 所示,在合适的温度内,单环刺螠的单位体质量滤水率随着温度的升高而增大,对温度进行分析,发现 S 与 M 规格时单环刺螠在 24.2 ℃单位体质量滤水率达到最大值 58.75±18.84,显著高于 18.4 ℃与 14.8 ℃的单位体质量滤水率($P<0.05$),而 20.8 ℃时单环刺螠单位体质量滤水率与前后温度差异不显著($P>0.05$);当单环刺螠规格为 L 时,单位体质量滤水率,在 20.8 ℃发生下降,在 24.2 ℃单位体质量滤水率达到最小值,为 0.55±0.11,此时可能由于环境温度高于 L 规格单环刺螠适合生存的最适温度,因而导致 L 规格单环刺螠此时单位体质量滤水率骤降。当温度一定时,从表 3-8 可知单环刺螠单位体质量滤水率随着个体规格越大,其数值越低。

表 3-8　不同体质量不同温度单环刺螠单位体质量滤水率

温度/℃ (Temperature)	规格(Size)		
	S	M	L
14.8	24.47±7.48[bA]	6.48±0.82[bB]	2.19±0.29[aB]
18.4	30.26±15.69[abA]	6.66±1.35[bB]	2.36±0.26[aB]
20.8	37.54±15.63[abA]	8.28±1.43[abB]	2.31±0.29[aB]
24.2	58.75±18.84[aA]	9.11±0.63[aB]	0.55±0.11[bB]

注:表中同一列数据的不同上标小写字母代表规格相同时,温度数据间差异显著($P<0.05$),同一行数据上标有大写字母代表温度相同时,规格数据间差异显著($P<0.05$)。(引自曹杰宇,2021)

五、单环刺螠的人工养殖

单环刺螠作为具有重要经济价值的特色海产品,由于其具有独特的生物学特性,其增养殖技术各研究单位一直在探索中。根据养殖模式的不同,单环刺螠的人工养殖目前主要包括海区增殖和池塘养殖。

(一)海区增殖

1.增殖区域选择

主要选择风浪较小,历史上有天然单环刺螠分布的区域。水深为潮下带2~5 m,底质为松软的沙泥底、沙底,潮流畅通,滩涂平坦的海域(见图3-19)。单环刺螠无法在纯泥底质中成活,因此,海区底质的含沙率至少为30%以上,以70%沙、30%泥为最佳底质。海水盐度为25‰~32‰时最佳,水质良好,无污染源汇入,无较大的淡水注入的海区。为便于养殖场看护和场地安全,可用筏绳固定浮漂的方式确定增殖区域范围。同时配备必要的看管船只,如有条件,应配备气象、海流、水文、底质等方面的监测设备。

图3-19　海肠养殖池塘(杨大佐提供)

2.苗种投放

单环刺螠的苗种投放时间选择在6月上旬，或者10月左右。苗种选择工厂化育苗车间内经过中间育成的大规格底栖苗种，放苗前对苗种质量进行检查，选用伸缩性强、体表无外伤、活力良好的单环刺螠苗种。苗种体长为1.5 cm以上，规格为1 000~6 000头/kg。通过塑料袋带水充氧的方法，将苗种装好，放到保温箱内加冰，保持低温运输到投放区域。利用人工将苗种用船运输到放苗区域后，通过加水稀释，用人工泼洒的方法，将苗种均匀泼洒到投放区域，海区增殖投放密度一般为6 000~8 000尾/亩。

3.收获和采捕

苗种投放后，1年到1年半的时间内不需要人工投饵，可以靠天然饵料生长。只需要由看护人员值班，并配备对讲机等设备，1 000亩护养区需要配备一只12马力的护滩船。

通过定点采样的方法，进行单环刺螠随机取样和生长测量。当单环刺螠收缩状态下体长至10~15 cm时，即可进行采捕。采捕方法与菲律宾蛤仔海区采捕方法相同，用高压水枪冲刷沉积质的方法，将单环刺螠冲出沉积质，利用密度差将其收集在采捕网内。

（二）单环刺螠—海参池塘混养

1.池塘选择

海参和单环刺螠的混养池塘底质以含沙率30%以上为佳，底质不能太过坚硬，底质松软部分厚度达15~25 cm。纯泥底质无法进行单环刺螠养殖。养殖池塘海水盐度为25‰~32‰，尽量选择进排水方便、自然纳潮的近海养殖池塘。池水深度为2 m以上，越深越好。为采捕和销售方便，应选择交通便利的地理区域。

2.放苗前准备工作

投放刺参苗种前对养殖池塘进行清淤和平整。参礁以石块堆积为主，礁体高度为0.5~0.7 m，礁宽度为1.3~1.8 m，礁体之间的距离为2~3 m。选定海参养殖池塘后，春季进水，进水时用80目筛网过滤，防止野杂鱼、杂虾及鱼卵进入，水要浸没过参礁。进水后，泼洒漂白粉进行消毒。一周后，施尿素和磷肥进行池塘肥水。具体肥水培育底栖藻类的方法、投肥时间间隔等根据池塘水体条件的变化及时调整。

3.苗种投放

北方地区春季5月初时，在池塘内投放海参苗种，投苗密度与正常海参养殖池塘密度相同。6月初至6月中旬，投放经过越冬的单环刺螠苗种，苗种规格为1 000~3 000头/kg，投放密度为4 000~5 000尾/亩。单环刺螠苗种的投放方法采用带水法，利用小船在池塘表面均匀投放。

4.养殖管理

（1）水质

养殖初期和中期，按照海参池塘养殖常规操作，如大潮期间正常进排水，也要根据水温、水色、水深等情况不断调整进排水量。池塘水体以黄绿色或者浅黄褐色为佳。透明度控制在 30~40 cm，水温在 -3~32 ℃ 之内，盐度 20‰~32‰ 为宜。

(2) 季节管理

单环刺螠-海参混养池塘以春、秋两季为养殖最佳季节，春、秋季节池塘水深约 1.5 m，而夏、冬季海参和单环刺螠都要进行夏眠和冬眠，因此，水深度可以提高至 2 m 以上。有条件的地区可在夏季高温期，通过全池覆盖遮阴网的方式降低池水温度，并适当进行池塘充氧，防止温跃层的形成。在越冬期，尽量提升池塘水位，下雪后应尽快除去冰面的雪，保证底层透光和底层有充足的溶解氧。

(3) 饵料

单环刺螠以池塘水体中的悬浮有机物、单胞藻类为食，不需要单独投喂。保持池塘水体中充足的悬浮有机物和微藻是养殖成功的关键。特别是在春、秋季，池塘水温 10~16 ℃ 时，池塘内的海参和单环刺螠均处于最适生长状态，代谢旺盛，需要提前进行肥水以培养天然饵料。天然饵料的培养方法与传统池塘肥水方法相同。在天然饵料不足时，也可以适当投喂人工饲料，主要人工饲料为海参配合饲料、大叶藻磨碎液等。补充量为池塘内海参体重的 10%~20%。在夏季和冬季，海参进入夏眠和冬眠时，不进行人工投喂。

(4) 病害

单环刺螠的池塘养殖暂未发现病害。其主要的养殖风险为投苗后，单环刺螠苗种具有"起水"的特点，即在农历大潮的夜间，苗种会从池底钻出，通过身体扭动，游动于水体之中。因此，根据这种生活特性，在傍晚或者夜间不要进行排水操作。同时，也要及时通过诱捕的方式，将各种蟹类、虾虎鱼等捕食者诱捕清除。

(5) 采捕与收获

池塘内单环刺螠的采捕方法与海区增殖不同。池塘内主要依靠有经验的潜水员进行采捕与收获。潜水员下潜至池塘底部，用随身携带的高压水枪对准池底内的单环刺螠洞穴喷射，通过水压将单环刺螠从洞穴中压出，放入网兜内。

第四章

大型经济海藻健康养殖技术与模式

第一节

大型经济海藻的生物学和生态学基础

一、裙带菜的生物学和生态学基础

(一)裙带菜的生物学

1.裙带菜的分类和形态构造

(1)裙带菜的分类

裙带菜在分类学自然分类系统上属褐藻门、褐藻纲、海带目、翅藻科、裙带菜属。我国的裙带菜,根据分布区域的不同,可分为北方型种和南方型种两种类型。北方型种自然分布在纬度较高的北方沿海,主要特点是生长周期长、个体大,一般藻体的长度在1.5 m以上,大的藻体长度可达3 m以上。北方型种的主要特征是藻体较为细长,羽状裂叶多且缺刻接近中肋,茎和中肋扁形、平直、茎较长,孢子叶位于茎的下部靠近固着器处,片层较大且层数较多,形态为下宽上窄呈塔状,我国辽宁和山东沿海生长的裙带菜属于此种类型。南方型种自然分布在纬度较低的南方沿海,藻体长度一般在1 m左右,其形态与北方型种相反,藻体较短小,羽状裂叶少且缺刻较浅,茎较短,孢子叶生于茎的上部靠近叶片处,片层较小且层数较少,我国江苏、浙江等地沿海生长的裙带菜属于此种类型。一般情况下,北方型裙带菜藻体较大、产量高,丛生毛出现的时间晚,产品质量也较好,市场价格比较高;南方型裙带菜藻体较小,叶片色泽及弹性较差,市场价格较低。我国栽培的裙带菜多为北方型种。

(2)裙带菜的形态构造

裙带菜的大型藻体为孢子体,体长约1 m,藻体分为固着器、柄部及叶片三部分。固着器呈叉状分支固着在基质上,柄稍长、略隆起,贯穿叶片中央形成中肋,中肋两侧为羽状裂叶形成的叶片。藻体成熟时,柄部两侧形成木耳状重叠的孢子叶。

裙带菜的内部构造由表皮、皮层和髓部三种组织组成。裙带菜孢子体叶片最外层为排列整齐的单层方形细胞的表皮层,内含色素体。表皮下为排列较为疏松的多层圆形或长圆形细胞组成的皮层。皮层细胞内含较多的色素体,是叶片进行光合作用的主要组织。上、下皮层之间是由无色髓丝纵横相连而成的髓部。髓部细胞相连处两端膨大形成喇叭丝,是叶片的主要输导组织。裙带菜还有黏液腺和丛生毛的特征构造。黏液腺是部分表皮细胞在孢子体叶片特化形成的多角形腺体,由多个细胞组成腔体,在表皮部位有开口,主要分布在叶片基部和中部,分泌淡褐色黏液。丛生毛位于叶片表面内陷的毛窝内,藻体长度达30 cm以上时开始大量出现,水温较高、营养盐较低的海区裙带菜丛生毛出现较早。

2.裙带菜的生长发育分期

裙带菜的孢子体形态变化很大,依据其不同时期的形态特征和便于生产管理,可分为着囊期、出苗期、幼苗期、裂叶期、成熟期、衰老期。

(1) 着囊期

幼孢子体形成至藻体生出假根之前依靠卵囊袋附着在基质上的阶段为着囊期。雌配子体排出的卵受精后横分裂为两个细胞,成为幼孢子体。幼孢子体首先增加藻体长度,经过三次细胞横分裂形成7~8个细胞的单列细胞叶片状藻体后,除其基部细胞外,其他细胞开始纵分裂增加藻体宽度,再经过细胞的多次纵横分裂,形成其基部由1~2个细胞组成的上宽下窄的多细胞藻体。此阶段藻体的长度一般在1 mm以内,其主要特征为藻体由单层细胞组成,无叶片、柄和假根的区别,藻体依靠空的卵囊袋附着于基质上,后期可见由藻体基部细胞生出多条透明的假根丝并延伸到基质表面,取代卵囊袋附着在基质上。

此阶段在生产上属于裙带菜育苗的前期,是配子体大量成熟,雌配子体形成卵,雄配子体放出精子,卵受精大量形成幼孢子体的重要时期。此阶段在大连地区正值9月上旬,水温由22 ℃下降至21 ℃左右也是夏秋交替气温变化比较剧烈的时期,着囊期的幼孢子体比较脆弱,对温度、盐度、光照等环境的变化非常敏感,特别是温度和盐度稍微变化就会造成幼孢子体的大量死亡。因此,半人工育苗要在水温22 ℃前完成苗绳的清洗工作,同时,要提高水层,改善苗绳上配子体和幼孢子体的受光条件,促进配子体成熟和幼孢子体生长;在室内人工育苗生产中,此阶段要适当提高光照强度,为配子体成熟和幼孢子体生长提供适宜的光照条件。同时要尽量保持水温的稳定,特别要防止水温的回升,以免引起幼孢子体的大量死亡而导致育苗失败。

(2) 出苗期

裙带菜幼孢子体生出假根丝至幼苗肉眼可见的阶段为出苗期,藻体长度为1 mm至0.5~1 cm之间。此阶段首先是幼孢子体的基部细胞向下突出,生出多条透明的假根丝并延伸到基质表面,取代卵囊袋附着在基质上。随着藻体的生长,基部细胞逐渐拉长形成短柄。此阶段主要形态特征是藻体有固着器(假根)、柄和叶片的初步分化,叶片呈椭圆形或披针形,柔软而光滑,已经有表皮、皮层和髓部的分化。柄椭圆形、较短,圆球状固着器生出数条假根丝附着在基质上。此阶段在大连等北方海区正处于9月中旬至10月中旬,海水温度达18~20 ℃,此阶段幼孢子体生长较快,在生产上也是育苗管理的重要时期。半人工育苗要在水温20 ℃左右时将苗绳由垂挂方式改为平挂方式,给予幼苗充足的光照,促进幼孢子体快速生长;此时,全人工育苗正值海区暂养期间,要通过提升水层、施肥和洗刷浮泥等措施为幼孢子体提供适宜的生长环境条件,促进幼孢子体快速生长,尽快达到分苗标准,实现早出苗、出大苗的目标。

(3) 幼苗期

当幼孢子体的藻体长度达到1 cm左右后,藻体固着器、柄、叶片区分明显,成为裙带菜幼苗,进入幼苗期。此阶段幼苗长度为1~15 cm,其藻体的形态特征主要是叶片为长叶形,变厚,有表皮、皮层和髓部的分化。柄逐渐拉长,变粗,呈圆形或扁圆形。固着器上生出多条带有吸盘的叉状假根,牢固地附着在基质上。此阶段在大连地区正值10月下旬至11月中旬,海水温度达16~18 ℃,进入幼苗期标志着裙带菜育苗阶段结束和浮筏栽培的开始,因此,半人工育苗此时要进行栽培苗绳的筛选,将幼苗数量达到栽培密度要求的栽培苗绳挂在浮筏上;全人工育苗的苗种要及时分苗,进入裙带菜的海区栽培阶段。进入栽培阶段后,由于光照、水流等环境条件的改善,幼苗生长很快。为了促进幼苗快速生长,在生产上一般采用提高水层和施肥等措施加快幼苗的生长速度,使其尽快进入裂叶期。

(4)裂叶期

藻体生出中肋和羽状裂叶至收获前的阶段为裂叶期。此期的主要特征是由于中肋和裂叶形成,使藻体具备了固着器、茎及贯穿叶片的中肋和羽状裂叶等裙带菜的基本形态。中肋是由柄形成的,而裂叶则是由中肋形成的。当幼苗长度达到15 cm左右时,藻体的形态开始发生变化,首先叶柄明显地拉长、变宽,由扁圆形变为扁形,其上端逐渐延伸至长叶形的叶片内,形成一条贯穿叶片中央的中肋;随后,在位于叶片下部的中肋两侧产生锯齿状翼状膜,翼状膜经生长后形成羽状裂叶,原始叶片被推向叶片梢部,进入裂叶期。刚进入裂叶期的裙带菜茎较短、较窄,叶片上形成裂叶的数量较少,缺刻也较浅。随着藻体的生长,茎连同中肋逐渐变长、变宽,裂叶的数量也快速增加。当藻体长度达到30 cm左右时,藻体完成茎及中肋、裂叶和固着器演变,形成了裙带菜的基本形态。当藻体长度达到60 cm以上时,在柄(茎)的两侧产生木耳状皱褶,经生长后形成了孢子叶。

裂叶期是裙带菜栽培中重要的时期之一。在大连等北方沿海地区,裙带菜一般在水温15 ℃前后的11月下旬进入裂叶期,随着水温的下降,藻体快速生长,即使在水温2 ℃左右的低温期内也保持较快的生长速度,在适宜的海区条件下每天可生长2 cm以上,这是裙带菜生长最快的时期。因此,在生产上要加强管理,给予足够的光照、营养盐条件,促进裙带菜生长。经过近4个月的海区栽培,到3月下旬藻体长度可达2 m以上,达到个体生长的最大值。随后,孢子叶开始发育,藻体的生长逐渐减慢,叶片梢部开始溃烂脱落,藻体长度变短,当孢子叶逐渐发育成熟后进入成熟期。

(5)成熟期

成熟期又称繁殖期,大连地区浮筏养殖的裙带菜在海水温度达到12 ℃左右的5月中旬陆续发育成熟。成熟的孢子叶呈深褐色,肉厚且富黏质,经切片观察可见孢子叶表面的隔丝腔内有大量的孢子囊形成,阴干刺激后能放散大量孢子,进入繁殖期。此期的特征是藻体生长停止并明显老化,叶片表面出现皱褶,除中肋外,藻体大量出现丛生毛,叶片梢部溃烂,大量脱落,藻体长度变短。后期可见由于孢子放散后在孢子叶表面出现灰白色斑点。进入繁殖期就意味着裙带菜采苗的开始,为了获得大量健壮的孢子,在采苗前要定期测定孢子的放散量,确保采苗在孢子的放散高峰期内进行。

(6)衰老期

成熟期的后期就是衰老期。其主要特征是藻体明显老化,叶片表面皱褶增多、粗糙,呈黑褐色,自梢部溃烂脱落速度加快,藻体长度迅速变短,放散完孢子的孢子叶出现大量白斑,柄(茎)和假根出现空腔,藻体脱落流失死亡,完成其一年的生命周期。

3.裙带菜的生活史和繁殖

裙带菜是一年生藻类,其生活史具有明显的孢子体世代和配子体世代的世代交替。孢子体体细胞染色体为$2n$,而配子体为n。人工栽培的裙带菜为孢子体。我国北方自然繁殖的裙带菜在2—6月间形成生殖器官——孢子叶,孢子叶表面的孢子囊群在4—6月间陆续放散染色体数为n的游孢子。游孢子附着在基质上,鞭毛消失,形成只有原生质膜的胚孢子。胚孢子产生突起,形成萌发管,同时在产生细胞壁后形成具有多分枝丝状体的雌雄配子体,配子体以休眠状态度过高温的夏季。在适宜的条件下,如秋季海面水温降至25 ℃以下时,配子体在

2周左右的时间内会形成卵囊和卵子以及精囊和精子。

卵子受精后形成合子,合子于受精后第2天分裂为2个细胞的孢子体,从而开始了孢子体世代。孢子体经3次横分裂和1次纵分裂后形成两排细胞的藻体而进入幼龄期。在此期间孢子体无叶片、柄和固着器的区别。当孢子体的基部开始生出少数假根,藻体逐渐分化形成假根、柄和叶片,长约1~5 cm时为裙带菜的幼苗期。幼苗经2~3月的生长逐渐成为1 m以上的成体,形成羽状裂叶,藻体进入裂叶期。当藻体柄的基部出现木耳状,有多层重叠的生殖器官——孢子叶,藻体进入成熟期。此期间叶片停止快速生长,叶片梢部开始出现丛生毛。孢子叶表面的孢子囊群开始释放出游孢子。游孢子放散后,藻体进入衰老期。叶片自梢部开始逐渐衰老脱落,藻体长度变小而最终流失死亡,完成全年的生活史。

目前关于孢子放散量的计算方法有两种:一种是按裙带菜孢子叶的重量来计算,以克为单位,此种方法的优点是测定简单,但因孢子叶大小不同,厚度和重量有很大差异,缺点是误差较大;另一种是按孢子叶的表面积来计算,以平方厘米为单位,此种方法需要测定孢子叶的表面积,相对比较麻烦,但因孢子囊只有一层且分布在孢子叶表面,因此相对比较准确,目前在生产中的孢子量的计算中一般采用这种方法。裙带菜孢子的放散量因孢子叶的成熟状况而异,而孢子叶的成熟主要受海区温度的影响,经测定,在大连海区海水温度14~21 ℃范围内,孢子的放散量在500万~9 800万个/cm^2,最多时孢子叶的孢子放散量可达1亿个/cm^{2}以上。

游孢子呈梨形(8~9) μm×(5~6) μm,下腹部为一个杯状色素体,腹部侧生两条不等长鞭毛,指向前端的鞭毛长17 μm,为尾鞭形;指向后端的鞭毛长12 μm,为茸鞭形。游孢子放出后,依靠前端鞭毛的摆动进行波浪式游动,孢子游动速度和时间长短与孢子的成熟状况和温度有关。一般成熟的孢子比较健壮,放出后马上进行快速的游动,游动时间也较长。游孢子经一段时间游动后向光弱处集中并开始附着,变为椭圆形。随后,胚孢子开始萌发,细胞的一端产生突起,伸长后形成细长透明的萌发管,萌发管在继续拉长的同时前端逐渐膨大,使细胞呈哑铃状,胚孢子内的原生质向膨大细胞内移动并产生细胞隔阂,新细胞与胚孢子壳分隔,细胞增大,细胞内色素体增加形成配子体,进入配子体阶段。

刚形成的配子体为一个细胞,没有细胞壁,只有胶质的质膜。经1~2次横分裂成为2~3个细胞的丝状体后,配子体开始性分化,一部分配子体在培养中增加细胞体积,细胞变得粗大,成为雌配子体;另一部分配子体则增加细胞数量,细胞细长且数目较多,成为雄配子体。雌雄配子体在适宜的温度和光照条件下生长很快,随着雌配子体细胞的增大和雄配子体细胞数量的增多,配子体的体积迅速增大,培养一个月后雌雄配子体藻团已肉眼清楚可见。经显微镜观察,可见雌配子体由2~3个细胞组成,细胞呈长圆形和椭圆形,长12~20 μm,宽8~12 μm,细胞内有数个盘状色素体;雄配子体由5~10个细胞组成,细胞长8~15 μm,宽3~5 μm,内有1个盘状色素体,有时细胞聚集在一起形成细胞团。进入夏季后,当水温超过23 ℃后配子体生长停止,胶质膜增厚以休眠状态度过夏天。秋季水温下降后,配子体从休眠状态恢复生长,并逐渐开始发育成熟,雌配子体细胞前端逐渐延长并膨大,细胞内原生质向膨大部分移动,当原生质全部移动到膨大处形成卵囊,随后,卵囊成熟,将卵排出。刚排出的卵呈圆形,直径25~40 μm,内含一个盘状色素体,挂在透明的卵囊袋上等待受精。雄配子体则在细胞周缘产生多个乳状突起,延长后形成多室精子囊,每个室内形成一个精子。精子囊成熟后前端破裂放出精子。精子呈梨形,长5.0 μm,宽2.5 μm,腹部生有两条不等长鞭毛,由于精子没有色素体,一般比较难以观察。挂在卵囊袋上的卵子放出性激素诱导精子向卵子的周围游动,卵子受精后在卵囊袋上进行第一次分裂萌发为幼孢子体。再经过3~4次的横分裂后形成7~8个细胞的单列细胞藻体,随后从基部细胞伸出多条假根丝替代卵囊固着在基质上,随后经过多次细胞的纵横分裂成为幼孢子体。

根据裙带菜配子体在不同生长发育阶段的形态变化和对温度等环境条件的不同需求,将配子体划分为配子体生长期、配子体休眠期、配子体成熟期三个时期:

(1)配子体生长期

此期是配子体形成至配子体休眠前处于生长状态的时期,在生产上一般是在采孢子后至水温上升至23℃前,在大连沿海一般在6月下旬至7月末,是配子体生长较快的时期。刚形成的配子体仅为一个细胞,个体较小,雌雄难以区分。随着培养时间的延长,配子体的体积逐渐增大并开始性分化,约50%的配子体分化为雄配子体,另外50%的配子体分化为雌配子体。处于生长期的配子体在适宜的温度和光照条件下生长很快,经过一个月左右的培养,雄配子体形成10余个细长细胞的分枝丝状体,雌配子体成为3~5个粗大细胞的单列细胞丝状体。此期的主要特征是配子体处于良好的生长状态,细胞较长且枝端细胞尖细,细胞内盘状色素体清晰可见,呈浅褐色。随着温度的升高,配子体的生长速度减慢,细胞颜色逐渐变暗进入休眠期。配子体生长期在裙带菜育苗生产中处于育苗前期,此时海水的温度非常适于配子体的生长,利用配子体在生长期内生长速度快的特点,在培育中给予适宜的光照条件促进配子体快速生长,使配子体在休眠之前生长到足够的大小并达到开始发育的水平。因此,在半人工育苗生产上要及时提高水层,在全人工育苗中除提高光强外,还要加大施肥量,使配子体处于良好的生长状态。

(2)配子体休眠期

配子体休眠期又称配子体度夏期,一般在培养水温达到23℃以上时,裙带菜的配子体生长停止,以休眠方式度过夏季的高温期,进入休眠期。休眠期的起始时间及长短因地区纬度不同差异较大,纬度越低休眠期越长,纬度越高休眠期越短,大连等北方沿海地区一般在8月上旬海水温度达到23℃以上,裙带菜的配子体进入休眠期,在9月上旬水温降至23℃以下,因此,整个休眠期约持续一个月的时间,而在南方沿海休眠期可长达3个月以上。由于休眠期间配子体不再生长,此期的主要特征是雌雄配子体细胞长度变短,胶质膜增厚使配子体细胞膨起变为椭圆形,细胞失去光泽,呈暗褐色,细胞内色素体模糊不清。由于胶质膜增厚使配子体细胞硬化,处于此期的配子体附着能力降低,极易从附着基上脱落。配子体休眠期在生产上处于育苗阶段,为了使配子体处于相对稳定的环境条件,顺利度过夏季的高温期,半人工育苗一般采用下降水层的方法将苗绳下降到一定的水深,减少杂藻附着和保持稳定的水温;全人工育苗则要用布帘遮盖,使配子体在半黑暗状态下度过高温期。为了防止配子体脱落,半人工育苗要尽量避免移动苗绳,室内全人工育苗要停止洗刷。需要注意的是,由于配子体休眠时间不同,其度夏的方法和效果有很大的差异。一般情况下,随着配子体休眠时间的延长,度夏期间配子体所经历的高温时间较长,温度也相对较高,裙带菜半人工育苗的成功率也随之降低,这也是半人工育苗只适用于夏季高温期较短的北方沿海的原因。由于南方沿海配子体的度夏时间较长,在全人工育苗的度夏阶段,为了防止杂藻大量繁衍和配子体死亡,采用黑暗培养的方法可以取得较好的度夏效果。

(3) 配子体成熟期

当水温降至23 ℃时，雌雄配子体逐渐从休眠状态复苏，显微镜下可见配子体的细胞壁逐渐变薄，藻体颜色由褐色变为浅褐色。随着水温的下降，雄配子体细胞逐渐变短并在细胞表面产生乳状突起的单室精子囊；雌配子体的两端细胞膨大，细胞内色素体增多并向前端移动，形成卵囊并排出卵子，进入成熟期。刚进入成熟期的配子体卵囊和精子囊形成的数量较少，随着水温的降低形成数量快速增多，在成熟高峰期内几乎所有的雌雄配子体都形成了卵囊或精子囊。此期的主要特征是显微镜下可见大量挂在卵囊袋上的卵子和卵子受精后形成的幼孢子体，精子由于个体较小且不含色素体一般难以观察。在相同培养条件下，裙带菜雄配子体比雌配子体提前2~3 d成熟，表现出雄性先熟的特点。关于裙带菜配子体成熟的适宜温度，一般在水温22 ℃时进入成熟期，大量成熟是在水温21 ℃左右，但南方型和北方型裙带菜略有差异，一般情况下，南方型裙带菜配子体成熟的温度要高于北方型0.5 ℃左右。卵受精后萌发为幼孢子体，未受精的卵子大多数从卵囊袋上脱落死亡，少数孤雌生殖形成畸形幼孢子体。处于成熟期的配子体和刚形成的幼孢子体要求相对稳定的温度、照度等环境条件，特别是对温度的变化，尤其是对温度升高非常敏感，已经形成卵囊的雌配子体，如果温度超过22 ℃或照度降低，会停止排卵并恢复生长，刚形成的幼孢子体也会大量死亡。因此，在育苗生产中，维持配子体成熟阶段温度、照度、营养盐等环境条件的稳定是提高出苗率的重要技术措施之一。

(二) 裙带菜的生态学基础

不同分布类型裙带菜的生长发育适宜的环境条件不同，同一类型裙带菜的不同生长发育阶段其适宜环境条件也有很大的差异。与裙带菜配子体和孢子体生长发育密切相关的环境条件主要有温度、光照、营养盐、盐度、水流等。

1.温度

温度是决定海藻水平分布的重要因子。不同种类海藻由于分布的区域不同，其生长发育适宜的温度条件也不同，同一种类的不同生长发育时期所适宜的温度条件也有较大的差异。与海带相比，裙带菜孢子体则适宜较高的温度条件，幼苗阶段在18~21 ℃范围内生长速度较快，随着藻体长度的增加适宜生长的温度逐渐降低。大型孢子体生长的适宜温度范围为5~15 ℃，低于2 ℃时生长速度明显减慢。与孢子体生长相反，裙带菜孢子囊的形成适宜的温度较高，在15~20 ℃的范围内有利于孢子囊的大量形成。

裙带菜配子体生长的适宜温度范围为10~22 ℃，最适温度为20 ℃。水温低于10 ℃配子体生长速度明显减慢，水温高于23 ℃时配子体生长停止但可以长时间存活，水温超过30 ℃后配子体大量死亡。北方型和南方型裙带菜配子体发育的适温条件略有差异，其中南方型裙带菜配子体发育的温度高限为22 ℃，北方型为22 ℃左右。两者最适温度为15~18 ℃，北方型和南方型裙带菜差异不大。

2.光照

裙带菜幼孢子体生长适宜较强的光照条件，在室内培育条件下给予3 000~4 000 lx的光强和适当的延长光照时间能促进幼孢子体的生长。大型孢子体的生长主要取决于海区透明度状况,栽培裙带菜由于生长周期较短,一般在透明度 6~10 m 的海区栽培便能获较高的产量和质量。裙带菜孢子囊形成需要较高的光照条件,一般在较高的光照条件形成的孢子囊较多。

裙带菜配子体的生长在 6 000 lx 以内与光强成正比。同时,光照时间越长,配子体的生长速度越快。配子体发育的适宜照度范围为 2 000~4 000 lx,4 000 lx 以上的发育速度也不会增加。相反,光照过强会导致配子体死亡。短日照能促进裙带菜配子体的发育。在生产上一般将光照时间控制在 10 h/d。

3.营养盐

海水中氮、磷等元素的含量对裙带菜的生长发育有较大的影响。海水中氮元素的含量低时,裙带菜的幼苗便生长缓慢。海水中氮元素含量越高,裙带菜孢子体的生长速度越快。北方有些海区裙带菜不能很好生长的原因就是海水中氮元素的含量较低。一般情况下,如果海区内 NH_4-N、NO_3-N、NO_2-N 的总氮量低于 50 mg/m^3 时,必须施肥后裙带菜才能较好地生长。磷元素对裙带菜生长发育也有较大的影响,尤其对发育影响较大,在海水中磷元素的含量低于 10 mg 时,裙带菜配子体的发育时间延长或不能排卵。

4.盐度

裙带菜一般生长在潮下带和浅海区,对低盐环境的适应能力较低,往往在雨季淡水大量流入时,由于盐度的突然降低而发生病烂。但配子体生长发育适应的范围较广,在 18‰~42‰ 的盐度范围内均可发育成熟。

5.水流

水流是海藻生长的重要条件之一。在裙带菜幼苗培育阶段,只有给予适当的水流条件才能够促进根系发达和幼苗的生长,提高幼苗的出苗率。海流可以使裙带菜的孢子体漂浮生长,提高其生长速度。一般情况下,裙带菜的孢子体在 20~60 cm/s 流速的海区条件下,流速越快,其生长速度越快,产量高,质量好。

二、海带的生物学和生态学基础

(一)海带的生物学

1.海带的分类和形态学构造

(1)海带的分类

海带为冷水性藻类,自然分布在水温较低的高纬度海区,一般生长在潮间带至 40 m 水深的海底岩礁上,属寒带、亚寒带藻类,个体较大,是世界上人工栽培最多的海藻。同时,海带也是海胆、鲍等经济动物的主要饲料,是海底森林和海洋牧场的主要组成部分。我国的海带是在 20 世纪 20 年代末期从日本移植来的,曾呈奎教授将其中文名称定为海带,主要自然分布在辽宁和山东沿海。海带在自然系统分类上属于海带目,海带科,海带属。据记载,海带属在全世界有50多个品种,仅分布在太平洋西部海区就有20余种,其中在日本列岛分布的有13种。海带属的绝大多数种类是大型藻类,具有较高的经济价值,在日本进行栽培和增殖生产的还有长海带、利尻海带、三石海带、鬼海带、狭叶海带等5种,每年均有一定的生产量。其中生产量最高的是长海带,其年产量占日本全国总产量的50%以上,以下依次是利尻海带、三石海带、鬼海带、狭叶海带。

(2)海带的形态构造

我们通常见到的海带由叶片、柄和固着器三部分组成。叶片呈带状,色褐而富有光泽,有两条浅纵沟贯穿于叶片中部形成中带部,凹面为向光面,凸面为背光面。叶片长度一般为2~3 m,宽约20 cm,但大的藻体长度可达6 m,宽度达50 cm以上。叶片基部与柄连接部为藻体的生长点。柄在幼苗期呈圆柱形,与叶片连接处呈扁圆形,生长为成体后多为扁圆形,长度因种类不同而异,一般为5~6 cm。固着器位于柄的基部,由多条自柄部生出的多次双分枝圆柱形假根组成,假根末端生有吸盘,使藻体固着在基质上。

海带的内部由表皮、皮层和髓部组成。孢子体最外面的一层是表皮分生组织,细胞较小,呈栅栏状紧密排列,细胞内含有较多的粒状色素体,是进行光合作用的场所。表皮细胞外侧覆盖胶质层。皮层位于表皮层的内侧,由内皮层和外皮层组成。外皮层呈柱形,细胞壁薄,排列不整齐。内皮层细胞排列较整齐,细胞壁富含胶质。在生长的藻体中,皮层细胞内储藏了很多有机物质。髓部主要由喇叭丝和髓丝组成。喇叭丝是由一列首尾相连的内皮层细胞分化形成的管状组织。分化时,细胞先延长并在细胞连接处细胞壁膨大形成筛板,部分细胞延长,两端膨大形成喇叭细胞。喇叭丝可产生分枝,是海带叶片中的主要输导组织。髓丝也是由内皮层细胞分化出的首尾细胞相连接的丝状体,髓丝的顶端插入髓部。另外,在孢子体表面的外皮层内还分布着许多黏液腔,能分泌黏液。

2.海带的生长发育分期

在不同的生长发育时期,海带孢子体的外部形态和生理特征有很大的差异,为了便于栽培管理,我们根据海带孢子体生长发育的特点,将筏式栽培的一年生海带划分为幼龄期、凹凸期、脆嫩期、厚成期、成熟期、衰老期。

(1)幼龄期

卵受精形成幼孢子体至10 cm左右的幼苗,包含室内育苗和海区暂养两个阶段。主要特征是藻体由1~2层细胞组成,无根、茎、叶的区别,无纵沟,无凹凸。

(2)凹凸期

藻体达到10 cm以上,根、茎、叶分化明显,主要特征是在藻体的中带部出现两行明显的凹凸细胞,属于遗传的遗留。此期是海带生长速度最慢的时期,生产上缩短凹凸期是增产的主要措施之一。

(3)薄嫩期

藻体长度达1 m以上,呈浅褐色,含水量高,易折,主要特征是叶片基部呈楔形,是海带生长速度最快的时期。此期间要加强管理,是提高产量和质量的重要时期。

(4)厚成期

藻体生长速度减慢,含水量降低,藻体厚,呈褐色,叶片基部呈圆形或椭圆形,叶片厚度增加。后期可以收割。

(5)成熟期

藻体生长停止,自梢部开始逐渐形成孢子囊斑,经阴干刺激后有大量孢子放出,因此又叫繁殖期。梢部开始溃烂脱落。

(6)衰老期

孢子放散后,叶片表面变得粗糙,呈灰褐色,表面有大量细菌和杂藻附着。梢部因大量溃烂脱落而变短,柄部出现空腔,逐渐溃烂流失。

3.海带的生活史和繁殖

海带的生活史是由大型叶状的孢子体世代和小型丝状的配子体世代相互交替所组成的,属于典型的异型世代交替生活史类型。大型叶状的孢子体成熟后在叶片上形成孢子囊斑,孢子囊成熟后放出游孢子。游孢子呈梨形(11.3 μm × 5.4 μm),有 2 条侧生不等长鞭毛,靠鞭毛的摆动进行短时间的波浪式游泳后附着,附着后成为球形的胚孢子,胚孢子萌发后形成雌雄配子体。

有性生殖雌配子体细胞粗大,由 1 个或数个细胞组成;雄配子体为多个细长细胞组成的丝状体,在自然海区必须借助显微镜才能看见,在人工培养下可成为肉眼可见的褐色藻株。在自然海区配子体经过 2~3 周便可成熟,雌配子体形成卵囊并排出卵,雄配子体形成精子囊,放出具有 2 条鞭毛的精子与卵受精,受精卵萌发为幼孢子体。幼孢子体随着秋季水温的下降生长很快,到 12 月中下旬在自然海区生长成为 10 cm 左右的海带幼苗。幼苗经过冬、春季的生长在初夏成为大型孢子体。

海底生长的海带一般属于 2 年生藻类,生长周期可以跨 3 个年度。通常在 10—11 月藻体的孢子囊开始成熟时放出游孢子,12 月上旬海带幼苗肉眼可见。在第二年的 6 月藻体可达1~2 m。进入夏季后藻体停止生长,随着水温的升高,叶片梢部细胞老化溃烂脱落,藻体长度变短。到了秋季水温下降以后,叶片基部开始再生,老化组织被推向梢部。再经过冬、春季的生长到第三年的 6 月,藻体长度可达 3~4 m,达到个体生长的最大值。进入夏季后,叶片梢部又开始溃烂脱落,藻体长度迅速变短。当秋季水温下降后,在叶片表面形成孢子囊斑,放出游孢子后,藻体衰老死亡。

我国筏式栽培的海带 1 年即可完成一个生活史周期。在春、夏季孢子体成熟放出游孢子,孢子附着后萌发为雌雄配子体。在人工控制的适宜温度下配子体很快成熟,雌配子体形成的卵受精后发育成为幼孢子体,在秋季生长成为海带幼苗。再经过冬、春季的浮筏栽培,在第二年的春、夏季成为大型的孢子体,完成其生活周期。

(二)海带的生态学基础

不同分布类型海带的生长发育适宜的环境条件不同,同一类型海带的不同生长发育阶段其适宜环境条件也有很大的差异,与海带配子体和孢子体生长发育密切相关的环境条件主要有温度、光照、营养盐、盐度、水流等。

1. 温度

海带原产于太平洋西岸的高纬度海区，属于典型的冷水性藻类。在我国主要自然分布在冬季水温0℃以上、夏季水温25℃以下的辽宁和山东沿海的低潮线下。孢子体的不同生长阶段，其适温范围也不同。海带幼苗适宜较高的水温，在18~19℃时能够很好地生长，超过20℃时幼苗生长停止。大型孢子体适宜生长的温度范围为1~13℃，最适温度范围为5~10℃，在水温达到15℃左右时停止生长。因此认为20℃是海带孢子体生长的温度高限。关于孢子体生长的温度低限，一般认为在0℃左右，但由于使用夏苗栽培使进入低温期的藻体增大，增强了抗低温的能力，即使在0℃以下孢子体也能很好地生长。与孢子体生长相反，海带孢子囊形成则适宜较高的温度，在15~20℃的温度范围内能促进孢子囊的大量形成。海带雌雄配子体生长的适温范围较广，在5~20℃的温度范围内都能生长，最适温度为15℃。雌雄配子体发育的适宜温度范围是5~15℃，最适温度为10℃，明显低于配子体生长的温度。

2. 光照

海带幼孢子体生长适宜较强的光照条件，在室内培育条件下给予3 000~4 000 lx的光强和适当的延长光照时间能促进幼孢子体的生长。栽培海带的生长周期较长，一般海区透明度达3.0 m以上时能够很好地生长。海带孢子囊形成需要较高的光照条件，一般在较高光照条件下形成的孢子囊较多。

海带配子体的生长在4 000 lx以内与光强成正比。同时，光照时间越长，配子体的生长速度越快。配子体发育的适宜照度范围为2 000~4 000 lx。其在4 000 lx以上，发育速度也不会增加。相反，光照过强会导致配子体死亡，短日照能促进海带配子体的发育。在生产上一般将光照时间控制在9~11 h/d。

3. 营养盐

海水中氮、磷等元素的含量对海带的生长发育有较大的影响。海水中氮元素的含量低时海带的幼苗生长缓慢。海水中氮元素的含量在5 000 mg/m³的范围内，氮元素含量越高，海带孢子体的生长速度越快。北方有些海区海带不能很好生长的原因就是海水中氮元素的含量较低。一般情况下，如果海区内NH_4-N、NO_3-N、NO_2-N的总氮量低于50 mg/m³时，必须施肥后海带才能较好地生长。磷元素对海带生长发育也有较大的影响，尤其对发育影响较大，在海水中磷元素的含量低于10~20 mg时，海带配子体的发育时间延长或不能排卵。

4. 盐度

海带一般生长在潮下带和浅海区，对低盐环境的适应能力较低，往往在雨季淡水大量流入时，由于盐度的突然降低而发生病烂。但配子体生长发育适应的范围较广，在18‰~42‰的盐度范围内均可发育成熟，26‰~36‰的盐度范围为最适宜。

5. 水流

水流是海带生长的重要条件之一。海带幼苗培育阶段给予适当的水流条件能够促进根系发达和幼苗的生长，提高幼苗的出苗率。海流可以使海带的孢子体漂浮生长，提高其生长速度。一般情况下，海带的孢子体在20~60 cm/s流速的海区条件下，流速越快，其生长速度越快,产量高,质量好;但流速达到 80 cm/s 时,海带的产量反而下降,并不是流速越大,产量越高。

三、紫菜的生物学和生态学基础

(一)紫菜的生物学

1.紫菜的分类和形态构造

(1)紫菜的分类

紫菜在世界上分布范围很广,从北半球到南半球,从寒带到亚热带,均有紫菜的存在。据不完全统计,现在全世界有 70 余种紫菜,仅日本列岛就有 30 余种。我国紫菜从北到南分布在辽宁、山东、江苏、浙江、福建、广东、海南等省区沿海,现已定名的有 10 余种。紫菜的学名为 Porphyra,欧美称之为 laver,日本称之为 nori,中国叫作紫菜。在自然分类系统中,紫菜属红藻门,原红藻纲,红毛菜目,红毛菜科,紫菜属,包含真紫菜亚属、双皮层亚属、双色素体亚属三个亚属。我国的紫菜都属于真紫菜亚属,一般是由单层细胞组成的,只有个别种类如坛紫菜藻体的局部具有双层细胞和双色素体。我国的藻类学家曾呈奎、张德瑞又根据叶状体边缘有无刺状突起把真紫菜亚属分为全缘紫菜组、刺缘紫菜组、边缘紫菜组三个组。在我国自然生长的 10 余种紫菜中,属于全缘组的种类有条斑紫菜、半叶紫菜、甘紫菜、拟线形紫菜、国枝紫菜;属于刺缘组的种类有坛紫菜、长紫菜、皱紫菜、圆紫菜、广东紫菜、单胞紫菜等;属于边缘组的种类有边紫菜。虽然世界上紫菜的种类较多,但进行人工栽培的种类并不多。我国目前进行大规模栽培的有坛紫菜和条斑紫菜两种,坛紫菜栽培主要集中在浙江、福建两省,条斑紫菜栽培集中在辽宁、山东、江苏三省。近几年来,随着国内外市场条斑紫菜消费量的增大,浙江、福建两省也有部分地区进行条斑紫菜的栽培。

(2)紫菜的形态和构造

条斑紫菜:叶片幼小时披针形,生长后呈椭圆形或卵形,营养细胞呈多角形,藻体形态变异较大,呈紫红色或略带绿色。基部圆形呈绿色,茎短,叶缘无刺状突起,为全缘型。叶片由一层细胞组成,藻体长 10~30 cm,最长可达 1 m 以上。叶片宽度为 2~6 cm,厚度一般为 32~53 μm。藻体为雌雄同体,精子囊区淡黄色,呈粗长条状混杂在深紫红色果孢子囊区中,形成条斑状。本种产生的单孢子能萌发生长为新的藻体。条斑紫菜在我国从辽宁至福建的厦门沿海均有分布,是北方沿海主要的栽培种类。

坛紫菜:藻体披针形,亚卵形或长亚卵形,色暗绿带紫色。藻体长度 10~20 cm,人工栽培藻体长度可达 50 cm 以上。宽度 3~5 cm,厚度为 60~110 μm。藻体基部为心脏形,少数为圆形或楔形,叶片边缘具有稀疏的刺状突起,属于刺缘型。叶片营养细胞为一层细胞组成,局部为两层细胞,多数细胞具有单一星状色素体,少数细胞具有双色素体。藻体多数为雌雄异体,少数为雌雄同体,雌雄同体的藻体精子囊器群和果孢子囊群分别集中于叶片的某一固定区域,有的各自分布于叶片的一半区域。

2.紫菜的生活史

紫菜叶状体的幼苗一般在秋季出现于自然海区的岩礁上,经过冬季和春季快速生长成为大型叶状体,进入夏季前藻体溃烂消失。有极个别耐高温的种类在夏季也能见到。大多数种类的紫菜是雌雄同体,藻体成熟时形成果孢子囊,放出果孢子,果孢子附着后萌发,并没有生长成为叶状体,而是生长成为类似霉菌的丝状体。虽然秋季生长在自然海区的部分种类紫菜叶状体仍能形成孢子,孢子萌发后生长为叶状体,但秋季形成的孢子在形态和形成方式方面与初夏形成的孢子有明显不同。大连地区主要有四种:条斑紫菜、甘紫菜、半边紫菜、边紫菜。紫菜的营养价值很高,是人们喜爱的水产品,也是进行大规模栽培的主要海藻之一。

紫菜的生活史是由叶状体阶段和丝状体阶段所组成的。叶状体成熟后形成雌雄生殖细胞,雌的叫果胞,雄的叫精子囊,两性细胞结合成为合子,然后合子经过多次分裂形成果孢子,成熟后的果孢子自藻体放出后钻入石灰质(自然条件下多为贝壳)内萌发成为丝状体。丝状体在适宜的温度条件下发育形成壳孢子囊,成熟后放出壳孢子,壳孢子附着在基质上萌发成为幼苗,经生长后成为紫菜叶状体。

(二)紫菜的生态学基础

紫菜从壳孢子萌发到藻体衰老死亡,可以分为壳孢子萌发期、孢苗期、幼苗期、成叶期、衰老期五个时期。紫菜叶状体生长发育适宜的环境条件根据生长发育阶段的不同而异,与紫菜生长发育密切相关的环境条件主要有温度、光照、营养盐、水流、干露等。

1.温度

由于紫菜种类不同,其生长发育适宜的温度也不同。绝大部分种类紫菜的壳孢子萌发,幼苗生长的适宜温度明显高于成叶期生长的适宜温度。条斑紫菜壳孢子萌发期和孢苗期生长的适宜温度为20 ℃,幼苗期至成叶期藻体生长的适宜温度为12~17 ℃,随着藻体的增大,适宜温度快速降低,成叶期生长的适宜温度降至8~10 ℃。坛紫菜壳孢子萌发期和孢苗期的适宜温度为26~27 ℃,幼苗期至成叶期藻体生长的适宜温度为25~20 ℃,成叶期生长的适宜温度为19 ℃以下。如果在壳孢子萌发期和孢苗期海水温度低于适宜温度,则会降低幼苗生长速度,推迟见苗时间。相反,如果成叶期的海水温度高于适宜温度,则会影响成叶的生长速度,导致产量降低。另外,研究结果表明,如果夜间的温度比白天低4~8 ℃,有利于紫菜叶状体的生长。相反,如果夜间的温度高于白天的温度,则紫菜叶状体的生长速度明显降低。

单孢子的形成和附着是提高紫菜栽培的产量和质量的重要环节。在由一个壳孢子萌发形成的藻体上,可形成数百个以上的单孢子。如果能把这些单孢子较好地附着在栽培网帘上(生产上叫作二次采苗),将会极大地提高栽培紫菜的产量和质量。单孢子形成的适宜温度一般在18 ℃以上,单孢子的萌发和幼苗生长的适宜温度为20 ℃。甘紫菜在15 ℃和20 ℃下能够形成单孢子,在10 ℃以下不能形成单孢子,而条斑紫菜在10 ℃也能形成单孢子,表明条斑紫菜二次采苗的时间长于甘紫菜,在栽培生产上具有重要的利用价值。

紫菜是以丝状体形式度过夏天,因此,无论是条斑紫菜还是坛紫菜,丝状体生长的适温范围较广,与叶状体相比具有较强的耐高温能力。条斑紫菜、坛紫菜丝状体生长的适宜温度范围均为20~25 ℃,甘紫菜丝状体生长的适宜温度范围是15~24 ℃。条斑紫菜壳孢子形成的适宜温度范围为17~23 ℃,坛紫菜为25~28 ℃。壳孢子放散的适宜温度,条斑紫菜为15~20 ℃,坛紫菜为23~25 ℃,甘紫菜为18~21 ℃,低于或高于以上温度范围,壳孢子的放散量都会降低。另外,丝状体也有较强的耐低温能力,将成熟的丝状体速冻后再放入海水中仍然可以放散壳孢子。同样,将刚萌发的壳孢子速冻后再放入海水仍能很好地生长,表明将紫菜的丝状体和萌发的壳孢子进行速冻保存是可能的,也可以看出紫菜生活史中的各个阶段都具有较强的耐低温能力。

2. 光照

紫菜是生长在潮间带的藻类,从生态条件看属于好光性种类。研究结果表明,条斑紫菜叶状体的光饱和点为20 000 lx,生长的适宜照度为4 000~7 000 lx,属于适宜高光强生长的种类。紫菜在5 ℃下光补偿点为175 lx,即低温下光补偿点又很低,因此,从生产力角度看属于高产植物。丝状体不耐强光,在太阳的直射光下将发生褪色死亡。条斑紫菜和坛紫菜丝状体生长的适宜照度均为3 000 lx左右。光照时间对紫菜丝状体的生长有明显的影响,在适宜温度下与光照时间成正比,在人工光源下,每天的光照时间不得少于10 h;相反,壳孢子囊枝形成则需要短日照条件,试验结果表明,在光照时间6~24 h范围内,光照时间越短,条斑紫菜壳孢子囊枝形成的越多。条斑紫菜壳孢子囊枝形成的适宜的光强为3 000~6 000 lx,坛紫菜为1 000~1 500 lx。壳孢子形成适宜的光强分别为:甘紫菜为1 000~2 000 lx,条斑紫菜为3 000~4 000 lx,坛紫菜为500~1 000 lx。但短日照是壳孢子形成的必要条件,条斑紫菜、坛紫菜在8~10 h/d下形成的壳孢子最多。

3. 营养盐

紫菜是海藻中蛋白质含量最高的种类之一。因此,紫菜在生长过程中必须从海水中吸收大量的氮和磷。海水中NO_3—N的含量超过3 g/m³紫菜能很好地生长,其中7 g/m³时生长最好。作为氮源,NO_3—N适宜紫菜的生长,但NH_4—N容易被紫菜吸收。如果NH_4—N的浓度达到20 g/m³以上,则会抑制紫菜的生长。海水中磷的含量对紫菜的生长有很大的影响。研究结果表明,海水中磷的含量在0.3 g/m³以内时,含量越高,紫菜的吸收量越大。由于紫菜在生长过程中需要吸收大量的氮、磷营养盐,因此营养盐含量较高的河口区域比较适于紫菜的栽培,生产量也比较高。但是,河口附近和内湾又是水质污染比较严重的海区,作为水质指标COD的含量如果达到3 g/m³,便超过了栽培紫菜所要求的水质高限,不适于紫菜的栽培。

4. 比重

潮间带是海水盐度变化幅度较大区域,紫菜生长在这个区域中,对盐度的变化有较强的适应能力。甘紫菜叶状体生长适宜的氯度为12‰~18‰,大叶甘紫菜适宜氯度为14‰以上,最适氯度为17‰~18‰,氯度低于14‰则幼苗生长发生异常,但成叶期的藻体耐低盐度的能力很强,在1.010的低比重下能存活数天。同样,低比重也影响紫菜单孢子的放散和萌发,使二次苗的附着率和萌发率大幅降低。海水比重影响果孢子的钻壳萌发和丝状体的生长,条斑紫菜和坛紫菜丝状体生长的适宜比重均为1.020~1.025,比重低于1.010则丝状体不能生长。

5.水流

水流是紫菜生长的重要条件之一。如果流速较小,会因紫菜营养盐吸收不足,代谢产物不能及时排走,引起藻体上细菌繁衍,导致病害发生。可是如果流速过大,会造成藻体脱落。在紫菜的幼苗期,适宜的流速为 7 cm/s,成叶期为 7~25 cm/s,海水营养盐含量高的海区适宜流速为 10 cm/s,营养盐含量低的海区为 30 cm/s,普通海区为 20 cm/s。紫菜在流速 10~20 cm/s 的范围内氮、磷吸收量最高,生长速度最快,高于或低于这个范围,紫菜的氮、磷吸收量和生长速度都下降,如果海区流速低于 3 cm/s,将会造成藻体生长异常,严重时会造成藻体细胞大量死亡。

6.干露

紫菜生长在自然海区潮间带的中上部,每天都有几个小时的干露时间,具有较强的耐干燥能力。不同种类和生长期的紫菜,其耐干燥能力差异较大,一般情况下,成体比幼苗耐干燥能力强。坛紫菜由于藻体较厚,耐干燥能力比条斑紫菜强。幼苗期如果每天不给几小时的干露时间,就很难得到健壮的幼苗。因此,在生产上给予栽培网帘一定的干露时间,可以将杂藻和病原性细菌晒死,减少病害的发生。另外,支柱式栽培的紫菜由于给予足够的干露时间,藻体柔软并具有光泽,质量较好。

第二节

大型经济海藻的人工育苗

一、裙带菜的人工育苗

裙带菜的主要栽培区在韩国、日本和中国。20世纪90年代以来,法国和俄罗斯远东地区也开始了人工栽培裙带菜的尝试。在中国,裙带菜人工养殖的主要基地是辽宁省。裙带菜人工育苗法可分为两类:一类是目前生产上广泛采用的常规采孢子的育苗方法,可分为海上半人工采孢子育苗法和室内常温度夏全人工育苗法;另一类是近几年发展起来的配子体采苗和育苗法。

(一)半人工采孢子育苗法

半人工育苗又称作人工采孢子海区育苗,是一种较原始的育苗方式。该方式主要适用于夏季水温较低、高水温时间较短的北方沿海,是我国辽宁和日本北部沿海主要采用的育苗方式。其特点是将裙带菜的孢子直接采到栽培苗绳上,然后将栽培苗绳挂到海区浮筏上进行自然海区育苗,待幼苗肉眼可见后,使用幼苗达到密度的栽培苗绳直接进入栽培阶段。该方法简单易行,成本低廉,容易被生产单位接受。目前大连地区半人工苗种的使用率达60%以上;该方法的缺点是:裙带菜的配子体在自然海区度夏期间,受附着生物、浮泥及风浪的影响,幼苗密度难以控制,出苗不稳定。此外,由于配子体成熟后在海区内受精,栽培裙带菜易与自然海区的野生裙带菜混杂,致使引进品种的优良性状退化严重,迫使生产单位每年要从日本引种,加大了生产成本。

1. 采孢子时间

大连地区采孢子的时间一般集中于海水温度为16~17℃的6月下旬至7月上旬的裙带菜孢子放散高峰期内,在此期间采孢子均可获得较好的采苗效果,达到早出苗、出大苗的目的。裙带菜的孢子具有陆续成熟、陆续放散的特点,为了达到孢子大量集中放散的目的,在生产上多采用阴干刺激的方法。具体操作是,将孢子叶散铺在阴凉通风处,视孢子叶的成熟程度和当天的天气状况决定阴干时间的长短。如孢子叶成熟情况好,天晴有风时,阴干时间短一些,反之则长一些。阴干效果的检查一般采用触摸法和孢子放散法。触摸法是用手指触摸孢子叶表面,如果手指上沾有明显的黄褐色孢子斑迹,则表明阴干效果较好;如手指上有明显的水迹,则表明阴干时间不足。孢子放散法是取小块孢子叶放入添加海水的烧杯或碗中,经搅拌后有大量孢子放出,孢子水呈褐色且在显微镜下可见有大量的孢子活跃游动,则表明阴干效果较好,无色或颜色很浅则需要再阴干一段时间。在一般情况下,成熟好的孢子叶阴干2~3 h均能达到较好的阴干效果。

2. 采苗池

一般设置在室内暗处防止由于游孢子具有趋光性导致采孢子密度不匀。体积以20 m³左右为宜,为了便于操作,池的深度一般2 m左右。大连地区的生产单位一般将裙带菜的盐渍池作为采苗池使用。有些生产单位直接在海上使用小船采孢子,方法与水泥池采孢子相同,但采苗时船上要遮盖避光。

3.采苗方法

取1/3的阴干好的孢子叶倒入采苗池中,添加海水浸过孢子叶后进行搅拌,当观察到孢子大量放出,池水呈褐色时,放入1/3苗绳,浸在水中。然后再倒入1/3孢子叶,以上方法重复两次,最后用重物将苗绳压实,添加海水浸过苗绳,池内放入检查孢子附着密度的玻璃片。孢子附着密度的检查在采苗2 h后进行,方法是将附着孢子的玻璃片在显微镜下检查胚孢子的数量,如果玻璃片上的胚孢子附着密度达到20个/视野(×100)以上,经摇动后玻璃片上的胚孢子数量无大量减少,而且池水中已经没有游孢子时便达到生产要求。孢子的附着时间取决于孢子的游动时间,而孢子的游动时间又与水温有关。在适宜孢子放散的裙带菜繁殖期内,孢子的游动时间与水温成反比,即水温越高孢子游动的时间越短,反之越长。由于采完孢子的苗绳要马上移到自然海区内培育,因此,胚孢子附着牢固程度直接影响出苗率。胚孢子附着牢固程度的检查是将计数后的玻璃片在海水中摆动数下,然后再放在显微镜下计数,当摆动后玻璃片上胚孢子的数量达到摆动前的90%以上时,则表示胚孢子已经附着牢固,可以将苗绳垂挂到海区浮筏上进入育苗阶段。

4.海区育苗

海区育苗指采孢子后至幼苗肉眼可见的海区培育过程,在大连地区一般需要近3个月的时间,因此,适宜海区的选择和育苗期间的海区管理工作是非常重要的。

育苗海区的选择:育苗期间,裙带菜要经历配子体生长、配子体度夏休眠、配子体发育成熟形成卵囊和精子囊、卵受精及幼孢子体生长等阶段,流速过大,裙带菜卵囊和精子囊形成的时间晚、形成率低、卵的受精率也大幅降低,从而影响出苗率;流速过小,则会使浮泥、杂藻大量附着,从而降低配子体的成活率,直接影响育苗效果。因此,在生产上育苗海区一般选择风浪较小、水流适宜、水质肥沃、浮泥杂藻较少的中排海区。

苗绳的垂挂密度:苗绳的垂挂密度视海区条件而异。一般在风浪和水流较大的海区,为了防止苗绳相互绞缠,苗绳的相对间距应大一些;反之则间距应小一些。考虑到苗绳垂挂相对密度大一些有利于受精过程中裙带菜卵受精率的提高,各生产单位的育苗区的设置都相对集中,苗绳的垂挂密度也相对增大,在两个浮筏之间苗绳的间距有时保持为40~50 cm。

水层调节:初挂水层因海区透明度不同而异。在满足适宜生长的温度条件下,大连沿海在海区透明度6~10 m条件下,一般初挂水层为1.0~1.2 m,给予足够的光强,以促进配子体生长。在7月末海水温度达到22 ℃时,由于水温升高,配子体的生长趋于停止,此时可分两次将苗绳的有效深度降至3.0 m左右,使配子体处于一个相对适宜、稳定的水温和光照条件下度夏。裙带菜度夏期间的水层控制,除了考虑海区透明度和防止杂藻大量繁衍之外,还要考虑当地野生紫贻贝、柄海鞘、海绵等动物幼体的附着深度并设法避开,否则会影响裙带菜的出苗率。在8月下旬,当海水温度降至23 ℃左右时,将水深提至2.0 m,使配子体从休眠中恢复生长和发育;在海水温度为22 ℃左右的9月上旬,再将水深提至1.0 m,给予充足的光强,以促进配子体发育成熟和幼孢子体的生长。

清除杂藻敌害:海区育苗期间苗绳上常会附着大量的杂藻和贻贝、海鞘、海绵等敌害生物,极大地影响了配子体的发育和幼孢子体的生长,必须及时清除。生产上适宜的清洗时间和清洗后苗绳的清洁程度对出苗率有很大的影响。生产实践表明,清洗时间一般在度夏阶段后期的8月下旬进行,方法是采用摔打、木棒敲击和摆洗方式洗刷苗绳。在生产上要求苗绳的洗刷要一次洗净。

平挂苗绳:进入9月份,随着海水温度的下降,配子体逐渐发育成熟,雌、雄配子体开始大量形成卵囊和精子囊,卵受精形成幼孢子体。此时苗绳的垂挂方式已不能满足配子体发育成熟和幼孢子体生长对光照强度的要求,因此,要将苗绳由垂挂方式改为平挂方式。平挂苗绳的时间一般在海水温度降至21 ℃左右的9月中下旬进行,方法是将苗绳平挂在浮筏间,吊绳的长度为1 m左右,生产上要求苗绳中间最深处距水面的垂直深度为2.0~2.5 m。苗绳平挂标志着育苗阶段结束,进入裙带菜的栽培阶段。

(二) 全人工育苗

全人工育苗又称室内全人工育苗,其采孢子及育苗的全过程都在人工控制的室内条件下进行,具有育苗密度大、出苗稳定和管理操作简单等优点,是一种先进的育苗方式。该种育苗方式自20世纪70年代以来在日本南部和韩国沿海被广泛使用,目前也是上述地区裙带菜苗种的主要生产方式。我国在20世纪90年代初试验成功并大规模投入生产,目前仅大连地区每年生产裙带菜苗种绳1 000 000 m左右。全人工育苗技术的研究成功和大规模投入生产,从根本上改变了我国裙带菜栽培生产单纯依赖半人工苗种的现状,不仅有效地弥补了半人工苗种生产不稳定造成的苗种数量不足问题,极大地提高了栽培裙带菜的产量,而且通过分苗有效地控制了栽培密度,保证了优良品种的遗传性,大幅度提高了产品的质量和在日本市场上的竞争力,促进了裙带菜栽培业的快速发展。目前人工苗种在大连地区栽培裙带菜中的使用率超过40%,而且有每年增加的趋势。

1. 育苗室和育苗器

育苗室的规模大小据育苗数量而异。一般为水泥框架结构,屋顶及框架四周镶嵌毛玻璃,类似于温室构造。砖瓦房构造的育苗室侧窗面积要大,屋顶覆盖玻璃钢瓦。在一般天气下,室内的光照强度要求达10 000 lx以上。屋顶要备有竹帘,室内屋顶下及侧窗要挂有黑白两层布帘。屋内设两排育苗池,位于侧窗的两侧,中间是排水沟。进水管位于排水沟的相对一侧。育苗池一般长6 m、宽2 m、深1 m,池底及池壁贴以白色瓷砖或刷上白色涂料。蓄水池的蓄水总量一般为育苗室日用水量的2~3倍,在蓄水池与静水池间设有砂滤罐(池),经过滤后的清洁海水储存在净水池中供育苗使用。育苗器由聚乙烯框架和苗绳组成。聚乙烯框架由长80 cm、宽60 cm的聚乙烯管组装而成,在长管的上缘刻有缺刻以固定苗绳。苗绳为直径3 mm维尼纶捻绳,缠绕在框架上制成育苗器。另外,山东等地也使用直径0.5~0.6 cm棕绳苗帘作为育苗器进行育苗,但由于棕绳颜色较深,存在着幼苗难以观察和光照难以控制的缺点。

2. 采孢子时间及方法

采孢子时间:全人工育苗的采孢子时间大体上与半人工育苗采孢子的时间相同。近年来,育苗厂家为了使配子体在度夏前达到足够的大小,待度夏后直接进入配子体的发育阶段,达到早出苗、出大苗的目的,一般都提前采苗时间。大连地区全人工育苗的采苗时间一般在水温

15 ℃左右的6月20日前后。

采孢子方法:采孢子使用的种藻来源为自然海底生长和浮筏栽培的成熟裙带菜孢子叶。大连地区由于主要栽培日本三陆和鸣门两个地方种的裙带菜,其种藻的来源多为前一年秋天从日本的三陆和鸣门引进的全人工育苗或半人工育苗的苗种绳,在大连海区浮筏上栽培为种藻后供采苗使用。采孢子用的种藻要选择个体大、成熟好及地方种特征明显的藻体,在海上切去叶片和固着器,将孢子叶洗净后,运回育苗室供采孢子使用。在一般情况下,种藻的用量为孢子叶数与苗帘数的比例为1∶1。全人工育苗种藻的阴干方法大体上与半人工育苗相同,但因其使用种藻的数量与半人工育苗相比相对较少,所以一般将种藻摆放在育苗室内的过道上进行阴干。阴干时间一般为2 h左右,阴干效果的检查一般采用孢子放散法,当孢子的放散量达到生产要求后便可以采孢子了。

孢子水制作及采孢子方法:孢子水制作按放散水体不同有两种方法:

(1)孢子水过滤法:适用于水体较小的玻璃钢水槽和小型水泥池,方法是将孢子叶放入放散水池(槽)中,添加海水后进行搅拌促进孢子放散,当池(槽)水变为黄褐色或褐色,成为浓度较大的孢子水后,用200目筛绢网过滤至采苗池中,并调节孢子水浓度后,可放苗帘采孢子。

(2)直接采孢子法:适用于水体较大的水泥池,方法是将孢子叶按每袋100个的用量装入用120~200目筛绢网制成的网袋内,放入池中搅拌网袋及海水使孢子放散,当孢子水浓度达到要求后,将网袋连同孢子叶一起捞出,调整孢子水浓度后,放入苗帘采孢子。孢子水的浓度因南北方地区育苗时间和育苗器使用苗绳种类的不同略有差异,一般要求在50~100个/视野(×100)之间。北方地区育苗时间短,采苗密度可以大一些。南方地区育苗时间长,配子体个体大,形成的卵和精子较多,采苗密度可以小一些。维尼纶苗绳较细,采苗密度可以大一些;棕绳苗绳较粗,采苗密度可以小一些。采孢子是将苗帘放入孢子水中使孢子附着的过程。在生产上苗帘一般采用重叠方式摆放在采苗池(槽)内并使孢子水浸没苗帘,同时放入玻璃片检查附着密度。在生产上维尼纶苗帘孢子的附着密度以50~60个/视野(×100)为宜。

孢子的附着时间主要受水温的影响,采孢子时水温的不同因孢子的附着时间也不同。在16 ℃水温下孢子附着的适宜时间在2~3 h,当在显微镜下观察池(槽)水中无游动孢子时,可将苗帘移入育苗池中培育。裙带菜的配子体在海水温度15~22 ℃范围内生长良好,在海水温度23~30 ℃范围内生长停止,但仍能长时间存活。当海水温度降至23 ℃以下时又可恢复生长。雌、雄配子体在海水温度降至22 ℃以下时发育成熟,但南方型和北方型略有差异。在一般情况下,南方型在22 ℃时开始成熟,大量形成卵囊和精子囊;而北方型则在21 ℃左右时才开始成熟,卵受精后萌发成幼孢子体。裙带菜的幼孢子体在21 ℃以下的水温条件下能很好地生长,到海水温度降至18 ℃的10月中旬藻体长度可达1.0 cm以上。我国北方海区夏季的最高水温一般不超过27 ℃,一般在25 ℃以下,而且高温持续的时间较短。根据裙带菜配子体生长发育和幼孢子体生长对海水温度的要求进行常温育苗是完全可能的。

3.室内培育

室内培育时间为6月下旬至9月中旬,室内培育经历了配子体生长、配子体休眠、配子体成熟、幼孢子体生长4个阶段,各阶段培育方法如下:

配子体生长阶段:6月下旬至8月上旬,水温23 ℃以下,光照强度控制在1 500~2 000 lx

的范围内,配子体能够很快地生长,低于 1 500 lx 配子体的生长速度明显降低;高于 2 000 lx 配子体的生长速度几乎不增加且易造成硅藻等杂藻大量繁衍。培养 15~20 d 后,配子体的长度达到 20 μm 左右,雌、雄配子体形态区分明显。雌配子体主要增加细胞体积,一般由 1 个球状细胞组成,呈浅褐色。雄配子体主要增加细胞数量,成为由 3~5 个细长细胞组成的丝状体,呈浅黄色。培养 25~30 d,在水温达到或超过 22 ℃ 时配子体的长度已达 30 μm 左右,生长速度减慢或停止,配子体细胞颜色逐渐加深至褐色,进入配子体度夏阶段。该阶段海水每天全量更换一次,营养盐添加浓度为 $NaNO_3$ 20 g/m³、KH_2PO_4 5 g/m³,育苗帘每 4~5 d 倒置一次。

配子体度夏阶段:培育水温达到 23 ℃ 以上时为裙带菜配子体度夏阶段。此阶段起止时间的早晚和持续时间的长短因地区纬度不同而异,大连地区一般在 8 月初至 9 月初约 30 d 的时间。进入度夏阶段的配子体生长停止,细胞壁增厚,失去光泽,呈暗褐色,由于配子体的柔韧性降低,其附着能力减弱,极易脱落。此阶段光照强度控制在 300~500 lx,生产上一般在 300 lx 左右。每 2 d 全量交换海水 1 次。营养盐添加浓度为 $NaNO_3$ 10 g/m³、KH_2PO_4 5 g/m³。在水温超过 24 ℃ 以上时应及时添加部分新鲜海水或开窗通风降低育苗池水温。为了防止配子体脱落,停止苗帘的倒置及洗刷。此阶段重要的工作是光照强度的控制,光照强度过低或者黑暗会使配子体失去活力,待水温下降后配子体重新生长发育的恢复时间较长,导致出库时间延后,难以达到早出苗、出大苗的目的;光照强度过高,将造成硅藻的大量繁衍,影响育苗效果。

配子体成熟阶段:在培育水温降至 23 ℃ 以下的 9 月初,裙带菜配子体逐渐从度夏阶段转入成熟阶段。此时的配子体逐渐恢复细胞活力细胞壁变薄,配子体呈浅褐色并富有光泽。雌配子体的圆形细胞逐渐拉长呈椭圆形,前端膨出形成卵囊并排出卵;雄配子体在细胞周缘产生锯齿状突起形成精子囊并放出精子,卵受精后萌发为幼孢子体。水温 22~23 ℃ 是配子体发育时期,此期间主要是配子体从休眠中恢复细胞活力开始发育,是能量积累的重要时期。21~22 ℃ 是配子体的成熟时期,此期间雌、雄配子体大量形成卵囊和精子囊,在 2 000~2 500 lx 光照强度下雌、雄配子体的成熟率达 80% 以上。此阶段光照强度逐渐增强至 3 000 lx 左右,每天全量更换海水 1 次,营养盐添加浓度为 $NaNO_3$ 20 g/m³、KH_2PO_4 10 g/m³,苗帘每 3 d 倒置 1 次。

幼孢子体生长阶段:受精卵经过多次细胞分裂后成为多细胞的幼孢子体,进入幼孢子体的生长阶段,此阶段培育水温的变化及光照强度的控制对幼孢子体的生长有很大的影响。在温度控制方面,随着秋季气温的下降,采用夜间开窗通风或更换新鲜海水的方法降低培育池水温,促进幼孢子体快速生长。在光照强度控制方面,生产上一般给予较强的光照,提高幼孢子体生长速度。在 19~21 ℃ 水温条件下,将光照强度控制在 3 000~4 000 lx 范围内,能促进幼孢子体快速生长。此阶段,每天全量更换海水 2 次或进行短时间的流水,以促进幼孢子体假根系生出。营养盐添加浓度为 $NaNO_3$ 40 g/m³、KH_2PO_4 10 g/m³,苗帘每 3 d 倒置 1 次。在此条件下培育,受精 10 d 后幼孢子体的长度可达 120 μm,15 d 后达到 200 μm,达到出库的标准,可陆续下海暂养,进入幼苗的海区暂养阶段。

在室内培育期间,苗帘及育苗池的池底和池壁会附着一些藻类(主要是硅藻)和沉积浮泥,影响育苗效果,需要及时洗刷。沉淀池、静水池也要定期洗刷,以保证为育苗生产提供足够的清洁海水。

4.幼苗暂养

幼苗暂养是将室内培养的幼苗培育至达到分苗标准的海区培育过程。幼苗出库暂养的时间主要取决于以下两个条件：自然海区的海水温度要降低至 21 ℃ 以下，在我国北方沿海大约在 9 月中旬以后，在此温度下出库暂养时间越早，幼苗生长速度越快，暂养所需要的时间越短；出库时幼苗的长度要达到 200 μm 以上，试验结果表明，幼苗长度在 200 μm 以下时出库，出库时幼苗藻体越大其暂养后的出苗率越高，反之越低。当出库幼苗的长度达到 200 μm 以上时此差异不明显，均能获得较好的暂养效果。

幼苗暂养要选择风浪较小、水流通畅、杂藻较少的海区。出库前将维尼纶苗绳在聚乙烯框架一侧聚乙烯棒的缠绕处用尼龙绳固定，在另一侧将苗绳割断，拆去框架，在固定苗绳的聚乙烯棒上绑上一根铁棍给予重力，然后垂挂在浮筏上进行摆动式培育。初挂水深因当地海区透明度不同而异，在大连海区透明度 6～10 m 的情况下，初挂水深为 1.5 m，以后每 10 d 提升 0.5 m，分苗前提升至 0.5 m。暂养期间的管理工作主要有苗帘的洗刷和施肥，苗帘的洗刷在暂养的前 3 d 每天洗刷 1 次，以后每 3 d 洗刷 1 次至幼苗肉眼可见，方法是抓住聚乙烯棒在海水里摆动洗刷苗绳，洗掉附着在苗绳上的硅藻等杂藻。施肥主要采取挂肥料袋或泼肥方式进行，施肥量视当地海水营养盐含量而异，在水质较肥沃的海区暂养可以不施肥。在一般情况下，经过 20～30 d 的海区暂养，幼苗的长度一般可达 0.5～1.0 cm，达到了分苗标准，可分苗栽培。

5.分苗

分苗是将苗种绳上的幼苗以合理的密度夹在栽培苗绳上，使之发挥个体和群体的生长潜力，获得较高的产量和质量。裙带菜的栽培苗绳一般使用长度 8 m、直径 3 cm 的聚乙烯混纺绳，分苗前栽培苗绳必须进行充分的海水浸泡后方可使用。裙带菜的分苗主要有夹苗种段法和缠苗种绳法两种方法。夹苗种段法适用于幼苗密度较大的苗种绳，方法是将苗种绳剪成 3 cm 左右的小段，然后以 25～30 cm 的间距夹在栽培苗绳上，在生产上要求苗种绳的幼苗密度在每厘米 20 棵以上。缠苗种绳法适用于幼苗密度较稀的苗种绳，方法是将苗种绳缠绕在栽培苗绳或栽培大绠上。另外，近几年来，我国北方沿海一些生产单位借鉴海带分苗经验，将裙带菜幼苗单棵夹在栽培苗绳上在水流较大海区栽培，获得了较高的产量和质量。

(三)配子体采苗及育苗

配子体采苗是采用人工大量培养的裙带菜配子体，在适宜的时候将配子体切碎，使其附着在育苗帘上，在室内人工条件下培养出裙带菜幼苗。与孢子采苗相比，采苗时间不受种藻繁殖季节限制，省略了配子体生长、度夏等培养阶段，直接进入配子体的成熟阶段，从采苗至幼苗出库仅需 30 余天，大幅度缩短了室内育苗时间，降低了育苗成本，提高了人工育苗的成功率。配子体采苗及育苗主要包括以下几个阶段：

1.种藻处理及采孢子

采孢子的时间一般选择在裙带菜繁殖期的前期进行。种藻选择藻体较大、孢子叶成熟较好的个体，在海上切掉叶片和假根部，用海水洗净后运回室内。种藻处理是剪下孢子叶小片，用纱布蘸灭菌海水擦洗孢子叶表面后,放在阴凉处阴干1 h,然后将孢子叶放入添加100 mL灭菌海水的200 mL烧杯内,采用搅拌的方式进行孢子放散,当在显微镜下观察有大量孢子放散时,可捞出孢子叶小片,将孢子液倒入3 000~5 000 mL烧瓶中,添加培养液后移至配子体培养室内培养。

2.配子体的培养

培养室的温度设置为20 ℃,光照强度为3 000 lx,光周期为12 h/d。培养液为自然海水,经过滤后每1 L中添加$NaNO_3$ 100 mg,KH_2PO_4 20 mg,微量元素PI溶液1 mL加热消毒后使用,培养液每7 d更换1次。在上述条件下培养1周后,肉眼隐约可见烧瓶的内壁出现大量浅褐色斑点。培养2周后,瓶壁上的配子体藻团已清晰可见。

3.配子体采苗

配子体采苗是将配子体切碎并附着在基质上的过程,使用的苗帘与全人工育苗的苗帘相同。方法是取雌雄配子体10 g(湿重),移入添加300 mL海水的烧杯中,用组织捣碎机将配子体切碎至长度为120~200 μm的藻段,然后将配子体液均匀地洒在育苗绳上,切断的配子体依靠破碎细胞溢出的原生质附着在苗绳上。静置3 d,当配子体附着牢固后,重复采苗帘的另一面,同样静置3 d后,将采苗帘垂挂在育苗池内进行培育。为使切碎的配子体细胞得以恢复且很快地进入发育成熟阶段,达到早受精、出早苗的目的,在生产上配子体采苗的适宜时间一般在海水温度下降至23 ℃前10~15 d进行,在大连地区配子体采苗的时间一般在8月10日至8月15日之间。有关配子体采苗的密度,由于切碎后的配子体分支较多,一个雌配子体可形成多个卵,因此采苗密度不宜太大,一般以30个/视野(×100)为宜。培育期间的管理工作与孢子采苗的全人工育苗方式中的配子体成熟阶段的培育方法相同。

二、海带的人工育苗

我国自开展海带浮筏栽培以来,主要进行过秋苗和夏苗的培育,是根据采苗时间和培育季节不同而定名的。若按培育方式划分,秋苗是人工采孢子自然海区育苗,属于半人工育苗方式。夏苗则是采苗、育苗全部过程都在室内人工控制条件下进行的,属于全人工育苗方式。

我国在20世纪60年代开始了海带夏苗的大规模育苗生产,目前我国栽培海带使用的苗种几乎都是夏苗。在20世纪60年代以前我国海带栽培生产使用的苗种是秋苗。

(一)秋苗的培育

秋苗培育是一种采用人工采孢子自然海区培育幼苗的原始的育苗方式。秋苗培育主要包括种藻和育苗器的准备、采孢子和育苗三个程序。

1.种藻和育苗器的准备

种藻的来源有两种途径:一种是采集海底的自然种藻直接供采苗使用;另一种是采用单独培养的方法,从栽培海带中选择个体大的海带作为种藻夹在苗绳上,在海区浮筏上度夏后供采苗使用。育苗器在20世纪50年代一般将竹板用棕绳穿起来制成竹帘。

2.采孢子

采孢子的时间一般在海水温度下降至20℃以下(在9月下旬以后)。大连地区一般在海水温度为18℃的10月上旬采孢子。方法是将阴干刺激后的种藻放在船舱内,使孢子放散,再放入育苗器使孢子附着后,将育苗器挂在海区浮筏上进行育苗。

3.育苗

采苗后至分苗前的培育过程称为育苗。育苗期间的管理工作主要有育苗器的洗刷、水层的调节及施肥等。当幼苗长度达到10 cm以上时分苗栽培。

(二)夏苗的培育

海带夏苗是我国科技工作者在20世纪50年代末至60年代初期开发至今被大规模使用的一种先进的育苗方式。其特点是在7月中下旬采苗,通过降低培育水温的方法使海带的配子体在夏季成熟受精,形成幼孢子体,在10月上旬培育成幼苗,经海区暂养后在10月下旬即可分苗栽培。

与秋苗12月下旬分苗相比,分苗期提前2个月以上。延长了海带的栽培时间,极大地提高了栽培海带的产量和质量。试验结果表明,栽培夏苗的单位面积产量比秋苗增产40%以上。另外,夏苗培育技术的成功,解决了南方海带栽培"北苗南运"的问题,将我国的海带栽培区域进一步扩大至江苏、浙江、福建等地沿海。由于夏苗延长了海带的栽培时间,在南方海区栽培也获得了较高的产量和质量。目前我国海带栽培使用的苗种几乎全部是夏苗,自1958年在青岛建立我国(世界)第一座自然光低温育苗室以来,现在已有30余座海带育苗室分布在辽宁、山东、江苏、浙江、福建等省,夏苗的年生产能力达100亿株,可为全国30万亩海带栽培浮筏提供苗种。

1.夏苗培育设施

培育夏苗的育苗室又称自然光低温育苗室,基本设施包括制冷系统、供排水系统、育苗室三部分。

(1)制冷系统:本系统主要设施(备)包括氨压缩机、油氨分离器、淋水管、冷却管、气液分离器、蒸发器等。目前在生产上一般使用氨冷冻机,其是利用液态氨在低压蒸发器中蒸发成为氨气的过程中需要吸热的原理,将制冷槽中的海水温度降低。蒸发器中的气态氨进入氨压缩机被压缩为高温高压的气体,再进入冷凝器,受冷却水的冷却放出热量成为液态氨,如此往复循环,降低海水温度,供育苗使用。

(2)供排水系统:海水的抽取、沉淀、过滤、输送、回收、排放等过程的设备称为供排水系统。

沉淀池:用来沉淀海水中的浮泥杂质和清除海水中的浮游生物,一般要求加盖密封,使海水处于黑暗中。沉淀池一般设于高位处,蓄水量一般不少于育苗室日用水量的1/2。

过滤器:过滤器一般使用砂滤罐或砂滤塔,过滤方式在生产上采用沙石过滤法或沙过滤法两种方法。沙石过滤法是在罐(塔)内先铺上卵石,依次向上铺上粗沙、细沙。沙过滤法是在罐(塔)内只铺细沙。砂滤罐(塔)的下方要设有反冲装置。目前在生产上使用两套过滤器,一套过滤从沉淀池来的海水,另一套过滤冷却后的海水。

制冷槽:制冷槽内装有氨蒸发器,海水在制冷槽内被冷却。制冷槽建在室内,加盖密封。

储水池:储存冷却后海水的地方,一般建在地下并严密封闭。

回水池:储存回收育苗间用过的海水,再经冷却过滤后使用。回水池一般也建在地下。

(3)育苗室:也称为育苗库,基本结构是水泥屋架,屋顶和墙壁镶嵌毛玻璃,类似温室结构。屋顶外面铺有竹帘,屋顶内面及墙壁设有布帘。

育苗池呈长方形,一般长 10 m、宽 1.2 m、深 40 cm,池底和池壁贴白瓷砖或刷白色瓷漆。在育苗池的进水一侧设进水孔,高出育苗池水面 10~15 cm。相对一面设排水孔,紧贴池子上缘。排水孔端的池底设有排污孔。

育苗室内设有进水沟和排水沟。进水沟的水面是育苗室最高的,从储水池来的冷却海水经过滤后通过进水沟分别流入各育苗池。排水沟是育苗室水面最低的,从育苗池流出的海水经排水沟流回回水池。

育苗室的结构有两种类型:一种是阶梯式,即每排育苗池有 40~70 cm 的高度差,相应屋顶也有高度差,这种设计水流通畅,流速较大,辽宁、山东等北方沿海的育苗室多属于这种类型;另一种是平面式,没有高度差,福建等地的育苗室多属于这种类型。育苗池的排列也有两种类型:一种是进水沟和排水沟分别位于育苗室的两侧;另一种是进水沟在育苗室的中央,排水沟在育苗室的两侧。生产上多使用前一种。育苗器是海带孢子附着和幼苗生长的基质,目前生产中多使用直径 0.5~0.6 cm 的红棕绳制成的育苗帘。其加工程序有纺绳、捶绳、浸泡、煮绳、伸绳、编成苗帘等。育苗帘的规格一般为 1.0 m×0.5 m。近几年来,有些育苗单位使用维尼纶绳制成的育苗帘培育海带苗也取得了良好的育苗效果。

2.采苗

采苗又称采孢子,是指使孢子大量集中放散并附着在基质上的过程。主要包括以下内容:

采孢子时间:我国北方自然生长的海带的繁殖期一般在 8—10 月,浮筏栽培的海带的繁殖期在水温 12~23 ℃的 5 月下旬至 7 月下旬,孢子放散的高峰在 6 月下旬至 7 月中上旬。在保证能采到大量孢子的前提下,要尽量推迟采苗时间,从而缩短室内培育的时间降低育苗成本。大连地区采孢子的时间一般在 7 月中下旬,地区纬度越低,采苗时间越早。

种藻及其处理:育苗使用的种藻多数来源于浮筏栽培的成熟海带。关于种藻的培育方法,南北方有所不同。北方沿海一般采用分苗栽培后专人培育或采苗前栽培区选种,短期培育的方法进行种藻的培育。南方沿海则采用自然海区度夏和室内培育相结合的方法培育种藻,当初夏水温升至 25 ℃左右时,将从栽培浮筏选出的个体较大的藻体移入水温 13~18 ℃的室内培育,促进孢子囊的形成与成熟供采苗使用。为了防止采苗时大量黏液放出影响采苗效果,在生产上一般在采苗前 2~3 d 将种藻的固着器及梢部切除,重新夹在苗绳上后再挂在浮筏上备采苗使用。种藻的用量因种藻叶片孢子囊形成的数量和成熟状况而异,一般情况下,种藻的棵数与育苗帘的数量的比例为 1∶1。

种藻的运输与洗刷:种藻的运输一般在气温较低的清晨或傍晚进行,运输时种藻要遮盖以防日晒或风干,运回的种藻在育苗室内用冷却海水洗刷掉附着的杂藻及附着物,必要时可用泡沫塑料等擦洗。

种藻的阴干刺激:阴干刺激的目的是促进孢子的大量集中放散。方法是将种藻在气温15 ℃左右的育苗室内摆开使其脱水。阴干刺激时间的长短根据孢子囊成熟情况而定,一般情况下阴干刺激的时间为2~3 h。

孢子水制作:将阴干刺激的种藻放入水温10 ℃左右的采苗池内,种藻的用量为1 m³海水中放100棵左右,搅动池水促进孢子放出。同时,镜检孢子水浓度,在100倍显微镜下每个视野有20~30个活泼游动孢子时可停止放散,捞出种藻,用纱网或筛绢网清除杂质后可进行采苗。

采孢子:是使孢子附着在基质上的过程。方法是将育苗器重叠铺放在采苗池中。同时,放入玻璃片检查附着密度,在100倍显微镜下每个视野有30~50个孢子附着时便达到生产要求,可将育苗器移入培育池内进行培育。

3.室内培育

海带夏苗的培育过程是在室内人工控制条件下进行的。根据育苗阶段的不同时期、环境条件的不同要求,进行人工控制。大连地区育苗室在育苗过程中对环境的控制和管理工作如下:

温度、照度、营养盐的控制:配子体时期(7月底前),温度为8~10 ℃,光照强度为1 000~1 500 lx,营养盐NO_3—N 1.0~1.5 g/m³、PO_4—P 0.1~0.15 g/m³;幼孢子体时期(8月底前),温度为7~8 ℃,光照强度为1 500~2 500 lx,营养盐NO_3—N 2.0~2.5 g/m³、PO_4—P 0.2~0.25 g/m³;幼苗时期(9月底前),温度为8~10 ℃,光照强度为2 500~4 000 lx,营养盐NO_3—N 3.0~4.0 g/m³、PO_4—P 0.30~0.40 g/m³。出库前水温提至12 ℃,同时将屋顶内外的竹帘、布帘打开,增强光照,以适应海区环境。

水流的调节:在育苗过程中水流大小和新水量的补充是非常重要的。在一般情况下,配子体时期水流和新水量更换得少一些。随后水流和新水量的更换逐渐增大,在育苗的后期甚至更换一半以上的旧水,并尽量加大水流,促进幼苗快速生长。

育苗器的洗刷:主要有喷洗和手洗两种。喷洗是用水泵喷水冲洗苗帘,多用于育苗后期。手洗用于育苗前期和中期。另外,育苗池、沉淀池、储水池、回水池等也要定期洗刷。

水质检测:每天对海水中的营养盐、盐度、酸碱度、溶解氧等进行检测,为防止漏氨,要检查氨的含量。

自然光低温育苗室培育的海带夏苗,在我国北方地区经过100~120 d的培育,南方地区经过150 d左右的培育,幼苗的长度达到了1.0~2.0 cm,如海水温度适宜,可下海暂养。

4.夏苗的海区暂养及分苗

将幼苗从室内移至海上生长至达到分苗标准的培育过程在生产上称为暂养。暂养主要包括幼苗出库、运输及暂养管理等项内容。

幼苗出库及运输:海带夏苗幼苗出库的时间一般北方沿海在10月中上旬,南方在11月中上旬。要求幼苗出库下海暂养的海水温度一定要降至19 ℃以下,而且要稳定,不再回升,在此温度下出库时间越早,幼苗生长速度越快,达到分苗标准暂养时间越短,分苗时间也越早。另外,尽量在大潮汛或风浪后下海,因此时水流较好,透明度小。

出库时幼苗标准:北方幼苗出库标准约 1~2 cm,南方一般在 1 cm 以下。从暂养后的幼苗的出苗率看,出库时幼苗越大,出苗率越高,反之越低。生产上幼苗出库时的适宜长度要求在 1 cm 以上。

幼苗的运输主要有两种方法:一种是湿运法,适用于机动船和汽车短途运输,方法是将两个苗帘有苗面叠在一起,重叠铺放在浸透海水的草袋或大叶藻上,用篷布密封,以免风干;另一种是浸水法,将幼苗放在盛有海水的容器内,用冰袋等降温,使水温保持在 5 ℃ 左右,此种方法适用于长途运输。

暂养管理:幼苗暂养海区要选择风浪小、水流通畅、杂藻浮泥少、水质肥沃的海区。幼苗下海时要尽早拆帘,以免幼苗密度较大,相互遮光,影响生长。暂养期间的管理工作有以下几个方面:

(1)水深调节:初挂水深因海区透明度不同而异,但在生产上倾向于略深些为宜,一般为海水透明度的 1/3~1/2。大连沿海夏苗出库至分苗的暂养时间为 1 个月左右,一般初挂水深为 2.0 m 左右,以后每周一次提 0.5 m,分 3 次将水层提至 0.5 m。

(2)施肥:海带夏苗暂养期间适量施肥是培育大苗、壮苗的重要环节,对于贫瘠海区更显得十分重要,在生产上通常采用挂肥料袋和浸肥的方法,都能取得良好的施肥效果。

(3)洗刷浮泥:暂养苗绳洗刷的次数因海水中浮泥的多少略有差别,一般情况下,幼苗下海暂养后的前 3 d 要每天洗刷,以后每 2 d 洗刷 1 次至幼苗长度达到 5 cm 以上时停止洗刷。

5.分苗

在北方海区经过 1 个月左右的海区暂养,海带夏苗的长度可达 10 cm 以上,达到了分苗标准,可分苗栽培。

三、紫菜的人工育苗

紫菜丝状体培育是指果孢子萌发成丝状体至丝状体成熟放出壳孢子的室内培育过程。在生产上可以划分为两种类型:一种是使果孢子钻入贝壳中形成的丝状体,叫作贝壳丝状体;另一种是使果孢子附着在三角烧瓶等玻璃器皿内,萌发后形成的丝状体进行游离培养,叫作自由丝状体。贝壳丝状体经过培养成熟后可直接形成壳孢子。自由丝状体一般经过切碎后使其钻入贝壳内,成为贝壳丝状体后,才能形成壳孢子,生产上叫作二次采苗。我国在大规模生产中主要培育贝壳丝状体。

(一)紫菜贝壳丝状体的培育

1.育苗设施

育苗室:育苗室的规模与育苗数量和栽培规模有关,在平面培育方式下,$1 m^2$ 的丝状体培育面积可为1亩的栽培面积提供苗种,在吊挂培育方式下可为2~3亩栽培面积提供苗种。育苗室设计以东西走向为宜,设有天窗和侧窗调节光照。北方的育苗室以天窗为主、侧窗为辅,南方的育苗室以侧窗为主、天窗为辅。室内挂有调节光照的窗帘。

培养池:培养池的长度和宽度无固定的要求,但深度必须根据贝壳丝状体的培养方式设计,平面式培育池的深度一般为20~30 cm,立体式培育池的深度为50~70 cm。平面式培养丝状体的优点是受光均匀,成熟度均一,有利于壳孢子的形成,而且操作简单;缺点是贝壳丝状体培育的数量较少,北方沿海由于培育时间较短,多使用这种方式。立体式培育池的优点是贝壳丝状体培养的数量多,但缺点是由于受光条件不同,丝状体成熟度上下层间差异较大,壳均壳孢子的放散量较低,管理操作也比较麻烦。

蓄水池和过滤池(罐):蓄水池是沉淀海水的地方,位置高于育苗室,要加盖封闭,容量据丝状体培育规模而定,一般为培育池用水量的2倍。蓄水池最好能间隔成2~3个池子以轮流沉淀和使用。过滤池(罐)位于蓄水池和育苗室之间,过滤沉淀后的海水供培育使用。供排水系统的管道以塑料管为宜。

2.采果孢子

采果孢子的季节与种藻的选择:紫菜种类不同,其采果孢子的时间也不同,但采果孢子的适宜时间应以果孢子萌发的适宜温度为标准。使用鲜藻做种藻时,应在放散高峰期内采果孢子,以保证采果孢子的数量和质量。条斑紫菜采果孢子的时间多在4月下旬至5月上旬进行,坛紫菜采果孢子的时间一般在2—3月间。目前,冷冻种藻已广泛地应用于紫菜采果孢子,采果孢子的时间可以适当地延后,方法是将种藻脱水至含水量30%左右,装入塑料袋中保存,采果孢子时将种藻解冻后即可放散。种藻应选择个体大而健壮,颜色深而富有光泽,成熟度好、无病害的鲜藻。种藻要尽量做到纯种培养,避免其他种类紫菜混入引起种质混杂。

培养丝状体用的基质:我国在生产上培养条斑紫菜和坛紫菜贝壳丝状体使用的基质为牡蛎壳和文蛤壳,日本也主要使用牡蛎壳。贝壳使用前要经过药物或高温消毒处理,如果是立体培养则需将贝壳按一定距离扎结成串,采果孢子时可先平采后吊挂,也可以直接将果孢子撒在吊挂在池内的贝壳上。

果孢子水制作与采果孢子:首先将选好的种藻散撒在竹帘或席子上阴干刺激,当种藻失水达50%以上时,再将种藻放入盛有海水的容器内,搅动海水,促进果孢子的放散。当果孢子水的浓度达到10 000个/mL以上时,将种藻捞出,计算所放散的果孢子总数,再根据每个贝壳应投放的密度(个/cm^2)将所需果孢子水用喷壶均匀地洒在已排列好的贝壳上。在生产上,条斑紫菜和坛紫菜果孢子的投放密度均为200~300个/cm^2。

3.丝状体的培育

丝状体培育是从果孢子钻壳后至采壳孢子前的室内培育过程,包括丝状体生长、壳孢子囊枝形成、壳孢子形成的几个培养时期。培育时间因地区纬度不同而异,一般需要4~6个月的时间。

丝状体的培养方式:目前我国普遍使用的丝状体的培育方式有两种:一种是平面培养方式,将贝壳呈鱼鳞状排列在池底,北方沿海多使用这种方式;另一种是立体培养方式,将贝壳打洞后扎结成串吊挂在池内培育,南方沿海多使用此种方式。

培养技术与管理工作:丝状体培育阶段的主要管理工作有海水的更换、光照条件的调节、施肥、海水温度的调节等项内容。

(1)海水的更换:保持培育海水理化因子稳定是培育丝状体成功与否的关键,因此,在丝状体培育阶段要合理地进行海水的更换。在生产上一般在10 d左右更换一次,夏季高温期内为避免海水蒸发量增大引起比重变化可在7~10 d更换一次。另外,为减少杂藻的附着,要定期洗刷贝壳。

(2)光照条件的调节:丝状体不同生长时期对光照强度和光照时间要求不同,要进行合理的调节。果孢子钻壳萌发后进入丝状体生长时期,条斑紫菜在采果孢子后至7月上旬,坛紫菜至6月中旬。此期光照强度应控制在2 000 lx左右,光照时间以全日照为宜。当藻落交错生长遍布壳面时,光照强度调整到2 500~3 000 lx,光照时间调整为12~14 h。立体培养方式要经常进行贝壳的倒置。当丝状体的生长达到高峰后便开始形成壳孢子囊枝,条斑紫菜在7月中旬至9月上旬,坛紫菜在6月下旬至8月中旬,减弱光照强度和缩短光照时间可促进壳孢子囊枝的形成,在生产上称为缩光。此期一般光照强度控制在1 000~1 500 lx,后期减弱至800 lx左右,光照时间减至10~12 h。

施肥:目前在丝状体培育阶段主要施氮肥和磷肥,不同生长发育时期的施肥量如下:无论条斑紫菜还是坛紫菜,从丝状体藻丝出现至壳孢子囊枝形成前,施氮肥5ppm、磷肥0.5ppm;壳孢子囊枝形成后,施氮肥10ppm、磷肥1.0ppm;缩光后,氮肥减少至5ppm,磷肥增加至10ppm;9月初停止施氮肥,施磷肥10~15ppm。日本在生产上主要使用全培养液培养丝状体,所谓全培养液是在1 t海水中添加1 g KNO_3和1g KH_2PO_4。半培养液即全培养液的一半。从采果孢子后至壳孢子囊枝形成前施用半培养液,壳孢子囊枝形成后施用全培养液。

海水温度的调节:目前丝状体的室内培育均在常温下进行,根据丝状体不同生长发育时期对温度的要求,采用开闭门窗和更换海水的方法调节水温,特别是在夏季高温期内要采用夜间开窗的方法降低水温。

4.促进或抑制丝状体成熟和壳孢子放散的技术措施

紫菜的丝状体具有陆续成熟、陆续放散的特点。为了有计划地培育丝状体,使丝状体大量成熟和壳孢子集中放散,适时采壳孢子,有必要掌握促进或抑制丝状体成熟和壳孢子放散的技术措施。

促进丝状体成熟的方法:

(1)施加磷肥促进丝状体成熟:在壳孢子囊枝形成后,适当地增施磷肥有促进丝状体成熟的效果。从坛紫菜试验的结果看,在磷肥2.26~22.6ppm的浓度范围内,浓度越高,培养效果越好。

(2)调整光照、温度促进丝状体成熟:在壳孢子囊枝形成后,采用缩光(光强500~1 000 lx,光周期8~10 h/d)能促进壳孢子囊的大量形成。如果过了采壳孢子的时间丝状体尚没有成熟,则要将水温提高至适于壳孢子形成的温度培养,可促进丝状体的成熟。

促进壳孢子放散的方法:为使成熟丝状体的壳孢子能集中放散,取得较好的采壳孢子效果,在生产上采用以下几种方法:

(1)下海刺激:将贝壳丝状体装入网袋,傍晚挂在海区浮筏上,次日清晨取回,进行壳孢子放散,能获得良好的放散效果。此种方法多使用坛紫菜。

(2)室内流水刺激:原理与下海刺激相同。方法是在室内水池内安装水泵,搅动海水,将成熟的贝壳丝状体刺激1夜,第二天壳孢子便可大量放散出来。

(3)降温换水刺激:条斑紫菜的丝状体如果成熟好的话,即使不采取任何刺激也能大量放散壳孢子。而日本认为降温对促进壳孢子的放散有明显的效果,处理时将水温从22 ℃以上降至16~17 ℃,如果水温在21 ℃以下时则将水温降低5 ℃,在光照强度300 lx下降温培育4~5 d后可使壳孢子大量放散。如果在降温中结合更换相同温度的海水效果更好。

抑制丝状体成熟的方法:如果丝状体成熟过早,为了避免壳孢子的自然放散,在生产上多采用以下方法抑制丝状体成熟。

(1)恢复全日照:在缩光后丝状体大量出现壳孢子囊,形成壳孢子,为了推迟壳孢子成熟可恢复全日照,同时将光强增至1 000~1 500 lx,可以抑制壳孢子的成熟。

(2)停止施磷肥:为了推迟丝状体的成熟,停止施磷肥也有抑制效果。

(3)低温处理丝状体:丝状体培育后期正值夏季高温时期,丝状体在较高温度下成熟较快,此时适当地降低培育水温可推迟丝状体的成熟。

抑制壳孢子放散的方法:如果丝状体已经成熟但是尚未到采壳孢子的时间,需要采取以下方法抑制壳孢子的放散。

(1)黑暗处理丝状体:是日本较多用的方法。将贝壳丝状体放入盛满海水的塑料桶内,加盖密封,使丝状体处于黑暗中,解除黑暗后壳孢子仍可大量放散。

(2)不干燥脱水处理丝状体:将贝壳丝状体放入塑料袋内,加少量海水后扎紧袋口,放在密封的塑料桶内,或者在池内覆盖草帘使丝状体处于黑暗中,也可以抑制壳孢子的放散。

(二)紫菜自由丝状体的培育

紫菜的果孢子钻入贝壳内萌发,形成生长在贝壳里的丝状体,我们称之为贝壳丝状体。如果不让果孢子钻入贝壳,而使其在玻璃容器内萌发,形成附着在基质表面或悬浮在培养液中生长的丝状体,叫作自由丝状体。研究结果表明,培养在富有营养盐的海水中的丝状体也能正常地生长发育,也能产生一定数量的壳孢子。由于自由丝状体切碎后仍可以钻入贝壳内生长成为贝壳丝状体,日本采用室内大量培养自由丝状体,然后切碎移植到贝壳上,生产上叫作二次采苗。该种方法具有采果孢子不受种藻繁殖季节限制,大幅度缩短丝状体培育时间及优良品种的性状,能够长期保存等优点,目前在日本南部地区得到了广泛的应用。近年来,我国利用自由丝状体进行二次采苗也获得良好的效果。

1.采果孢子

方法与贝壳丝状体采果孢子相同,不同之处是附着基质不是贝壳,而是将果孢子采在烧瓶等玻璃器皿内。

种藻及其处理:种藻可为新鲜或冷冻藻体,在生产上为了减少杂藻的污染,多使用冷冻藻体。采果孢子前,用消毒海水多次洗刷种藻至无硅藻等杂藻附着,然后摊开在竹帘上阴干刺激一夜,次日上午进行果孢子放散。

采果孢子:将阴干后的种藻放入添加消毒海水的烧杯中进行搅拌,促进果孢子放散。当观察有大量果孢子放出后,捞出种藻,用吸管将果孢子移入三角烧瓶中培养。为了从根本上避免杂藻的污染,也可将果孢子移到培养皿内,使用微吸管法将干净的果孢子分离到三角烧瓶中培养。

2. 自由丝状体的培养

自由丝状体的培养是在室内人工控制条件下进行的。当丝状体藻株肉眼可见时进行剥离和增殖。

培养条件:条斑紫菜自由丝状体的培养温度为20~23 ℃,光照强度为1 000~2 500 lx,光周期为12 h/d,光源为日光灯。培养液为自然海水1 L中添加$NaNO_3$ 100 mg,NaH_2PO_4 20 mg,微量元素PI溶液1 mL加热80 ℃灭菌后使用,培养液每半个月全量更换一次。

剥离及增殖:采果孢子后培养一个月左右,在烧瓶的底部和瓶壁肉眼可见丝状体藻株,此时可用消毒镊子将藻株剥下,使其游离生长为自由丝状体。为了提高自由丝状体的营养繁殖速度,也可以将丝状体藻株切碎进行增殖培养,使自由丝状体的数量在短时间内大量增加,以满足二次采苗的需要。

3. 移植贝壳(二次采苗)

移植贝壳(二次采苗)是将自由丝状体移植到贝壳上,使其钻入贝壳内,生长成为贝壳丝状体的过程。移植贝壳的时间因地区纬度不同略有差异,一般在6—7月份进行。方法是用组织捣碎机将自由丝状体切碎至200~300 μm的藻段,均匀地撒在铺放在水槽内的贝壳上。关于自由丝状体的用量,1 g湿重(用滤纸滤去海水)的自由丝状体可以采200~300个贝壳。在适宜的温度条件下,约两周丝状体细胞便可钻入贝壳内,生长成为贝壳丝状体。在丝状体钻壳期间不要移动贝壳影响钻壳,同时要低光照(500 lx左右)培养,以免光合作用过强产生气泡,导致丝状体藻段上浮使钻壳率降低,等钻壳后可将光照提高至2 000~3 000 lx。以后的培养与贝壳丝状体相同。

(三)紫菜壳孢子采集

紫菜壳孢子采集是将壳孢子从成熟的贝壳丝状体中大量放散出来,附着在人工基质上的过程。目前在生产上使用的人工基质是维尼纶绳制成的网帘,壳孢子附着在网帘上后萌发为紫菜叶状体,是紫菜栽培生产中的一个重要的技术环节。在大规模栽培生产中能否采到合理密度的壳孢子,主要取决于贝壳丝状体培养的效果。另外,掌握适宜的采壳孢子的时间和科学的采壳孢子的方法是十分重要的。

1. 采壳孢子的季节

采壳孢子的适宜时间必须是壳孢子能够大量自然放散的季节,同时自然海水温度应该适于壳孢子的萌发和幼苗的生长。在这两个前提下采壳孢子的时间越早,叶状体的生长期越长,产量越高。条斑紫菜和坛紫菜人工采壳孢子的适宜温度不同,一般情况下,条斑紫菜采壳孢子的适宜温度为19~21 ℃,坛紫菜为26~27 ℃,但从采壳孢子的季节看,两种紫菜都是在9月上旬至10月上旬进行,最晚不超过10月下旬。

2. 采壳孢子的方法

紫菜采壳孢子的方法大体上划分为室内采壳孢子和海区采壳孢子两种方法。一般南方地区多采用室内采壳孢子方法,北方地区则多采用海区采壳孢子方法。

室内采壳孢子:此种方法人工控制程度高,壳孢子附着比较均匀,采壳孢子的速度较快,可以节约贝壳丝状体的用量。其采壳孢子的步骤如下:

(1)预先检查壳孢子的放散量:条斑紫菜在水温降至22 ℃,坛紫菜降至28 ℃以下时便开始放散壳孢子,要每天检查一次壳孢子的放散量。当条斑紫菜的壳孢子日放散量达到5万以上时,要准备采壳孢子。一般生产上大量采壳孢子要求壳孢子的日放散量达到10万级以上。

(2)铺放网帘和排放贝壳丝状体:采壳孢子前,先将贝壳丝状体排放在采苗池的池底或四周,再将网帘铺放在采苗池中,添加海水浸过网帘,采用人工或机械动力搅动池水或气泵冲气等方法促进壳孢子放散,当壳孢子的附着密度达到要求时可更换网帘。

(3)回转式采壳孢子法:日本中南部地区广泛使用的方法。在采苗槽上安装大的转轮,将网帘缠绕在转轮上,在槽底排放贝壳丝状体,采壳孢子时用电带动转轮缓慢转动,使转轮上的网帘接触并搅动海水,促进壳孢子放散并附着在网帘上。目前我国也开始使用此种方法。

海区采壳孢子:使用室内培育的贝壳丝状体在潮间带或浅海采壳孢子。其主要有以下几种方法:

(1)海面泼壳孢子水法:在潮间带或浅海设网架,将网帘数层摆放在网架上,在室内使贝壳丝状体放散壳孢子,然后在海水浸过网帘时,将壳孢子水泼洒在网帘上,待壳孢子附着牢固后进行分网栽培。

(2)帘绑贝壳丝状体法:在浅海先将网帘张挂在网架上,将成熟的贝壳丝状体按一定的间距绑在网帘上,壳孢子放出后直接附着在网帘上。如果在潮间带采壳孢子,为了防止贝壳丝状体退潮后干出,可将贝壳丝状体装在上端有孔的聚乙烯袋中挂在网帘上,壳孢子附着后直接在网帘上生长。

(3)半封闭式采壳孢子:日本采用的方法。首先用木板或聚乙烯管在海区做成网架,在网架上铺放塑料布,将数张网帘扎在一起摆放在塑料布上,再将装在网袋内的贝壳丝状体放在网帘上,然后用绳索固定在网架上。当壳孢子的附着密度达到生产要求后可移网栽培。

壳孢子附着密度的检查方法有筛绢法和维尼龙纱法,采壳孢子时将筛绢或维尼龙绳夹在网帘上,定时检查附着壳孢子的数量。筛绢法是计算每平方毫米面积内的壳孢子数量。维尼龙法则是计算单位长度内的壳孢子数量。壳孢子的附着密度因种类不同略有差异,条斑紫菜在幼苗期间能放散单孢子,采孢子密度一般以$3\sim5$个/mm^2为宜。坛紫菜不能放散单孢子,采壳孢子的密度可适当大一些。

3. 下海挂网

在室内采完壳孢子的网帘可暂存在水池中,在潮水合适时再下海挂网。最近,在日本中南部地区为了避免采壳孢子后海水温度偏高影响壳孢子萌发,采用短期冷藏的方法保存采完壳孢子的网帘。其方法是将采完壳孢子的网帘放在水池中,4 h后,当壳孢子萌发分裂为2个细胞时,将网帘装入聚乙烯袋中密封,放入冷库($-15\sim-20$ ℃)内保存$10\sim20$ d后,在水温降至23 ℃以下时再出海挂网。

第三节

大型经济海藻的海区养殖、收获加工及病害防治

一、裙带菜的海区养殖、收获加工及病害防治

(一)裙带菜的海区养殖

1.栽培海区的选择

裙带菜自然分布的区域较广,但选择栽培海区应考虑以下三个条件:

海区的深度和流速:裙带菜自然生长在低潮线下岩礁上,喜欢水深流大的水域环境。从生态学角度看,海水深度的增加有利于上下水体的交换,增加了栽培区的营养盐含量,流大可使裙带菜漂浮生长,改善了受光条件。目前,大连沿海在水深 30 m、流速超过 60 cm/s 的海区里栽培的裙带菜藻体大、质量好,明显优于浅水区域。

海区的透明度情况:裙带菜是生长速度较快的藻类,在适宜的海区条件下,从 1 cm 幼苗生长至藻体 1 m 以上的收获期只需 70 d 的时间,因此,需要较好的光照条件促进其快速生长。生产实践表明,栽培期间在透明度超过 3 m 的栽培海区裙带菜都能很好地生长。

栽培海区的营养盐含量:海区营养盐含量高,裙带菜的产量高、质量好;营养盐含量低的海区裙带菜的藻体小、色泽差,丛生毛出现的时间早、质量差。在大连沿海,总氮量超过 200 mg/m³ 的海区为一类海区,裙带菜即使不施肥也可获得较高的产量和质量;总氮量 100~200 mg/m³ 的海区为二类海区,栽培裙带菜必须适当地施肥;总氮量 100 mg/m³ 以下海区为三类海区,其中 50 mg/m³ 左右的海区栽培裙带菜只有大量施肥才能达到商品标准,而 50 mg/m³ 以下海区利用价值较低。

2.栽培形式及栽培密度

目前我国北方海区裙带菜的栽培形式主要有以下两种:

延绳式平挂栽培:延绳式平挂栽培是目前我国北方沿海普遍采用的裙带菜栽培方式。其方法是将栽培苗绳平挂在两个栽培浮筏之间,苗绳的两端通过吊绳与两个浮筏连接,使苗绳在水中呈弧形,苗绳的中间部分距水面最深。栽培苗绳的绳距视栽培海区不同而异,内湾和浅海海区一般为 1.5 m,外海和水深流大海域一般为 2 m。每绳的苗数以 400~500 棵为宜。

水平式栽培:水平式栽培是将全人工育苗的苗种绳段直接夹在浮筏大缆上,或将生长幼苗的栽培苗绳缠绕在浮筏大缆上进行吊浮培育的栽培方式。此种方式目前也是日本和韩国裙带菜栽培主要采用的方式,其优点是裙带菜直接生长在大缆上,浮子通过吊绳连接大缆,使幼苗处于同一水层上,改善了受光和水流条件,而且栽培水层便于控制。此种方式栽培的裙带菜藻体大、质量好。在生产上,水平式栽培的幼苗的栽培密度以 50~60 棵/m 为宜。

另外,大连沿海最近采用水平式和延绳式相结合的方式栽培裙带菜也取得良好的效果。其方法是在水平式栽培的基础上,每间隔 3 m 平挂 1 根延绳式苗绳,此种方法有效地利用了浮筏间的水体,合理地控制了幼苗的栽培数量,发挥了延绳式和水平式栽培的优点,克服了两者的缺点,较好地发挥了裙带菜个体和群体生长潜力,获得了较高的产量和质量。此种方法目前

在大连海区的中高排次已被广泛使用。

间套式栽培：间套式栽培是目前大连沿海中低排次海藻栽培的主要形式。其原理是利用裙带菜生长周期短、在强光下生长速度快，海带生长周期长、在厚成期前不需要强光的特点，进行裙带菜、海带的间套栽培。裙带菜栽培的水层浅一些，海带深一些。在3月下旬裙带菜收获后，将海带的水层提浅，促进其有机物的积累，有效地利用了水体，获得较高的产量和质量。间套栽培裙带菜、海带的栽培苗绳数量为每个60 m长度的浮筏上各交替挂15~20根苗绳。除与海带套养外，大连沿海还普遍采用裙带菜栽培间套扇贝、牡蛎等贝类，也获得了较好的经济效益。

3. 栽培管理

补苗：半人工育苗由于各种原因会出现苗绳的一段或数段无苗的现象，全人工苗种分苗后也难免部分幼苗从苗绳上脱落，因此，要及时进行补苗，否则会因苗量不足影响栽培产量。补苗一般在幼苗长度达10 cm左右时开始为宜，幼苗过小，因其柄部较短，易被苗绳夹死或脱落；幼苗过大，则缓苗的时间较长。由于新补的苗需要一定的缓苗时间，因此，生产上要求新补的苗要大于苗绳上的苗。

水深的调节：栽培水深的调节实际上就是裙带菜受光条件的调节。不同栽培海区透明度不同，适宜裙带菜生长的水深也不同。裙带菜的不同生长发育阶段对光照的要求也不同，因此，要根据不同的海区和裙带菜不同的生长发育阶段对光照的要求进行栽培水深的调节。一般情况下，分苗后的幼苗藻体较小，适应于弱光下生长，随着藻体的增长逐渐适应较强的光照，特别是在收割前的1个月，增加光强能较大幅度地提高裙带菜的成品率和产品质量。因此，大连沿海在生产上一般初挂水深为1.5 m，以后每个月提高水深0.5 m，共两次将水深提高至0.5 m。

施肥：施肥是提高裙带菜产量和质量的重要措施，在肥沃海区栽培的裙带菜一般藻体大，叶片厚、呈浓褐色、具有光泽，丛生毛出现的时间晚，加工后的产品质量较好。而贫瘠海区栽培的裙带菜则藻体小，叶片较薄且色浅、无光泽，丛生毛出现的时间早且长，加工后的产品质量较差，特别是在三类海区，如果不施肥，将很难达到合格的产品质量。施肥量的多少因海区海水的肥沃程度及施肥方法不同，无固定的要求，但以栽培出优质高产的裙带菜为标准。施肥方法有机动船喷肥和作业小船泼肥、浸肥等形式。

(二) 裙带菜的收获加工

1. 收获

裙带菜的收获时期因栽培海区不同有很大的差异，在大连地区，裙带菜的收获期一般集中在1月上旬至4月上旬。收获期的起止及持续时间主要取决于藻体的老化程度和丛生毛大量出现的时间。一般情况下，内湾及贫瘠海区收获的时间早，持续的时间短，一般在12月下旬开始收获，3月中上旬结束；水深流大和肥沃海区收获的时间晚，持续的时间长，一般在1月上旬进入收获期，4月上旬收获期结束。收获的方法主要采用间棵收割，收割时要选择大的藻体。由于裙带菜一级品的叶片长度要求达到60 cm以上，因此，生产上要求收割藻体的长度要达到

1 m 以上。收割时先从假根上部将整个藻体割下,再将叶片从孢子叶上部割下,割掉老化的叶片梢部,将叶片和孢子叶运回陆地加工。

2.加工

裙带菜的加工主要包括叶片的加工和孢子叶的加工。

(1)裙带菜叶片的加工

①盐渍叶片的加工

盐渍叶片是裙带菜初级产品的主要加工形式,也是目前出口日本市场的主要产品形式。其优点是加工程序简单、便于操作;缺点是加工后的产品必须在低温条件下保存,加大了生产成本。目前盐渍叶片主要包括以下几个程序:

煮菜:煮菜所用的热水为90 ℃左右的升温海水,升温方式虽然各个生产单位有所不同,但目前绝大多数生产单位使用锅炉蒸汽直接提高海水温度的方式进行。目前在大连地区裙带菜加工生产中,前期菜由于藻体较薄,煮菜的水温一般要求在85 ℃左右,此期间一般在1月上旬至2月下旬;中期菜要求煮菜的水温在90 ℃左右,时间约在3月份;后期菜煮菜的水温在92~93 ℃,时间在4月份以后。煮菜时,要求叶片在锅中煮的时间为10余秒,一般不超过20 s,煮后要求叶片由褐色变为鲜绿色而且具有弹性。在煮菜过程中,要注意保持热水的温度和放入裙带菜的量,同时进行搅拌,以防止水温偏低和叶片相互重叠造成脱色不充分,叶片出现褐色斑点,影响产品质量。

冷却:煮过的裙带菜叶片在冷却水槽中冷却。冷却水槽的容积一般为2~3 t,而且要不断地补充新鲜海水。裙带菜叶片的冷却一定要彻底,要与冷却水的温度相同,因此,一次加入的煮后裙带菜叶片不要太多,以防止冷却水温度升高导致冷却不彻底,使叶片弹性降低和失去光泽,降低产品质量。以上两个工序在大规模生产中一般使用煮沸机可一次完成。一台煮沸机每天可加工裙带菜鲜品60~80 t。

拌盐及盐渍:冷却后的裙带菜叶片要进行拌盐及盐渍,所用的食盐为精盐,用量与裙带菜叶片的重量比为1∶1。拌盐时要进行充分搅拌使食盐分布均匀,再将拌盐后的裙带菜叶片装入编织袋中,移入盐渍池(槽)中进行盐渍。盐渍池(槽)要大小适宜、便于操作,盐渍的时间一般为4~5 d,盐渍水要浸过编织袋,以使裙带菜叶片得到充分的盐渍,盐渍水的盐度要求波美浓度为22‰~25‰。

脱水:盐渍后的裙带菜叶片在用盐渍水洗净后进行脱水,一般采用重物挤压的方法使叶片内的水分脱出。具体操作是将装有盐渍裙带菜的编织袋排放成垛,在上面放上水泥块等重物,脱水时间一般为3~4 d。脱水后的裙带菜叶片含水量不得超过30%。

撕菜及选菜:撕菜是将脱水后的裙带菜裂叶从中肋上撕下。选菜是拣出杂质和去掉夹带的老化叶梢,按叶片的不同长度分出等级。目前日本客商将盐渍裙带菜分为三个等级:叶片60 cm以上为一级菜,30~60 cm为二级菜,30 cm以下的为三级菜。

包装与保存:将选好等级的裙带菜裂叶装入塑料袋内后再装入纸箱内捆包封箱,每箱的重量为15 kg,放入冷库内进行保存,保存温度为-18 ℃以下,保质期为1年。

②干燥叶片的加工

干燥叶片产品也是裙带菜产品加工的主要形式之一。其优点是叶片通过烘干,产品的体积和重量得到进一步优化,可以在常温下长期保存,而且用水泡开后即可食用,极大地方便了消费者。其市场消费量逐年增大,目前其出口量约占叶片出口量的50%。烘干原料为盐渍裙带菜叶片,加工的主要程序为叶片的洗净、切块、烘干等工序。烘干一般使用专用的裙带菜烘干机,有的单位使用烘茶机进行干燥加工,但产品的质量较差,价格较低。

(2)孢子叶的加工

孢子叶是出口创汇的重要裙带菜产品之一,特别是近年来,人们发现裙带菜孢子叶内含有大量对人体健康有益的岩藻多糖类。裙带菜孢子叶在日本市场的消费量急速增加,除在日本国内生产外,孢子叶主要从我国进口,但由于产量有限,仍然满足不了市场的需求。

孢子叶的加工产品主要有以下几种:

①速冻孢子叶:速冻孢子叶是目前我国对日本孢子叶出口数量最大的产品形式。其加工方法是先将孢子叶用清洁海水洗净,放在阴凉处自然脱水,然后装入塑料袋内装箱,放入-20 ℃以下冷库内保存即可。

②冷冻孢子叶丝:孢子叶的处理方法与速冻孢子叶相同,但在脱水前用切丝机将孢子叶切成2~3 mm宽细丝后,再装箱冷冻,保存温度与速冻孢子叶相同。

③盐渍孢子叶:盐渍孢子叶的加工方法与盐渍叶片相同。

(三)裙带菜的病害防治

1.绿烂病

发病时间每年因水温的变化有所差异,大连地区一般在11月下旬开始发病,大规模发病在12月下旬至2月上旬,一般在3月上旬结束。其症状首先是叶片的梢部变绿、卷曲,呈黏着状并溃烂脱落,病区快速向叶片的中下部蔓延,严重时整个叶片烂光,只剩下中肋。该病的特点是传染性强、发病速度快,严重时从开始发病至叶片烂光仅需20天的时间。裙带菜绿烂病的发病规律是水流通畅的高排海区发病较轻,水流较小的中内排海区发病较重,特别是浮泥较多的内湾发病严重;营养盐含量高的海区发病轻,贫瘠的海区发病重;同一海区水层浅的发病较轻,水层深的发病较重;栽培密度小的发病轻,栽培密度大的发病重。此病在朝鲜和日本也有发生,是严重影响当地裙带菜栽培的病害之一。一般认为该病是由革兰氏阴性菌感染引起的。防治方法:加大筏距使水流通畅,降低栽培密度,浅水层栽培和加大施肥量等。

2.斑点烂病

首先是藻体的叶片出现大量绿色的斑点,随后斑点逐渐增大、变白,溃烂脱落成孔,整个叶片呈筛网状,严重时病烂区扩大至中肋及孢子叶,使裙带菜失去商品价值,最后病烂孔相连使叶片断裂流失,造成大规模绝产。斑点烂病是严重威胁裙带菜栽培业的病害之一。此病的发生时间一般在水温回升的2月下旬至4月上旬,发病没有固定的规律,在发病海区的高排次和中低排次几乎同时发病,与海区环境条件关系不明显。此病的特点是蔓延速度快,往往在1~2周的时间内大面积发病,使生产单位来不及收割,造成巨大的损失。裙带菜斑点烂病的发病原因较多,日本学者认为是由革兰氏阴性菌感染引起的。我国学者在进行感染试验的基础上,确定裙带菜斑点烂病的致病菌为美德利菌。裙带菜的斑点烂病目前国内外还没有有效的防治方法。在生产上,采用施肥和降低栽培密度等措施增强裙带菜的体质对抗病有一定的效果。

二、海带的海区养殖、收获加工及病害防治

(一)海带的海区养殖

目前我国栽培海带的筏式栽培法是一种立体利用水域的方法。现在筏式栽培法已成为我国沿海海带栽培的重要形式。

1. 栽培浮筏及栽培形式

栽培浮筏:栽培浮筏的基本结构包括筏身(浮绠)、橛缆、橛子(砣子)三部分。筏身上绑有若干浮子使其漂浮,下面悬挂海带苗绳,橛缆连接筏身和固定在海底的橛子(砣子)使浮筏固定在海面上。筏身的长度一般为60 m,材料为直径3 cm的聚乙烯绳。橛缆的材料与筏身相同,其长度与水深有关,一般是平均水深的2倍,橛缆与海底的夹角为30°。筏距根据各地海况不同而定,北方沿海一般为7~8 m。

栽培形式:自开始筏式栽培以来,我国人民创造了许多栽培形式,归纳起来主要有以下几种:

(1)垂挂培育形式:分苗后直接将苗绳垂挂在筏身下面。其缺点是产量较低。目前这种形式已被平挂培育形式所取代。

(2)平挂培育形式:一种立体利用水体的培育形式。其特点是将海带苗绳平挂在两个浮筏之间,较好地发挥了海带个体和群体的生长潜力,获得较高的产量和质量。

(3)"一条龙"培育形式:20世纪70年代末期发展起来的一种栽培形式。其特点是横流设筏,将海带苗绳平挂在筏身下,使一个浮筏的所有苗绳连成一条与筏身平行的长苗绳。此种方法适用于外海浪大流急的海区。

2. 栽培密度

合理的栽培密度是发挥海带个体和群体的生长潜力,提高产量和质量的关键问题。大连沿海60 m长的筏身挂40根8 m长的苗绳,每绳的夹苗数为100棵左右,每个浮筏的夹苗数约为4 000棵。

3. 分苗

分苗时间取决于暂养幼苗是否达到分苗标准,在生产上要求分苗时幼苗的长度必须达到10 cm以上,在这个前提下分苗时间越早,海带幼苗生长越快,栽培产量越高。由于南、北方幼苗出库暂养时间不同,其分苗时间也不同,大连沿海一般在11—12月间进行分苗,随着纬度的降低,海带分苗时间延后。海带的分苗有拔苗、夹苗、挂苗三个工序。拔苗是将达到标准的幼苗从暂养绳上拔下运回陆地;夹苗是使用夹苗板将海带幼苗按一定的株距夹在栽培苗绳上;挂苗是把夹好苗的苗绳挂在浮筏上。

4.海区栽培管理

海带幼苗分苗后至收割前为海区栽培管理阶段。此阶段的主要管理工作有：

补苗：分苗后难免有部分幼苗从苗绳上脱落，新补的苗需要一定的缓苗时间，因此，生产上要求新补的苗要大于苗绳上的苗。补苗工作一般要求在海带凹凸期前完成。

水层调节：水层调节实际上是海带受光条件的调节，由于各个海区透明度不同，适宜海带生长的水层也不同，海带的不同生长时期适宜生长的水层也有差异。一般情况下，由于幼苗不耐强光，初挂水层可深一些，随着藻体的生长对光强需要量增加，要逐渐上提水层。大连沿海海带初挂水层约为 1.5 m，在 12 月下旬和 2 月下旬各上提 0.5 m，使平挂苗绳中间最深处距水面的垂直距离为 1.5 m 左右。

施肥：施肥是提高栽培海带产量和质量的重要技术措施。根据海水分析，我国北方沿海海水中磷及其他元素通过海水的流动都能满足海带生长的需要，但氮的含量在各个海区差异较大，大部分海区氮的含量在 100 mg/m^3 以下，部分浅水内湾海区氮的含量低于 50 mg/m^3，远远满足不了海带生长的需要，氮的含量成为海带生长的限制因子，必须进行施肥。施肥量因海区含氮量不同而异。施肥方法一般采用机动船喷肥的方法进行，也有地区采用挂肥料袋或浸肥的方法进行。

切尖：海带属于间生长的藻类，其生长点在叶片的基部附近，北方沿海在 3 月上旬水温回升以后，随着藻体的生长，其老化组织被推向藻体的梢部并逐渐溃烂脱落。因此，在生产上采用切尖的方法提前将藻体的中下部切下加工，提高了海带栽培的产量。切尖的时间北方沿海一般在 3 月上旬至 4 月上旬，切尖的长度一般是叶片长度的 1/3~1/2。

（二）海带的收获加工

1.海带的收割

海带从分苗后经过半年左右的栽培，生长为商品海带，在北方沿海藻体的长度可达 3 m 以上，可进行收割。

（1）海带的收割期

一种是淡干海带，其收割时间一般为 5—7 月，大量收割在 6 月上中旬，南方略早于北方；另一种为盐渍海带，因质量上要求叶片上不能形成孢子囊斑，在北方沿海一般从 4 月下旬开始收割，至孢子囊斑形成前的 5 月中旬结束。

（2）收割方法

淡干海带一般采用单棵间收的方法进行收割，挑选藻体大、叶片厚的海带收割，以提高干品的成品率。盐渍海带由于收割的时间较短，一般采用集中收割的方法进行收割，一根苗绳分两次将海带全部收割上来。

2.海带的加工

目前我国海带的加工主要有淡干海带和盐渍海带两种加工方式：

(1) 淡干海带

淡干海带是我国主要的海带加工方式,目前仍然依靠阳光晒干,然后进行等级分类、打包、入库保存及销售。此种加工方式的主要问题是受到天气条件和晒场的限制。

(2) 盐渍海带

盐渍海带是近十几年开发使用的一种新的海带加工方式。其主要工序有：

煮菜：煮菜是将新鲜海带在升温海水中煮熟的过程。在生产上,海水升温一般使用锅炉的水蒸气或燃煤(油)大锅。升温海水的温度一般要求在 90 ℃左右,海带在升温海水中煮的时间为十几秒,海带叶片由褐色全部变为绿色为宜。

冷却：在冷却水槽内进行,槽内设有海水的进水管,连续不断地补充新鲜海水,煮后的海带在此冷却至与海水相同的温度。

拌盐和盐渍：使用拌盐机或人工进行冷却后海带的拌盐。拌盐时盐与海带的比例为 1∶1,将拌盐后的海带装入编织袋中,移入盐渍池中进行盐渍,盐渍的时间一般为 2~3 d。

脱水：盐渍后的海带先用盐渍水洗净,然后捞出来进行脱水。盐渍海带的脱水通常采用重物压榨的方法使叶片内的水分脱出,方法是将装有盐渍海带的编织袋在水泥地上垛好,再将水泥块放在上面进行压榨。脱水的时间一般为 2~3 d,要求盐渍海带的含水量不超过 60%。

入冷库保存及细加工：脱水后的盐渍海带要及时移入冷库内进行保存,保存的温度为 -18 ℃以下。盐渍海带的细加工产品主要有海带丝、海带卷、海带结等。海带丝是用切丝机沿盐渍海带纵向切成宽度为 2 mm 左右的长丝直接销往市场。海带卷是将盐渍海带切成长方形小块,内卷银鱼、桔梗、青鱼卵等制成海带卷。海带结是将盐渍海带长方形小块打成结。海带丝除在中国大陆市场销售外,还大量销往中国台湾市场。海带卷、海带结主要销往日本市场。

(三) 海带的病害防治

1. 绿烂病

通常从藻体梢部的边缘变绿、变软,或出现一些斑点,而后腐烂,并由叶缘向中带部、由尖端向基部逐渐蔓延扩大,严重时使整条海带烂掉。绿烂病一般发生在每年的 4—5 月。一般认为绿烂病是由光照要求得不到满足而引起的。

防治方法：提升水层或倒置。根据具体情况,垂养苗绳要立即进行倒置,初挂水层较深者,可上提到适当的水层。垂养的,这时最好斜平起来。平养苗绳可将处于水层较深的部分,上提到适当浅的水层。切尖与间收：发生绿烂病时,海带的长度如果适于切尖,应立即切尖；如果可以间收,应进行间收。另外,可以将苗绳上腐烂较重的小苗剔除。稀疏苗绳：将病区的苗绳适当地分散,最好移到水深流大的外区。洗刷浮泥：海带叶片上易附着一些悬浮颗粒物质(俗称浮泥),影响海带叶片正常的光合作用和营养物质的吸收,对海带病害的发生和发展起着推波助澜的作用。因此,在采取其他措施的同时,还必须及时洗刷浮泥。

2. 白烂病

白烂病通常先发生于叶片尖端。藻体由褐色变为黄色、淡黄色以至白色,然后由尖端向基部、由叶缘向中带部逐渐蔓延扩大,同时白色腐烂部分大量脱落。严重的,凹凸部藻体全部烂掉,仅剩色浓质韧的平直部。有的小海带全叶烂光,白色腐烂部分有时全变红褐色。白烂病一般发生在5—6月,在天气长期干旱、海水透明大、营养长期不足的情况下容易发生;病害多发生在水质极贫或不肥沃的海区,自然肥区很少发生;白烂病多发生在浅水层。苗绳上端的海带烂得重,苗绳下端的海带烂得轻,甚至不烂。浅水区,大面积养殖的中心区发病重;水深流畅的、边缘发病轻或者不发病。营养条件不佳和光照过强是发生白烂病的主要原因。

防治方法:加强管理技术措施,增强海带活力,提高海带的抗病能力,是预防白烂病的根本措施。畅通水流也是预防白烂病的重要措施。根据海况变化,合理调整光照是预防白烂病的关键措施。因此,每年、每月制订生产计划前,都应事先了解天气和风浪的变化趋势,并根据天气和风浪的变化情况,推断透明度的可能变化范围。然后,根据海带的需要调整光照。当白烂病发生后,可降低放养水层、适施肥料、切尖和洗刷。

3. 点状白烂病

点状白烂病是一种常见的病害。这种病发生得很突然,而且发展速度相当快,三五天内就能使海带烂到极其严重的程度,对生产危害很大。点状白烂病多发生在5月前后,有时夏苗暂养期间也有发生。在海水透明度突然增大、天晴、光强、风和日暖的情况下容易发生,而且透明度越大,持续时间愈长、病烂愈重。点状白烂病多发生在薄嫩期或凹凸期含水分多的海带上,色浓质韧的海带发病轻或不发病。水浅、流缓的大面积养殖中心区发病重;水深、流畅的边缘区发病轻或不发病。病害多发生在浅水层,养殖绳上部的海带发病重,养殖绳下部的海带发病轻或不发病。点状白烂病主要是由光照突然增强而引起的。

防治方法:点状白烂病是一种强光性病害,所以预防应从光线入手,通流、控制养育水层。加强幼苗管理:尽量提早分苗,分苗后及时逐量施肥和适时倒置以调整海带受光,以促进藻体提早进入厚成期。

4. 泡烂

泡烂主要发生在一些有大量淡水注入的海区或者降水量较大的地区,这种病害给生产也能造成很大损失。泡烂时在叶片上不分部位产生很多水泡,当水泡破裂后,因沉淀浮泥而变绿,腐烂成许多孔洞,严重时叶片大部分烂掉。这种病多发生在夏季多雨期的浅水薄滩海区。大量淡水使海水比重急剧降低,结果因渗透压的关系,使海带细胞失去了正常的控制渗透的能力,渗入了过多的水分,由此导致泡烂的发生。

防治方法:在大量降雨前,可将苗绳下降水层,以防淡水的侵害,因为淡水比重小,大量淡水注入后,表层海水比重最小,愈深比重愈大。

5. 卷曲病

卷曲病通常发生在生长部周围。发病症状分两种情况:一种开始在向光叶缘或同时于中带部变为黄色或黄白色,随后在叶缘出现豆粒大的凹凸、网状皱褶,或者由叶缘向中带部卷曲扭转,严重的叶缘卷至中带,由此烂掉该部叶片;另一种在生长点出现"卡腰"现象,基部伸长,局部肥肿,叶基加宽,藻体生长停止。卷曲病的发病温度范围较广,10月至次年4月上旬都有发病可能。这种病害多发生于小海带期,藻体长度一般为80 cm。易发生在浅水层,一般养殖绳上端的海带发病重,下端的海带发病轻微或不发病。水浅、潮流小,大面积养殖的中心区发病重,远岸边区发病轻微或不发病。一般认为卷曲病是因为突然受光过强所致。

防治方法:夏苗暂养区,特别是水浅流缓、挂苗集中的海区,应适当外移(但应注意防风浪损害)。养育区应合理安排,畅通流水,改善受光条件。若卷曲病发生,必要时可向水深、流大的海区搬移。养育初期(叶片长度在100 cm以内)密挂,将2亩或1.5亩的养殖绳,暂时密挂于一亩水面筏子上。这样可互相遮挡,避免强光。应根据透明度的大小,控制适当的养育水层,一般初期应掌握在80 cm以下。适当增施肥料,增加海带对光能的利用和适应能力。

6.柄粗叶卷病

柄粗叶卷病既发生在暂养苗绳的小苗上,也发生在分苗后的藻体上。发病的海带基部粗肿,根部萎缩,根系分枝少,形似鸡爪。叶片呈现多种类型的卷曲,有的左旋,有的右旋,卷曲严重的形似花状,俗称"灯笼海带"。患病后的藻体发脆易断,在叶片上有条纹状的痕迹,构成网状皱褶,藻体增厚。由于卷曲,有时叶片基部分离,纵裂为二。在暂养绳上的海带,发病水温限在8 ℃左右,分苗后养育的海带水温在6 ℃左右。发病的盛期是在春节前后的低温时期。海带发病同养殖海区的环境条件有密切关系。凡水深、流大、光照差的海区,海带发病早、发病率高。海带发病同养殖方法关系密切,凡分苗晚、放养水层深、养殖密度大,都发病早、病情较重;反之,则发病晚、病情较轻。有研究表明,这是一种类菌质体MLO侵染而引起的传染性病害,而且这种病害的发生和发展与海况条件和养成方法有密切关系,但也可能是环境导致的生理性病害。

防治方法:更换种海带,将携带病原体的种海带淘汰,选用未发病地区不携带病原体的种海带育苗,从根本上予以防除。还可以从改善海区流水、光照、肥料等入手,提高海带的抗病能力,纠正放养水层过深、养殖密度过大、施肥管理过差的倾向,采取加大筏距、区距、绳距和苗距等措施,施行浅水层养殖。

三、紫菜的海区养殖、收获加工及病害防治

(一) 紫菜的海区养殖

1.栽培方式

支柱式栽培:曾经是日本和韩国主要的栽培方式,此种方式适应于波浪较小、水浅的潮间带区。设置方法是在潮间带插上竹竿或杉木竿作为支柱,在支柱之间平挂网帘,用吊绳将网帘固定在支柱上,使网帘处于紫菜适宜生长的水层中。支柱式栽培又分为固定式和浮动式两种。固定式是指将连接网帘的吊绳固定在支柱上,网帘不能随潮水的涨落上下浮动;浮动式是指连接网帘的吊绳系有塑料环,塑料环套在支柱上,网帘上绑有浮子,网帘可随着潮水的涨落上下浮动。支柱式栽培在我国也曾经广泛应用。

半浮动式栽培:是目前我国普遍采用的栽培方式。此种栽培方式兼顾了支柱式和全浮动式的优点,在潮间带用竹竿或木板设置带有短腿的筏架,将网帘张挂在筏架上,涨潮时筏架可

漂浮在水面上，退潮时筏架又可用短腿支撑于海滩上，既减少了杂藻的生长，又延长了紫菜的生长期，紫菜生长速度快、质量好。我国北方沿海多采用此种方式栽培条斑紫菜，而福建沿海几乎全部使用这种方式栽培坛紫菜。

全浮动式栽培：在浅海进行紫菜栽培的一种方式，日本称为"浮流养殖"。其优点是将网帘张挂在浅海区，网帘上系有浮子，使网帘始终处于海水表面，有利于紫菜的生长。其缺点是由于网帘不暴露在空气中，杂藻较多。因此，日本在全浮动式筏架上设置了许多干露装置，使网帘定期暴露在空气中以抑制杂藻的繁衍。

2. 栽培管理

出苗期的管理：从网帘下海到幼苗肉眼可见这一时期称为紫菜的出苗期。为了便于出苗期的管理，一般是数张网帘重叠挂在适于紫菜出苗潮位的筏架上。出苗期的主要管理工作有清除杂藻、洗刷浮泥和施肥等。杂藻和浮泥的清洗工作从网帘下海时开始，一直到出苗期结束。施肥主要施氮肥，方法是用喷壶将肥料水喷洒在网帘上，有的单位使用浸肥法，将网帘解下，在千分之一的肥料水中浸泡 15~30 min，也获得良好的效果。

成叶的栽培与管理：紫菜从见苗后进入成叶的栽培阶段，主要的管理工作有疏散网帘、不同潮位网帘对调、施肥、冷藏网技术的使用等。

(1) 疏散网帘

进入成叶栽培期后，首先要疏散网帘，将出苗期数张重叠挂的网帘进行疏散，以单张网的形式张挂在网架上。疏散网帘最好选择在涨潮或退潮时进行拆网，以免在干潮时幼苗贴在网上造成损伤。

(2) 不同潮位网帘对调

紫菜叶状体生长时期不同，其适宜生长的潮位有较大的差异，因此，在紫菜叶状体栽培过程中，不同潮位的对调和不同栽培方式的更换是十分重要的。坛紫菜、条斑紫菜下海初期，先将网帘挂在适于幼苗生长的低潮位，但随着幼苗个体的长大，适宜潮位逐渐移向中潮位，加之低潮位杂藻较多，藻体衰老快，生产上多将网帘移向中、高潮位，既延长了紫菜的生长期，又提高了紫菜的质量。

(3) 施肥

我国南方沿海海水含氮量比较高，水质比较肥沃，一般不施肥也可以进行紫菜的栽培生产。北方沿海，除大城市附近的肥沃海湾外，多数海区比较贫瘠，栽培紫菜必须施肥。肥料的种类是以氮肥为主，施肥方式以用水泵、喷壶等向网帘喷洒肥料水为主，兼有挂肥料袋。施肥量因海区含氮量不同而异，以生产优质高产的紫菜为标准。日本紫菜栽培一般施氮、磷混合肥料，为了提高肥效，日本还使用浮性缓溶性肥料。

(4) 冷藏网的使用

冷藏网技术是目前日本紫菜栽培普遍使用的关键技术之一，也是紫菜栽培的一大特点。日本在 20 世纪 60 年代开始试验该项技术，70 年代应用于生产，其原理是幼苗期的紫菜网在半干燥的状态下移入 $-20\ ℃$ 冷库内可以保存几个月，幼苗几乎不死亡，在适宜的时候将紫菜网移回海区栽培，幼苗能恢复生长。其方法是将藻体长度为 2~3 cm 的紫菜网经过半天的干燥，装入塑料袋中密封后移入 $-20\ ℃$ 冷库内保存备用，当生产需要时进行换网栽培。此项技术的实施,有效地降低了紫菜栽培中病害的危害,在栽培紫菜病害发生时换网栽培仍可获得较高的产量。另外,一般的紫菜网在采收3~4次后,紫菜的生长速度减慢,产品的质量也降低。由于冷藏网技术的实施,日本的紫菜网一般只采收3~4次,然后利用冷藏网进行换网栽培,使栽培后期紫菜的产量和质量大幅度提高。该项技术在我国南方的坛紫菜、条斑紫菜的栽培生产中也开始使用。

(二)紫菜的收获与加工

1.采收

采收时间:紫菜的第一次采收一般在采壳孢子后的45~50 d,藻体长度约20 cm。坛紫菜约在11月中上旬,条斑紫菜比坛紫菜晚一些,以后每隔1~2周采收一次,一张网可采收7~8次。日本一般采收4~5次,每次每张网按20 kg鲜重,可加工500张干紫菜片。紫菜的采收一般要求在早上进行,以便当天完成加工保证紫菜的质量。

采收方法:国内条斑紫菜采收多使用拔收的方法,可以减小藻体密度,使单孢子萌发的小苗尽快生长起来。坛紫菜不能放散单孢子,一般采用剪收的方法。日本的紫菜采收普遍使用回转剪断式采收机,每小时可采收全浮动式网帘24张,可加工干紫菜片12 000张。

2.加工

国内主要是将紫菜加工成紫菜饼。其加工工序是先将鲜紫菜用洗菜机洗净,再用切菜机将紫菜叶片切成小块后制成鲜菜饼,经脱水和干燥成干菜饼进行保存或市场销售。日本的紫菜加工产品主要是干紫菜片,加工机械为全自动干紫菜加工机,其生产工序有海水洗菜、叶片切碎、淡水洗净、制片、压榨脱水、干燥、剥离等。一天一台机器的加工能力为1~2万张干紫菜片。现在我国也开始进行干紫菜片的加工。

(三)紫菜的病害防治

1.紫菜丝状体室内培养中的病害及防治

(1)黄斑病:发病时先在壳面边缘出现黄色圆形斑点,后逐渐扩大,相互连接为大的斑点并全壳面延伸,造成丝状体死亡。病因是一种好盐性细菌,培养温度、盐度升高和光线过强时易发生此病。防治方法:可用1.005的低比重海水浸泡2 d,或用淡水浸泡1 d,也可以用10ppm对氨基苯磺酸浸泡15 h,或用2ppm高锰酸钾浸泡15 h,均有一定的疗效。

(2)泥红病:又称红砖病,病因亦属微生物性的。发病期为7—9月,发病时贝壳表面呈泥红色,手摸有黏滑感,发出腥臭味,如不及时处理将很快蔓延。防治方法:可用万分之一的漂白粉冲洗贝壳,也可用1.005低比重海水浸泡2 d。坛紫菜使用万分之一的硫酸锌溶液处理后,再用流动海水培养1 d,有较好的效果。

(3)赤变病:此病在日本为常见病,类似于泥红病,在低光照和阴雨天易发生。防治方法:加强光强和室内通风。

2. 紫菜叶状体栽培期间的病害及防治

(1) 赤腐病:病状为紫菜叶状体表面出现红色斑点,随后迅速扩大并连接成片,形成直径 5~20 mm 的红色病斑,周围带有红色水泡,严重时病斑可蔓延至整个叶片。此病是由赤霉菌寄生引起的。防治方法:在发病初期增加干露的时间有较好的效果;病情严重时可利用冷藏网技术将网帘冷藏,待发病期过去后再将网挂出。

(2) 壶状菌病:此病发病时叶状体外观稍见褪色,可见叶片前部边缘出现黄色的病斑,藻体生长停止,叶片前端溃烂流失。病情严重时,叶片表面细胞萎缩,溃烂成洞。此病多发生幼小叶状体,大叶状体发病较少。此病是由壶状菌的一种寄生于藻体内引起的。防治方法:在发病初期将网帘入库冷藏。

第五章

水产饵料生物的培养（增殖）

第一节

水产饵料生物的室内培养

第五章 水产饵料生物的培养（增殖）

一、光合细菌培养方法

光合细菌（Photosynthetic Bacteria，PSB）是地球上最早出现的具有原始光能合成体系的原核生物，是一类在厌氧条件下进行不放氧光合作用的细菌的总称。光合细菌广泛分布于生物圈的各个角落，包括很多高温低温、高盐低盐的极端环境中。

光合细菌能利用太阳能同化二氧化碳，固定分子氮，在自然界的碳、氮循环中起着重要的作用。同时，它们还能把下层水中残留的有机物经异养分解后产生的有机酸、硫化氢和氨等作为合成菌体的基础物质，起到了净化水质的作用，有利于地球的水循环和水生生物的生长繁殖。光合细菌富含多种氨基酸和维生素，可用作各种水产动物的饵料和饲料添加剂，构成了生物界食物链的重要环节。此外，光合细菌能提高水产动物体内血清免疫球蛋白的含量和免疫力，并对水体中的致病菌具有一定抑制作用。因此，光合细菌培养对水产养殖具有重要的意义。

（一）光合细菌的富集分离

要培养光合细菌，首先要有菌种。菌种是从自然生态环境中分离出来的，富集分离是获得纯种、新种和优良菌株的基本操作。

1. 采样

光合细菌所需的生长条件，除了光照、温度以外，主要是水、有机物（包含灰分在内）和一定程度的厌气环境。绿菌科、着色菌科以硫化氢作为光合反应的供氢体，以二氧化碳作为主要的碳源；紫色非硫细菌，如红动菌属、红假单胞菌属、红微菌属、红细菌属、红环菌属等的菌种容易利用不同的有机物作为碳源和电子供体进行厌氧光照生长。

自然界中被有机物污染的地方都有光合细菌的存在。可以从河底、湖底、养殖池的泥土，水田、沟渠、污水塘等地方的泥土，豆制品厂、淀粉厂等废水排水沟处呈橙黄色、粉红色的块状沉积物的泥土中采集样品，分离光合细菌。

在浅水处采样，可用杯舀取少量泥土，连水放入广口瓶内带回，也可单取水样。如果水深，可用采水器和采泥器取样。样品采回来后，用恰当的方法进行富集培养和分离，就能得到光合细菌的纯培养物。

2. 富集培养

光合细菌分离成功的关键，在于选择适宜的富集和分离的培养基，提供符合光合细菌生长需要的厌氧环境、适宜的温度和光照条件。富集培养均采用液体培养基。进行富集培养时，将采回的样品装入磨口玻璃瓶中，再倒入配制好的培养液，充分搅拌。为造成厌气环境，可在玻璃圆筒或大型试管中加入液体石蜡以隔绝空气。若是具塞磨口玻璃瓶，只要把培养液加满到瓶口，盖上瓶塞，让多余的培养液溢出，使瓶内无气泡。为了更好地保持厌氧条件，瓶盖外可用塑料薄膜裹住，并用橡皮圈扎牢，以减少水分蒸发，然后把培养容器置于适合的条件下进行富集培养。大约经过1~3周的培养，玻璃瓶壁上出现光合细菌菌苔，或整个培养液变成红色。

如果是培养海水的光合细菌,因其生长缓慢,需要更长的富集培养时间。

如果富集培养初步获得成功,就用吸管插入菌液或光合细菌大量生长的泥层里吸取菌液,转接到具塞磨口玻璃瓶中,再加入培养液继续进行光照、厌气培养。经过反复多次,光合细菌成为绝对优势种,培养液呈深红色,这时可确认富集培养成功。

为了避免培养液中藻类和绿菌科细菌的生长繁殖,可采用滤光片和滤光纸,使波长800 nm 或更长波长的光透过,这样可更有效地富集紫色非硫细菌。

3.分离方法

一旦富集成功,就可以进行分离培养。分离的具体操作是:配制固体培养基,灭菌后倒放平板,将富集成功的菌液稀释到适当浓度,在平板上涂布或画线,然后光照厌气培养。为了造成厌氧环境,可在干燥器底部放焦性没食子酸(苯三酚)和碳酸钠溶液,利用碱性焦性没食子酸来除去容器中的氧。1 g 焦性没食子酸在标准大气压下,具有吸收 100 mL 空气中的氧气的能力。据此可以推算出不同大小的干燥器中吸氧剂的加入量。干燥器顶部连接抽气装置,最好把干燥器内的空气减压到约 1/3 时,以过滤的无菌的氮气或氩气充入干燥器,进行气体交换。这样一方面由吸氧剂吸氧,一方面由氮气或氩气来取代抽出的空气,就能使干燥器内部造成一个相当理想的厌氧环境。如果无条件进行气体交换,则单抽出减压,配以焦性没食子酸吸氧也可。减压不宜过度,否则倒放的培养皿中的琼脂会落下来,即使正放也会裂开。

将涂布或画线的平板置于上述厌气培养缸中,在 25~35 ℃的温度、40~60 μE/(m^2·s)的光照条件下培养 2~7 d,就能长出光合细菌菌落。仔细挑取单菌落,继续用上法分离培养,反复多次,就能得到光合细菌纯的培养物。

(二) 培养基

培养基的组成因光合细菌的种类而异,但主要包括水分、氮源(无机氮和有机氮)、碳源(有机化合物和碳氢化合物)等。其次,需加入一定量的铜、钾、镁、硫、磷、氯等微量元素,以无机盐形式添加,有些还需添加生长因子(B族维生素和某些氨基酸或核酸)。

为了保证细菌正常生长,培养基还应维持适当的 pH 值。一般细菌在中性至微碱性的培养基中生长良好,但也有的在酸性或碱性培养基中生长得更好。由于有些培养基经高压灭菌后 pH 值还会发生变化(降低),所以在灭菌前用 1 mol/L 的 NaOH 或 HCl 调节 pH 值,或在培养基中加入磷酸缓冲液以稳定 pH 值。

根据具体要求,培养基需配制成固体、半固体、液体状。配制固体培养基是在相同成分的液体培养基中加入 1.5%~2.0%的琼脂,半固体培养基是在液体培养基中加入 0.3%~0.6%的琼脂。

厌氧培养基的成分,除所培养的厌氧菌要求的基本营养外,还需加入一定量的还原剂,以保持培养基在物理除氧后的还原状态。常用的还原剂有半胱氨酸和硫化钠。为了判断培养基是否达到所期待的还原状态,培养基中常常加入少量的氧化还原指示剂。常用的指示剂是刃天青。刃天青的氧化还原指示电位是-42 mV,它在氧化态时呈绛紫色,在完全还原时为无色。如果培养基呈现桃红色,说明培养基已被氧化。刃天青的使用量较少,一般在 100 mL 培养基中含 0.1%的刃天青溶液 1 mL。

现将适用于不同科属的培养基分列如下。

1. 紫硫细菌的富集培养基及制备

①分离紫硫细菌的培养基(Van Niel,1931)：

NH_4Cl	1.0 g	$MgCl_2$	0.5 g
KH_2PO_4	0.5 g	NaCl	淡水种 1.0 g
$Na_2S·9H_2O$	1.0 g		海水种 30 g
$NaHCO_3$	5.0 g	pH 值	7~8
总体积	1 000 mL		

($NaHCO_3$ 和 $Na_2S·9H_2O$ 应分别灭菌,通常配成10%的溶液,过滤除菌,培养之前加入。用无菌的10% H_3PO_4 或 Na_2CO_3 调 pH 值至 7~8)

②富集着色菌科的基础培养基(小林达治,1977)：

NH_4Cl	1.0 g	$Na_2S·9H_2O$	1.0 g
$NaHCO_3$	1.0 g	$MgCl_2$	0.2 g
K_2HPO_4	0.5 g	T.m 贮液*	10 mL
总体积	1 000 mL	pH 值	8.0~8.5

＊T.m 贮液

$FeCl_3·6H_2O$	50 mg	$MnCl_2·4H_2O$	0.05 mg
$CuSO_4·5H_2O$	0.05 mg	$ZnSO_4·7H_2O$	1 mg
H_3BO_3	1 mg	$Co(NH_3)_2·6H_2O$	0.5 mg
总体积	1 000 mL		

2. 绿杆菌科富集用基础培养基(小林达治,1977)

NH_4Cl	1.0 g	$Na_2S·9H_2O$	1.0 g
$NaHCO_3$	1.0 g	$MgCl_2$	0.2 g
K_2HPO_4	0.5 g	T.m 贮液(同1之②)	10 mL
总体积	1 000 mL	pH 值	7.3
NH_4Cl	1.0 g	KH_2PO_4	1.0 g
$MgCl_2$	1.0 g	$NaHCO_3$	1.0 g

NaCl	1.0 g	Na$_2$S·9H$_2$O	0.5 g
总体积	1 000 mL	pH 值	6.8~7.0

（Na$_2$S 0.25~1.0 g，也可用蛋白胨或苹果酸代替）

个别种对营养条件要求极其严格，但在下面培养基中生长良好。

3. 紫色非硫细菌的富集与分离培养基

①用于紫色非硫细菌的分离和培养的 AT 培养基（Imhoff，1989）：

CH$_3$COONa 或其他 C 源	1.0 g	NH$_4$Cl	1.0 g
KH$_2$PO$_4$	1.0 g	NaCl	1.0 g
MgCL·6H$_2$O	0.5 g	SLA 溶液*	1 mL
CaCl$_2$·2H$_2$O	0.1 g	VA 溶液**	1 mL
Na$_2$SO$_4$	0.7 g	NaHCO$_3$	3.0 g
总体积	1 000 mL	pH 值	6.9

*SLA 溶液

FeCl$_2$·4H$_2$O	1 800 mg	MnCl$_2$·4H$_2$O	70 mg
CoCl$_2$·6H$_2$O	250 mg	ZnCl$_2$	100 mg
NiCl$_2$·6H$_2$O	10 mg	H$_3$BO$_3$	500 mg
CuCl$_2$·2H$_2$O	10 mg	Na$_2$MoO$_4$·2H$_2$O	30 mg
总体积	1 000 mL	pH 值	2~3

**VA 溶液（过滤除菌，保存于冰箱）

生物素	10 mg	烟酸	35 mg
盐酸硫胺素	30 mg	对氨基苯甲酸	20 mg
盐酸吡哆醇类	10 mg	泛酸钙	10 mg
维生素 B$_{12}$	5 mg	总体积	100 mL

酵母膏能促进大多数已知的紫色非硫细菌的生长，它作为一种生长因子，通常加入量为 0.05%。对于褐螺菌属和红螺菌属来说，加入 0.01% 柠檬酸铁能够促进生长。对于嗜酸红芽生菌和万尼氏红微菌来说，pH 值要调到 5.5。

②用于培养变形杆菌 α 亚纲的紫色非硫细菌的合成培养基：

NaHCO$_3$	3.9 g	醋酸盐	0.2 g
KH$_2$PO$_4$	0.5 g	丙酮酸盐	0.2 g
KCl	1.0 g	柠檬酸钾	0.5 g
CaCl$_2$·2H$_2$O	0.05 g	甘氨酸甜菜碱	0.5 g

MgCl$_2$·6H$_2$O	3.5 g	谷氨酸钠	1.0 g
Na$_2$SO$_4$	1.0 g	VA 溶液(同①)	1 mL
NaCl (取决于所需的盐度)	40~150 g	SLA 溶液(同①)	1 mL
脯氨酸	5.0 mol	总体积	1 000 mL
pH 值	7.0		

③用于红螺菌科培育的上水大培养基(张道南,1988):

CH$_3$COONa	3.0 g	KH$_2$PO$_4$	0.5 g
CH$_3$CH$_2$COONa	0.3 g	K$_2$HPO$_4$	0.3 g
MgSO$_4$	0.2 g	NaCl	1.0 g
(NH$_4$)$_2$SO$_4$	0.3 g	酵母膏	0.1 g
MnSO$_4$·7H$_2$O	2.5 mg	蛋白胨	10 mg
CaCl$_2$·2H$_2$O	50 mg	谷氨酸	0.2 mg
总体积	1 000 mL	pH 值	7.4

④用于红假单胞菌属菌培育的 R 培养基(刘军义,2003):

CH$_3$CH$_2$COONa	3.0 g	NaCl	5.0 g
NaHCO$_3$	1.0 g	FeCl$_2$	0.005 g
NH$_4$Cl	1.0 g	MgCl$_2$	0.2 g
K$_2$HPO$_4$	0.5 g	总体积	1 000 mL
pH 值	7.4		

⑤用于荚膜红假单胞菌培养的 Sawad 培养基(1975):

乙酸钠或丙酸钠	1.0 g	KH$_2$PO$_4$	1.0 g
NH$_4$Cl	1.0 g	酵母膏	1.0 g
MnSO$_4$·7H$_2$O	0.4 g	或谷氨酸	0.1 g
NaCl	0.1 g	T.m 贮液(同 1 之②)	1 mL
CaCl$_2$·2H$_2$O	0.05 g	生长素贮液*	10 mL
NaHCO$_3$	0.3 g	总体积	1 000 mL

*生长素贮液

生物素	1 mg	维生素 B_1	100 mg
烟酸	0.1 mg	对氨基苯甲酸	10 mg
蒸馏水	1 000 mL		

⑥富集红螺菌科的基础培养基(小林达治,1977):

NaCl	0.5~2.0 g	$MgSO_4 \cdot 7H_2O$	0.2 g
$NaHCO_3$	1.0 g	NH_4Cl	1.0 g
K_2HPO_4	0.2 g	T.m 贮液(同1之②)	10 mL
CH_3COONa	1~5 g	生长素贮液(同⑤)	1 mL
总体积	1 000 mL	pH 值	7.0

⑦用于红假单胞菌属和红螺菌属富集的培养基(施安辉,2002):

NH_4Cl	1.0 g	$MgCl_2$	0.2 g
K_2HPO_4	0.5 g	酵母膏	0.1 g
NaCl	2.0 g	CH_3CH_2OH	50 mL
$NaHCO_3$	5.0 g/50 mLH_2O	总体积	1 000 mL
pH 值	7.0		

⑧用于红假单胞菌属和红螺菌属的分离的培养基(施安辉,2002):

NH_4Cl	1.0 g	$MgCl_2$	0.2 g
K_2HPO_4	0.5 g	酵母膏	2.0 g
NaCl	2.0 g	CH_3CH_2OH	50 mL
$NaHCO_3$	2.0 g/50 mLH_2O	$Na_2S \cdot 9H_2O$	1.0 g
总体积	900 mL	pH 值	7.0

⑨红球形菌配方:

甘露醇	1.5 g	NH_4Cl	0.4 g
葡萄糖酸盐	1.5 g	硫代硫酸钠	0.2 g
KH_2PO_4	0.4 g	SLA 溶液(同3之①)	1 mL
NaCl	0.4 g	VA 溶液(同3之①)	1 mL

$CaCl_2 \cdot 2H_2O$	0.05 g	0.1%柠檬酸铁	5 mL
$MgCl_2 \cdot 6H_2O$	0.4 g	总体积	1 000 mL
pH 值	4.9		

⑩用于培养需盐红海菌和盐场红弧菌的复合培养基配方：

$MgCl_2 \cdot 6H_2O$	3.5 g	蛋白胨	1.5 g
KH_2PO_4	0.3 g	苹果酸钠	1.5 g
NaCl	100 g	SLA 溶液（同3之①）	1 mL
酵母膏	1.5 g	总体积	1 000 mL
pH 值	7.0		

(三) 光合细菌的大量培养

大量培养光合细菌的方式主要有两种：一种是全封闭式的厌气光照培养方式，另一种是开放式的微气光照培养方式。

1. 全封闭式的厌气光照培养

采用无色透光的玻璃容器或塑料薄膜袋，经消毒后，装入消毒好的培养液，接入20%~50%的菌种母液，使整个容器被液体充满，加盖扎口，造成厌气的培养环境，置于有光的地方进行培养。在适宜的温度条件下，一般经5~10 d 的培养，即可达到指数生长期高峰，便可扩种或作为饵料。

2. 开放式的微气光照培养

一般采用100~200 L 的白色塑料桶或卤虫孵化桶为培养容器，以底部呈锥形并有排放开关的容器较理想。在底部装一气石，培养时微充气，在培养容器的上方装一灯光[约 40 μE/($m^2 \cdot s$)]。容器经消毒后，加入消毒好的培养液，接入20%~50%的菌种母液，在适宜的温度条件下，一般经7~10 d 的培养即可达到指数生长期高峰，便可扩种或作为饵料。

3. 培养流程

光合细菌的培养流程包括消毒灭菌（工具、容器、培养基）、培养基的配制、接种、培养管理。

(1) 消毒灭菌

①工具、容器的灭菌

高压蒸汽灭菌：用121 ℃蒸汽压力灭菌20~30 min 即可。高压蒸汽灭菌后，玻璃器皿上常常带有水珠，可再用烘箱烘干。

干热灭菌：用烘箱灭菌，通常于150~160 ℃灭菌2 h。温度不可过高，超过180 ℃时棉塞和纸等容易烤焦起火。玻璃器皿放入烘箱必须干燥,以免破碎。器皿在烘箱内不宜过满,应留有一定的空隙。温度应从室温逐渐升至所需温度。结束后也应逐步降温直至低于 60 ℃时才可开门取出灭菌的器皿,否则玻璃可能因突然遇冷而破碎。

②培养基的灭菌

常压蒸汽灭菌:也称间歇蒸汽灭菌,用于在 100 ℃以上易于破坏的培养基的灭菌,如牛奶、明胶等。常压蒸汽灭菌也就是用蒸汽蒸。在灭菌器中温度升到 100 ℃时,在不加压力的情况下使水沸腾,即保持 100 ℃ 30 min,取出灭菌的培养基,放在室温或保温箱中。第二、三日连续如上法于 100 ℃灭菌 30 min。

过滤灭菌:用于不能用热灭菌的培养基,如某些易破坏或易挥发的物质。常用的除去细菌的过滤器有赛氏过滤器和微孔膜过滤器,微孔膜过滤器规格为 0.22~0.45 μm。使用前,将过滤器连同吸滤瓶等按无菌操作的要求装好,用纱布包好,高压蒸汽灭菌。使用时用真空泵抽气过滤,不可将漏斗中的液体抽干。使用过的滤板需弃去。

高压蒸汽灭菌:在高压蒸汽灭菌器中进行,利用提高蒸汽压力而使温度增高,从而提高蒸汽灭菌的效率。一般培养基灭菌时大多数使用 1 kg/cm^2 压力蒸汽加热 15~20 min,如灭菌器中装填较满,培养基装量较大(1 L 以上)或培养基污染杂菌较多时,可再延长灭菌时间 30 min。使用高压蒸汽灭菌时,务必将其中空气全部排除,才能达到预期的效果。

(2)培养基的配制

培养光合细菌首先应选择一个能基本满足培养种的生理生态特性和营养要求、培养效果比较理想的培养基配方。如果培养的光合细菌是淡水种,菌种培养可用蒸馏水,生产性培养可用自来水或井水配制;如果培养的光合细菌是海水种,菌种培养则可用天然海水或人工海水配制。

按培养基配方把所列物质称量,逐一溶解、混合,配成培养基。也可把部分组分配成母液,使用较方便。

(3)接种

培养基配制好后,立即进行接种。光合细菌生产性培养的接种量比较高,一般为 20%~50%,即菌种母液量和新培养液量之比为 1:4,尤其微气培养接种量应高些,否则,光合细菌在培养液中很难占绝对优势,影响培养的最终产量和质量。

(4)培养管理

①搅拌或充气

光合细菌的培养过程中必须搅拌或充气,其作用是帮助沉淀的光合细菌上浮获得光照,保持菌细胞的良好生长。

小型厌气培养常用人工摇动培养容器的办法使菌细胞上浮,可在接种前在培养容器中加入少量玻璃珠,摇动时易于摇起菌细胞。每天至少摇动 3 次,定时进行。也可使用磁力搅拌或间隔定时搅拌,搅拌时控制转速以液面微起波纹而无旋涡为适度。大型厌气培养则用机械搅拌器搅拌或使用小水泵使水缓慢循环运转,保持菌体悬浮。

微气培养是通过充气帮助菌体上浮的,因为培养液中溶解氧含量增加,光合细菌繁殖受到抑制,产量下降,所以必须严格控制充气量。一般采用定时断续充气,充气量控制在 1~1.5 L/(L·h),溶解氧含量保持在 1 mg/L 以下。

②调节光照

培养光合细菌需要连续进行光照,在日常的管理工作中,应根据要求经常调节光照度。不同的培养方式所要求的光照强度不同。一般培养光照强度控制在 40~100 μmol/（m²·s）,而生长繁殖快、菌细胞密度高的厌气培养光照强度以控制在 100~200 μmol/（m²·s）为宜。

③调节温度

在光合细菌培养中,最理想的是有效地控制最适宜的温度条件。光合细菌对温度的适宜范围很广,一般在 23~39 ℃ 的范围内均能生长。如果温度偏低,可以把培养容器放在恒温箱或密封的房间中,利用加热设备等调节温度;如果温度偏高,可以开窗通风,或用空调、风扇降温。

④调节酸碱度

在光合细菌培养过程中,必须注意酸碱度的变化。随着光合细菌的大量繁殖,菌液的 pH 值会不断升高,当 pH 值超过最适范围甚至生长的适应范围,菌类生长繁殖就会受阻。为了延长光合细菌的指数生长期,就必须采用加酸、采收或扩大培养等办法降低菌液的 pH 值。

⑤检查生长情况

光合细菌生长情况的好坏是培养成败的关键。因此在培养中加强光合细菌生长情况的观察和检查十分重要。在培养中,可以通过观察菌液的颜色及其变化来了解光合细菌生长繁殖的大致情况,菌液的颜色是否正常、接种后颜色是否由浅迅速变深,均反映光合细菌生长是否正常以及繁殖速度的快慢。此外,测定菌液的光密度值及其变化情况,能准确地了解菌体的生长繁殖情况。

（四）光合细菌的保藏

菌种保藏的目的就是把菌株的原始性状和优良性状保存下来,防止死亡、退化或杂菌污染。菌种保藏方法很多,现介绍以下几种:

1.低温保藏法

固体斜面培养或液体培养的菌种用 4 ℃ 左右低温冰箱保存,时间为 30~60 d,也可在棉塞上浸蜡,一般可保存 3~4 个月,甚至半年之久。

2.低温定期移植保存法

这是一种经典的简易保存法,即将菌种接种于所要求的斜面培养基上,置于最适温度下培养,至菌落形成后,置于低温、干燥处保存,每隔 3~6 个月移植培养一次。

3.液体石蜡法

选用优质纯净的液体石蜡,经 121 ℃ 高压灭菌 2 h,然后用 170 ℃ 干热处理 1~2 h,以除去水分。冷却后加到斜面上,覆盖以超过斜面为宜,装菌种用的试管用橡皮塞塞住,并蜡封上,置于阴凉室温下即可。

4.冷冻干燥法

这是一种比较理想的菌种保存的方法,它具有变异少、保藏时间长、输送贮存方便等优点。

具体操作方法如下：

(1) 先将内径 8 mm、长度 100 mm 以上的安瓿管消毒（2 mol/L HCl 浸泡、水洗、烘干）干净，打印标签装入安瓿管，塞好棉塞，高压灭菌。

(2) 将脱脂牛奶分装试管，高压灭菌、冷却。

(3) 培养的菌种培养物分装到脱脂牛奶试管，制备菌悬液（$10^8 \sim 10^9$ 个细胞/mL）。

(4) 用灭菌过的长的毛细滴管吸菌悬液（$10^8 \sim 10^9$ 个细胞/mL），滴入安瓿管 0.2 mL。

(5) 安瓿管预冷冻（$-30 \sim 40$ ℃，$0.3 \sim 1$ h）。

(6) 真空干燥（26.6 Pa，真空度：1.5%～3%含水量）。

安瓿管高温下拉成细径，抽真空、封管，检查真空度，低温（4 ℃）保藏。

5.氮超低温保藏法

这是一种保藏菌种的好方法，国内外已广泛使用。具体方法是：将欲保藏的菌种悬液或菌块（常用保护剂为10%甘油或5%～10%二甲基亚砜）密封于安瓿瓶内，先控制冷速度，预冻后，贮藏于$-150 \sim 196$ ℃液态冰箱中保存，保存期间需注意及时补充液氮。需恢复培养时，取出安瓿瓶急速放入 35～40 ℃温水中，使其迅速熔化后，打开，移种。

二、藻类培养方法

藻类，特别是单细胞藻类的营养丰富，含有动物和人生长发育所必需的营养物质。自20世纪40年代以来，各国学者都试图用藻类这一资源解决人类食物和动物饵料的缺乏问题。此外，藻类可直接或间接作为鱼类及其他水生动物的饵料，因此，藻类培养对水产养殖意义重大。

关于藻类培养，还有其他意义，如：利用培养固氮蓝藻解决稻田氮素肥料，从一些藻类中提取药物，研究藻类生理，以及用于太空食品等。在渔业利用方面，藻类培养主要是解决水产动物饵料问题。目前，有关海水藻类的培养较多。在海水养殖方面，我国已大规模展开了某些浮游植物的培养，如扁藻、中肋骨条藻、三角褐指藻、盐藻、新月菱形藻、牟氏角毛藻及球等鞭金藻等，已解决贝类人工养殖的早期幼体饵料问题。在淡水养殖方面，我国只对螺旋藻、鱼腥藻、小球藻、栅列藻等进行了培养。

今后，随着水产养殖的发展，对一些新品种的养殖以及解决某些品种幼鱼的饵料，必然涉及藻类的培养。因此，有必要了解藻类培养的基础知识。先仅就藻类，主要是对单细胞藻类的一般培养方法及有关理论加以简述。

(一) 藻类的生长模式

单细胞藻类在培养过程中，生长繁殖速度有一定的起伏，这种生长模式可划分为 5 个时期（见图 5-1）：

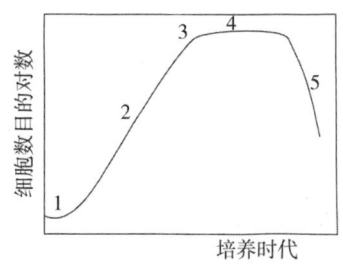

图 5-1 藻类的生长模式

(二)藻类的培养方式

藻类的培养方式,因藻类培养的目的、要求而各种各样,但可分为密闭式培养和开放式培养两大类。

1.密闭式培养

密闭式培养的目的是不使外界杂藻、菌类及其他有机体混入培养物中。将培养液密封在与外界完全隔离的透明容器中,由此通气、搅拌、输送培养液及调节水温和取样等设备,也都要与外界隔离。培养容器多为管状(也有池状),用有机玻璃或透明的聚乙烯塑料做成水平管道,直立或斜立在地上,暴露阳光或人工光照下。这种培养方式成本高,好控制,产量亦稳定。

2.开放式培养

将藻类培养于敞开的容器(如水泥池、管道、木盆等)中。方法、设备较简便,可进行少量或大面积的培养。该法培养物中易发生敌害生物污染,但成本低、使用较普遍,也是今后藻类培养所应采取的方式。开放式可分为如下几种类型:

(1)开放循环培养

其特点是培养液借助循环水泵不断循环流动。培养物能循环,就可省却搅拌工作。

(2)开放非循环培养

其特点是培养液不循环流动,而定时由小管向培养液中通入 CO_2 和空气,同时也起到了搅拌作用。此法在大面积培养中使用较普遍。其优点是设备简单,不需要动力、水泵及大量的 CO_2 及通气设备。

(3)半开放循环培养半开放培养

培养容器或池、槽等场所虽仍敞开,但有些部分密闭,或用塑料布覆盖。这种培养方式,利用管道使培养液流动,依靠动力通入含 CO_2 的空气。该方式设备复杂,但效果较好。

(三)培养液的配制及举例

在实验条件下培养微型藻类有多种培养基配方。这些配方大多数是早先发表过的配方的修改方,有些是从分析天然环境的水得到的,有些则是从生态角度考虑的。

1. 开发藻类培养的营养配方时应考虑的问题

(1) 盐的总浓度

大多是取决于有机体的生态来源。

(2) 主要离子组成及浓度

主要离子是指钾、镁、钠、钙、硫酸盐和磷酸盐。

(3) 氮源

硝酸盐、氨和尿素常用作配方中的氮源,根据 pH 值的最适点而定。藻类的生长主要依赖氮的可利用性。大多数微型藻干物中含有 7%~9% 的氮。因此在 1 L 培养液中生产 10 g 细胞就至少需要 500~600 mgL KNO_3。

(4) 碳源

无机碳通常是用含 1%~5% CO_2 的空气来供应的,碳的另一种供应办法是用碳酸氢盐。选用何种办法主要是根据藻类生长的 pH 值最适点而定的。

(5) pH

通常用偏酸的 pH 值来避免钙、镁和其他微量元素发生沉淀。

(6) 微量元素

培养基中的微量元素通常是用早已证明有效浓度(浓度在 μg/L 级范围)的混合溶液来提供的。然而,这些微量元素的组分对藻类生长是否必需却不能总能显示。为增加微量元素的稳定性,常用柠檬酸盐和 EDTA 作为螯合剂。

(7) 维生物

许多藻类要求有硫胺素和维生素 B_{12} 的供应。

2. 常用培养液配方

(1) 单细胞绿藻(栅列藻)培养液

① 水生 4 号

$(NH_4)_2SO_4$	0.200 g
$Ca(H_2PO_4)_2 \cdot H_2O + 2CaSO_4 \cdot H_2O$	0.030 g
$MgSO_4 \cdot 7H_2O$	0.080 g
$NaHCO_3$	0.100 g
KCl	0.025 g
$FeCl_3$(1%水溶液)	0.150 mL
土壤浸出液	0.500 mL
水	1 000 mL

② 水生 6 号

NH_2CONH_2	0.133 g
H_2PO_4	0.033 mL
$MgSO_4 \cdot 7H_2O$	0.100 g
$NaHCO_3$	0.100 g

KCl	0.033 g
FeSO$_4$(1%水溶液)	0.200 mL
CaCl$_2$	0.050 mL
土壤浸出液	0.500 mL
水	1 000 mL

水生4号培养液中,藻类呈深绿色,生长繁殖速率较低。水生6号培养液中,藻类呈草绿色,色素不够正常,但生长繁殖迅速。

土壤浸出液是用田园土壤按水与土2∶1的比例,搅匀浸泡后的上层清液,用前煮1 h后镜检,若发现污染生物,应再加温消毒后使用。

(2)浮游硅藻培养液

①水生硅1号(mg/L)

硝酸铵	120	硫酸镁	70
磷酸氢二钾	40	磷酸二氢钾	80
氯化钙	20	氯化钠	10
硅酸钠	100	柠檬酸铁	5
土壤浸出液	20 mL	硫酸锰	2
水	1 000 mL	pH 值	7.0

②水生硅2号(mg/L)

尿素	150	氯化钾	30
过磷酸钙	50	硅酸钙	100
硫酸镁	50	碳酸氢钠	3
硫酸锰	3	土壤浸出液	4 mL
EDTA-铁	1 mL	水	1 000 mL

水生硅2号是用尿素过磷酸钙为氮磷来源,适于大量培养硅藻时选用,生长适温为20~30 ℃,光强为2 000~5 000 lx。

(3)朱氏10号培养液适用于培养硅藻、蓝绿藻等。

H$_2$O	1 000 mL
Ca(NO$_3$)$_2$	0.04 g
K$_2$HPO$_4$	0.01 g
MgSO$_4$·7H$_2$O	0.025 g
Na$_2$CO$_3$	0.02 g
Na$_2$SiO$_3$	0.025 g
FeCl$_3$	0.008 g

使用时按1/2、1/4、1/10稀释使用。

(4)f/2培养液

硝酸钠(NaNO$_3$)	75 mg
磷酸二氢钠(NaH$_2$PO$_4$)	4.4 mg

f/2 微量元素溶液	1 mL
f/2 维生素溶液	1 mL
海水	1 000 mL

本配方适用于目前生产上使用的各种硅藻的培养,但用于硅藻培养时,应再加 50 mg Na_2SiO_3。

附 I :f/2 微量元素溶液配方:

硫酸锌($ZnSO_4 \cdot 4H_2O$)	23 mg
硫酸铜($CuSO_4 \cdot 5H_2O$)	10 mg
氯化锰($MnCl_2 \cdot 4H_2O$)	178 mg
柠檬酸铁($FeC_6H_5O_7 \cdot 5H_2O$)	3.9 g
钼酸钠($NaMoO_4 \cdot 5H_2O$)	7.3 mg
乙二铵四乙酸钠(Na_2EDTA)	4.35 g
六水氯化钴($CoCl_2 \cdot 6H_2O$)	12 mg
纯水	1 000 mL

附 II :f/2 微量元素溶液配方:

维生素 B_{12}	0.5 mg
维生素 H(生物素)	0.5 mg
维生素 B_1	100 mg
纯水	1 000 mL

(四) 藻种的分离培养

为了进行某种藻类的科学研究和大量培养,有必要把某种藻类与其他生物分离。分离培养藻种,可分为两大类:一类为单种培养,即藻类虽只有一种,但还混杂着细菌;另一类为纯培养,即藻类只有一种,亦无其他任何生物。纯培养比较困难,一般的分离培养往往只能做到单种培养。

决定培养哪一种藻类,主要根据培养的目的、要求及某一种类的生物学特征。藻类的分离主要有以下几种常用方法。

1.离心法

将混合液用离心机离心,水中不同藻体及细菌就以不同的速率下沉,因此得以分开。这样将不同时间下从导管底的藻体取出,经镜检选定某种藻类最多的沉积物,再加清水,继续离心,如此反复,就可得到比较单纯的藻体,在相应培养液中培养。该法可消除细菌,并增加纯粹分离的可能性,至少可作为藻种平板培养的准备工作。另外,在培养液中藻体含量较少时,可用此法集中藻体。但此法不能做到使不同藻类完全分离。

2.稀释法

该法源于中野治房(1933)的方法。取已消毒试管 5 只,在第 1 管中盛蒸馏水 10 mL,第

2~5管都装5 mL,用高压蒸汽消毒。待冷却后,第1管用滴管滴入混合藻液1~2滴,充分振荡,使其均匀稀释。其次用消毒吸管,从第1管中吸取5 mL滴入第2管中如前振荡,使其均匀稀释。以后依次同样滴入第3~5管,并都充分均匀稀释。然后取5个盛有已消毒的琼脂培养基的培养皿,加热使培养基溶解,待冷却而尚未凝固时,分别滴入5个试管的藻液各一滴,用力振荡,使藻液充分混入培养基中。待凝固后,把5个培养皿放在有着漫射光的窗口,一直到出现藻群时为止。在20 ℃左右时,约10 d即可出现藻群。用消过毒的白金丝取一些藻群,进行琼胶固体培养基的不通气培养。此过程反复多次,直至得到完全分离的纯藻种群为止。此法稀释要使用较多容器分组培养,比较麻烦,但较易成功。

3.微吸管法

将水样在载玻片上滴成绿豆粒大小的一些水滴,这样可使每个水滴中有很少生物而便于分离;在解剖镜下用微吸管(口径小至0.008~0.16 mm,圆口,可自行拉制)。将要分离的藻体吸出,用蒸馏水或平衡矿物质溶液冲洗数次,然后转到有培养基的小培养皿中培养,待生长旺盛后,再扩大培养。此法较适用于能运动的藻类。

4.趋向反应法

利用藻类的特殊趋向性(如向光、向地等)不同而分离藻体。此过程反复几次就可得到一定纯度的藻体。分离效果较好,只是不能应用于不运动的藻体。

5.平板分离法

在培养液中加入占培养液1.5%的琼脂,加热溶解后,注入培养皿中,加盖后用15磅压力121 ℃灭菌20 min,即制成胶质培养基(也可用硅酸胶和明胶制备)。将琼脂培养基放在40 ℃以下的水浴锅内,开盖,用吸管注入混合藻液,摇匀,使之分散在培养基平面上。之后,可放在恒温箱内,用荧光灯照射,使藻群生长。再经镜检,反复此法,不断提纯,即可分离出较纯的藻种。

6.固氮蓝藻分离培养法

将一小片藻丝群接种到培养基上,几天后再用灭菌白金丝挑取生出的新藻丝接种到平板培养基上。这样经几次分离接种就能得到较纯的藻种。

(五)藻种的选择、接种和保存

1.藻种的选择

虽然藻类种类较多,但其中仅少数经过人工培养。应该研究在室外培养其他藻种的可能性和生产的潜力,所选择的生物种应具有下列特征:

(1)生长迅速;
(2)对极端的温度和辐射条件的耐性范围大;
(3)蛋白质、脂类和糖类含量高,或有选择地积累一种特殊的代谢产物(如甘油);

(4)无毒性,且易于收获。

根据系统的要求和特殊的方法,还可有其他要求。

2.接种

在分离到单纯藻群后,就可接种到培养液中进行培养,进而移养和扩大培养。接种方法有液体接种和干藻接种。前者是将藻液直接加入培养液中进行搅拌,加入的藻种分量视水温而定:水温较低(10 ℃以内)时多加,约占培养液总量的30%~40%;水温适宜时(25~30 ℃左右),可加5%~8%。后者是用干藻的藻体接种,接种量为0.1%~0.2%。

3.藻种的保存

一旦分离得到藻种,就要保存好以便在一定的时间内供接种用。为此,要将藻种消毒,避免其他来源的污染,给以适当的光照和温度。在液体培养中,为了快速增殖,可用5 400 lx光照。在得到良好生长后(1~2周),培养液移到更低的光照条件(540~1 100 lx),以求缓慢生长及储藏。藻类在琼脂培养基上接种后的藻种,先给予2 700 lx光照6~7 d,直到得到良好生长,然后移到540~800 lx光强的地方。大多数藻类保存在室温下(15~20 ℃)即可,少数藻种存活需较高温度。

单胞藻及不运动的物种可以每6~12个月移种一次,有鞭毛的物种移种次数要更频繁些。某些藻种曾成功地做到了在液氮下长期保存。

(六)管理及采收方法

1.藻类培养的管理

藻类培养的管理包括培养基养料的补给、光照及温度调节、CO_2的补给、搅拌、防污等。

在培养过程中,补给的养料,要选择肥效速、有持久性、来源较广、价格低廉的种类。一般都以有机肥料为补肥。

光照、温度的调节视种类及季节而定。室内光照一般都采用白炽灯和荧光管。温度调节,一般室内采用白炽灯照射培养物或用温室、电热管等升温,室外冬季升温较困难,主要采用玻璃棚;用冷水管道降温,或通风、遮阳降温。

CO_2的补给:一般通过空气压缩机或橡皮管将含5% CO_2的空气通过培养物中。

搅拌是藻类培养不可缺少的一道工序。搅拌可使培养物均匀分布,水温均匀,利于藻类生长。搅拌一般包括人力搅拌、风力搅拌、空气搅拌和磁力搅拌。此外还有循环流动法。

防污在藻类培养中很重要,对杂藻及细菌的防治主要采用石灰、漂白粉、硫酸铜等试剂。用0.5~1 mg/L $CuSO_4$防治杂藻的效果较好。当有浮游动物污染时,可使用化学试剂、杀虫剂等杀灭,如:硫酸铜1~2ppm可杀灭轮虫、纤毛虫;漂白粉4 mg/L对各种虫类均有效;食盐9%可杀灭轮虫;碘液5%,再稀释到十万分之一,可杀灭纤毛虫。

2.藻类培养物的采收

采收的时间要适当,主要根据其密度大小决定。采收的方法有:

(1) 物理浓缩法

物理浓缩包括以下三种方法：

①离心法：国外使用最普遍。它利用离心力把藻体与水液分离，使藻体下沉，达到浓缩的目的。使用的主要工具是离心机。

②重力沉降法：利用重力使培养物下沉而得到浓缩物。使用的工具是沉淀器。

③遮光法和降温法：对趋光性强的藻类（如衣藻等），遮蔽光线，使培养物下沉而得到浓缩物。低温也可使藻类有下沉现象。

(2) 化学浓缩法

用沉淀剂（如明矾、石灰等）使培养物下沉而得到浓缩物。明矾 0.3%~0.4%，将其研碎，加入培养物中搅拌，半小时培养物大部分下沉，6~12 h 后全部下沉。石灰，一般是将 1 kg 的石灰溶在 100~200 kg 水中，制得饱和石灰水，其用量是 6%。但这两种方法沉淀得到的藻浓缩物的灰分较多。

此外，较大体积的种类，如丝状体、非浮游性的藻类等可用过滤法采收。采收后的藻浓缩物即可经干燥加工成饲料或其他原料。

(七) 分析技术

1. 细胞计数-显微镜法

培养物中的个体数测定，是按照个体计数方法，测定和估计培养物单位容积中的个体数。计数方法同浮游植物定量的方法。此外，也可以采用血球计数法。

2. 分光光度计法

培养物的藻类密度也可用分光光度计来测定。当藻类密度较低时，光径中的细胞数与测量到的光密度有一个简单的几何关系。在藻类密度不大时，光密度大，细胞数目就多，即可用测得的光密度值表示细胞数目。

3. 干重测定

测定干重的增加量是生产估测方法中最直接的一个方法，其步骤如下：

(1) 取样。从藻体培养液中取出有代表性的一小部分体积的藻液。取样时要特别注意：要将培养物搅拌均匀、快速吸取样品以免沉积、有足够多的样品。

(2) 分离。取出样品后，用过滤膜过滤或用离心法把藻体与介质分开。细胞必须洗过以除去盐分和其他污物，通常是用稀释的培养液或缓冲液。海洋藻类不能用蒸馏水洗，以免质壁分离和细胞胀破。

(3) 干燥。选择对特定有机体最适合的烘干温度。应注意避免过热，有好的重复性、对同一样品增烘 1 h 后称得统一重量。

(4) 测定结果的表示法。所得干重测定值要以单位培养液体积的干重表示。室外的培养池则用单位照光面积的干重来表示。一些已大量培养利用藻类的生态适应性如表 5-1 所示。

表 5-1　一些已大量培养利用藻类的生态适应性

名称	隶属	体长(μm)	繁殖方法	生态条件
三角褐指藻	硅藻门	26~28	平行分裂	生存 pH:7~10;最适 pH:7.5~8.5;生存盐度:9‰~92‰;最适盐度:25‰~32‰;生长适温:5~25 ℃;最适温度:10~20 ℃
新月菱形藻	硅藻门	13~23	纵分裂	生存 pH:7~10;最适 pH:7.5~8.5;生存盐度:18‰~61.5‰;最适盐度:25‰~32‰;生长适温:5~28 ℃;最适温度:15~20 ℃
牟氏角毛藻	硅藻门	(4.0~4.9)×(5.5~8.4)	无性二分裂;环境不良时形成休眠孢子	最适 pH:8.0~8.9;最适盐度:10‰~25‰;生长适温:5~30 ℃;最适温度:25~30 ℃
纤细角毛藻	硅藻门	(5~7)×4	无性二分裂,也可有性生殖;环境不良时形成休眠孢子	最适盐度:15‰~35‰;最适温度:28~30 ℃
中肋骨条藻	硅藻门	直径6~7	无性二分裂,也可形成增大孢子	最适 pH:7.5~8.5;最适盐度:25‰~30‰;生长适温:8~32 ℃;最适温度:20~25 ℃
扁藻	绿藻门	(11~16)×(7~9)	无性繁殖:动孢子环境不良时形成休眠孢子	生存 pH:6~9;最适 pH:7.5~8.5;生存盐度:8‰~80‰;最适盐度:30‰~40‰;生长适温:7~30 ℃;最适温度:20~28 ℃
塔胞藻	绿藻门	(12~16)×(8~12)	生存 pH:6~8;最适 pH:7~7.5	
盐藻	绿藻门	长22 宽14	无性纵分裂;有性同配生殖	生存 pH:7~9;最适 pH:7.0~8.5 最适盐度:60‰~70‰;最适温度:25~30 ℃
小球藻	绿藻门	直径3~5	细胞内原生质体分裂形成;似亲孢子待细胞破裂后释放	最适 pH:6~8;盐度适宜范围广生长适温:10~36 ℃;最适温度:25 ℃左右

续表

名称	隶属	体长(μm)	繁殖方法	生态条件
微绿球藻	绿藻门	直径2~4	二分裂	最适pH:7.5~8.5;生存盐度:4‰~36‰;生长适温:10~36℃;最适温度:25~30℃
球等鞭金藻	金藻门	(5~6)×(2~4)	无性二分裂;环境不良时形成内生孢子	生存盐度:10‰~30‰;生长适温:10~35℃;最适温度:25~30℃;适宜pH:6~10;生存盐度:10‰~35‰;最适盐度:15‰~30‰;生长适温:0~27℃;最适温度:13~18℃
湛江等鞭藻	金藻门	(6~7)×(5~6)	无性二分裂;环境不良时形成胶群体	生存pH:6~9;最适pH:7.5~8.5;生存盐度:9‰~35‰;最适盐度:25‰~32‰;生长适温:9~35℃;最适温度:25~32℃
绿色巴夫藻	金藻门	6×4.8×4	纵分裂	生存盐度:5‰~80‰;最适盐度:10‰~40‰;生长适温:10~35℃;最适温度:15~30℃
异胶藻	黄藻门	(4~5.5)×(2.5~4)	无性二分裂	生存盐度:12‰~37‰;最适盐度:19‰~34‰;生长适温:8~35℃;最适温度:15~33℃
钝顶螺旋藻	蓝藻门	(400~600)×(4~5)	无性二分裂;主要靠藻丝断裂增加丝状体数量	生存pH:6.5~11;最适pH:8.6~9.5;可在淡水中培养,也可通过逐步驯化在海水中生长,盐度可达35‰;生长适温:20~42℃;最适温度:30~37℃

三、浮游动物集约化培养

浮游动物主要包括原生动物、轮虫、鳃足类、桡足类、糠虾和浮游幼虫等。它们是鱼类的天然饵料,也是水产重要经济动物的重要饵料。浮游动物的培养与藻类培养一样,具有重要的意义。下面简述水产养殖生产上常用的浮游动物集约化培养的方法。

(一)浮游动物培养所需要的一般条件

对培养浮游动物影响较大的因素有饲养用水的水质、水温、盐度、pH值、含氧量、光照条件、饵料的种类和数量、容器的大小等，现分述如下：

1. 培养用水

培养用水可用海水、湖泊或池沼里的水，或者保存2~3周的井水或自来水。在用自来水时，每升水中要加入5~8 mg的硫代硫酸钠以除去水中的氯。饲养时，为防止由于细菌繁殖而造成的水质恶变，最好添加青霉素或链霉素之类的抗生素。但抗生素的效果只在36 h之内。因此，如果在10~12 ℃以下培养，并且注意水的交换，可不添加抗生素。

2. 水温和盐度

在一定范围内，温度越高，其摄食速度、生长速度也越高。饲养水温应与该种动物栖息场所的水温相适应。为了提高生长速度或繁殖速度，应考虑栖息现场的水温变动幅度，应接近其上限。对饲养用水的盐度问题怎样影响浮游动物研究较少，尚无充分了解。

3. pH值和含氧量

培养用水的pH值一般都保持在7.0~8.5。含氧量都希望达到接近饱和的条件。如桡足类克氏纺锤镖水蚤在高密度（380个/L）下饲养时，如果含氧量低于3.2 mg/L，就将全部死亡。

4. 光照

饲养浮游动物的光照条件各种各样，其效果无明显差异，但必须避免直射日光。

5. 饵料

现在常用的饵料有五大类：
①培养的硅藻类和植物性鞭毛虫类。
②培养的轮虫类、枝角类和桡足类等。
③卤虫无节幼体。
④酵母、小麦粉、大豆粉、酱油粕、海藻粉末以及相应配方的配合饵料等人工饵料。
⑤用网采集的天然浮游动物。

6. 饲养容器

一般用水槽或水泥池以静水方式培养。

（二）淡水枝角类及蒙古裸腹溞的培养方法

1. 淡水枝角类

枝角类的培养方法易于掌握，但大量培养时需注意如下几点：

（1）班塔法（Banta）

培养液为肥泥1 kg、马粪（一周之久）170 g、过滤池水10 L。将上述培养液放在15~18 ℃环境下，过3~4 d，用细筛绢过滤；然后用过滤池水适当冲稀（1∶2~1∶4），便可使用。培养液要常更换，以确保饵料充分供给。这种培养液培养的枝角类呈红色，产卵较多，是一种良好的培养液。

(2)用绿藻培养枝角类法

单细胞绿藻、小球藻和栅藻等是枝角类的天然饵料,可直接用于培养枝角类,免去了投饵的麻烦。这种单细胞培养液配制如下:每立方米水中放硝酸铵3.5~35 g,过磷酸盐6.6~26.4 g。为确保藻类的不断繁殖,需经常追加这两种无机盐类。

(3)土池培养法

土池深1 m,注入50 cm深的水,加入混合堆肥液汁,促使单细胞藻类和细菌大量繁殖,然后移入溞、裸腹溞等,在温度20~25 ℃时,3~4 d后即可大量繁殖。

培养期间要注意观察水温、水质、浮游植物等,更应观察水蚤是否怀卵、卵形及卵数,有无冬卵,体色及消化道情况等。溞的颜色应为淡黄色,略带红色或淡绿色;肠道应为绿色或深褐色;卵应为圆形、暗色,数量为10~20个。如果水蚤体色很淡,肠呈蓝绿色或黑色,卵数少,椭圆且浅绿色,并出现大批雄溞或动乱的,同时种群中幼体数小于成体数,这都是培养情况恶化的象征,应抓紧采取措施或重新培养。

2.蒙古裸腹溞

蒙古裸腹溞是大连海洋大学从内陆盐水采集到并已成功驯化于海水中的一种新的生物饵料。这种溞具有以下特点:

(1)适应性强,生态幅广

其生存的温幅达2~35 ℃,以20~30 ℃最适;正常生活的盐度达0.7‰~55‰,在pH值5~40均可生长与繁殖;pH值7~9.5均可正常生活;窒息点低到0.14~0.93 mg/L。

(2)发育期短,繁殖快

在夏季温度下出生4~5 d即产出第一胎,以后每1~3 d又产一次,每胎平均4~8个;10 d后种群数量可增大110倍,最高密度达5 000~7 000个/L。

(3)大小适口,营养成分较全面

可在土池或水泥池中用微藻、酵母、禽畜粪浸液等单独或混合培养。为了保证良好的氧气条件,水中必须保持一定浓度的小球藻或其他微藻。最初先注入全容量1/5~1/4的培养液,引入溞种(100~200个/L),随着溞密度的增大,逐渐增加水量,同时追肥或投饵(微藻或酵母)。

在最适温度下(25~30 ℃),一般7~10 d可采收,采收可一次或分次进行。分次采收时,培养物成熟后每2~3 d带水采收一次(约采现存量的20%~40%),同时补入同体积的培养液。如用小球藻和酵母混合投喂食以(1~2)×10^6 cell/L 小球藻和50~100 mg/L干酵母为佳。静水培养单产可达50 g/m³·d。

室外大面积培养时,可按鱼池施肥方法,但施肥量要加倍。培养成熟后可捞取投喂,也可在种苗池引种培养,溞种群达到高峰后投放苗种下塘直接食用。

在培养中后期,常大量出现褶皱臂尾轮虫并严重抑制溞种群增长。这时可按13~15 g/m³洒入甲醛以杀灭轮虫,但对溞无害。

(三)轮虫的培养方法

目前,用于水产动物育苗生产上室内工厂化培养的轮虫主要是褶皱臂尾,可以用培养的小球藻、扁藻、衣藻等为饵料培养。特别是臂尾轮虫培养简单,水温保持在20~25 ℃,适宜pH值为7~8,投喂小球藻时,投喂量为10^5~10^6 cell/mL。也可投喂酵母培养轮虫。将800 mL马粪和1 000 mL水混合在一起,煮沸约1 h,待冷却后过滤,并以2倍冷沸水冲稀,也可用其培养轮虫。

1.轮虫种的分离与保种

目前使用的种轮虫最初都是从天然水体中分离出来的,这些轮虫品系一般都经过长期研究和实际使用,证明具有优良的品质,因而生产所用的种轮虫一般不需自己分离,可从有关科研、教学单位获得。轮虫种的分离并不困难,需要时可以自己进行分离。在温暖的季节(水温15 ℃以上),海边的小水体、小水塘,特别是盐度较低的水体,如盐碱滩上暂时性的小水洼中,常有轮虫生活,用浮游生物网捞取浮游生物样,在解剖镜下用吸管可比较容易地将轮虫吸出。

轮虫一般采用保存冬卵的方式进行保种。在秋、冬季冬卵往往大量出现于轮虫培养池,从池底的沉淀物中可收集到大量的轮虫卵。由于将轮虫卵与池底污泥分离开来比较困难,可直接将含有轮虫卵的底泥放入冰柜保存。需要时,将这种底泥从冰柜中取出,加入盐度为15‰~25‰的海水,待轮虫冬卵孵化后,用筛绢滤出轮虫,再转移到培养水体中培养。

2.轮虫的集约化培养

轮虫的集约化培养是指在室内进行轮虫的高密度培养。在这种培养方式下,培养条件一般能得到较好的控制,轮虫的生产比较稳定。其生产流程与微藻的培养相似,也可按规模的大小分为种级培养、扩大培养和大量培养等。

(1)培养容器

室内培养轮虫对容器并没有严格的要求,因培养规模不同可选不同大小的容器。种级培养一般使用各种规格的三角烧瓶、细口瓶、玻璃缸等,扩大培养通常使用玻璃钢桶,大量培养则以水泥池最为常用。这些容器在使用前都需要用有效氯或高锰酸钾进行化学消毒,小型培养容器也可进行高温消毒。

(2)培养用水

育苗场进行轮虫的大量培养一般采用砂滤水,种级培养可采用消毒水,以减少原生动物的污染。

(3)培养条件和管理

①盐度。褶皱臂尾轮虫的适应盐度范围很广,在盐度为1‰~250‰的水中均能生活,比较喜好盐度较低的海水,最适盐度范围因品系不同而不同。生产上最好控制盐度在15‰~25‰。

②温度。有报道说褶皱臂尾轮虫在水温5~40 ℃均能繁殖,但绝大多数的研究和实践都证明培养褶皱臂尾轮虫的最适水温为25~28 ℃。

③饵料。轮虫培养常用的饵料主要是微藻和酵母。

微藻是培养轮虫的首选饵料,常用微藻主要包括小球藻、新月菱形藻、三角褐指藻、微绿球藻、球等鞭金藻、纤细角毛藻、扁藻等。投喂次数和投喂密度并没有严格的要求,既可一日投喂多次,保持培养水体具有相对较低的饵料密度,又可一次性投喂高密度的微藻饵料,然后较长时间不再投喂。实际操作中,可以先将微藻培养起来,然后直接将轮虫接种到微藻培养物中。一般直接向密度为500万~700万个/mL的微绿球藻、200万~250万个/mL的纤细角刺藻、

200万~250万个/mL的球等鞭金藻中接种轮虫是没有问题的。用微藻喂养轮虫时应注意以下几点：应选用处于指数生长期的微藻，老化的藻种不利于轮虫的生长甚至致毒；直接向高密度微藻中接种轮虫时要保证轮虫种内没有原生动物，因为在微藻饵料丰富的条件下，原生动物繁殖迅速，不仅浪费饵料，而且抑制轮虫的生长；对轮虫培养水体给予一定的光照，微藻的生长可利用培养液中的代谢废物，从而改善水质。

虽然微藻是轮虫最理想的饵料，但由于轮虫的大量培养需要的饵料很多，通过培养微藻来繁殖轮虫往往不能满足生产的需要，必须寻找低成本的替代饵料。酵母是迄今较好的替代饵料，主要包括面包酵母、啤酒酵母、海洋酵母等，其中以面包酵母最易获得，因而应用最广。面包酵母一般是从酵母厂或食品厂购得，一般用鲜酵母，也可用干酵母。鲜酵母通常放在冰柜保存。投喂前先在少量水中将冰冻的酵母块融化，充分搅拌，制成酵母悬液，然后施入培养轮虫的水体。酵母的投喂量一般按照1 g/(100万个轮虫·d)，分2~4次投喂。

④充气。除在小型玻璃瓶内进行轮虫种级培养外，轮虫的培养一般需要充气，特别是用面包酵母培养轮虫时，定量的充气是必不可少的。充气的作用一是补充氧气，二是防止饵料下沉。但是轮虫不是一种喜欢剧烈震荡的生物，培养过程中应把气量调小，只要轮虫不因缺氧而漂浮在水面就可以了。日常管理中要经常检查充气系统，及时纠正过大或过小的充气。

⑤水质管理。轮虫的耐污能力很强，很多培养轮虫自接种至收获不换水，这在用微藻作饵料时并不会产生严重的问题。但由于投喂藻液的稀释作用，很难做到高密度培养。只有通过换水，不断补充新藻液，才能培养出高密度的轮虫，减少水体的占用。当用面包酵母培养轮虫时，残饵会败坏水质，必须换水。可用网箱滤出要换的培养用水，然后补充预先调温的过滤海水。一般每日换水一次，换水量为50%。除换水外，如果池底很脏，还需要进行清底，用虹吸管将池底沉淀的污物吸出即可。为减少轮虫的损失，吸底时可将吸出的水和污物接入一容器，沉淀后再将上层的轮虫滤出，放回原来的培养池。换水和清底都只能部分地改善水质，如果发现大量的原生动物繁殖起来，需要对轮虫的培养水体进行彻底的改变，此时要对轮虫倒池。方法是用筛绢将池内的轮虫全部收集起来，并以过滤海水冲洗数遍，然后转移到另一备好海水的培养池内。

⑥轮虫生长的检查。轮虫的培养需要经常用解剖镜检查，生长良好的个体肥大，肠胃饱满，游动活泼。轮虫成体带夏卵的比例和数目是判断生长好坏的重要标准，如果多数成体带有夏卵(一般3~4个，少的1~2个，多的10~15个)，则说明生长较好；如果轮虫死壳多，身体上附着污物，沉底，不活泼，不带卵或带冬卵，雄体出现等，都是生长不良的表现。

轮虫密度的检查可用肉眼估计，但用镜检精确计数较为科学。于培养池各部位分别取一定体积的水样(1 mL即可)，加碘液杀死轮虫，然后在解剖镜下计数水样中轮虫的个数，并由此计算出培养池中轮虫的密度。

3.轮虫的营养强化

轮虫是目前海水鱼类育苗中最重要的开口饵料，其所含的营养成分对鱼类的生长速度、抗病力、成活率等均有重要影响。在各种营养成分中，以ω_3系列不饱和脂肪酸特别是二十碳五烯酸(EPA)和二十二碳六烯酸(DHA)的缺乏造成的危害最为严重。因轮虫体内的EPA/DHA主要是从其摄食的饵料中获取的，而海洋微藻中EPA/DHA的含量通常都比较高，完全用海洋微藻培养的轮虫一般并不缺乏这些营养成分。然而,现在生产上进行大规模轮虫培养时,微藻供应量往往不能满足需要,轮虫的饵料主要是面包酵母,而用面包酵母生产的轮虫严重缺乏EPA/DHA,在使用前必须进行营养强化。强化轮虫EPA/DHA的方式主要有两种方法:

(1)用富含EPA/DHA的海洋微藻强化轮虫

用海洋微藻对酵母轮虫进行再次培养,但应选用ω_3系列不饱和脂肪酸(特别EPA和DHA)含量丰富的藻种,如三角褐指藻、新月菱形藻、纤细角毛藻、球等鞭金藻、小球藻、微绿球藻等。综合考虑季节、培养的难易程度等因素,以小球藻和微绿球藻较好。

①强化培养一般在玻璃钢桶内进行,也可在小型的水泥池内进行。用高锰酸钾或有效氯对强化容器消毒后,加入高含量的藻液(小球藻、微绿球藻的密度应在700万/mL)。

②用筛绢将要强化的酵母轮虫收集起来,以干净海水冲洗数遍,除去其中可能混有的原生动物,以免与轮虫争夺微藻饵料。

③将要强化培养的轮虫转移到强化容器中进行强化培养。轮虫的密度以400~500个/mL效果较好,强化过程中需不间断充气,控温在25~28 ℃。强化时间为24~48 h,时间太短效果较差。在强化过程中,如发现微藻被轮虫食尽,应把轮虫滤出,并换藻液继续进行强化培养。

(2)用强化剂强化轮虫

以强化轮虫EPA/DHA为目的的强化剂种类很多,一般是从鱼油、乌贼油等海洋动物提取物中提取的。这类强化剂含有多种不饱和脂肪酸和维生素,是经乳化制成的乳浊液,使用时比较容易与水混合。强化剂的品牌很多,不同型号的强化剂所含的成分不完全相同,使用时应根据其使用说明操作,这里以比利时的INVE公司Super selco为例,将强化步骤简介如下:

①准备强化缸,通常采用玻璃钢桶,最好是具锥形底的琉璃钢桶。用高锰酸钾或有效氯消毒后,加入25 ℃的过滤海水。布入充气管,采用大气泡充气,不要使用气石。

②用筛绢网将要强化的轮虫收集起来,冲洗后转移到强化缸中,轮虫密度为300~500个/mL。

③按50 g/L强化水体的量称取强化剂,加少量水,用组织捣碎机、搅拌机等混匀后倒入强化缸,强化3~4 h后,依法再加等量的强化剂继续强化3~4 h。

④强化完备后,用筛绢网滤出轮虫,用海水充分洗涤,除去多余的强化剂,以减少对育苗水体的污染。

4.海水圆形臂尾轮虫高密度培养系统

(1)轮虫的养殖现状

目前,在1 m³的水体中大规模高密度培养海水圆形臂尾轮虫已成为可能,一般轮虫的密度可达到10^3个/mL,若要增加到10^4个/mL,则应该增加氧气供给量,时常调节pH值。为了使这种大规模高密度养殖系统在实践中可行,可使用过滤装置减少水体中的大量有机废物,降低病原产生的概率。

(2)轮虫的培养

①培养条件。在轮虫培养期间,氧气的供给量为1~5 L/min;通过加盐酸调整pH值至7;培养水体盐度控制在33‰;温度控制在32 ℃。需要每天持续投喂浓缩小球藻,投喂密度为每10^8个轮虫加0.5 L浓缩小球藻液。

②小球藻液:藻种为蛋白核小球藻,藻液的细胞密度为$1.5×10^{10}$个/mL。

③设备

除常规设施外,在该轮虫的培养过程中,加入了过滤排污设备(见图5-2)。过滤装置由尼龙过滤垫和不锈钢架(直径60 cm,高40 cm)构成。

实验证明,该套设备可以将轮虫的密度培养至10^4个/mL,而且日常管理中,收集网不会被堵塞。该套设备用于增加幼鱼产量,以及为幼鱼饲养实验提供饵料生物。引用该系统后,孵化占地和实验室的投入明显减少。这种方法在海水幼鱼的培养中具有很大的发展潜力。

④培养容器。将轮虫在聚碳酸酯池中培养,安装过滤装置。

⑤接种及密度。调整轮虫的接种密度为4 000个/mL,半连续培养5 d。每隔24 h收集一次轮虫,以调整轮虫的密度到4 000个/mL。每天收集后,将有机废物从过滤装置上冲洗掉。

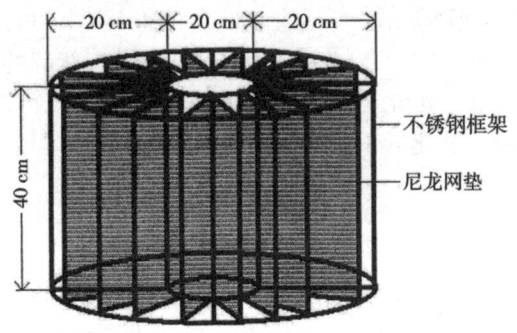

图5-2 轮虫高密度培养装置

(四)原生动物的培养

原生动物的培养方法较多,如有用植物液溶解在水中供细菌繁殖生长过程中利用,这时溶液混浊,纤毛虫就可繁殖起来。具体方法是:杂草50 g,加自来水1 000 mL,煮沸2 h,放置一昼夜后过滤,以滤液为培养液。用显微镜从野外污水中吸选纤毛虫,接种于培养液,在20 ℃下培养一周,能繁生大量纤毛虫。

淡水鞭毛虫类的培养液配方为:在1 L蒸馏水中加胨2 g、动物胶150 g、醋酸钠2 g、磷酸二氢钾0.25 g、硫酸镁0.25 g。

(五)卤虫的培养

卤虫分布甚广,在海边的盐场、内陆咸水湖泊均有生活。常见的一种为盐卤虫,分布于沿海及内陆的咸水湖泊,西北地区特别丰富,有待开发利用。常见的卤虫多是雌性个体,通常以孤雌生殖的方式来繁殖后代;只有在环境不良时才出现雄性个体,行有性繁殖,产生休眠卵;有些种群只行孤雌生殖,终年见不到有雄性个体的出现;然而,在另一些种群,则一遇不良的环境条件,即见大量的雄虫。卤虫的适应力很强,生长迅速,加上卵易保存,并可在人工控制条件下培养。卤虫被广泛用作活饵料,深受养殖工作者的欢迎,但价格很高,如2001年每吨价格高达60多万元。

卤虫无节幼体是水产动物培育初期的优良饵料。它在水产养殖业的应用日趋广泛,地位也日趋重要。一般的卤虫休眠卵依其产地不同,其孵化率和饵料价值各异。目前,我国的卤虫应用主要是利用其无节幼体作为甲壳类、鱼类育苗的饵料。随着虫卵需求量的增大,价格上涨,购买虫卵已成为鱼类、甲壳类育苗场成本估算的主要项目之一。投喂无节幼体时,应先用自来水或海水洗净后再使用,目的是去除卤虫孵化过程中产生的大量甘油和孵化水中含有的细菌、有害物质等,避免污染育苗池。此外,为了尽量使用具有较高能量的无节幼体,应使用刚刚孵化的无节幼虫。未用完的无节幼虫应在低温(0~5 ℃)环境下保存,以减少能量消耗。卤虫成体亦可作为水产养殖动物的饵料,在天然卤虫比较丰富的地区(如河北、山东等盐田较多的沿海地区)已大量用于海水动物的人工育苗。卤虫成虫的加工在国外已有尝试,如泰国将卤虫制成虾酱,供人们食用。由于卤虫蛋白质含量丰富,是鱼类和甲壳类的良好饵料,且饲养容易,天然资源量很大,有望取代鱼粉,成为水产养殖业最重要的蛋白质源。

把卵放入海水或相当于海水的盐水(适宜盐度为30‰~40‰,可用1 L淡水中加40~50 g粗盐制得),在25~30 ℃下孵化约1.5 d,即得卤虫无节幼体,新鲜的好卵孵化率可达70%以上。孵化时要通气,不断搅拌。孵化出来的无节幼体具有趋光性,可以在有光照明下使之聚集在水槽一侧,用吸量管吸收。孵化后1~2 d就可把卤虫无节幼体用于鱼苗的饵料,也可作为浮游动物的饵料。

1.卤虫冬卵的生物学特征

卤虫冬卵的外层为一个厚的卵壳,卵壳内为处于原肠期的胚胎。卵壳分为三层:外层是卵外壳,呈土黄至咖啡等不同深度的颜色,这一层具有物理和机械的保护功能;中间一层称为外皮层,有筛分作用,可阻止大于二氧化碳(CO_2)分子的分子通过;最内一层是胚表皮,为一透明而有弹性的膜。卵壳内为胚胎,一般处于滞育期。这种状态的卤虫卵处于暂时的发育停止状态,对环境的忍耐力很强,耐干燥、低温,对较高的温度也不敏感。当含水量低于10%时可一直保持这种滞育状态;当含水量高于10%且又处于有氧的环境中时,胚胎便开始代谢活动。干燥的卤虫卵受温度的影响不大,置于-273~60 ℃并不影响其孵化率,短时间放置在60~90 ℃对孵化率也无影响。虫卵完全吸水后对温度则有明显的反应,当温度低于18 ℃或高于40 ℃时就可使胚胎致死;在-18~4 ℃及32~40 ℃时不使胚胎致死,但可停止胚胎的活动,这种停止是可逆的,但长时间放置会降低虫卵的孵化率。

2.卤虫卵的收获与简单加工

目前,卤虫养殖尚没有大规模开展起来,水产养殖中所用的卤虫卵绝大多数是从天然水域中捞取的。收获卤虫卵的方法非常简单。一般采用150 μm孔径的筛绢缝制而成的小网在盐田、盐湖的岸边捞取。因卤虫卵浮力大,浮于水面,易随风在水面漂移,因而水体的下风处卤虫卵比较集中,是捕捞卤虫的理想去处。另外,卤虫产地往往是大风天气较多的地区,常有很多虫卵被风浪吹到岸上,这些虫卵与尘土混合在一起,除非用卤水浮选,平时很难对其进行分离。在出现较大的降雨时,雨水能将这些卤虫卵从岸上冲到邻近的高盐水体中,因此雨后是捕捞卤虫卵的良好时机。由于降水引起盐度下降,容易使卤虫卵吸水甚至孵化,雨后不仅要抓紧时间捕捞,而且要及时对所捕获的卤虫卵进行脱水等加工处理。

用筛绢网从天然水域捞起后,卤虫卵往往含有很多的水分、泥沙、腐烂有机质等杂质,贮存之前需要进行加工。卤虫卵的加工程序一般包括下列步骤:

(1)用饱和盐水进行分离

这一步操作是利用卤虫卵能浮于饱和盐水的特性,沉淀除去虫卵中较重的杂质。为增加分离效果,可辅以少量充气。

(2)用饱和卤水冲淋筛分

此步操作旨在除去比虫卵大和比虫卵小的杂质。先用 1 mm 和 0.5 mm 孔径的筛绢除去较大的杂质,再用 150 μm 孔径的筛绢除去比虫卵小的杂质。

(3)用淡水洗去盐分

在 150 μm 孔径筛绢中冲洗除盐,时间一般为 5~10 min。

(4)用淡水进行比重分离

这一步骤是为了除去空壳和比虫卵轻的杂质,时间不超过 15 min。漂浮后用 150 μm 孔径的筛绢将沉底的虫卵挤干,也可再离心除水。控制时间是为了防止虫卵过多吸收水分而启动孵化生理活动,以免下一步的干燥处理破坏虫卵。

(5)干燥

用淡水分离后的虫卵应尽快将含水量降到 10% 以下,只有在此含水量以下,虫卵的生理活动才能停止。干燥时的温度应控制在 40 ℃ 以下,可在空气中铺成薄层遮阴风干,也可在 35~38 ℃ 烘箱烘干或在其他干燥装置中干燥。最好采用真空干燥或气流干燥。

(6)包装

此步骤是将干燥好的虫卵装入一定大小的听、袋等容器,以便出售和贮存。

(7)除以上步骤外,为了终止滞育和提高孵化率,卤虫卵的加工通常还包括以下内容:

①冰冻处理

将除去杂质的虫卵放入饱和卤水中于 25 ℃ 冷冻 1~2 个月。冷冻后需将虫卵在室温下至少放置一周后再干燥或使用。

②饱和卤水浸泡

这一过程通常与饱和卤水比重分离相结合。

③双氧水处理

用 2% 的 H_2O_2 每升加 10~20 g 虫卵充气浸泡 30 min 后,用清水洗净。此法加工的虫卵适于直接孵化。

④重复吸水和脱水处理:将干燥虫卵按 50 g/L 于 25~30 ℃ 的淡水中浸泡 2 h,再于饱和卤水中浸泡至少 24 h,脱水。洗净后再按上述吸水—脱水过程至少重复 3 次。最后一次吸水后立即烘干或直接孵化。

3.卤虫卵的贮存

卤虫卵贮存的原理是使其生命活动处于停滞状态,在贮存过程中不能启动虫卵的孵化生理。常用的方法有:

(1)干燥贮存

干燥贮存应使虫卵含水量保持在 9% 以下。

(2)真空贮存

真空是为了减少氧气的存在,长期保存常与干燥法结合使用。

(3) 饱和卤水贮存

贮存的同时有终止虫卵发育的作用。这是一种简单实用的贮存卤虫卵的方法，在没有卤水的地区可用粗盐代替。

(4) 低温

干燥和浸泡在卤水中的虫卵都可用低温贮存。完全吸水的虫卵也可在 $-18\ ℃$ 的冷库中贮存。

4. 卤虫卵的孵化

(1) 孵化条件

卤虫卵的孵化一般在孵化桶、罐、槽中充气进行。孵化率是衡量虫卵的孵化效果和虫卵质量的尺度。孵化率是指孵化卵数占虫卵总数的百分数。除虫卵质量外，影响孵化率的因子主要有以下几个。要得到好的孵化效果，这些因子需要保持在合适的水平。

①温度。孵化水温要维持在 25~30 ℃，最好 28 ℃。25 ℃以下孵化时间延长。33 ℃以上时，过高的温度会使胚胎发育停止。孵化过程最好保持恒温，以保证孵化的同步进行。

②盐度。卤虫卵在天然海水甚至在盐度为 100‰的卤水中都能孵化，但一般在较淡的海水中孵化率较高。常用盐度为 20‰~30‰的海水，如埠口盐场、窎歌盐场和柯柯盐湖的卤虫卵最适孵化盐度分别为 30‰、20‰和 35‰。有些品牌的卤虫卵推荐使用盐度为 15‰的海水。

③pH 值。pH 值以 7.5~8.5 为佳，过低可用 $NaHCO_3$ 调节。有报道称最有效的孵化用水是在盐度为 5‰的半咸水中加 2.0%的 $NaHCO_3$，孵化水中加入 $NaHCO_3$ 是为了保持 pH 值不低于 8。

④充气和溶解氧。在孵化缸的底部放置足够的气石，孵化过程中需连续充气，使水体翻滚，避免在缸底形成死角。据报道，将溶解氧维持在 2 mg/L 的水平可得到最佳的孵化效果。因而对充气量应适当控制，不宜过大，使虫卵能均匀分布而又能避免机械性损伤。

⑤虫卵密度。优质虫卵(孵化率 85%以上)的密度一般不超过 5 g(干重)/L。如密度过大，为维持溶解氧，要增大充气，充气过大会使幼虫受伤，产生的泡沫能使虫卵黏附，对孵化不利。一般采用的虫卵密度为 1~3 g/L。

⑥光照。虫卵用淡水浸泡，充分吸水，之后 1 h 内的光照对提高孵化率是重要的。一般 2 000 lx 的光照即能取得最佳效果。孵化时常采用人工光照，用日光灯或白炽灯从孵化缸的上方照明。

(2) 孵化方法

准备孵化缸，最好使用具锥形底的玻璃钢槽。孵化缸用前需要进行消毒。卤虫卵在孵化前常用淡水浸泡一至数小时，使虫卵充分吸水，以加快孵化速度，减少孵化过程中的能量消耗。为了杀灭虫卵表面黏附的细菌，孵化前要对虫卵消毒，一般用 2%~3%的福尔马林浸泡 10~15 min，或用 2×10^{-4} 浸泡 20 min。在前述的孵化条件下，孵化 24~36 h。

5. 无节幼体的收集与分离

孵化结束后，要将卤虫无节幼体从孵化容器内收集起来。首先把充气管、气石从孵化器中取出，在孵化器顶上覆盖一块黑布，使缸内呈黑暗状态，10~15 min 后自容器底把无节幼体和未孵化卵的混合物虹吸至筛绢网内，此过程应尽量避免混入空壳。

无节幼体收集起来后，还需要将混入的空壳和未孵化的虫卵分离开来，否则空壳被鱼苗吞食能引起大批死亡。分离方法有多种,主要有趋光分离和比重分离。

(1)趋光分离

此种分离方法可在各种玻璃容器中进行,一般长方形的玻璃水族箱比较经济实用。①将水族箱放置在高度为 60 cm 左右的桌上或水泥台上,加过滤海水至水深 40 cm 左右。②将从孵化器内收集起来的无节幼体、卵壳和未孵化卵的混合物移到该水族箱内,充气 5 min。③用黑布罩住水族箱,在水族箱的一角开一小孔,并在距该孔 10 cm 处放一只 100 W 灯泡,静置,可见无节幼体趋光不断向此处集中。④约 5~10 min 后空壳上浮到水面,未孵化卵下沉到箱底。此时开始将集中到光亮处的无节幼体虹吸至一充气的桶内。虹吸时每次只能吸出少量的水,片刻后无节幼体又集中过来,再吸一次,不断重复这一过程,直到分离结束。在分离过程中如发现卤虫有缺氧现象,应立即停止分离,待充气增氧后再继续分离。

(2)淡水比重分离法

此法是利用无节幼体、卵壳、未孵化卵的比重差异来将它们分离开来。①将三者的混合物倒入盛有淡水的盆内,将盆倾斜静置 3 min。未孵化卵因比重大而沉降到盆底,无节幼虫因淡水麻醉出现暂时休克也下沉,并靠近底部,空卵壳比重最轻,浮在水面。②用虹吸法将无节幼体吸入网袋内,滤去淡水。

不论哪种方法都不能一次分离出很纯的无节幼体,往往需要进行二次分离。用去壳卵孵化的无节幼体不必进行分离便可投喂鱼苗。

6.卤虫卵的去壳处理

由于卤虫无节幼体与未孵化的卵、卵壳难以分离,投喂时就不可避免地将大量卵壳和未孵化的卵一起投到育苗池中,这些卵壳和未孵化的卵一方面会因腐烂或带有细菌而引起水体污染或导致病害,另一方面某些养殖动物会因吞食卵壳和未孵化的卵而引起肠梗阻,甚至死亡。这个问题可用虫卵去壳来解决,即用化学除去虫卵的咖啡色外壳而不影响胚胎的活力。卤虫卵的去壳过程如图 5-3 所示。

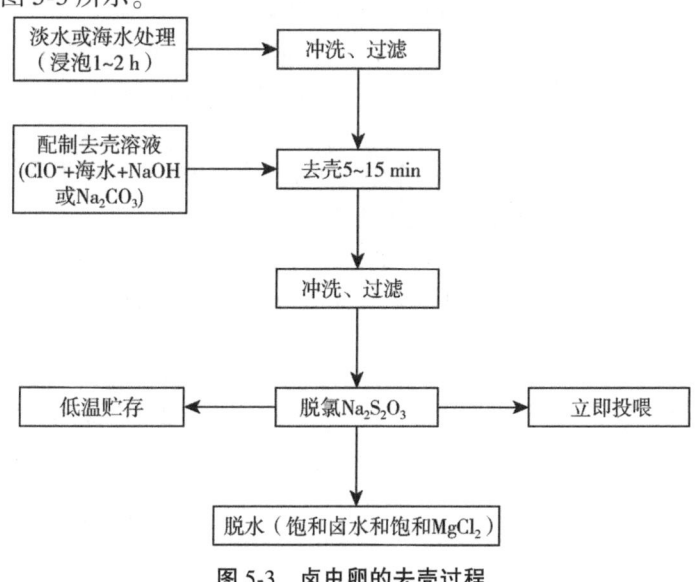

图 5-3 卤虫卵的去壳过程

（1）吸水虫卵吸水膨胀后呈圆球形，有利于去壳。一般是在 25 ℃ 淡水或海水中浸泡 1～2 h。

（2）配制去壳溶液去壳。卤虫卵壳的主要成分是脂蛋白和正铁血红素，去壳的原理就是利用次氯酸钠或次氯酸钙溶液氧化去除这些物质。

常用的去壳溶液是用次氯酸盐[NaClO 或 Ca(ClO)$_2$]、pH 值稳定剂和海水按一定比例配制而成的。由于不同品系卤虫卵壳的厚度不同，因而去壳溶液中要求的有效氯浓度不同，以期达到最佳效果。一般而言，每克干虫卵需使用 0.5 g 的有效氯，而去壳溶液的总体积按每克干卵 14 mL 的比例配制。配制去壳溶液需用 NaOH（用 NaClO 时使用，用量为每克干卵 0.15 g）或 Na$_2$CO$_3$[用 Ca(ClO)$_2$ 时使用，用量为每克干卵 0.67 g；也可用 CaO，每克干卵 0.4 g]来调节 pH 值至 10 以下。去壳溶液用海水配成，加入冰块，使水温降至 15～20 ℃。在配制 Ca(ClO)$_2$ 去壳溶液时，应先将 Ca(ClO)$_2$ 溶解后再加 Na$_2$CO$_3$ 或 CaO，静置后使用上清液。

当把吸水后的卵放入去壳液中去壳时，要不停地搅拌或充气，此时是一个氧化过程，并产生气泡，要不停地测定其温度，可用冰块防止升温到 40 ℃ 以上。去壳时间一般为 5～15 min，时间过长会影响孵化率。

（3）清洗和停止去壳液的氧化作用

当在解剖镜下看不见咖啡色的卵壳时，即表示去壳完毕，此时去壳溶液的温度不再上升。有一定的操作经验后，用肉眼目测即可比较好地掌握去壳的进程。用孔径为 120 μm 的筛绢收集上述已除去壳的卤虫卵，用清水及海水冲洗，直到闻不到有氯气味为止。为了进一步除去残留的 NaClO，可放于 0.1 mol/L HCl、0.1 mol/L CH$_3$COOH 或 0.05 mol/L Na$_2$SO$_3$ 溶液中 1 min 中和残氯，然后用淡水或海水冲洗。

去壳卵可直接使用，也可脱水后贮存备用，但最好是孵化后使用。

（4）脱水和贮存

清洗后的去壳卵如需保存一周以上，需要脱水。具体做法是先用 120 μm 筛绢收集去壳卵，然后滤去水分，用饱和卤水浸泡，饱和卤水用量为每克干卵 10 mL，浸泡 2 h 后更换卤水或加盐一次。脱水后的去壳虫卵可保存于冰箱中。上述保存于卤水中的去壳卵的含水量约为 16%～20%，只能在数周内保持其原有孵化率。更长时间的保存，要求含水量在 10% 以下，可用饱和氯化镁溶液进行脱水。

去壳卵在紫外线照射下不能孵化，因而去壳过程和去壳卵保存时都应避免阳光直射。

去壳卵解决了幼虫与卵壳分离困难的问题。此外，去壳卵还有以下优点：①去壳时使用次氯酸溶液，同时有对虫卵消毒的作用。②鱼虾幼体可直接摄食去壳卵而在消化上没有问题，可减少孵化工作的麻烦。③去壳卵在孵化时消耗的能量较少，每个幼虫的体重显著增加。

7. 卤虫卵的质量评价

卤虫卵的质量可以从两个方面来评价。对养殖者而言，理想的饵料生物必须来源可靠、使用操作方便；对养殖对象而言，必须具有较好的物理特性（如大小等）和营养价值。卤虫卵评价主要有以下几个项目：

（1）孵化质量

孵化质量包括以下四个指标：

①孵化率(孵化百分率或百分比):指每100粒虫卵所能孵化出的无节幼体的只数。优质虫卵的孵化率可达90%以上。孵化率不能表示出杂质及空壳含量。

②孵化效率:每克虫卵所能孵化出的无节幼体的只数。虫卵的最高孵化效率可达30万只/g。这个数值虽能表示出虫卵的孵出情况和杂质含量,但还不能表示出无节幼体的大小和重量。

③孵化量:每克虫卵所能孵化出的无节幼体总干重(mg)。虫卵的最高孵化量可达600 mg/g。孵化量最能表示出虫卵的质量,是最可靠的一种卤虫卵评价方法。

④孵化速度:这个数值是表示卤虫卵孵化快慢和孵化同步性的。在25 ℃时,天然虫卵得到的最佳孵化速度是15 h开始出现无节幼体,而后的5 h内有90%的无节幼体孵出。根据孵化速度可以计算出何时进行初孵幼体的收集,以便得到含有高能量的无节幼体。

(2)卤虫卵的生物学测定

不同品系的卤虫卵及其所孵出的无节幼体的大小不同,卵壳的厚度也不相同。卵壳薄孵化较快,且有用成分的相对含量较高。另外,无节幼体的大小对于不同育苗对象的摄食适应性也不同。

(3)无节幼虫的脂肪酸含量及组成成分的分析

不同的脂肪酸(特别是ω_3系列高度不饱和脂肪酸)的组成和含量对养殖动物的饵料效果有重大影响,因为养殖动物的某些必需不饱和脂肪酸只有从食物中才能获得。脂肪酸含量和组成可用气相色谱和高压液相色谱来分析。进行卤虫卵评价时,必须用刚孵出的无节幼体或无壳卵进行分析。

(4)从投喂效果来测定饵料效果

即通过养殖动物的增重及生长发育情况等来判断卤虫卵的优劣。

(5)卤虫卵的国家标准

我国关于卤虫卵的国家标准见表5-2和表5-3。

表5-2 中华人民共和国水产行业标准《卤虫卵》(SC/T 2001—94)

项目	指标
色泽	棕黄色、黄褐色、灰褐色,有光泽
气味	无霉臭气味
手感	松散,无黏连,无潮湿感
形态(镜检20~30倍)	卵的一端凹陷,呈半球形。卵壳表面光滑,无异物附着,偶见(或少见)卵破裂、卵壳和其他杂质颗粒等

表5-3 中华人民共和国水产行业标准《卤虫卵》(SC/T 2001—94)技术要求之质量分级标准

项目	指标				
	一级	二级	三级	四级	五级
杂质,%	≤1	≤3	≤6	≤12	≤20
孵化率,%	≥90	≥80	≥70	5≥50	30~50
水分,%	2~8			<12	

8. 中国的卤虫卵

我国沿海的盐田和内陆盐湖面积广阔,卤虫资源丰富,但我国卤虫卵的应用开发工作起步较晚,我国水产养殖业需用的卤虫卵大多依赖进口,每年耗资上千万美元。20 世纪 80 年代起开始在沿海地区进行卤虫卵的加工工作,并有产品出口。但由于设备、工艺等原因,我国卤虫卵的质量不如进口的名牌产品稳定,尚没有创出自己的名牌。一段时期以来,国内外盛传中国卤虫卵具有孵化率低、孵化时间长而不整齐、杂质含量高、初孵幼体较大等缺点。然而,近年的研究表明,事实并非如此。除中国卤虫卵的原料来源背景复杂、原料的杂质含量较高、不同产地的卤虫卵的生物学特性有所差异外,中国卤虫卵的营养价值并不比进口卤虫卵差,某些地理品系的卤虫卵的主要营养成分指标还优于进口卤虫卵,经适当加工后孵化质量亦不成问题。

9. 卤虫无节幼虫的营养强化

卤虫无节幼体的强化与轮虫的强化方法相似,但由于卤虫的初孵无节幼体摄食能力很差,一般不用微藻强化。这里仍以比利时 INVE 公司出产的 Super Selco 为例说明用强化剂强化卤虫无节幼体的方法。

(1)准备锥形底强化缸、充气管和气石,用高锰酸钾或有效氯消毒,添加 25~30 ℃的过滤海水。

(2)分离收集初孵的卤虫无节幼体,按 300 个/mL 转移到强化缸中。

(3)按 300 mg/L 强化水体的量称取强化剂,加少量水混匀后转移到强化缸中。强化过程中充气量要大,强化时间为 12~24 h。如果强化时间比较长(24 h),中间需再加一次强化剂。

(4)强化结束后,将卤虫无节幼体收集起来,充分冲洗,除去多余的强化剂和附着在无节幼体身上的细菌等有害物质,然后才能投喂鱼类等养殖动物。

10. 卤虫的集约化养殖

由于卤虫具有以下几个特点,因而是适合集约化养殖的水产动物。①卤虫从无节幼体到成体只需两个星期,在此期间体长增加了 20 倍,体重增加了 500 倍。②卤虫发育过程中,幼体与成体的环境要求没有区别,因而不必改变养殖的环境及设施。②卤虫的生殖率高,每 4~5 d 可产 100~300 个后代,生命期长,平均成活期在 6 个月以上,这是有利于养殖的优点。

现简单介绍大规模的卤虫集约化养殖的一般操作规程,详细了解请参照有关书籍[如《实用卤虫养殖及应用技术》(卡伯仲,1990)]。

(1)养殖用水。通常用海水,盐度为 35‰~50‰,pH 值为 7.8,如 pH 值小于 8,用 1 g/L 的 $NaHCO_3$ 调节。卤虫养殖用的海水须经砂滤池过滤。

(2)温度。温度控制在 25~30 ℃。

(3)用另外的容器孵化出卤虫,将无节幼体用新鲜海水冲洗后,放入培育槽,无节幼体的投放密度在 1 000 个/L 以上。

(4)投饵。投饵所用饵料为米糠、玉米面等农产品,也可用微藻、酵母等投喂。因卤虫只能摄食直径在 50 μm 以下的颗粒,投喂农产品时须磨细并用细筛绢过滤。投喂时应遵循少量多次的原则,并根据肠胃饱满情况保证饵料供应。由于卤虫孵化后 12 h 内不摄食,故第一天可不投饵。

(5)清除污物。一般每3~4 d对沉淀的残饵等污物清理一次。

(6)换水。集约化养殖常采用流水,如采用充气养殖,则需每天至少换水一次。

(7)充气。卤虫的耐低氧能力很强,不需要很大的充气,保证溶解氧在2~3 mg/L以上即可,最好不用气石,因气石产生的大量气泡对卤虫不利。

(8)日常观察。经常检查pH值、溶解氧、卤虫的游泳和健康状况等,pH值低于7.5时,加0.3 g/L的$NaHCO_3$提高pH值;溶解氧降到2 mg/L时,需要增加氧气。

集约化养殖一般在小水泥池和各种槽、缸中进行。国外比较先进的方法是跑道式水槽流水养殖,其养殖密度可达每升数千只,月产量达20 kg/m²。国内也有单位在对虾育苗池进行充气养殖。

11. 卤虫的开放池养殖

卤虫在天然条件下都生活在高盐水域,在普通海水中由于敌害较多,会因不适应环境而被淘汰。开放池养殖不能严格控制敌害生物的传播,因而都是在高盐水域中进行放养,常见的是盐田养殖。

(1)养殖场地的选择与建造

因为卤虫的敌害生物在波美10度以下不能完全消除,所以选择养殖场地的首要条件是能持续提供波美10度以上的卤水。另外,养殖场地的土壤必须能够防渗漏。建池时必须保证水深30 cm以上,最好是50~100 cm。池塘的大小在300~10 000 m²不等,最大不宜超过10 000 m²。此外,池塘必须具有进排水装置。

(2)卤虫放养的准备工作

①卤虫品种的选择。根据当地的气候条件(主要是水温)选择适当的品种进行养殖。此外,还应考虑生产上的要求,是为了得到卤虫卵还是鲜活卤虫,因为不同品系卤虫的卵生和卵胎生比例不同。

②灌水。开放池养殖采用卤虫敌害忍耐盐度上限的卤水,一般是用波美10度的卤水进行养殖。用海水时最好加以过滤。水深要求30 cm以上。

③施肥和饵料生物培养。为保证卤虫下池时有足够的饵料,放水后应施肥培养微藻。常用的肥料是鸡粪,用量是50~100 g/m²。也可使用化肥,施肥量一般要求氮含量达到$15×10^{-6}$~$30×10^{-6}$,磷含量达到$1×10^{-6}$~$4×10^{-6}$。对酸性土壤环境,除了施肥外,还应施石灰,使pH值达到8以上。

施肥后,卤水中的微藻(如杜氏簇)生长繁殖加快,池水透明度逐渐下降。待微藻生长达到鼎盛时期(透明度在20 cm以下)要及时接种卤虫幼虫。施肥后,除微藻数量大量增加外,细菌及有机颗粒的数量亦大量增加,它们都可成为卤虫的饵料。

(3)接种

根据卤虫卵的孵化率和接种数量计算卤虫卵的用量,再按前面所述的方法在25~30 ℃孵化卤虫。无节幼体能立刻适应从海水到波美10度的盐度变化,孵出后应立即接种。

如准备人工投饵,接种密度可达100个/L以上,不投饵的粗放养殖接种密度达20~30个/L就可以了。刚接种后很难在池中看到虫体,这是它们失去了棕红色并沉到水底的缘故。

(4) 管理

① 投饵：为了补充水中饵料、提高养殖密度，需要进行人工投饵，常用的是玉米面、米糠等农副产品，加水磨浆后投喂，遵循少量多次的原则，避免剩饵沉淀浪费。卤虫是否吃饱可以根据有无粪便判断。

② 施肥：经常向池中施肥（以有机肥较好），有补充饵料的作用，这种方式可使养殖密度达到 100~500 个/L，追肥量为鸡粪 10~20 g/m^2。

③ 换水：开放池养殖不换水一般也不致引起缺氧，但换水可以补充饵料、除去池内的有害物质。换水时用筛绢排水。

④ 日常观察：在卤虫养殖过程中，应经常观察水质变化（如温度、盐度、溶解氧、pH 值等）和卤虫的生长情况。养殖的盐度一般认为应维持在波美 6~18 度，但实验表明在 6~10 度也能取得良好的效果。pH 值不能低于 7.5，如 pH 值过低，可通过换水或加石灰调节。溶解氧维持在 2 mg/L 就可以了，溶解氧太低可采用加注新水的办法来补充。对卤虫生长情况的观察主要包括虫体是否健康、是否吃饱（有无拖便）、生殖方式是卵生还是卵胎生等内容。卤虫卵生可能是由水温不适或饵料不足造成的，可根据是为了得到成虫还是虫卵而采取相应的措施，一般是先提供适应条件使卤虫卵胎生，在短时间内达到高密度后，再使之饵料不足而产卵。

(5) 收获

虫卵的收集是每天在池内下风处用小筛网捞取，捞后晾下或贮存于饱和卤水中以备加工。成虫一般采用纱窗制成的工具进行拖捕，这样年幼的虫体可留在池中继续生长。如果是为了得到鲜活卤虫，应隔两周收获一次。

第二节

水产饵料生物的敞池增殖

敞池增殖在原理和方法上与室内培养基本相同,但规模大,易受天气状况和其他条件的影响,环境难以控制,同时必须特别注意经济效益。

由于大气中含有藻类的孢子、孢囊甚至活细胞,池底土壤和水源也能带入这些"种子",所以浮游植物的敞池增殖实质上就是池塘施肥。有时为了定向培育某些饵料藻类,在环境调控和施肥方式上各有特点。浮游动物的敞池培育则必须引种或利用池底的休眠卵资源。

当前养殖生产上已采用的,主要是鞭毛藻类、轮虫和枝角类的敞池增殖。

一、浮游植物的敞池增殖

池塘施肥培养浮游植物,其目的有两个:一是提高生态系统的初级生产力,从而通过食物链提高渔业产量;二是定向培养作为鲢、鳙等滤食性鱼类的优质饵料藻类。前一种情况一般施肥方法都能达到,即便肥效高低可能差别很大;后一种情况,即"养好一塘鱼,首先要养好一塘水",主要是定向培育鞭毛藻类塘。

(一) 养鱼池浮游植物发生和演替的规律

鱼池清塘、注水和施肥后,初级生产力和浮游植物量都迅速增长,同时群落的种类产生演替。初期水清,透明度高,营养盐类丰富,适于各种藻类生长,这时占优势的通常是那些世代时间短、增长率高、易传播和易培养的小型普生性种类,如绿球藻类、小型硅藻、小型鞭毛藻类等。以后,随着群落中种数和种群数量的增多,水的透明度降低,营养盐类减少,种群代谢产物的积累和生态环境的复杂化,种间关系上升为主导因子,优势种逐渐转为营养要求复杂、世代时间较长、增长率较低但竞争能力强的大型种类。在中国肥水鱼池中后期占优势的通常是大型鞭毛藻类和大型蓝藻类。两者都能自由移动,选择光照、温度和养分条件适宜的水区生活,在种间竞争上处于有利地位,同时形体大不易被浮游动物滤食。如果追肥及时,水中溶解有机质丰富,营兼性营养的鞭毛藻类将占优势;如果水中有机质和养分减少,CO_2 枯竭使 pH 值上升,蓝藻易取得竞争上的优势,当缺氮多磷时,固氮蓝藻将成为优势种。

在演替进程中,浮游植物量可增高到 100 mg/L 以上,水色增浓,透明度降低,形成强烈水华,但初级生产力在中等生物量(20~50 mg/L)时,达到最高值。

(二) 鞭毛藻类塘的培育和管理

鞭毛藻类塘指以隐藻、甲藻、裸藻、金藻、绿藻各门中具鞭毛的藻类占优势的鱼池肥水,水色浓而爽,透明度多在 20~40 cm,生物量多为 20~100 mg/L,其中鞭毛藻常占 70% 以上,形成强烈的水华。根据水华的优势种,鞭毛藻类塘主要由下列水华组成:

1. 隐藻水华

这是我国养鱼池中最常见的一种水华,广东、无锡以及辽宁各地鱼池中都经常出现,且一年四季均可见到。优势种为啮蚀隐藻等隐藻属的种类。常常同时出现且占相当比重的有蓝隐藻、小环藻和绿球藻目的一些种类。优势种的生物量有时高达 100~200 mg/L。水色呈褐绿色、褐青色或褐色。

2.膝口藻水华

膝口藻水华是无锡河埒口养鱼池夏季肥水常见的水华。优势种为扁平膝口藻,此外隐藻和裸甲藻常占相当比重,有时绿球藻类也较多。优势种的生物量有时接近或超过 100 mg/L。水色呈褐青色或褐绿色,多变化。膝口藻水华有时相当稳定,几年持续一个生长期。

3.裸甲藻水华

裸甲藻水华是由蓝绿裸甲藻大量繁殖引起的,也是河埒口鱼池常见的一种水华,并且常与膝口藻水华共存。单独形成水华时水色铁灰,与膝口藻水华同时出现时水色呈褐绿色或褐青色,常有裸甲藻集群形成云雾状青绿色斑块,渔农称为"转水"。优势种的生物量可达 100 mg/L 以上,但很不稳定,数量消长较快。

4.角藻水华

角藻水华不是很常见。优势种为飞燕角藻,水色是不均匀的黄褐色,水面可见到飞燕角藻集群形成的浓褐色斑块。

5.金藻水华

金藻水华常由棕鞭藻、单鞭金藻等形成,硅藻和隐藻的数量也较多。水色呈金褐色,透明度较大,主要在早春出现。

6.裸藻水华

裸藻水华主要由血红裸藻等形成,通常隐藻和其他鞭毛藻类的数量也较多,水色呈绿中发红、绿色或红褐色,表面常有红色或绿色的浮膜,夏、秋季节较多。

现已查明,几乎所有鞭毛藻类都是鲢、鳙消化的食物。上述形成水华的种类细胞大小都在 10 μm 以上,也是鲢、鳙易滤食的适口食物。此外,更重要的一点是,大型鞭毛藻类水华是我国肥水鱼池生态系的顶级群落,生物量大且较稳定,持续时间较长,从而是池塘养鱼最希望获得的肥水。

鞭毛藻类塘的肥育,在一般施肥方法的基础上,要注意以下几点:

(1) 保持足够的水深

据我们多年的观测,池塘浮游植物中鞭毛藻类所占的比例有随水深而增高的趋势。从 1978 年和 1980 年两年的试验也能看出问题,如 1978 年 501 和 502 两池水深平均 1.5 m,鞭毛藻分别占总量的 69.6% 和 87.5%;1980 年 106 和 104 两池水深平均 1 m,鞭毛藻分别占总量的 77.3% 和 64.8%。

鞭毛藻类在深水池塘容易占优势的原因可能比较复杂,但其趋光垂直移动是原因之一。这种周期性的垂直移动使鞭毛藻类可以分布到补偿深度以下的深水层,而其他藻类下沉到深层后通常难以长期生存。为了有利于鞭毛藻类的发展,鱼池水深以 1.5 m 以上为宜。

(2) 足施、勤施有机肥料

在水深 1~1.5 m 的池塘,用每亩施牛马粪 250~500 kg 做基础肥,随着水由瘦转肥又由肥转瘦时，每日按全池泼洒的方式，追施人禽粪肥每亩 50~100 kg，以后随着这些小型种类被浮游动物所滤食，水又变瘦，这时强追肥正好能促进残留的较大型鞭毛藻类的迅速发展。否则，不是水肥不起来，就是被滥造水华而取代。

（3）每隔数天冲注新水一次

冲水次数和填注量视水源条件而定，每次以不超过原水量的 20% 为宜。

（三）看水和管水的生物学分析

我国江、浙与两广一带渔农在长期生产实践中积累了"看水养鱼"的宝贵经验。何志辉等曾多次深入渔乡及生产单位，学习和总结"看水"和"管水"的经验，把难以捉摸的群众经验提高到生态学理论高度，为鞭毛藻塘的培育和管理提供了科学依据。

"看水"通常被称为"看水色"，已有的一些关于"看水"的报道也多数属于水色和浮游生物组成的讨论。因此，首先讨论水色和浮游生物的关系。

关于水色和浮游植物种类的关系，有过一些零碎的报道。一般来说，金藻、黄藻、硅藻、甲藻的细胞呈褐色或褐绿色，其水华也接近上述颜色；绿藻和裸藻细胞呈绿色，其水华也接近绿色；蓝藻细胞呈深绿或蓝绿色，其水华也接近深绿或蓝绿色。因为过去在家鱼食物问题上流传着"只有金藻、黄藻、硅藻、甲藻可以消化，而绿藻、裸藻、蓝藻都是不可消化种类"的说法，一般认为褐色、黄色或黄褐色的水都是好水，而绿色或蓝绿色的水都是不好的。然而实际情况要复杂得多。

首先，统一门藻类在色素组成上虽然有共同性，但还有特殊情况，如蓝藻门种类一般呈蓝绿色或灰绿色，而有些种类（如孟氏颤藻、泥褐席藻等）因含有较多的黄褐色素（胡萝卜素和叶黄素）和红色素（枣红素）而使细胞呈黄褐色、红褐色和紫红色等颜色，裸藻通常呈绿色，但血红裸藻细胞内有大量血红素而使藻体呈红褐色，有些藻类因具藻壳或被甲，使水呈壳、甲的颜色。

此外，同一种类的色素组成在生活条件的变化下也是可以改变的，特别是蓝藻和绿藻，当种群的增长达到指数增长期末时，常因养分（氮、磷、碳等微量元素）不足或其他原因而使细胞出现"老化"现象，这时叶绿素量减少而胡萝卜素和叶黄素量增多，从而使藻体发黄或呈褐色。各种藻类因对光照条件的色素适应而改变颜色的现象更是广泛存在的。

渔农"看水"并不十分强调水的颜色，有的认为不论水色如何，有变化就是好水。一般认为红褐色、褐绿色、褐清色（墨绿色）和绿色的水都较好，蓝绿、深绿、灰绿、黄绿、泥黄等色则是水色不正的劣水。对褐色水的看法有分歧，广东渔农把这种水叫"老茶水"，认为是很差的一种水，显然，这是蓝藻细胞老化后形成的水色。但是，甲藻、金藻、硅藻的水华也可能是褐色水，而养鱼效果就很好。

通常渔农把看中的好水概括为"肥""活""嫩""爽"四字，通过对好水的浮游生物的观测，摸清了这方面的生物学内容。

1. 肥

"肥水"的概念还较纷乱，或以营养盐类和溶解有机质的量为根据，或以浮游生物总量为根据，或以"可消化"的浮游植物数量为标准。但渔农对"肥"的看法是水色浓，也就是说浮游植物量很大,形成强烈的水华。

水色的浓淡既取决于浮游植物量,也与水层的厚薄有关。据我们初步观测,在水深 1 m 左右的鱼池里,浮游植物量小于 5 mg/L 时一般水面无色,5~10 mg/L 时有轻淡的水色,10~20 mg/L 时水色较浓,20 mg/L 以上时水色很浓。

根据对无锡、菱湖、广东等地渔农认为合格的"肥水"的测定,浮游植物量都在 20 mg/L 以上;1977 年对河埒口 8 个高产塘 96 个浮游生物样品的测定,94%的样品浮游植物量超过 20 mg/L。而低于此界限的 6 个样品,又多数是在渔农已发觉水质不佳采取冲水或其他措施前后采取的。

可见,20 mg/L 大致来说应是肥水的浮游植物浓度起点。

据 ПаНОВ 等(1969)用束丝藻所做的试验,白鲢滤食时最适的食物密度为 17 mg/L,花鲢为 13 mg/L。据 Вовк(1976)的材料,当水中绿藻、硅藻和裸藻的生物量达到 8~10 mg/L 以上时,白鲢生长很快。据我们近年的实验观测,池水中易利用的藻类生物量在 15 mg/L 以上时,白鲢鱼种生长良好。这些数据都表明,鲢、鳙营养和生长的最适食物密度应在 10~20 mg/L,与上述肥水的指标相当一致。

2. 活

"活"指水色和透明度有变化。渔农所说的"早青晚绿"或"早红晚绿"以及"半塘红半塘绿"等都是这个意思。菱湖有的渔农特别强调"活",认为什么水色不要紧,"活"就是好水。据我们的观测,典型的活水是膝口藻水华,这种鞭毛藻类游动较快,有显著的趋光性,白天常随光照强度的变化而产生垂直或水平游动,清晨上下水层分布均匀,日出后逐渐向表层集中,中午前后大部分集中在表层,以后又逐渐下沉分散(见表5-4),9 点和 13 点时的透明度可相差 7 cm,当这种藻类群聚于鱼池的某一边或一隅时,就出现"半塘红半塘绿"的情况。

其他鞭毛藻类也有类似的现象,一般在午后表层的数量均较早晨增多。

据我们近年的观察,我国传统的养鱼方式,除投给人工饵料以外,还施入大量的有机肥料,池水中溶解和悬浮有机质都很丰富,因此营兼性营养的鞭毛藻类在浮游植物中占很大优势,通常可占浮游植物量的 60%~80%。各种鞭毛藻类几乎都是白鲢的优质食物,常见的优势种类形体大小多在 10~20 μm,白鲢易于滤取,渔农欢迎这样的藻类是有道理的。渔农看水时,不仅要求水色有日变化,还要求每十天、半个月常有变化,因此"活"还意味着藻类种群处在不断被利用和不断增长,也就是说池中物质循环处于良好状态。

表 5-4 无锡河埒口双元池 1977 年 5 月 24—25 日膝口藻数量(10^4/L)的垂直分布情况

水层	时间						
	5:00	9:00	13:00	17:00	21:00	1:00	5:00
表层	364	439	563	313	244	348	383
1 m	333	288	258	235	310	396	366
2 m	350	158	110	153	281	390	309
平均	349	295	310	234	278	378	346
透明度(cm)	37	37	30	32	~	~	~

3. 嫩

"嫩"指水肥而不老。"水老"还没有一个严格的含义。渔农把一切水质向反面转变几乎都叫"老"。比如,丝状藻类或浮游动物先繁殖起来而使浮游植物量不能增长叫"老",由于浮游生物开始大批死亡使水色发黑叫"老",水色死滞不活叫"老",水色过浓、透明度过低叫"老",水色不好或不正也叫"老"。但是作为"嫩"的对立面,"老"应指最后一种情况,即水色变坏。这种变坏主要有两种征象:水色发黄或发褐色;水色发白。

水色发黄或发褐色就是前面已指出的藻类细胞老化现象,广东渔农所说的"老茶水"(黄褐色)和"黄蜡水"(枯黄带绿)也属此类。在水色发黄或发褐色前后,主要种类没有明显变化。

水色隐约发白的水中,主要是蓝藻,特别是那些极小型蓝藻(粉状微囊藻、厚球藻等)滋生的一种征象。这种水的特点是 pH 值很高($9\sim10$ 以上)和透明度很低(通常低于 $20\sim25$ cm),并且随着浊白程度的加强,pH 值逐渐升高,透明度逐渐降低,在白天,水的碱度迅速下降。由此可见,水色发白是 CO_2 缺乏而使碳酸氢盐不断形成碳酸盐粉末的现象,与此同时,pH 值的升高促进了蓝藻类的增长。

总之,"嫩"就是要求水质肥而不老,指形成水华的藻类细胞未老化并且蓝藻含量不多。前文已指出,大多数蓝藻(特别是那些极小型种类)白鲢食后不易消化。某些实验表明,藻类细胞老化后浮游动物和鱼类通常摒食,食后消化利用也很差。我们也多次见到在这种水中饲养的鲢幼鱼生长极为缓慢。渔农排斥这样的"老水"是合理的。

渔农遇到水老的对策是用氨水加塘泥或者大粪水(或石灰水)拌塘泥全池泼洒。这点也能说明水老与养分不足有关。近年稻叶俊等(1971)讨论日本养鳗池水质变化时也指出,当肥分不足时,浮游植物细胞发黄和 CO_2 不足时水色发白的情况。

4. 爽

"爽"是水质清爽,水色不太浓,透明度不低于 25 cm 或 20 cm。透明度过低的原因或是浮游生物量极高,或是蓝藻占优势(集中在表层),或是泥沙和其他悬浮物过多。不仅难以利用的悬浮质粒过多对鱼滤食不利,易利用的浮游生物量过大也不是好的标志。因为浮游生物现存量既取决于本身的生产量又取决于被摄食量。在我国密养池塘中,由于鱼类的大量滤食,浮游生物不易长期保持很高的密度,过高的生物量常常是天然饵料未被充分利用、水中物质循环不良的缘故。

此外,鲢、鳙的滤食器官在滤食时又进行着呼吸,当浮游生物密度过大时,其滤水率就要受到限制。如果这时水中溶氧不高,那么不是动物吸取的氧气不能满足呼吸的需要,就是滤进食物过多以致消化不良。因此过高的浮游植物量本身也能成为限制家鱼生活的因子。

根据对无锡河埒口 8 个高产塘的测定,浮游植物量(Y,mg/L)和透明度(X,cm)的回归方程为:$Y = 168.465 - 3.516X$ ($n = 84$, $r = -0.608\ 6$)

按此计算,透明度 $20\sim40$ cm 时浮游植物量为 $20\sim100$ mg/L。

总之,根据对"肥""活""嫩""爽"的生物学分析,可以看出渔农在长期生产实践中认识到鞭毛藻类肥水的生物指标应是:浮游植物量 $20\sim100$ mg/L;甲藻等鞭毛藻类较多,蓝藻较少;藻类种群处于增长期,细胞未老化;浮游生物以外的其他悬浮物不多。

二、浮游动物的敞池增殖

浮游动物敞池增长有两种方式：一种是在养鱼池中培育；另一种是在专门的培养池中培育。前一种方式主要是利用淡水鱼苗尚未下塘前在鱼苗池中培育轮虫等适口饵料，后一种方式主要用于产值较高的海水鱼虾类和鲟、鲑等淡水鱼的育苗。

(一) 鱼苗池浮游动物的演替规律

池塘清塘、施肥、灌水后，浮游动物的演替规律与浮游植物基本一致。初期水质清新，溶氧和其他非生物条件良好，食物丰富，入栖和萌发的各种动物都迅速繁殖和增长，首先占优势的是繁殖最快的原生动物和轮虫等小型种类；随着群落的发展和生境的复杂化，形体较大、竞争能力最强的枝角类和桡足类开始占优势，总的趋势是：原生动物→轮虫→小型枝角类→大型枝角类→桡足类。

池塘原生动物以纤毛虫类为主，细胞分裂生殖，一昼夜至少分裂一次，生物量每日可增加几倍，但纤毛虫的高峰期很短，随着轮虫的出现，由于食物竞争而很快消落，有时甚至不易察觉。轮虫世代时间也很短，通过孤雌生殖，生物量每日可增加0.1~1.3倍，很快继纤毛虫之后达到高峰。枝角类世代时间要几天以上，生物量的日增长率（AP/B 值）低于0.25~0.5，由于其滤食能力超过轮虫而使后者销匿。桡足类世代时间更长，繁殖慢，生物量日增长率一般不超过0.1，所以在演替的最后期才形成优势种群。各种淡水无脊椎动物的日 P/B 系数详如表5-5所示。

在水温 20~25 ℃下，完成上述的演替过程大约要15~20 d，浮游动物总量可以由 10 mg/L 以下增高到 100 mg/L 以上。

表5-5 常见淡水无脊椎动物的日 P/B 系数

水生生物	日 P/B 系数	作者
尾草履虫	4.0	Ковров, 1967
红臂尾轮虫	1.26~2.1	Васидьева, 1968
萼花臂尾轮虫	1.3	Максимова, 1969
前节晶囊轮虫	0.1~0.37	Смирнова, 1978
独角聚花轮虫	0.22~0.49	Смирнова, 1978
螺形龟甲轮虫	0.21~0.39	Смирнова, 1978
疣毛轮虫	0.19~0.35	Смирнова, 1978
多肢轮虫	0.10~0.47	Смирнова, 1978
蚤状溞	0.21~0.45	Галковская, 1966
长刺溞	0.08~0.43	Дебедева, 1963

续表

水生生物	日 P/B 系数	作者
大型溞	0.26~0.65	Вогатова，1970
柯氏象鼻溞	0.14~0.15	Дечень，1965
柯氏象鼻溞	0.06~0.18	Смирнова，1978
长额象鼻溞	0.22	Жданова，1969
长额象鼻溞	0.08~0.11	Смирнова，1978
直额裸腹溞	0.25	Крючкова，1967
圆形盘肠溞	0.13~0.20	Печень，1965
刘氏中剑水蚤	0.03~0.13	Смирнова，1978
剑水蚤	0.033~0.097	Смирнова，1978
真镖水蚤	0.05~0.13	Смирнова，1978

(二) 轮虫的高峰期及其影响

如前所述，清塘后浮游生物发生的顺序是：浮游植物→轮虫→小型枝角类→大型枝角类→桡足类；而鱼苗食性的转化也是：轮虫→小型枝角类→大型枝角类→桡足类。可见，两者有其天然的一致性，在轮虫高峰期下塘就能充分发挥这种一致性。

轮虫高峰期来临的早晚、生物量的高低以及延续期的长短，受若干生物学和生态学因子的制约。

清塘后出现的轮虫优势种类有：萼花臂尾轮虫、壶状臂尾轮虫、角突臂尾轮虫、巨腕轮虫、龟甲轮虫、异尾轮虫、多肢轮虫、三肢轮虫、晶囊轮虫等。其中出现率最高的是萼花臂尾轮虫（80%以上），其次是晶囊轮虫、壶状臂尾轮虫和龟甲轮虫，其余几种轮虫只在个别池塘形成优势种。

各种轮虫的生物量与出现率基本一致，凡出现率高的，生物量也就比较大，如萼花臂尾轮虫和晶囊轮虫占据了生物量的绝大部分。

轮虫的出现顺序，多半首先出现萼花臂尾轮虫，少数池塘先产生壶状臂尾轮虫或教徒臂尾轮虫；个别池塘最先繁殖的是龟甲轮虫、异尾轮虫或三肢轮虫。池塘轮虫的优势种群这些差异与水生原虫浮游动物的组成有关，然而，晶囊轮虫总是出现在池塘轮虫大量发生的末期，这显然是由于它的食性肉所致。

海水轮虫类中臂尾轮虫是繁殖力和种群增长能力最快的一个，其中又以萼花臂尾轮虫占首位。

一般清塘 5~7 d 后，轮虫生物量开始迅速增长（>10 mg/L），7~8 d 达到高峰（20~100 mg/L），此后又迅速下降，晶囊轮虫和裸腹溞等小型枝角类的出现，标志着轮虫高峰期的终结。几种轮虫种群增长能力的参数如表 5-6 所示。

表 5-6　几种轮虫种群增长能力的参数

种类	$R_m(nr^{-1})$	λ	R_0(个)	$T(hr^{-1})$
萼花臂尾轮虫	0.091 1	1.10	14.117	34.097
壶状臂尾轮虫	0.054 6	1.06	6.903	38.413
角突臂尾轮虫	0.034 5	1.03	4.900	50.939
裂足轮虫	0.017 0	1.02	2.050	43.684
臂尾水轮虫	0.037 5	1.03	4.300	46.081

资料来源:引自王金秋,水温 25~30 ℃,小球藻(0.5~1)×10^6个/mL。

水温是影响池塘轮虫高峰期出现时间的重要因素。实验表明,在其他环境条件基本相同时,水温(x,℃)和轮虫高峰期达到的时间(y,d)紧密负相关($y = 45.3 - 1.62x$, $n = 21$, $r = -0.94$),水温越高,轮虫高峰期出现越早,一般 20~25 ℃时轮虫在清塘后 8~10 d 达到高峰。在此范围内,轮虫达到高峰期的时间相差不大,平均每度差小于 1 d;20 ℃以下时,迅速推迟。如 17~19 ℃时为 11~15 d,平均每度相差 2 d;12~17 ℃时为 15~31 d,平均每度差 3 d 多。有关 12 ℃以下的低温情况,尚待研究。但萼花臂尾轮虫冬卵萌发的最低温度(生物学零度)接近 10 ℃。所以水温再低时,池塘轮虫高峰期将很难出现。

池底休眠卵的数量是培育轮虫的物质基础,一般在水温 20~25 ℃时,清塘后 24 h 开始出现从休眠卵孵化出的第一代轮虫,其后,可以每天以 4 的倍数增加种群数量,即一个抱卵雌体经 5 d 可繁殖 250 个后代。可见,池水中轮虫达到高峰期的时间,直接和第一代轮虫的数量有关。当然也就和表泥层中的有效卵(指 0~5 cm 表泥层中萌发率最高,已上浮的卵)量有关。可萌发卵量约占有效卵量的 10%,那么一个有效卵量为 $10^6/m^2$ 的鱼池,可萌发卵量达 $1×10^5/m^2$,萌发率以 50 %估计,则第一代轮虫数为 $5×10^4/m^2$(水柱),如果水深 1 m,则水中轮虫数量可达 50 个/L,按前述一个雌体 5 d 繁殖 250 个后代的数率,在经 4 d 即可达到 $1×10^4/m^2$ 的高峰期。也就是说,水温 20~25 ℃时,一个有效卵量为 $1×10^6/m^2$ 的鱼池,清塘后 5 d 轮虫就可达到高峰。但实际达到高峰的时间都要往后推延 2~3 d,主要原因在于清塘时没能充分搅拌底泥,有效卵未能最大限度地翻至泥面,加上清塘用的生石灰覆盖部分泥面,影响休眠卵萌发。假如将这些因素都予以考虑,则清塘后轮虫达到高峰期的时间与休眠卵量的关系如表5-7所示(水温 20~25 ℃):

表 5-7　清塘后轮虫达到高峰期的时间与休眠卵量的关系

有效休眠卵量($1×10^4/m^2$)	轮虫达到高峰期的天数(d)
<100	>10
100~200	8~10
200~400	5~7
>500	3~5

休眠卵量过低,第一代轮虫数量太少,在遭受敌害和其他不良环境时,种群数量难以迅速增长,高峰期常迟迟不能出现。

在用生石灰清塘的鱼池中,轮虫高峰期出现的时间与用灰量(主要是每亩用灰量)之间,存在着十分密切的关系。在水温接近时,用灰量越大,轮虫高峰期出现得越晚。由于水深不同,排水和带水的两类池塘,其用灰量相差悬殊。用灰量少的排水池塘,由于渗入水的稀释和底泥的消耗作用,pH 值很快(24 h 内)降低到 10 以下,高 pH 值对轮虫的抑制作用最多不过 24 h。然而,在带水清塘而无渗入水稀释的池塘中,pH 值就长时期不下降,常常带水清塘后 3~4 d,pH 值保持 11 以上,5 d 后才降到 10 以下,显然,在这 3~5 d 中轮虫是难以繁殖的。再加上带水清塘时底泥得不到充分搅动,泥中轮虫冬卵分布得不到改善,萌发率就比较低,因而,轮虫高峰期出现较晚就不难理解了。

(三) 提高轮虫生物量和延长高峰期的途径

1. 清塘

清塘特别是排水清塘是促使休眠卵萌发和轮虫繁殖的有效措施。一方面,清塘前的拉网、捕鱼等活动搅动底泥,使相当一部分本来埋于淤泥中的休眠卵上浮或重新沉积于淤泥表面,使其有了萌发可能;另一方面,清塘消灭了轮虫的敌害,为刚从休眠卵中萌生的小轮虫创造了生活和繁殖的条件。同时,排水清塘还提高了池塘白天的水温,这在早春低水温时,对促进轮虫休眠卵萌生有重要作用。所以,池塘在清塘后一般都会出现一个轮虫大量繁殖时期。

2. 施肥

施有机肥能有效增加池塘轮虫的生物量,因为用药物清塘时浮游藻类等被杀死,直至 3~5 d 后才开始繁殖,这时轮虫休眠卵已开始萌生,在此期间追施有机肥,可以为刚孵出的轮虫提供腐屑、细菌等食物,同时也为加速藻类繁殖创造了条件。肥效高的池塘,浮游动物和轮虫量较对照池可达几倍到几十倍,萼花臂尾轮虫占绝对优势。

3. 除害

清塘固然能清除杂鱼、昆虫、桡足类等轮虫的捕食者,为其达到高峰扫清障碍,然而在清塘后的浮游生物群落演替中,又出现了新的敌害——枝角类。枝角类和轮虫处于同一生态位,并且具有较轮虫更强的滤食能力,所以要使轮虫得以增殖,就必须及时控制枝角类。试验表明,高效低毒的有机磷农药敌百虫对甲壳动物特别敏感,低浓度时对轮虫无妨。根据李永函 (1972) 的试验,在池水 pH 值为 8~9,水温 20~25 ℃条件下,敌百虫对各类浮游动物的致死浓度分别为:大型枝角类(隆线溞、大型溞等)为 0.05 mg/L,小型枝角类(裸腹溞等)为 0.3~0.5 mg/L,桡足类(剑水蚤)为 0.5 mg/L,轮虫为 1.5~2.0 mg/L。通常在池水中按 0.3 g/t 的浓度,全池泼洒市售晶体敌百虫,可以杀灭枝角类,保存并增殖轮虫(见表 5-8)。

表 5-8　用敌百虫控制枝角类的结果

	轮虫生物量(mg/L)	轮虫高峰期天数	枝角类生物量(mg/L)
试验 1	82.50	17	0.22
对照 1	15.06	5	55.35
试验 2	46.40	11	0.36
对照 2	8.40	5	19.60
试验 3	81.40	17	1.20
对照 3	9.30	5	29.40
试验 4	51.60	10	1.90
对照 4	9.40	4	13.30

必须指出,在利用敌百虫控制枝角类时,一定要选择恰当的时机,一般只在育苗尚未入池而枝角类已经大量出现时使用,当育苗下塘后,即便有枝角类也最好不要轻易杀掉,因为再过 2~3 d,它们也是鱼苗的天然饵料。当然,有时因枝角类过量繁殖而严重恶化池塘水氧气情况时,也是可以酌情用药的。

除此之外,某些大型浮游植物,特别是有些丝状蓝藻如螺旋藻等,由于体型较大(长>50 μm),为轮虫所不能取食。因此,当其大量繁殖形成优势种群后,就严重抑制其他单胞藻的繁衍,从而使轮虫缺食。实践表明,凡是这类大型浮游植物大量存在时,轮虫数量便骤减。对于这些害藻,除用硫酸铜防治外,彻底清塘是最有效的防治办法。

4. 注水

实践表明,在鱼塘填注新水可以有效延长轮虫的高峰期,从而提高整个饲养期轮虫的生物量。轮虫在水温(25 ℃左右)、食物和其他环境条件适宜时,繁殖速度相当快。我们在室内的观测表明,在上述条件下,萼花臂尾轮虫的世代周期不过 23 h,一个抱卵雌体 5 d 就能繁殖近千个后代,其种群最大增长率(r_m)接近 1.4,即数量以每天将近 4 倍的数量增长。在清塘、施肥的条件下,可能按与此接近的速度增长。一般池塘轮虫生物量达到 20 mg/L 的高峰后,2~3 d 就会超过 50 mg/L,甚至达到 100 mg/L 以上。这么多的轮虫,会很快滤掉水中的浮游植物,如果池中再繁衍大量枝角类的话,就更加剧了食物、溶氧条件的恶化,所以,消灭枝角类可以缓和上述矛盾。然而,当轮虫生物量过大(>100 mg/L)时,即使池中没有枝角类,轮虫照样抱冬卵而终止繁殖。1980 年大连金州渔场 106 池,轮虫高峰出现近一周仍无枝角类发生,可是 10 d 后,该池轮虫生物量一样下降。因为,施肥虽然有助于食物状况的改善,却无法排除氨氮等代谢物的积累。在这种情况下填注新水效果是显著的。

在向鱼苗池填注新水时应注意排水量和水的质量,通常每隔 1~2 d 注水一次,每次以原水量 20% 左右为宜;水源可以是井水、河水或其他富含浮游植物的池水,其中以后者最佳,因为此种肥水既有丰富的食物又有较多的溶氧,对轮虫的繁殖和改善池塘水质都十分有利。

5. 保护和利用"卵"资源

池塘底泥(主要是 0~5 cm 表层)中的休眠卵量与池塘轮虫生物量关系十分密切。欲使鱼池中的轮虫高产,就必须充分利用和保护好"卵"资源,并为其萌发创造条件,可采用下述办法:

(1)实行"鱼池轮作"

每隔 1~2 年,甚至不同季节,改换饲养品种,尤其应当注意鱼苗池和底层饲养鱼类的轮换。试验表明,秋、冬、春季饲养鲤亲鱼,夏季培育鱼苗,使池塘底泥中轮虫休眠卵多,育苗饲养期轮虫生物量大,饲养效果好。

(2)搅动底泥

一般池塘在厚 5 cm 的表层淤泥中,都有相当数量的休眠卵,但是完全露出淤泥表面者只有 1%~2%。模拟试验表明,在鱼池中,只有完全暴露于泥表面或漂浮于水层中的休眠卵才能萌生,被泥沙覆盖的休眠卵是难以破膜的。清塘(必然搅动底泥)、拉网、拉铁链子或用搅泥机搅动底泥,其作用和前述鲤鱼拱泥的效果一样,可以把泥层中的休眠卵翻动到淤泥表面或水层中来,促进其萌生。

(3)移植休眠卵

鱼池中的轮虫休眠卵若按泥层体积算,每立方米的泥中可能有 5 000~10 000 万个。

(四)延长枝角类的高峰期

池塘淤泥中或多或少地也存在枝角类的休眠卵。据日本鱼池调查,表层 10 cm 淤泥中枝角类休眠卵每平方米可达几万个到几十万个,但分布极不均匀。由于枝角类休眠卵的萌生需要较多的积热,萌生时间也较长(较轮虫慢十几个小时以上),繁殖速率也不及轮虫,因此其高峰期总在轮虫之后。在食物充裕和环境条件适宜时,枝角类进行孤雌生殖,种群增长还是十分迅速的,一般几天后便达到高峰,生物量可达几十至 100 mg/L 以上。通常裸腹溞、大型溞等大型种类大量出现。

枝角类的滤食能力较强,达到高峰时很快将浮游植物几乎滤光,造成水中食物和溶氧都缺乏,本身也转入双性生殖,形成休眠卵,种群迅速消落。

如果鱼苗在轮虫高峰期适时下塘,则食完轮虫后转食枝角类。后者密度初期较稳定,但很快被食尽。因此枝角类的优势期很短,一般在鱼苗下塘 10 d 后就消失了。

为了保证鱼苗中后期的食物,应尽可能延长枝角类的高峰期,必须定期注水和追肥。

注水的作用是稀释枝角类和所有的生物代谢产物。如填注的是富含浮游植物的肥水,还可为枝角类提供食物和改善水的溶氧状况。

一般每隔 2~3 d 添注 10~20 cm 的新水,每天每亩追施牛马粪或人粪 30~50 kg,也可以用人粪尿水或化肥水按追肥量全池泼洒。

枝角类延续时间虽然与鱼苗的放养密度有关,但采取上述措施一般可延长 2~5 d。

第六章

水产养殖水处理技术

第一节

水产养殖源水处理技术

为了确保养殖水产品的质量安全和养殖生产过程安全,应首先保证鱼、虾、贝、藻、参等水产经济动植物养殖所需源水的水质安全。水产养殖源水水质应满足《无公害食品淡水养殖用水水质》(NY 5051—2001)、《无公害食品海水养殖用水水质》(NY 5052—2001)和《渔业水质标准》(GB 11607—89)(见表 6-1)要求,对于可能影响水产经济动植物生长、繁殖的源水水质需要进行必要的处理。

表 6-1 《渔业水质标准》(GB 11607—89)(单位:mg/L)

项目序号	项目	标准值
1	色、臭、味	不得使鱼、虾、贝、藻类带有异色、异臭、异味
2	漂浮物质	不得出现明显油膜或浮沫
3	悬浮物质	人为增加的量不得超过 10,而且悬浮物质沉积于底部后,不得对鱼、虾、贝类产生有害的影响
4	pH 值	淡水 6.5~8.5,海水 7.0~8.5
5	溶解氧	连续 24 h 中,16 h 以上必须大于 5,其余任何时候不得低于 3,对于鲑科鱼类栖息水域冰封期其余任何时候不得低于 4
6	生化需氧量(5 d、20 ℃)	不超过 5,冰封期不超过 3
7	总大肠菌群	不超过 5 000 个/L(贝类养殖水质不超过 500 个/L)
8	汞	≤0.000 5
9	镉	≤0.005
10	铅	≤0.05
11	铬	≤0.1
12	铜	≤0.01
13	锌	≤0.1
14	镍	≤0.05
15	砷	≤0.05
16	氰化物	≤0.005
17	硫化物	≤0.2
18	氟化物(以 F^- 计)	≤1
19	非离子氨	≤0.02
20	凯氏氮	≤0.05
21	挥发性酚	≤0.005
22	黄磷	≤0.001
23	石油类	≤0.05
24	丙烯腈	≤0.5
25	丙烯醛	≤0.02

续表

项目序号	项目	标准值
26	六六六(丙体)	≤0.002
27	滴滴涕	≤0.001
28	马拉硫磷	≤0.005
29	五氯酚钠	≤0.01
30	乐果	≤0.1
31	甲胺磷	≤1
32	甲基对硫磷	≤0.000 5
33	呋喃丹	≤0.01

一、水产养殖源水的常规处理技术

水产养殖源水中往往含有较多的泥沙等悬浮物颗粒物,有场地条件的养殖企业可以将源水引入圈池中静置后使用。同时,为保证养殖用水安全,可能对源水进行沉淀、过滤、消毒、曝气等处理。

(一)沉淀

沉淀是密度大于水的悬浮固体颗粒物在重力作用下发生沉降,使其与水分离的过程。沉淀是处理混浊度较高的水产养殖源水时最常用的技术。按沉淀物质的性质,沉淀主要分为自由沉淀和絮凝沉淀。自由沉淀是指水中悬浮固体颗粒物无凝聚性,在沉淀过程中颗粒间不发生互相黏合,固体颗粒形状和尺寸均不变,其沉降速度也不变。絮凝沉淀是水中悬浮固体颗粒物在沉淀过程中能互相黏合,成为较大的絮凝体,且沉降速度在沉淀过程中也会逐渐增大。

沉淀池的构造包括平流式、竖流式和辐流式。此外,当建造沉淀池面积受限时,可采用斜板(管)沉淀池。沉淀池设计超高不应小于0.3 m,有效水深宜采用2~4 m。可在沉淀池入水口处设置挡水围堰,或在沉淀池内设置若干隔墙,将沉淀池分隔成若干流道,并在隔墙上设流道缺口,从而在沉淀池内形成曲折的流道。沉淀池的底部设有污泥斗,每个泥斗均应设单独的闸阀和排泥管,排泥管的直径不应小于200 mm。

(二)过滤

通常在养殖水源进水口设置由网片或金属结构的网格组成的格栅,以防止水中个体较大的生物或漂浮物进入水处理系统。水产养殖源水中较小的颗粒物可以通过砂滤去除,砂滤可分为重力式和压力式两种。砂滤罐的材质多为玻璃钢,最常用的过滤材料是石英砂,处理效果与颗粒粒度(粒径和不均匀系数)、机械强度、化学稳定性、颗粒的形状和滤层孔隙率有关。对于颗粒构成的滤层,还需要考虑过滤过程中的水头损失、滤层的清洗与配水系统等。普通砂滤罐上层颗粒较小,阻挡了大颗粒的污物,而下层空隙率较大,有助于穿过滤层,减少水头损失,中层空隙最小,起到了拦截作用。在反冲洗时,上层颗粒较小,有助于流体动力作用,上层被截留的污物脱离石英颗粒表面,随水排出,便于排污。

(三) 消毒

消毒一般常指杀灭病原微生物。按照所用方法,消毒可分为物理消毒和化学消毒。物理消毒包括日晒消毒、煮沸消毒、蒸汽消毒、微波消毒、紫外线消毒和机械消毒等。紫外线消毒是水产养殖水处理中经常使用的物理消毒技术,紫外线消毒器选用高效率的UV-C(LL或LH)紫外灯,选用高透光率、高纯度的石英套管,保证紫外线透过率在90%以上,以提高杀菌效果。化学消毒法是使用各种化学消毒剂进行消毒,但是需注意化学消毒剂的稳定性和有效期,以及两种消毒剂同时使用时是否有相互抵消作用。化学消毒剂主要包括生石灰、含氯消毒剂和臭氧等。含氯消毒剂是一类溶于水后产生具有杀微生物活性的次氯酸的消毒剂,可杀灭包括细菌繁殖体、病毒、真菌乃至细菌芽孢在内的各种微生物。常用的含氯消毒剂有漂白粉、漂白精、三氯异氰尿酸、二氧化氯等。含氯消毒剂的氧化能力可用有效氯表示,其含义是含氯消毒剂所含有的可起氧化作用的氯的比例,在生产上以Cl_2作为100%进行比较。臭氧是强氧化剂,氧化能力高于含氯消毒剂,能破坏和分解细菌的细胞壁,并迅速扩散透入细胞内杀死病原体,灭菌速度是含氯消毒剂的300~600倍,而且臭氧处理后的水中含有较丰富甚至过饱和的溶解氧。在臭氧杀菌设施之后,应设置曝气调节池,去除水中残余的臭氧,以确保进入养殖池水中的臭氧低于0.003 mg/L的安全浓度。

(四) 曝气

曝气可以使空气中的氧气转移到水中,可以使养殖生物获得足够的溶解氧。除此之外,曝气还可以促进水中有机物氧化。通过对比水车式的增氧机和微孔曝气增氧技术发现,微孔曝气增氧技术可以有效节约电量,快速增氧,且增氧效果良好。微孔曝气增氧装置包括罗茨风机和纳米增氧盘。罗茨风机是容积式风机,使用两个在气缸中相互移动的叶片转子来压缩和输送气体,适合低压气体输送。纳米增氧盘由钢结构板和纳米曝气管组成,罗茨风机开启时,许多细小的气泡(直径20~30 μm)从管壁上出现,空气通过曝气管上的细孔进入水体,水体含氧量显著增加。

二、地下水处理技术

目前,已有许多地方使用含较多盐分的地下水开展水产养殖,并取得了较好的经济效益。地下咸水与地表的生物隔绝,不携带病毒、细菌,不受工农业污染物质污染,且水温适宜。但是,地下咸水长埋于地下,水质类型复杂,溶解氧含量较低,铁、锰等重金属的含量及碳酸盐碱度一般过高,还可能含有氨氮、硫化氢等有害物质。因此,地下咸水从井中提取出来后,一般不宜直接用于水产养殖,需要经过处理后使用。

(一)铁的去除技术

用氯气或高锰酸钾将铁氧化以去除,具体反应如下:
用Cl_2时:

$$Cl_2+H_2O \Longrightarrow HCl+HClO$$
$$2Fe(OH)_2+HClO+H_2O \Longrightarrow HCl+2Fe(OH)_3\downarrow$$

用NaClO时:

$$2Fe(OH)_2+NaClO+H_2O \Longrightarrow NaCl+2Fe(OH)_3\downarrow$$

用$KMnO_4$时:

$$3Fe(OH)_2+KMnO_4+2H_2O \Longrightarrow KOH+MnO_2+3Fe(OH)_3\downarrow$$

$Fe(OH)_3$在水中的溶解度为0.01 mg/L以下,生成的沉淀过滤即可分离。此外,水中Fe^{2+}也可用锰砂接触氧化过滤技术处理。

1.接触氧化过滤技术

接触氧化技术可用锰砂或锰沸石作为过滤材料,即在砂或沸石的表面覆上一层二氧化锰。二氧化锰作为铁氧化的触媒以去除铁,使用时于原水加氧气、氯气或高锰酸钾等氧化剂,然后通过充填有触媒的过滤器,铁氧化成为$Fe(OH)_3$沉淀出来。在偏碱性时氧化速度快。以氧化能力相对较弱的氧作氧化剂时受pH值的影响较大。一般常用空气作为氧的供给源,但氯气或高锰酸钾的氧化能力较强,pH值在7以下时反应也相当迅速,用这个方法可同时将含有的锰去除,本技术适用于水中低浓度铁的去除。

2.氧化凝集处理技术

氧化凝集处理技术是通过曝气使铁形成$Fe(OH)_3$而沉淀的分离法。$Fe(OH)_3$以胶状体形式在水中悬浮,可添加明矾等凝集剂,将胶状体的铁凝集并与$Al(OH)_3$凝集沉淀一同分离。
在曝气的同时产生如下氧化反应:

$$4Fe^{2+}+O_2+10H_2O \Longrightarrow 8H^++MnO_2+4Fe(OH)_3\downarrow$$

体系pH值降低,不利于进一步的氧化和凝集作用,此时可用碱调整pH值至8左右,然后再行曝气。

3.臭氧氧化技术

使用臭氧氧化后,凝集沉淀,过滤以去除铁、锰,一般臭氧作用1 min即可达到90%的铁、锰去除效果。

$$2Fe^{2+}+O_3+2H^+ \Longrightarrow 2Fe^{3+}+H_2O+O_2\uparrow$$
$$Fe^{3+}+3H_2O \Longrightarrow 3H^++Fe(OH)_3\downarrow$$
$$Mn^{2+}+O_3+H_2O \Longrightarrow 2H^+\uparrow+O_2+MnO_2$$

(二) 锰的去除技术

一般溶解在水中的锰多以重碳酸锰的形式存在。水中的锰可采用将其氧化成较不易溶解的化合物而分离,还可以用离子交换树脂法吸附。另外也有用铁细菌去除的方法。

1. 曝气氧化处理

曝气会产生二氧化碳,同时形成氢氧化锰:

$$Mn(HCO_3)_2 =\!=\!= MnCO_3 + CO_2\uparrow + H_2O$$

$$MnCO_3 + H_2O =\!=\!= Mn(OH)_2 + CO_2\uparrow$$

氢氧化锰在水中的溶解度只有约1mg/L,会快速与溶解氧反应:

$$Mn(OH)_2 + \frac{1}{2}O_2 =\!=\!= MnO(OH)_2\downarrow$$

碱式氧化锰在水中几乎不溶,因此可以分离。此反应在pH值在9以上时才会进行,可以直接过滤去除或加铅盐来凝集沉淀。

2. 氧化剂处理

可用氯气、次氯酸或高锰酸钾氧化二价锰:

$$Mn(OH)_2 + HClO =\!=\!= MnO_2 + H_2O + HCl$$

$$3Mn(OH)_2 + 2KMnO_4 =\!=\!= 5MnO_2 + 2KOH + 2H_2O$$

3. 接触氧化过滤处理

与铁的处理方法相类似,在砂的表面覆以二氧化锰,形成锰砂:

$$3MnCl_2 + 2KMnO_4 + 7H_2O =\!=\!= 5MnO_2 \cdot H_2O + 2KCl + 4HCl$$

用锰砂去除锰的反应如下:

$$Mn^{2+} + MnO_2 \cdot H_2O + H_2O =\!=\!= H^+ + MnO_2 \cdot MnO \cdot H_2O$$

除此之外,臭氧氧化技术也很有效。

(三) 高度过饱和碳酸钙的处理技术

地下水由于二氧化碳分压一般都比较高,又长期与岩石、土壤接触,水中一般都溶解了较多的碳酸钙和碳酸镁(多以碳酸氢盐的形式存在)。这种地下水出露地面后,就会形成碳酸钙的高度过饱和状态,从而发生碳酸钙的快速沉积,对养殖生物尤其是虾蟹类的幼体产生危害。对于这种碳酸钙高度过饱和的地下水,可直接曝气处理,或者加酸、碱处理,但加酸或加碱处理通常会较大幅度地改变水的pH值。一般地,加入纯碱(Na_2CO_3)或石灰(CaO)后再进行搅拌、沉淀,可以降低水硬度,但需注意pH值的变化。

(四) 其他水质处理技术

地下水中重金属、氨态氮和亚硝酸盐含量可能偏高,一般采取以下处理技术:

1.曝气处理重金属

（1）先把地下水抽到蓄水池，沉淀5~7 d，水质变清；

（2）没有蓄水池的，可把地下水抽入养殖池，经过10 d左右的沉淀后再使用。

目前，络合重金属的常用化合物是EDTA，可用EDTA络合水中重金属。

2.氨态氮和亚硝酸盐超标的处理方法

（1）开增氧机搅动水体，一方面使水体接受阳光曝晒，另一方面增加水体溶解氧，同时使氨态氮、亚硝酸态氮得以氧化。

$$2NH_4^+ + 3O_2 = 4H^+ + 2NO_2^- + 2H_2O + 能量$$

$$2NO_2^- + O_2 = 2NO_3^- + 能量$$

（2）施加生物有机肥以培养藻类，丰富的藻类可以增加水体溶解氧，而氨态氮和亚硝酸盐可被藻类吸收。

3.调节离子比例

地下咸水中各种离子含量差别很大，养殖品种对各种离子的需求量与比例不同，特别是钙、镁离子比例。所以，使用前需要检测地下咸水中各种阴阳离子的组成和含量，然后根据需要调节离子比例。

三、盐碱水处理技术

盐碱地是指土壤含盐量较高并影响作物正常生长的土地。低洼盐碱地形成的主要原因是地势较低，地下潜水位相对较高，雨水长期疏排不畅，导致地下潜水含盐量较高，而且，各种易溶性盐类在地面做水平方向与垂直方向的重新分配，从而使盐分在集盐地区的土壤表层逐渐积聚起来，并以碳酸盐型水为多。

目前，我国盐碱地开发比较好的办法就是建立基塘系统，俗称"上粮下渔"。该系统能排、能灌，既能使盐碱地的盐分逐渐排除，又能以渔为主，在开发渔业的同时带动种植业发展，经济效益良好。挖池、筑台田，构建基塘系统是我国实现低洼盐碱地渔农综合利用的有效方式，即在低洼盐碱地上开挖池塘，按4∶4∶2比例构建池塘、台田和河渠路林，台田面积可以达到50%~70%。挖池深度与台田高度有关，台田高度应高于地下潜水临界深度1 m以上，一般设计养鱼池塘深度为2.4~4 m。黏质土地区，养鱼池塘从原地面下挖1.5~2 m，同时筑台田高出原地面1.5~2 m为好。沙质土壤地区，养鱼池塘从原地面下挖2~2.5 m，同时筑台田高出原地面2~2.5 m为宜。沿养鱼池塘四周修筑宽30 cm、高20 cm土埂，用作漫灌、淋洗盐碱和保护池坡，台田四周及边坡应种植耐盐碱草护坡。

盐碱池塘水质改良常用的化学调控技术主要是施加化学试剂调控水质。常用的化学试剂有环境改良剂、消毒剂和肥料等。我国有些地区的盐碱地养殖池塘水体缺钾，施KCl可有效改善池塘水质状况，提高养殖动物的成活率和产量。有些低洼盐碱地氯化物水型池塘中常缺乏Ca^{2+}，水体缓冲能力较差，当水体浮游植物光合作用持续较强时，会导致pH值大幅升高，危及养殖动物的安全。向水中施用一定量的 $CaCl_2$ 不仅可以提高水体对酸碱的缓冲能力,还可有效地降低水体的 pH 值和总碱度。

第二节

水产养殖用水处理技术

水产养殖过程中的投饵,导致水中污染负荷增加,为了保证水产养殖生物的正常生长,有必要进行水产养殖用水处理,以实现水产养殖安全生产。水产养殖用水处理是在养殖的全过程不断提供量足质优的饵料情况下,通过加速水产养殖系统的物质循环和能量流动,来保持良好的养殖水体环境。

一、池塘养殖的水处理技术

(一) 增加溶解氧含量

水中溶解氧的调控常用的物理方法有:使用增氧机,可在晴天中午开机,午夜至日出开机;适时更换或注入溶氧丰富的新水;清除池底过多的淤泥,保持池底淤泥厚度为15~20 cm。

化学方法主要有:施用增氧剂,如过氧化钙、双氧水、二硫酸铵、高锰酸钾等,可缓解浮头现象的发生;吸附沉降有机物,杀灭细菌及浮游生物,泼洒生石灰(每亩5~10 kg)等。

生物方法主要有:泼洒微生物制剂,常用的有光合细菌、芽孢杆菌、硝化细菌、EM菌、酵母菌、放线菌、蛭弧菌等,吸收水体中的有毒物质,分解有机物,抑制致病菌生长繁殖等;保持水体肥度,培育浮游植物;合理搭配养殖生物种类等。

(二) 调节 pH 值

当 pH 值偏低时,可使用生石灰进行调节,用量为每亩5~15 kg,应在晴天上午9点左右使用,不宜在下午使用;当 pH 值偏高时,采用加注新水有效调节,新水必须水质良好、无污染、溶氧丰富,也可全池泼洒醋酸钠来降低 pH 值,宜采用少量多次的办法。

(三) 降低氨氮及亚硝酸氮的含量

有效调控池塘氨氮含量,首先需注意选用高质量的饲料,尽量减少残饵。当氨氮的浓度超标时,常用的物理方法有:使用增氧机,将上层溶氧充足的水输入底层,并可散逸氨氮与有毒气体到大气中;加注溶氧丰富的新水,带入更多氧气;抛撒沸石粉(每亩15~20 kg)、活性炭或麦饭石等,可吸附部分氨氮。

化学方法有:使用增氧剂,如过氧化钙等;全池泼洒次氯酸钠,使池水浓度为 0.3 mg/L;全池泼洒5%二氧化氯,使池水浓度为 5~10 mg/L;使用氨离子螯合剂、腐殖酸聚合物等复配合成的水质吸附剂;为水体提供无机盐营养(每亩20 kg),促进水体水生植物的生长。

生物方法有:光合细菌全池泼洒,使池水浓度为 10 mg/L,每隔 20 d 左右泼洒一次,效果较好;使用微生物水质改良剂。养殖水体中的亚硝酸盐一般应控制在 0.2 mg/L 以下,在 0.5 mg/L 时可能会引起死亡或患病,高于 0.8 mg/L 时会引起大批死亡。

调控池塘亚硝酸盐含量的方法主要有:定期换注新水;保持精养池塘长期不缺氧;定期使用水质改良剂 EM 复合菌、光合细菌等水质调节剂。

(四)降低硫化氢浓度

常见调控硫化氢含量的方法有:彻底清塘晒塘,如不能清除,应将底泥翻耕、曝晒,以促使硫化氢及其他硫化物氧化;定期排出底层水,注入高溶氧新水,使池水有机污染物浓度降低;采取增氧措施,高溶解氧可氧化消耗硫化氢,并可抑制硫酸盐还原菌的生长与繁衍;施用生石灰,控制 pH 值在 7.8~8.5,pH 值越低,发生硫化氢中毒的机会越大;日常定期施用底改及水质改良剂。

(五)施肥调控养殖池塘水质

施肥是通过向养殖池塘中投放含有氮、磷等营养元素的无机与有机肥料,调控水中的浮游生物的结构和数量,以达到改良养殖池塘水质的目的。这种方法主要针对氮、磷营养缺乏的养殖池塘。盐碱地池塘水体常常呈现碱度高、pH 值高的水质特点,施用酸性肥料不仅可为池塘提供所需的养分,还可以中和部分碱度,减少高碱度、高 pH 值对养殖鱼虾类的威胁。但是,在光照条件下,由于浮游植物光合作用,施入的尿素或铵态氮被浮游植物吸收,由此,可能造成 pH 值的升高。

有机肥除含有氮、磷等营养元素外,还含有铁、锰、锌、铜等微量元素。同时,有机肥中的有机物在细菌作用下发生矿化反应:

$$(CH_2O)_{106}(NH_3)_{16}H_3PO_4 + 138O_2 \rightarrow 106CO_2 + 16NO_3^- + HPO_4^{2-} + 18H^+ + 122H_2O$$

矿化反应除向池塘提供丰富的氮、磷营养元素外,还产生大量的二氧化碳和有机酸,可降低池塘水的 pH 值。因此,施用有机肥对于盐碱地池塘应该是较好的选择。此外,有机肥可以迅速在池塘底部形成淤泥。由于淤泥层的形成可以逐渐阻隔盐碱土基与水层的直接接触,而且淤泥中的腐殖质嵌入土壤的间隙之中,可有效地防止渗漏。

(六)微生态制剂的使用

在水产养殖过程中,残饵、养殖生物代谢物以及一些不溶或难溶的颗粒物易沉积于养殖系统的底部。据报道,每年养虾池塘的底质可增厚 10 cm 左右。这些沉积有机物一部分可以被底栖生物同化,但很大一部分需要微生物的参与才能分解。如果未能及时分解,沉积物的积累容易造成水体富营养化,使得水体溶解氧偏低,同时导致一些厌氧微生物大量滋生,产生有害代谢产物,造成水质恶化。

微生物是养殖水域生态系统的重要组成部分,在水产养殖环境中占有重要地位,在营养物质转化及水质净化等方面起举足轻重的作用。为加速堆积于池塘底部的沉积物中有机物的生物矿化作用,促进营养物质循环,有针对性地使用功能强化的微生态制剂已成为池塘集约化养殖的重要水质调控手段。目前常用的微生态制剂有光合细菌、芽孢杆菌、硝化细菌、枯草杆菌和 EM 菌等,将它们单独或共同施用到养殖水体中,可以达到改良水质或改良底质的目的。

光合细菌是一类以光为能源,能够在好氧或厌氧条件下,利用有机物、硫化物、氨等作为供氢体和碳源进行光合作用的无形成芽孢能力的革兰氏阴性菌,能吸收水体中一些有害物质,抑制病原微生物生长,达到净化水质的目的。芽孢杆菌具有耐高温、快速复活和较强分泌酶等特点,在有氧和无氧条件下都能存活。硝化细菌是一类好氧菌,能够将铵态氮转化为硝酸态氮,促进养殖水体氮元素循环。乳酸菌是一类无芽孢的革兰氏阳性菌,属异养厌氧型菌群,代谢产物为乳酸。乳酸菌能够抑制腐败菌繁殖,加速木质素、纤维素等有机物分解。EM菌是一类混合菌的总称,一般由光和细菌、酵母菌、乳酸菌、芽孢杆菌等有益菌混合而成,对改良水质有着很好的效果。有关微生物制剂在水产养殖产业上的应用,与所使用的制剂中活菌数量、使用方法及水质条件等皆有关,需制定科学的使用方法。

二、工厂化养殖的水处理技术

工厂化养殖的水处理不同于工业和环保上的高浓度污水处理,也不同于自来水厂源水和饮用水的深度处理,而是介于上述两者间的一种低浓度处理类型。工厂化养殖的水处理,其处理技术和设施装备有自身的特点,除了要清除水中固体杂质和溶解有机物外,对溶解氧、温度、盐度、病害防治等都有一定的要求,而且由于受投入产出比的养殖效益限制,对设施装备的体积、使用可靠性和经济性都有不同于其他行业的特殊要求。

(一) 设计原则

设计建造工厂化养殖水处理系统需遵循实用和节能原则。实用是要因地制宜,根据自然地理环境、技术力量状况、经济实力条件和要求,设计建造适合大生产、实用性强的水处理工程。节能就是要把节水、节电、节热作为系统设计的重要目标,贯穿到整个设计当中。

(二) 工艺流程设计

系统基本工艺流程为:养鱼池—自动控制微速机—蛋白质分离器—快速过滤器—生物净化池—水温调节池—紫外线消毒池—高效溶氧罐—水质监测—养鱼池。从养鱼池排出的水通过地下管道流到自动控制微滤机,去除部分悬浮物和固体杂质,微滤机安装在低位蓄水池上部,水流经微滤机后产生跌滤并充分曝气;由循环泵将低位蓄水池中的水输送到蛋白质分离器和快速过滤器中,进一步去除微米级和纳米级悬浮物与胶质颗粒,减少后续生物净化工序的负荷;快速过滤器的出水直接被输送到生物净化池,主要目的是去除氨氮;根据需要向水温调节池中加入地下水,进行水温的调节;调温后的水经过模块式紫外线消毒水渠,进行杀菌消毒;消毒后的水经管道流到高效溶氧罐中,同来自制氧机的纯氧充分混合,使出水的溶解氧达到饱和或过饱和状态;连接在出水管路中的水质自动监测系统实时在线监测水质状态;处理后的达标水,沿封闭管道输送到养鱼池中。根据养殖品种和水质等环境条件,可以对上述工艺流程适当调整。

通过一系列水处理单元,可将养殖池中产生的废水处理后再次循环回用。具体来说,就是以去除养殖水体中残饵、粪便、氨氮、亚硝酸盐氮等有害污染物,以净化养殖环境为目的,利用物理过滤、生物过滤、去除COD、消毒、增氧、调温等处理,将净化后的水体重新输入养殖池。

水处理不仅可以解决水资源利用率低的问题,还可以为养殖生物提供稳定可靠、舒适优质的生活环境,为高密度养殖提供有利条件。

(三)工厂化养殖水处理技术

1. 滤网过滤

滤网过滤是用筛网进行悬浮物的过滤,主要有平盘滤网过滤和转鼓滤网过滤。其中转鼓滤网过滤在不断过滤的同时进行反冲洗,过滤效率高、效果好,应用普遍。滤网的网目一般约为 30~100 μm,可过滤 36%~67% 的悬浮物,网目越小过滤越彻底,但是网目小于 60 μm 就会影响过水性能。

2. 气泡浮选

气泡浮选处理的原理是通过气泡发生器持续不断地在水中释放气泡,使气泡形成像筛网一样的过滤屏幕,并利用气泡表面的张力吸附水中的悬浮物。产生的微小气泡(直径为 10~100 μm)均匀、持续地与水体有效混合,可有效去除水产养殖水体中的悬浮物。

3. 生物滤池

生物滤池是利用滤料表面形成的一层明胶状黏膜(即生物膜)来净化水质,以降低水中的有机物、氨氮、磷酸盐等。生物滤池的常用类型有平流式、升流式、降流式、浸没式等。

4. 紫外线消毒

紫外线消毒主要是通过紫外光射线照射破坏各种细菌、病毒的核结构,使其失去自身繁殖能力,达到杀灭病原微生物的效果。用于杀菌消毒的紫外线是 UVC 短波紫外线,其波长范围为 200~275 nm,主波长为 254 nm。工厂化养殖用水处理用的紫外装置可分为管道式和沟渠式,依据处理水量来确定具体型号。

5. 曝气、调温

为了使工厂化养殖用水可以循环使用,在水处理过程中需要曝气、调温,主要为增加水中溶氧量,使生物滤池出水中多余的二氧化碳溢出,并适当调节水体温度,以满足水产养殖生物需求。

第三节

水产养殖尾水处理技术

水产养殖尾水是指水产养殖过程中或养殖结束后,由养殖体系(包括养殖池塘、工厂化车间等)向自然水域排出的不再使用的养殖水。水产养殖尾水的范畴不适用于在开放性水体中进行养殖(如网箱养殖、滩涂养殖、浮筏养殖等)的水域。水产养殖尾水中的污染物主要包括悬浮颗粒物、有机物、氮、磷等,若不经处理而随意排放会对环境产生影响,有可能造成周边水域水体富营养化。2019年中华人民共和国农业农村部发布了《淡水养殖尾水排放要求(征求意见稿)》和《海水养殖尾水排放要求(征求意见稿)》,部分地方行政管理部门也出台了相关的水产养殖尾水排放标准。为推进水产养殖绿色发展,有必要按照水产养殖尾水排放要求对尾水进行处理,使养殖尾水排放到环境中,经过自然扩散、稀释、净化后,对环境不产生危害。2020年农业农村部办公厅发布了关于实施水产绿色健康养殖"五大行动"通知,明确提出水产养殖尾水治理模式推广,提出以绿色发展理念为导向,坚持养殖生产和生态环境保护协调发展,聚焦养殖尾水科学治理,推进养殖尾水资源化利用或达标排放。农业农村部重点示范推广的尾水处理技术包括:池塘底排污尾水处理技术、集中连片池塘养殖尾水处理技术、人工湿地尾水处理技术、"流水槽+"尾水处理技术、工厂化循环水处理技术。这里主要介绍农业农村部主推的"淡水池塘养殖尾水生态化综合治理技术"。对于海水池塘养殖尾水,可以采用相似的方法处理。

一、选址布局

1.尾水处理建设地点

尾水处理建设地点应符合当地养殖水域滩涂规划布局要求。

2.养殖尾水处理面积

养殖尾水处理面积可根据不同养殖品种确定:(1)大宗淡水鱼、淡水虾类养殖池塘,尾水治理设施总面积不小于养殖总面积的6%;(2)乌鳢、加州鲈、黄颡鱼、翘嘴红鲌以及龟鳖类养殖池塘,尾水治理设施总面积不小于养殖总面积的10%;其他品种,尾水治理设施总面积约为养殖总面积的8%。

3.尾水治理工艺流程

(1)尾水设施总面积占养殖总面积较大的,应建立"四池三坝",处理工艺流程主要包括:生态沟渠—沉淀池—过滤坝—曝气池—过滤坝—生物净化池—过滤坝—洁水池;(2)养殖污染较少的品种,可采用"四池两坝"的治理模式,处理工艺流程主要包括生态沟渠—沉淀池—过滤坝—曝气池—生物净化池—过滤坝—洁水池。

4.处理设施面积

为满足蓄水功能,沉淀池与洁水池面积应尽可能大,沉淀池、曝气池、生物净化池、洁水池的比例约为45:5:10:40。

二、设施设备

1. 生态沟渠建设

生态沟渠是利用养殖区域内原有的排水渠道或周边河沟进行改造而成,并进行加宽和挖深,宽度不小于 3 m,深度不小于 1.5 m。沟渠坡岸原则上不硬化,种植绿化植物,在沟渠内设置浮床,种植水生植物,利用生态系统对养殖尾水进行初步处理,最终汇集至沉淀池(已硬化的沟渠只需设置浮床,种植水生植物;无可利用沟渠时,用排水管道将养殖尾水汇集至沉淀池)。

2. 沉淀池建设

沉淀池面积不小于尾水处理设施总面积的 45%,尽量挖深,在沉淀池内设置"之"字形挡水设施,增加水流流程,延长养殖尾水在沉淀池中停留时间,并在池中种植水生植物,以吸收利用水体中营养盐。沉淀池四周坡岸不硬化,坡上以草皮绿化或种植低矮树木。

3. 曝气池建设

曝气池面积为尾水处理设施总面积的 5% 左右,曝气头设置密度不小于每 3 m^2 一个,曝气头安装时应距离池底 30 cm 以上,罗茨鼓风机功率配备不小于每 100 个曝气头 3 kW,罗茨鼓风机须用不锈钢罩保护或安装在生产管理用房内。曝气池底部与四周坡岸应硬化或水泥板护坡或土工膜铺设,以防止水体中悬浮物堵塞曝气头。应在曝气池中定期添加芽孢杆菌、光合细菌等微生物制剂,用以加速分解水体中有机物。

4. 生物净化池建设

生物净化池面积占尾水处理设施总面积的 10% 左右,池内悬挂毛刷,密度不小于每平方米 9 根,毛刷设置方向应与水流方向垂直,毛刷底部也须用聚乙烯绳或不锈钢丝固定,确保毛刷挺直,不随水流漂动。定期添加芽孢杆菌、光合细菌等微生物制剂,用以加速分解水体中有机物。池塘四周坡岸不硬化,坡上以草皮绿化或种植低矮树木。

5. 洁水池建设

洁水池面积应占尾水处理设施总面积的 40% 以上,池内种植伊乐藻、苦草、空心菜、莲藕、荷花等水生植物,四周岸边种植美人蕉、菖蒲等植物,合理选择植物种类,分类搭配,保证四季均有植物生长。水生植物种植面积应占洁水池水面的 30% 左右,同时应在池内放养鲢、鳙、河蚌、螺蛳等滤食性水生动物,进一步改善水质。

6. 过滤坝建设

用空心砖或钢架结构搭建过滤坝外部墙体,在坝体中填充大小不一的滤料,滤料可选择陶粒、细沙、碎石和活性炭等,坝宽不小于 2 m;坝长不小于 6 m,并以 1.333×10^5 m^2 养殖面积为起点,原则上每增加 6.67×10^4 m^2 养殖面积,坝长加 1 m;坝高应基本与塘埂持平,坝面中间应铺设板块或碎石,两端种植低矮景观植物。坝前应设置一道细网材质的挡网,高度与过滤坝持平,用以拦截落叶等漂浮物。过滤坝建设还应注重汛期泄洪设施配套。

7.排水设施建设

所有排水设施应为渠道或硬管,不得使用软管,应尽可能做到水体自流。由于地势无法自流的,应建设提升泵站,通过泵站合理控制各处理池水位,确保各设施正常运行、处理效果良好。

8.监控建设

在尾水处理设施的中央和排水口各安装一套可360°旋转的监控摄像头,进行远程监控。

9.物联网技术应用

在曝气设备上安装智能曝气控制装置,做到定时开关曝气设备。

10.运行与维护

定期监测水质,加强对尾水治理设施的运行与维护。

参考文献

[1] 王吉桥.水生观赏动物养殖学[M].北京:中国农业出版社,2011.

[2] 姜志强,韩雨哲,田莹,等.水生观赏动物学[M].北京:中国农业出版社,2016.

[3] 王超.水草造景艺术:从入门到精通[M].北京:中国农业出版社,2015.

[4] 白明.水草栽培与造景[M].北京:化学工业出版社,2014.

[5] 王庆祥.水族箱水草造景技艺实用全书[M].福州:福建科学技术出版社,2018.

[6] 王庆祥.水族箱水草造景实用全书[M].福州:福建科学技术出版社,2014.

[7] 德田廣,大野正夫,小河久郎.海藻资源养殖学[M].东京:绿书房,1987.

[8] 方宗熙,戴继勋,唐延林.紫菜细胞的酶法育苗和在水产养殖中的应用[J].海洋科学,10(3):46-47.

[9] 冯蕾,唐学玺,张培玉.海带育种育苗技术研究进展[J].科学技术与工程,2005,8(5):91-94.

[10] 冈村金太郎.日本海藻誌[M].3版.东京:内田老鹤圃.1936.

[11] 李宏基.裙带菜海上育苗技术的研究[J].齐鲁渔业,1991,1:16-21.

[12] 李世英,崔广法.条斑紫菜单孢子和壳孢子幼苗生长发育的初步观察[J].海洋与湖沼,1980,11(4):370-373.

[13] 李伟新,朱仲嘉,刘凤贤.海藻学概论[M].上海:上海科学技术出版社,1982.

[14] 刘焕亮.水产养殖学概论[M].青岛:青岛出版社,2000.

[15] 任国忠.海带养殖学[M].北京:科学出版社,1962.

[16] 三浦昭雄.食用藻类の栽培[M].东京:恒星社厚生阁,1992.

[17] 张泽宇.裙带菜幼孢子体营养细胞多倍体育种的初步研究[J].中国水产科学,1999,6(3):46-48.

[18] 张泽宇,曹淑清,邵魁双,等.裙带菜配子体采苗及育苗的研究[J].大连水产学院学报,1999,14(3):19-24.

[19] 张泽宇,曹淑清,由学策,等.裙带菜室内人工育苗的研究[J].大连水产学院学报,1999,14(2):7-12.

[20] 张泽宇,李晓丽,柴宇,等.裙带菜$3n$、$4n$孢子体的人工育苗和海区栽培[J].水产学报,2007,3(31):349-354.

[21] 曾呈奎,王素娟,刘思俭,等.海藻栽培学[M].上海:上海科学技术出版社,1985.

[22] 曾呈奎,吴超元.海带养殖学[M].北京:科学出版社,1962.

[23] 钱树本,刘东艳,孙军.海藻学[M].青岛:中国海洋大学出版社,2005.

［24］何培民,张泽宇,张学成,等.海藻栽培学[M].北京:科学出版社,2018.
［25］李晓丽,曹淑青,黄旭雄.生物饵料培养学实验指导[M].北京:科学出版社,2013.
［26］卞伯仲.实用卤虫养殖及应用技术[M].北京:农业出版社,1990.
［27］何志辉,等.淡水生物学:上册[M].北京:农业出版社,1982.
［28］李永函,赵文.水产饵料生物学[M].大连:大连出版社,2002.
［29］刘卓,王为群.饵料浮游动物培养[M].北京:农业出版社,1990.
［30］何志辉,赵文.养殖水域生态学[M].大连:大连出版社,2001.
［31］陈奖励,何昭阳,赵文.水产微生物学[M].北京:农业出版社,1993.
［32］刘建康.高级水生生物学[M].北京:科学出版社,1999.
［33］赵文.水生生物学(水产饵料生物学)实验[M].北京:中国农业出版社,2005.
［34］赵文.水生生物学[M].2版.北京:中国农业出版社,2015.
［35］孙颖民,石玉,郝彦周.水产生物饵料培养使用技术手册[M].北京:中国农业出版社,2000.
［36］李庆彪,宋全山.生物饵料培养技术[M].北京:中国农业出版社,1999.
［37］郑严,马志珍,周利.现代生物饵料培养及开发利用[M].北京:中国农业出版社,2004.
［38］成永旭.生物饵料培养学[M].北京:中国农业出版社,2005.
［39］陈明耀.生物饵料培养[M].北京:中国农业出版社,1998.